Hans-Joachim Ritzau

Katastrophen der Deutschen Bahnen

1945-1992 - Teil I

(Schatten der Eisenbahngeschichte - Band 2)

Redaktion: Dietmute Ritzau-Franz

Ritzau KG - Verlag Zeit und Eisenbahn

Titelbild: Entgleisung bei Kellmünz am 18.5.1971 (Kapitel C, IV): Blick von Straßenbrücke auf Bitumenüberweg mit Gleisverformungen <Foto: Rupert Leser, Bad Waldsee>

2., durchgesehene Auflage 1994

Landsberger Str. 24 - 86932 Pürgen

ISBN 3-921 304-81-4
Druck: Schoder GmbH&Co.KG, Gersthofen

Inhalt

Hinweise und Dank

Wenn wir von unserem Vorsatz abwichen, den gesamten Stoff des Zeitraumes ab 1945 in einem Band unterzubringen, so wegen der Fülle des Materials und im Hinblick auf den homogenen Aufbau dieses Werkes. Was von dem urspünglich Vorgesehenen in einem eigenen Band gebracht wird, ist detailliert auf Seite 304 aufgeführt. Aus den früher erschienenen und vergriffenen Werken *Von Siegelsdorf nach Aitrang* (1972), *Kriterien der Schiene* (1978) und *Die Katastrophenszene der Gegenwart* (1983) hier übernommene Teile wurden völlig überarbeitet.

Zur Systematik ist noch zu erwähnen, daß wir uns nach Abwägen der Möglichkeiten entschieden, die ausgezifferten Quellen und Anmerkungen fortlaufend zu numerieren, den Abschnitten nachzustellen und in das Inhaltsverzeichnis aufzunehmen. Die Überschriften der Hauptkapitel sind für das Register (s.a. S. 304) einheitlich und stichwortartig gehalten. Anführungszeichen kennzeichnen stets wörtlich und ggfs. auch mit Fehlern wiedergegebene Zitierungen, längere sind außerdem *kursiv* gesetzt und Auslassungen kenntlich gemacht.

Da die Justizbehörden Akteneinsicht zu wissenschaftlicher Auswertung mit der Bedingung verknüpften, den Persönlichkeitsschutz zu wahren, sind Namen mit wenigen Ausnahmen generell durch Tätigkeits- oder Amtsbezeichnungen ersetzt. Diese sowie Fachausdrücke bzw. -begriffe wiederholen sich ebenso häufig wie unabänderlich. Damit sie nicht zum Zeilenfüller werden, sind die z.T. langen Wortbildungen meist fachüblich abgekürzt; ggfs. bitten wir das Abkürzungsverzeichnis (s. S. 302) zu beachten.

Ohne informative Unterstützung von verschiedenen Seiten wäre es nicht möglich gewesen, diesen diffizilen Stoff umfassend und mit Akribie aufzuarbeiten. Weil sich diese Arbeit über den Zeitraum von fast zweieinhalb Jahrzehnten erstreckte, können sich die Angaben zu den in unserer Dankadresse Genannten zwischenzeitlich geändert haben, worauf wir vorsorglich hinweisen.

Für besondere Unterstützung d a n k e n wir: Von Seiten der B a h n b e h ö r d e n Frau Stöhr, Bücherei BD München; Herrn Illenseer, Archiv des Verkehrsmuseums Nürnberg; Herren der Zentrale der DB Frankfurt und Mainz, speziell Herrn Plän, Pressestelle, sowie den Herren Gehrke und Müller; den Herren Hafner und Schwarz der Betriebsämter Aalen bzw. Neuwied und Herren des BA Kempten; Herrn Miller, Knotenbahnhof Buchloe; Herren des Bfs Landsberg; Herrn Kuhbier, BD Nürnberg; Damen und Herren der Bundesbahndirektionen Augsburg, Hamburg, Hannover, Münster und Stuttgart sowie der SBB=Generaldirektion.

Von den J u s t i z b e h ö r d e n den Herren Dr. Kurys-Römer, Ringlstetter und Sonnenschein, Vorsitzende Richter am LG München II, Dr. Bachmann, Staatsanwalt als Gruppenleiter beim LG München I und Dr. Weber, Vorsitzender Richter des VI. Zivilsenats am BGH Karlsruhe; ferner Herren der Staatsanwaltschaften bei den LG Aachen, Celle/Lüneburg,

Freiburg, Hildesheim, Kassel, Kempten, Konstanz, München, Memmingen, Osnabrück und Stuttgart.
Von der Polizei den Herren Kriminalhauptkommissar Frey, Freiburg, sowie den Kriminalamtsräten Schnitzer, Traunstein und Schoch, Kaufbeuren/Memmingen; ferner Herren der Kriminaldirektionen bzw. -dienststellen Celle, Erding, Freiburg, Hildesheim, Kassel, Kempten, Memmingen, Miesbach, Schleiden, Stuttgart, Wolfsburg sowie des BLKA München.
Von der Presse den Herren Hölscher und Eisenmenger sowie Frau Tritzschler-Ulzhöfer, Heilbronner Stimme; Herrn Rach sowie Damen und Herren des Archivs der Nürnberger Nachrichten; den Herren Ettle vom Eichstädter Kurier, und Dix von der TZ München sowie Damen und Herren der Aachener Volkszeitung, des Fürstenfeldbrucker Tagblatts, der Kölnischen Rundschau und der Frankfurter Neuen Presse.
Von staatlichen Behörden, Institutionen, der Wissenschaft und von privater Seite: Damen und Herren des Bundesarchivs, Koblenz; des Bayer. Stat. Landesamtes, München; Herren der Regierungspräsidien Freiburg und Oldenburg; Herrn Soltau, Volksbund Deutsche Kriegsgräberfürsorge, Bezirksverband Oberbayern, München; Herrn Dr. Zwerger, Stadtverwaltung Grafing; Damen und Herren des Institutes für Eisenbahnwesen an der TU Karlsruhe sowie der Hans-Adlhoch-Volksschule Augsburg; Herrn Professor Dr. Birmann, München; Herrn Pfarrer Ernst, Aindling; Herrn Gebhardt, München; Herrn Grimminger, Augsburg; Herrn Hassbach, Neuwied, Herrn Stumpf, Hestra-Verlag, Darmstadt; Herrn Professor Dr. Kracke, Hannover; Frau und Herrn Regierungsdirektor Minsinger, Ulm; Herrn Neumann, Glückstadt; Frau Pfänder-Rid, Obermeitingen, Herrn Pflanz, Landsberg; Herrn Dr. und Frau Sammel, Wiesbaden; Herrn Pfarrer Schaffranek, Bobingen, Herrn Bürgermeister Schmelcher, Weil; Herrn Wagner, Frankfurt;
und schließlich allen, die uns in uneigennütziger Weise geholfen haben, hier aber nicht namentlich aufgeführt sind bzw. werden wollten.

Pürgen im Frühjahr 1992 — Verfasser und Verlag

Teil A:

Trümmerzeit und Aufbauphase

I. Jahre im Dunkel

1. Zur Lage im Reich bei Kriegsende; eine Begegnung mit der Vergangenheit

Zur allgemeinen Lage in Deutschland ist voranzuschicken, daß die Zustände vor dem Kriegsende von Woche zu Woche chaotischer wurden. Nur vereinzelt war die deutsche Wehrmacht in der Lage, den alliierten Angriffen eine Weile nachhaltigen Widerstand zu leisten - die Kurlandfront ausgenommen; die deutsche Luftwaffe zählte fast überhaupt nicht mehr. Die noch einsatzfähigen Kampfflugzeuge, einschließlich der zu spät zur Serienfertigung freigegebenen neuen Düsenjäger Me 262, konnten kaum Entlastung bringen, weil die alliierten Bombergeschwader mit gründlicher Regelmäßigkeit die Start- und Landebahnen in Trichterfelder verwandelten. So hatten die alliierten Bombenflugzeuge Muße, wie man es getrost nennen kann, gezielt die Innenstädte von Dresden oder Nordhausen in Trümmerfelder zu verwandeln, Knotenbahnhöfe wie Treuchtlingen [1] zu zerstören, und die unausgelasteten Begleitjäger konnten nebenbei an kleineren Objekten, wie Reisezügen oder zivilen Einzelpersonen üben.
Im Sinne der Genfer Konventionen, Haager Landkriegsordnung und der in den Kriegsverbrecherprozessen nach 1945 gegen die Besiegten angewandten Rechtspraxis wäre diese Kampftätigkeit auch zu ahnden gewesen, da sie eindeutig und wissentlich gegen die Zivilbevölkerung gerichtet war und es sich nicht um Einzelfälle handelte. Es erfolgten sogar verheerende Angriffe gegen Ziele, die mit Rotkreuzfahnen oder Tüchern gekennzeichnet waren, mangels deutscher Abwehr von den Angreifern durchaus erkennbar.
Solche Fälle wurden von den Alliierten ignoriert,[2] und auch auf deutscher Seite hüllte man sie in Schweigen oder manipulierte die Überlieferung aus welchen Gründen auch immer. So dauerte es 37 Jahre, bis eines der folgenschwersten Massaker literarische Rekonstruktion und Wertung fand[3]: die Bombardierung und Beschießung dreier Schiffe durch britische Jagdbomber in der Neustädter Bucht am 3.5.1945 (!) mit über 8000 Toten, davon ca. 7500 KZ=Häftlinge.
Auch Schriften zur lokalen Eisenbahngeschichte berichten über die Beschießung oder Bombardierung von Zügen,[4] selbst der Schmalspurbahnen, häufig verbunden mit dem Tod der Lokpersonale und von Fahrgästen, vorwiegend Kindern, Frauen und alten Männern.

Nach Kriegsende konnte man vielerorts neben den Bahndämmen Wagentrümmer oder Bombentrichter sehen. Es dauerte eine Weile, bis erstere weggeschafft, die Löcher eingeebnet waren, und Gras darüber wuchs. Da sich niemand gern an Grauen erinnert, und der Druck des Krieges durch einen anderen Druck ersetzt wurde, ließ die Bevölkerung auch sinnbildlich Gras über diese Vergangenheit wachsen. Man konnte als Nichteinheimischer Jahrzehnte in der Nähe einer Stätte leben, an der in den letzten Kriegstagen Hunderte den Tod durch alliierte Flieger fanden, ohne davon zu erfahren, unter gewissen Umständen sogar, wenn den Toten dort ein Denkmal errichtet worden war.
Zwei solcher Plätze gibt es nicht allzu weit von unserem Wohnort und Verlagssitz entfernt, und den einen, vom Zuge aus aufmerksam geworden, besuchte ich bereits in den fünfziger Jahren: drei dunkle Steinsäulen am Fuße des Bahndammes zwischen Geltendorf und Kaufering, von Laubbäumen umgeben. Als ich an den Steindenkmalen hebräische Inschriften und Judensterne entdeckte, nahm ich an, es handele sich um den Vorkriegsfriedhof gestorbener Juden der Umgebung, denen die Beisetzung in katholischen Dorffriedhöfen verwehrt war.
Ein 1966 erschienenes Heimatbuch hätte mich über meinen Irrtum aufklären können [5]. Vieles, so die meisten Dorfchroniken in dem 748 Seiten umfassenden Werk, überflog ich nur flüchtig. Als dann vor ca. 10 Jahren an den Straßen rings um Landsberg Hinweisschilder auf KZ=Gedenkstätten aufgestellt wurden, auch für jene Stätte am Bahndamm, begriff ich, daß es kein Vorkriegsfriedhof sein könne. Ein wiederholter Besuch des Platzes warf jedoch nur neue Fragen auf. Die inzwischen hell gestrichenen Steine hatten zwar eine Tafel erhalten, die den hebräischen Text ins Deutsche übersetzt wiedergab, aber wieso waren KZ=Häftlinge hier begraben worden, da sich deren Arbeitslager zum Bau sogenannter kriegswichtiger Anlagen und zu Dienstleistungen in ausgelagerten Betrieben über 10 km entfernt westlich Landsberg und Kaufering befunden hatten.
Eine erste Antwort fand ich schließlich in der Ortsgeschichte des Dorfes Schwabhausen, o.g. Heimatbuch S. 614. Der von P. (=Pater) Frumentius Renner verfaßte Text lautet:

> *"Die 3 großen Massengräber am Bahnkörper erinnern an das traurigste Kriegserlebnis unserer Heimat. Feindliche Aufklärer hatten an dieser Stelle einen abgestellten Munitionszug festgestellt. Daraufhin wurde der Zug ausgewechselt mit einem von Juden besetzten Zug aus dem Kauferinger Lager (Zweiglager von Dachau). Kurz darauf erschienen Flieger und schossen diesen Zug zusammen. Die Zahl der Toten an der U n g l ü c k s stelle wird mit 120 angegeben. Die Verwundeten kamen - es war einer der letzten Kriegstage - ins Lazarett nach St. Ottilien, das dann auch die kranken Häftlinge aus dem Kauferinger Lager und andere DP (displaced people = Vertriebene) aufnahm."* (Sperrung vom Verf.)

Und dann begannen, wir uns umzuhören, um Genaueres zu erfahren.

Blick von Osten auf das erste Denkmal, im Hintergrund das zweite. Der Busch links steht am Fuße des Bahndamms. Die Tafel auf der Seite des vorderen Gedenksteines gibt den hebräischen Text der Frontseite in folgender Übersetzung wieder:
"Zum Gedenken. Jedes Auge eines Vorübergehenden möge weinen und jedes Herz zerfliessen, und er wird immer wieder fragen, was ist das für ein Denkmal, das du da siehst? Das sind die Gebeine der Märtyrer und der Heiligen, die nach grausamen Leiden getötet wurden am Tage der Befreiung dem 14. Ijjar des Jahres 5705 (27. April 1945)
Ihre Seelen mögen eingebündelt sein in das Bündel des Lebens"

2. Tiefangriff alliierter Jagdbomber auf zwei Häftlingszüge am **26.4.1945** bei **Hurlach**, Str Kaufering-Augsburg (ca. 200 [?]T.) und am **27.4.1945** bei **Schwabhausen**, Str Kaufering-München (ca. 170 T)

Die Erkundigungen gingen zäh voran. Selbst Heimatforscher konnten nur spärliche Auskunft geben. Schließlich wurden wir an den Verfasser einer Schrift verwiesen, in der alles über die Schwabhausener Tragödie stehen sollte, und die wir vom Autor namens Gold gegen Kostenerstattung zugesandt erhielten.[6]
Übereinstimmenden Aussagen der Gold=Schrift zufolge, waren am Vortag die Dachauer Außenlager bei Kaufering im Hinblick auf die heranrückenden US=Truppen aufgelöst, die Marschfähigen zu Fuß Richtung Osten geführt und die Kranken in Güterwagen verladen

worden. Die Marschierenden erlitten unterwegs hohe Verluste bei einem Angriff alliierter Tiefflieger, nach einer Aussage am dritten Marschtag, nach einer anderen unmittelbar nach dem Abmarsch.
Die am Abend des 26.4. im Bf Kaufering in G=Wagen verladenen Kranken kamen mit ihrem Zug gegen Morgen bis kurz vor das 10 km entfernte Schwabhausen, wo nach Angabe eines Dr. Greenberg (Gold, S. 32) auch Grinberg (Gold, S. 18) und Grünberg (Gold, S. 14) schon ein Flakzug stand. Nach anderen Aussagen hielt der Häftlingszug bereits in einem Wald vor Schwabhausen, und dann erst kam der andere Zug, auch als Material- oder Munitionszug (P. Frumentius) bezeichnet.
Ohne klärend auf diese und weitere Widersprüche einzugehen, konstatiert Herr Gold auf Seite 14 über Häftlingszug und Vorgang:

> *"Dieser Zug, der nicht mit Flak bestückt war und nur am Ende drei Personenwagen mit den Lagerkapos und den Wachsoldaten angehängt hatte, kam auf dem linken Bahngleis vor einem Flak-Zug zum Stehen. Zum Schutz der Bahnhöfe vor Bombenangriffen durften nämlich keine Züge mehr einfahren. Es ist im übrigen vermutlich (13) dem Schwabhausner Bahnhofsvorstand Dischel zu verdanken, daß die Kauferinger Brücke nicht mehr gesprengt werden konnte, da dieser durchtelegraphierte 'Ich bring noch ein paar Züge, die müssen hinüber!' Man kann an dieser Begebenheit erkennen, wie differenziert Reichsbahn und Wehrmacht zueinander in Beziehung standen."*

Die Anmerkung 13 bezieht sich auf ein "Gespräch" vom 5.4.1985 mit einer "Frau R.M., Schwabhausen", dem die Bezeichnung "linken Bahngleis" wörtlich entnommen sein wird, da von Schwabhausen aus gesehen das Richtungsgleis nach München das linke ist. Die Erklärung, daß zum Schutze der Bahnhöfe "nämlich" keine Züge mehr einfahren durften, dürfte von Herrn Gold stammen. Den Zeitumständen gemäß, wie in I,1 umrissen, hielten die Züge, sofern betrieblich möglich, nicht in den flächenmäßig offenen und ohnehin durch Fliegerangriffe gefährdeten Bahnhöfen, sondern auf der Strecke, wo sich etwas Deckung bot. Das erste, beide Seiten des Bahndammes berührende Waldstück nach Kaufering befand sich vor dem Einfahrsignal Schwabhausen, wobei es für die relative Sicherheit völlig gleich war, auf welchem Gleis die Züge standen. Nur reichte die Waldberührung nicht für hintereinander stehende Züge, und d e s h a l b rangierte man vermutlich den vorderen Zug im Bf Schwabhausen zum Gegengleis um, und weil man wahrscheinlich nur noch eine Lok zur Verfügung hatte, die nach Heranbeförderung des zweiten Zuges ohne Umrangieren eingeklemmt stand.
Jedenfalls konnte keiner der beiden Züge den anderen "decken",[7] wenn alliierte Jagdbomber angriffen, und solche, aus Sicht der alliierten Kampfflieger Bagatellobjekte griffen sie auch ohne Auftrag, selbst bei Aufklärungstätigkeit an. Ausgeschlossen kann auch werden, daß der andere Zug ein Munitions- oder Flakzug war. Wäre es ein Munitionszug gewesen, hätte es die mehrfache Zahl an Toten gegeben, dazu ein riesiges Loch und von beiden Züge nur Reste. Der Häftlingszug wurde jedoch übereinstimmenden Angaben zufolge am Abend des 27.4. nach Ankunft einer neuen Lok abgezogen.
Die Hypothese eines Flakzuges stützt nichts, im Gegenteil. Auf Seite 15 zitiert Herr Gold aus den Schreiben vom 5.7.1985 und 2.1.1990 eines Augsburgers, "H.G.", der im Besitz von Einsatzberichten der alliierten Luftwaffe sei, denen für den 27.4.1945 und den Raum

Schwabhausen betreffend zu entnehmen wäre, daß dort u.a. eine Lok plus 15 Eisenbahnwagen beschossen wurden, mit einem Verbrauch von insgesamt 4 350 Schuß, ohne gegnerisches Flakfeuer erhalten zu haben. Herr Gold ist anderer Meinung, die er mit nachstehend zitiertem Absatz auf Seite 19 belegen will:

"Aus dieser und anderen Quellen kann noch ergänzt werden, daß es bei diesen Angriffen doch deutsche Gegenwehr gegeben haben muß. Verrostete 20 mm Flak-Patronen, die noch im Dezember 1984 gefunden wurden, bezeugen die Gegenwehr. (11) Es wäre zumindest verwunderlich, wenn ein gerüsteter Flak-Zug nicht zumindest im Ansatz den Versuch einer Gegenwehr unternommen hätte. Eine Zeugin sah allerdings Soldaten und Flakhelferinnen fliehen (vgl. S. 29)."

Quelle 11 bezieht sich auf "V.G. Schwabhausen (Fundgegenstände vom Bahnkörper)", ohne daß der Bezug zu den Ereignissen des 27.4.1945 bewiesen wird.[8] Auf Seite 29 steht auch nichts von Flakhelferinnen, sondern nur etwas von einem Militär=Lkw, offenbar von Pionieren, die möglicherweise von US=Truppen überrascht, die Kauferinger Brücke nicht mehr sprengen konnten und nun zur Amper=Brücke wollten.

Da es Herrn Gold seinen Auslassungen nach vor allem um Schuldzuweisungen an die deutsche Adresse ging, und er Ungereimtheiten im Sinne dieser Art 'Vergangenheitsbewältigung' auslegte, jedoch Wesentliches zur historischen Klärung unbeachtet ließ, hörten wir uns weiter um und erfuhren, daß es am Vortag, dem 26.4.1945, nördlich Kaufering bei Hurlach einen noch schwereren Tieffliegerangriff gegeben hatte. Schließlich erhielten wir die Anschrift eines ehemaligen jüdischen KZ=Häftlings, zuletzt im Lager 4 bei Hurlach, der diesen Angriff miterlebte. Unser Informant wurde 1924 in Wien geboren, 1941 samt Familie in Frankfurt von der Gestapo verhaftet, war danach in mehreren KZ=Arbeitslagern und ist nach 21 Jahren in Australien wieder in Deutschland ansässig.
Seiner Schilderung nach wurde im Laufe des 25.4.1945 der nahenden US=Army wegen Lager 4 aufgelöst und den zumeist an Typhus Erkrankten die Anweisung erteilt, am ca. 600 m entfernten Bahndamm auf einen für sie bestimmten Zug zu warten. Ab 17 Uhr lagen sie die ganze Nacht frierend im Gras, bis gegen 9 Uhr früh eine Lok mit vier (oder fünf) G=Wagen sowie einem Flakwagen von Lagerlechfeld herankam. Etwa eine Viertelstunde später, die Verteilung und das Einsteigen der Kranken war noch nicht beendet, griffen zwei Jagdbomber den Zug zuerst mit Bordwaffen und Leuchtspurgeschossen an, danach mit Bomben. Unser Informant konnte mit ca. 30 anderen dem Inferno entkommen. Bei der Flucht war von einem Höhenzug südlich Hurlach und durch eine Lücke in den Waldstücken das Ausmaß der Zerstörungen an Lok und Wagen gut zu erkennen: rauchende Trümmer.
Vom östlichen Hochufer des Lechs will ein Landwirt etwas weiter nördlich einen zweiten, ebenfalls brennenden Zug gesehen haben und hingefahren sein, um zu helfen. Es soll ein Zug mit Arbeitsdienstmännern, auch mit Toten und Verletzten, gewesen sein. Eine Bestätigung mit präziser Ortsangabe war infolge ernster Erkrankung des gealterten Augenzeugen nicht einzuholen. Nun schien es doch angebracht, Name und Anschrift des in der Gold=Schrift zitierten Augsburgers zu ermitteln, damit durch die Einsatzberichte der alliierten Luftwaffe (wie zu den Angriffen in der Neustädter Bucht am 3.5.1945) einiges geklärt werden konnte, zumal nach fast einem halben Jahrhundert selbst das beste Gedächtnis keine sichere Erinnerung mehr liefert.

A b s c h r i f t !

Daily Operation Report

Group: 86 Fighter Sq.: 525 Fighter Date 27 April 1945 Mission No.: 3602

1. No Off: 9 x P-47D Time Up: 09.55 Time Down: 12.30 Total Hours: 23:15

2. Type Mission: Bombing and Strafing 3. Weather: 5/10 at 3000'

4.a) A/C Not Crossing Enemy Lines:

No & Type	Reason
nil	-

4.b) A/C Crossing E/L But Failing to Complete Mission

No & Type	Reason
nil	-

5.a) Location of Objective Coordinate Aiming Point	b) Time over Objective	c) No A/C Attaking	d) Alt. of Release
A/R area #2, M/T's between Y-105557 and Y-175523	11.05	9	6500-3000'

6.a) Escorted by: nil 6.b) Escorting: nil

c) No A/C Carrying Bombs: 9

Duty of A/C Not Carrying Bombs: nil

7.

Type Explosive	Fusing N T	Number Carried	No Expended at Each Objective (1)	(2)	(3)	(4)	Lost on & Dest.	MIA A/C	No to	Rt'd
(M1A1) 6-20 frag clus	Inst	10	10				nil			nil
(M 17) 500 Inc clus	Inst	8	8							

8. Ammo.Cal. or MM	Carried	Expended
,50cal	25.200	4 350

9. Type Flak	Accuracy	Intensity	Location (grid coordinate)
Lt	acc	scant	Y-4856
Hy	inacc	scant	Y-4856

10. No & Type E/A Encountered	Location	Aggressiveness
—		

11.a) Own Aircraft losses	b) Cause	c) Crew Casualties
#.681 Cat I dam	Flak	nil
#.001 Cat I dam	Flak	nil

11.d) A/C Rt'd from MIA	MIA on Miss. No	MIA Pilots Rt'd -SW,LW of Unwounded	MIA on Mission
nil	-	-	-

12. E/A Destroyed (No & Type)	E/A Prob. Dest (No & Type)	E/A Damaged (No & Type)
nil	-	-

Zunächst bestätigt der Einsatzbericht für den 26.4.1945 den Doppelangriff in diesem Raum; im Nachtrag heißt es:

"Lt. Ginder leading. Bombing train Y-315 708, locomotive was destroyed. 6 RR-cars damaged by strafing.
At Y-300 665 1 locomotive was destroyed and 22 RR-cars were damaged by strafing." (RR = railroad; d.Verf.)

Der Zug in der *"coordinate"* Y-315 708, der bombardiert und mit Bordwaffen beschossen wurde (= strafing), bestand also tatsächlich nur aus wenigen Wagen. Allerdings kann sich der Angriff nicht nach 9 Uhr, sondern nach 7 Uhr ereignet haben. Denn die 12 Maschinen P-47 D der 50. Fighter starteten 6.13 Uhr zu einer *"bewaffneten Erkundung"* und waren 8.09 Uhr zurück. In der Gegend von Augsburg wurden sie von leichter Flak beschossen, konnten ihrerseits eine Me 109 abschießen, woran zwei P 47 D beteiligt waren.

Die Koordinate Y-315 708 beträfe die Strecke nördlich, die Y-300 665 südöstlich Bobingen. Da diese Angaben nach Rückkehr der Besatzungen und in der Regel nicht sofort gemacht wurden, sind Irrtümer der Lokalisierung verständlich, zumal die Piloten die Gegend nicht kannten und sich ihre Wahrnehmungen bei der hohen Fluggeschwindigkeit primär auf die Objekte konzentrierten.

Da die 50. Fighter im Ausfüllen der Einsatzformulare "faul" gewesen sein soll und auch der Bericht zum 26.4. außer dem oben Zitierten fast nichts enthält, daher nebenstehend zur Dokumentation der Abdruck einer Abschrift des Einsatzberichtes der 86. Fighter zum 27.4.1945 [9], u.a. mit dem Nachtrag:

"Strafing results: 1 loco dam. & 15 RR cars dam. Y-440504; 5 m/t des - 6 m/t dam. - 2 trailers dam. all in vic. of Y-4551 to Y-5238".

Die Koordinate Y-440 504 wäre 2 km östlich Bf Schwabhausen, vermutlich verwechselt mit dem frei stehenden und deutlich erkennbaren Bf Epfenhausen. Beschuß durch deutsche Flak erhielt die Gruppe nur erheblich weiter östlich, wahrscheinlich von einer Batterie westlich des Flugplatzes Maisach. Die Zahl 4 350 verschossene Munition nennt den Gesamtverbrauch, nicht ausschließlich den bei Schwabhausen, und die Angabe 15 Wagen erlaubt keine Folgerung für den Häftlingszug. Es ist ebenfalls eine Gesamtzahl, die beide der dort stehenden Züge betrifft. Bestätigt wird, daß nur eine Lok vorhanden war, der Angriff kann jedoch erst nach 11 Uhr stattgefunden haben.

Die Abflug- und Rückkehrzeiten wurden ziemlich genau festgehalten, und da die 86. Fighter 9.55 Uhr vom Flugplatz Braunshardt bei Weiterstadt/Darmstadt startete, hätte sie bei ca. 300 km Luftlinie gut eine halbe Stunde Flugzeit gehabt. Sie griff aber zuerst einen westlich Schwabmünchen eingekesselten deutschen Kampfverband mit Bomben an, um sich danach Richtung Fürstenfeldbruck Einzelziele zu suchen.

Die geringe Wagenzahl des bei Hurlach zerstörten Zuges sowie die weiteren Zeitumstände lassen den Schluß zu, daß dieser Kurzzug in Kaufering auch die Wagen mit kranken Häftlingen aus den Lagern um Landsberg übernehmen sollte und nun des akuten Lokmangels wegen die deshalb unerläßliche Planung völlig durcheinander kam. Dann mußten die Überlebenden des Massakers von Hurlach doch wohl erst geholt werden, worüber der Tag verging.

Mehrere in der Gold=Schrift zitierte Zeugen berichten, daß ihr Zug die ganze Nacht unterwegs war bzw. herumstand, vermutlich auf einem Nebengleis des Bfs Epfenhausen,

zwischen Kaufering und Schwabhausen. Die einzige noch in Kaufering vorhandene Lok dürfte den Rückzugsgepflogenheiten entsprechend für einen anderen Zweck bestimmt gewesen sein. Nach Abstellung des Häftlingszuges im nächsten Bf, eben Epfenhausen, hatte sie zurückzufahren, um ihre eigentliche Aufgabe zu erledigen: Zusammenrangieren eines sogenannten Räumzuges. Sowohl von den ausgelagerten Betrieben bei Bf Kaufering, z.T. mit Anschlußgleisen, als auch vom Fliegerhorst Penzing, der ebenfalls Gleisanschluß hatte, sollte noch möglichst viel Material abgefahren werden. Bei Gold (Anm. 6) steht auf S. 23 eine Aussage über den anderen Zug, der nicht mehr abgefahren wurde, *"dessen reichhaltiges Material (unter dem sich auch Schreibmaschinen befanden)..."* die Bewohner Schwabhausens heimlich plünderten, bis das von US=Soldaten unterbunden wurde. Die Angaben "Materialzug" werden also zutreffend sein, dgl. daß dieser Zug schon dastand, als der Häftlingszug eintraf, d.h. von Epfenhausen geholt worden war.
Es gäbe noch weitere Hinweise auf diese Abfolge, die jedoch unwesentlich sind. Zu erwägen wäre aber noch, warum die Züge nach Umrangieren des Häftlingszuges auf das Richtungsgleis München-Kaufering in der spärlichen Walddeckung stehen blieben. Notwendig war dieses Rangiermanöver im Bf Schwabhausen, um die zwischen beiden Zügen befindliche Lok an die Spitze eines Zuges zu bekommen, sicher des Materialzuges, weil dessen Weiterfahrt durch die Zerstörung der Lok unmöglich geworden war.
Zur Frage, warum die Züge um 11 Uhr noch vor Schwabhausen standen, bieten sich zwei Erklärungen an. Entweder hatte das Beladen des Materialzuges und das Zusammenrangieren voneinander entfernt stehender Wagengruppen bei totaler Verdunkelung länger als vorhergesehen gedauert, oder man wollte den offenbar durch Luftangriffe besonders gefährdeten Vormittag halbwegs in Deckung verbringen, die Lok unter kleinem Feuer gehalten. Alles wird sich nicht mehr ergründen lassen, und in diesem Falle hätte wohl nichts die Katastrophe verhindert.
Die getöteten Häftlinge begrub man längs des Bahndammes, dort wo sie bei der Beschießung aus den Wagen sprangen, um in den Wald zu fliehen und Opfer des Bordwaffenbeschusses wurden.[10] Was aus den Toten der Lok- und Begleitpersonale des anderen Zuges wurde, ist nicht bekannt. Auch der diensthabende Beamte des Bfs Schwabhausen soll damals den Tod gefunden haben.
Über die Zahl der Toten der beim Hurlacher Luftangriff Getöteten lassen sich nur Vermutungen anstellen, dgl. über die fast 600 m vom Bahndamm entfernte Lage der Begräbnisstätte. Die Gedenktafel gibt 360 KZ=Opfer an. Allerdings sollen hier auch verkohlte Leichen aus Lager 4 beigesetzt sein, obwohl sich die Lager=Begräbnisstätte 2 km nordöstlich am Lechufer befindet. Der Überlieferung zufolge wären unter den Begrabenen auch Männer in verschiedenen Uniformen, so Eisenbahner, und mit Erkennungsmarken gewesen.
Viele Fragen um die Begebenheiten jener Tage werden schwerlich noch eine Antwort finden. Nicht zuletzt, weil die älteren Anwohner nicht sonderlich bereit sind, sich mit dieser Vergangenheit zu befassen, solange alles damit Zusammenhängende zu einem an sie gerichteten Schuldvorwurf benutzt wird oder dahingehend ausgelegt werden kann. Warum beispielsweise ist der Schwabhausener Gedenktafel nicht zu entnehmen, wie und durch wen die dort Begrabenen umkamen!

3. **Aßling** (Str Rosenheim-München)
Auffahrunfall am **16.7.1945** US=Militär-/Gefangenenzug
(102 deutsche Tote)

Die Tragödie von Aßling im Osten Münchens, keine drei Monate später, geriet ebenfalls für Jahrzehnte in Vergessenheit. Auch sie wird sich in vielen Details nicht mehr ganz klären lassen, und wieder waren Häftlinge, wenngleich anderer Art, die Opfer.
Nach Unterzeichnung der bedingungslosen Kapitulation im Auftrag von Großadmiral Dönitz, dem letzten Repräsentanten des Deutschen Reiches, stellten auch die noch intakten Truppenteile der Wehrmacht am 8. Mai 1945 um 24 Uhr den Kampf ein. In einem Punkt allerdings widersetzten sich die deutschen Soldaten der Ostfront den Kapitulationsbedingungen: Sie ergaben sich, sofern vermeidbar, nicht der Roten Armee, sondern sie versuchten, sich Richtung Westen abzusetzen. Daß die Gefangenschaft bei den Westalliierten auch mit Hunger und Schikanen verbunden sein würde,[11] war ihnen klar, aber das weit geringere Übel im Vergleich zu der geringen Chance, in sowjetischer Gefangenschaft zu überleben.
So hatten die britischen und US=Armeen eine solche Menge deutscher Soldaten hinter Stacheldraht zu halten, daß es Gefangenenlager von riesigen Ausmaßen gab. Nicht zuletzt der deutschen Versorgungslage wegen begannen US=Amerikaner und Briten schon bald mit Entlassungen, ausgenommen in die SBZ. Aber auch in dieser beheimatete Soldaten bekamen ihren Entlassungsschein, wenn sie eine Anschrift außerhalb der SBZ angaben. Die Formalitäten waren einfach; mit ein paar Mark Entlassungsgeld, sogar etwas Marschverpflegung, fuhren die Gefangenen nach unterschiedlich langer Wartezeit in Güterwagen zum eigentlichen Entlassungsplatz, meist die Regierungsbezirks=Hauptstadt des Ortes, den man als Wohnsitz angegeben hatte.
Da es im Raum südöstlich München keine nennenswerten Kampfhandlungen gegeben hatte und an der Strecke von Rosenheim nur geringfügige Kriegsfolgeschäden zu beseitigen gewesen waren, konnte der Betrieb dort provisorisch bald wieder aufgenommen werden, allerdings unter US=Aufsicht bzw. -Regie. Nur die direkt für den Betriebsablauf nötigen Handlungen wurden von deutschen Eisenbahnern vorgenommen.
Anfang Juli 1945 stellte das US=Kommando des Lagers Bad Aibling in Südbayern zunächst einen Transport in der britischen Zone beheimateter deutscher Kriegsgefangener zusammen, die einem Bericht nach über das Lager Wunstorf bei Hannover zur Entlassung kommen sollten. So wurden am 16.7.1945 etwa 1200 Mann, je 40 in 30 G=Wagen verladen und Spätnachmittags rollte der Zug nach Rosenheim, wo er Kopf machte und eine Ellok älteren Typs (BR 75) zur Weiterfahrt Ri München erhielt. Sicher ist, daß die Lok Schwierigkeiten hatte, den Zug auch mit geringem Tempo zu befördern, zumal die Strecke von Rosenheim bis Grafing eine geringe, aber kontinuierliche Steigung hat. Die ungleiche, schwankende Fahrspannung mag mitursächlich gewesen sein. Definitiv dürfte jedoch ein Maschinendefekt die Fahrt gegen 21.15 Uhr rd. 1,5 km hinter Bf Aßling beendet haben. Der Zug blieb mit Zugschluß bei km 43,4 in einer Linkskurve nahe einem Wärterhaus liegen. An der Innenseite der Kurve beeinträchtigte eine nicht ausgeholzte Bö-

schung die Sicht. Dazu regnete es nach einem Gewitter. Ein großer Teil der Soldaten schlief bereits. Die Gefahren des Krieges waren schließlich vorbei und die Reise ab München würde noch 8 Tage dauern.
Nachdem der Fdl von Oberölkofen, der ersten Station hinter Aßling, einige Zeit auf den gemeldeten Gefangenenzug gewartet hatte, soll er bei seinem Kollegen in Aßling angefragt haben, wo der Zug bliebe. Das verstand Fdl Aßling angeblich als Rückmeldung und gab daraufhin die noch besetzte Strecke einem amerikanischen, mit Panzern beladenen und von einer Ellok BR 94 gezogenen US=Transportzug frei, der auf den ungesichert stehenden Gefangenenzug prallte.
Beim Aufstoß wurden die letzten sechs Wagen des Gefangenenzuges in- und übereinander geschoben. Einem Bericht nach starben 96 deutsche Soldaten sofort, vier im Lazarett Kirchseeon und zwei in dem von Rosenheim. Bei einer Zählung der Insassen früh in München fehlten 255 Mann. Vielleicht nahmen ein paar die Katastrophe zum Anlaß, sich zu entfernen, um in Bayern zu bleiben. In der Hauptsache dürfte aber die Differenz zwischen den fehlenden 255 Soldaten und den 102 Toten die Zahl der schwerer Verletzten gewesen sein, die in Lazarette gebracht worden waren.
Da an der Unglückstelle bergiges Gelände und dichte Bewaldung eine Beerdigung sehr erschwert hätte, wurden 95 der getöteten Soldaten zwischen Bahndamm und Friedhof Oberölkofen beigesetzt. Am 26./27.5.1962 fand die Einweihung der vom Landratsamt Ebersberg angelegten Gedenkstätte statt, die weitere Betreuung übernahm der Volksbund deutscher Kriegsgräberfürsorge. An der Unfallstelle selbst soll ein einfaches Kreuz gestanden haben, von dem wir vor einigen Jahren nicht einmal das Fundament fanden.

Die Inschrift auf dem im hinteren Teil des Bildes stehenden Gedenksteins lautet:
"In den Abendstunden des 16. Juli 1945 fuhr 3000 Meter südlich dieser Stätte ein mit amerikanischen Panzern beladener Transportzug auf einen wegen Lokomotivschaden liegengebliebenen mit deutschen Kriegsgefangenen besetzten Zug. Hierbei kamen 105 unserer Soldaten die in ihre rheinische Heimat zur Entlassung fuhren und ein amerikanischer Soldat ums Leben. Von ihnen wurden hier 95 Soldaten zur letzten Ruhe gebettet."

Die Identifizierung der Getöteten war nicht einfach. Da 40 Soldaten in einem G=Wagen im Sommer beträchtliche Temperaturen erzeugen, hatten sie u.a. ihre Uniformjacken abgelegt, in denen die Personalpapiere steckten. Niemand wußte, welches Kleidungsstück zu welchem Toten gehörte. Ohne die vom Krieg her noch umhängenden Erkennungsmarken hätte man die meisten namenlos bestatten müssen, was nur bei einigen völlig Verstümmelten unumgänglich war.
Um die Identifizierung der Toten bemühte sich ein deutscher Polizist; im Haus des nahe der Unglücksstelle wohnenden Bahnwärters fanden Verletzte Aufnahme und Erste Hilfe. Wir schrieben beide um weitere Informationen an. Die Briefe kamen mit dem Vermerk zurück: gestorben.
So bleibt die Unfallschuld Vermutung. Dem Bericht des Volksbundes Deutscher Kriegsgräberfürsorge nach, dem die meisten der vorstehenden Fakten entnommen sind, wurde der Fdl Aßling mit Gefängnis ohne Bewährung bestraft. Das beweist wenig. Denn die Justiz lag nach der Kapitulation in Händen der Sieger, die insbesondere bei Vermengung mit eigenen Belangen, sogenannten kurzen Prozeß machten.
Vielleicht war die telefonische Verständigung durch die provisorisch reparierten Leitungen schlecht, so daß der Fdl Aßling die Anfrage vom Fdl Oberölkofen mißverstand, vielleicht wurde er von US=Soldaten abgelenkt. Es könnte auch sein, daß der ungeduldige US=Transportkommandant auf Weiterfahrt bestand, mit der Weisung, der Lokführer solle eben aufpassen. Denn der US=Zug, mit einer funktionierenden, starken Lok bespannt, dürfte schon geraume Zeit hinter dem langsamen Gefangenenzug hergefahren sein.
Es bleibt Vermutung, aber weil bei dem Unfall gemäß Gedenkstein auch ein US=Soldat, laut o.g. Bericht "mindestens 3" umkamen - von erheblichem Sachschaden abgesehen -, war es eine Angelegenheit der US=Armee. Erklärungen des angeklagten Fdl konnten als Schutzbehauptung genommen werden, sofern man sich überhaupt Mühe mit der Wahrheitsfindung gab. Es wäre nicht der einzige Fall gewesen, in dem ein Deutscher an Stelle von Angehörigen der Siegermächte bestraft wurde. Mitunter genügte eine falsche Anschuldigung oder ein sprachlich bedingtes Mißverständnis. Wer bei Vernehmungen durch US=Offiziere aufbegehrte, bekam nicht selten Schläge[12] - und das nicht nur kurz nach Kriegsende. Für Deutsche dauerte die Zeit der Rechtlosigkeit und Willkür, verbunden mit Hunger, einer abnorm hohen Sterbequote, Vertreibung und Demütigungen noch eine ganze Weile an.

---

1 H.J. Ritzau, Schatten der Eisenbahngeschichte, Band 1, Pürgen 1987, S. 297 ff.

2 Das makabre Gegenstück ist die Verurteilung als Kriegsverbrecher z.B. von Pfarrer Werner Hess, Leutnant d.R. einer Flak Abt., die einen US=Jagdflieger abschoß, der einen Reisezug und danach zu Hilfe kommende Anwohner beschossen hatte (ca. 20 Tote). Ausgesandt, den US=Fliegeroffizier gefangen zu nehmen, konnte Hess nicht verhindern, daß der US=Offizier von der aufgebrachten Bevölkerung Ohrfeigen erhielt. Obwohl der US=Offizier diesen Sachverhalt vor Gericht bestätigte, wurde Herr Hess zu einem halben Jahr 'Landsberg' verurteilt, womit er Glück hatte im Vergleich zu anderen, ähnlich gelagerten Fällen, die mit Verurteilung bis zu 25 Jahren Kriegsverbrecher=Zuchthaus oder gar vollstreckter Todesstrafe endeten; u.a. nachzulesen in K.W. Hammerstein, Landsberg - Henker des Rechts?, Wuppertal 1952.

3 Heinz Schön, Ostsee '45 - Menschen-Schiffe-Schicksale, 3. Auflage Stuttgart 1985, 8. Kapitel (Die 1. Auflage erschien 1982).

4 So erhielten wir im Laufe der Recherchen über die Luftangriffe der näheren Umgebung eine Schrift zur Geschichte der Bahnstrecke Augsburg-Welden zugesandt, die einen Bericht mit Fotos über Beschießung und Bombardierung eines Arbeiterzuges am **10.4.1945** bei Einfahrt in Bf **Aystetten** enthält (s.Abb. S.21).

5 Heimatbuch Stadt- und Landkreis Landsberg a. Lech, von Bernhard Müller-Hahl, Landsberg, 1966.

6 Die "Judengräber" von Schwabhausen, eine Tragödie aus den letzten Kriegstagen nach Augenzeugenberichten zusammengestellt von Volker Gold, Landsberg, Überarbeitung der Erstfassung vom April 1985 im Januar 1990.
Die auf DIN A 5 maschinengeschriebene Schrift umfaßt 44 Seiten mit zwei Kartenausschnitten und etlichen undeutlichen Abbildungen. Knapp die Hälfte der Schrift bezieht sich auf die Geschehnisse des 27.4.1945. Auszifferungen verweisen auf S. 44 mit 24 Quellenangaben (Quelle 23 - im Text vorhanden - fehlt). Elf der angeführten Quellen beruhen auf 1984/85 und 1988 mit Einheimischen geführten Gesprächen, eine auf eines mit einem ehemaligen KZ=Häftling, drei auf Berichten bzw. Aussagen, die in der USA bzw. Jerusalem vorliegen, je zwei auf Artikeln in den 'Dachauer Heften' und Briefauskünften. Ferner sind das Heimatbuch (Anm.4), der 'Historische Atlas vom Bayer. Schwaben' und zwei Übersetzer aufgeführt. Außer dem Namen der Autorin eines Beitrages in den 'Dachauer Heften' und zwei der in den USA aufbewahrten Quellen sind die Namen - auch die der Übersetzer - nur durch Anfangsbuchstaben angegeben. Unsere Anfrage zur Klärung zahlreicher Ungenauigkeiten und Widersprüche blieb ohne Antwort.

7 So sinngemäß von Frumentius unterstellt, zitiert in I,1, und direkt von Dr.Grünberg (?) behauptet; Gold (Anm. 6), S 17:
"Um 1/2 9 Uhr waren amerikanische Beobachter in dieser Gegend und beobachteten den Flakzug. Daraufhin wurde der Flakzug ausrangiert und an dieser Stelle plazierte man den langen Häftlingszug. <...> Der Flakzug begab sich auf ein zweites Geleise und wurde durch den Häftlingszug gedeckt. Man hat also absichtlich den Flak- und Verpflegungszug der Luftwaffe durch den Häftlingszug abschirmen wollen. Gegen 10 Uhr bewiesen sich am Himmel die ersten amerikanischen Jagdbomber. <...> Gegen 10 Uhr 15 ließen sich die Jagdbomber auf den Zug herunter und begannen die Lokomotive und die ersten Waggons zu beschießen."

8 Der Bürgermeister der Verwaltungsgemeinschaft (=V.G.) bestätigte auf Rückfrage den Fund von ein paar Kartuschhülsen. Ein Zusammenhang mit dem Luftangriff am 27.4.1945 sei jedoch zweifelhaft, zumal die Entdeckung erst 40 Jahre später erfolgte.

9 Einsatzberichte des XII. Taktischen Luft Kommandos, März/April 1945, auf Microfilm Rolle 5-199, von Albert F. Simpson, Historical Research Center USAF, Maxwell Air Force Base, Alabama, USA.

10 Die Zahlen der Beigesetzten können nur als Schätzung genommen werden. Grünberg (Gold, Anm. 6, S. 17) gibt für das Schwabhausener Grab 136 an, andere 130. Nach Gold S. 34f starben noch 40 im Lazarett St.Ottilien.

11 Eine hohe Zahl von Todesopfern gab es lediglich in den berüchtigten US=Rheinwiesenlagern. Auch Gefangenenerschießungen fanden ohne Gerichtsverhandlung vereinzelt statt, wie im Raum Landsberg.

12 Oder Schlimmeres. So berichtet Nobelpreisträger E. Hemingway in einem Brief an Verleger Sribner, daß er einen deutschen Kriegsgefangenen, der die Aussage verweigerte, kurzerhand erschossen habe. Deutsch in E. Hemingway, Ausgewählte Briefe, Hamburg 1984, S. 456.

Luftangriff am 10.4.1945 auf Arbeiterzug bei Einfahrt Bf Aystetten (49 Tote)
<Fotos: Sammlung Geistlicher Rat Ernst, Aindling)

Augsburg Hbf nach Luftangriff vom 27.2.1945; **oben:** Blick Ri Westen mit Resten des Fußgängersteges / **unten:** Blick Ri Osten auf EG=Seite (über 300 Tote)

II. Übergangsjahre

1. Bestandsaufnahme, Rückschläge und neue Probleme

Die zunächst behelfsmäßige Wiederherstellung zerstörter Bahnanlagen vollzog sich unter dem Gesichtspunkt der für das alliierte Transport- und Nachschubwesen wichtigen Bedürfnisse. Deshalb setzten auch US=Pioniere mit ihrem Brückengerät größere Brücken wieder in Stand, die durch Kampfhandlungen, Luftangriffe oder Sperrmaßnahmen der sich zurückziehenden deutschen Truppen zerstört bzw. stark beschädigt waren. Auf deutscher Seite begann man neben den Aufbauarbeiten außerdem mit einer ersten Sichtung dessen, was die europäische Mammutkatastrophe vom deutschen Eisenbahnwesen an Brauchbarem übrig gelassen hatte. Das Ausmaß der Zerstörungen war regional unterschiedlich, und statistische Angaben wie 3 150 zerstörte oder stark beschädigte Brücken, 1 900 Stellwerke, 4 340 km Gleis vermitteln nur ein abstraktes und blasses Bild. Eher sind Fotos geeignet, eine Vorstellung der damaligen Zustände zu geben.

Die Stimmung der Deutschen war bedrückt, da Gerüchte über harte Maßnahmen der Siegermächte ihre ohnehin deprimierende Lage noch verzweifelter machten. Dazu lösten Demontagen zu Reparationszwecken, die aus deutscher Sicht das Werk der Zerstörungen fortsetzten, Erbitterung aus. Eisenbahnmaterial wurde in größerem Umfang nur in der SBZ abgebaut und in die UdSSR geschafft, in der französischen Zone blieb es beim vereinzelten Abbau des zweiten Gleises, so Freiburg-Offenburg und Horb-Rottweil. Aber die undurchsichtige Haltung der Briten in der Demontagepraxis verunsicherte lange.[13]

Wieder erscheinende Zeitungen, die sogenannte Lizenzpresse, herausgegeben von alliierten Presseoffizieren, waren vor allem das Mittel, den Deutschen einen Schuldspiegel vorzuhalten sowie Instrument zur "Umerziehung". Der sachliche Informationswert der Zeitungen war zumeist gering und wenig überzeugend.

Hemmend, ja negativ wirkte sich die Aufteilung Deutschlands in vier Besatzungszonen aus mit vier Eisenbahnverwaltungen, strenger Abschnürung bei unterschiedlichen Auffassungen und Maßnahmen der Besatzungsmächte, die die oberste Gewalt ausübten. Die Gründung des Vereinigten Wirtschaftsgebietes am 5.9.1946 mit Zusammenlegung der Bahnverwaltungen der britischen und amerikanischen Zone brachte vor allem den Bewohnern der Bizone durch Aufhebung des Passierscheinzwanges Reiseerleichterungen. Aber bis zu einem übereinstimmenden Wirtschaftskurs selbst dieser beiden Besatzungsmächte dauerte es noch einige Zeit. Dies und anderes ließ den Aufbau sehr stockend vorangehen.

Mit leeren Kassen mußte die Arbeit begonnen werden. Da die Entwertung der noch gültigen Reichsmark rapide fortschritt, bedeuteten die Bilanzen bis zur Währungsreform nicht viel. Schwerer wog der Mangel an qualifizierten Kräften. Viele Männer waren noch nicht aus der Gefangenschaft zurück, und vor allem in der US=Zone mußte jeder irgendwie politisch Verdächtige im Vollzug der Entnazifizierungsverfahren entlassen werden, sofern er nicht gar inhaftiert wurde, teils in ehemaligen KZ, teils in neu errichteten Lagern.

oben: Bf Donauwörth nach Luftangriff 11.4.1945 /
unten:,links: Haupthalle München Hbf - rechts: Trümmer eines unbekannten Bahnhofs

Das traf beispielsweise im Bereich der ED Nürnberg, jeweils bezogen auf den Personalstand vom 1.4.1945: 91% der Beamten des höheren Dienstes,[14] 56% des gehobenen, 18% des mittleren, 16% des einfachen, 22% der Angestellten und 3,5% der Arbeiter; insgesamt 3 517 Bedienstete. Nachdem Mitte 1946 die Spruchkammern ihre Arbeit aufgenommen hatten, durften nach und nach die Entnazifizierten wieder ihre Aufgaben übernehmen.[15]

Dann entstand ein anderes Problem: Einsatz und Eingliederung der vertriebenen Bahnbeamten aus den abgetrennten Ostgebieten - damals noch als vorbehaltlich einer friedensvertraglichen Regelung bezeichnet - und der Flüchtlinge aus der SBZ. Dort, wo Kräfte gebraucht wurden, nämlich in den Verkehrszentren, gab es infolge der Zerstörungen für die Familien keine Wohnungen. Sie mußten in ländlichen Gegenden untergebracht werden, wo ohnehin Personalüberhang bestand. Notunterkünfte in den Brennpunkten des Aufbaus für einen Teil der Flüchtlinge stellten nur eine Behelfslösung dar. Zudem war vielfach eine Umschulung auf neue Aufgabenbereiche nötig, was wiederum das Einleben der Neubürger verzögerte.

Schließlich wäre noch die pflichtgemäße Beschäftigung Unfallgeschädigter und Kriegsversehrter zu nennen sowie der Mangel an Arbeitern, da die geldliche Entlohnung vor der Währungsreform keinen Anreiz bot. Und nach der Währungsreform am 20.6.1948 stand die seit Zusammentritt des ersten deutschen Bundestages am 7.9.1949 in der "provisorischen" Bundeshauptstadt Bonn nunmehr Bundesbahn benannten, aber noch bizonalen Eisenbahnverwaltung gegenüber dem Anfang vor der völlig konträren Situation, jetzt zu viel Personal ohne entsprechende Einnahmen zu haben.

2. Chaotische Reisen

Die letzten Jahrgänge der noch DIE REICHSBAHN benannten bahnamtlichen Zeitschrift bieten über rechtliche und verkehrliche Mißstände jener Jahre eine Fülle von Informationen und Gedanken in anschaulicher Form, wie der Auszug eines Artikels von Oberreichsbahnrat Huber, Stuttgart, abgedruckt in Heft 3/48, S. 41 ff zeigt:

> *"... Allen Schwierigkeiten, größten Entbehrungen und auch Verboten zum Trotz setzte schon wenige Tage nach dem Waffenstillstand eine völlig ungeordnete Rückwanderung ein. ...*
>
> *Der Hauptstrom der Beförderung heischenden Menschenmassen ergoß sich in die großen Knoten- und Rangierbahnhöfe, um von dort aus zu versuchen, nach oft tagelangem Warten mit den für die alliierten Truppen gefahrenen Leerwagen und Kohlezügen seinem Ziel näher zu kommen. Soweit das von den örtlichen Besatzungsstellen zugelassen wurde, sind von den Reisenden Fahrgelder eingezogen worden. Eine restlose Erfassung war jedoch bei den chaotischen Zuständen nicht möglich, so daß von Eisenbahnseite, nicht zuletzt auch aus finanziellen Gründen angestrebt werden mußte, das allgemeine Beförderungsverbot zu lockern, Personenzüge zu fahren und die Mitfahrt in den Güterzügen, die - abgesehen von den*

dabei aufgetretenen unhaltbaren Zuständen auf den großen Bahnhöfen - häufig zu Unfällen, aber auch zu Beraubungen von Besatzungszügen führte, zu unterbinden. Diesen Argumenten konnten sich auch die alliierten Kontrollorgane nicht verschließen: während der Betrieb auf den Hauptstrecken vorerst von ihren Spezialformationen übernommen blieb, konnte mit ihrer Genehmigung doch allmählich ein beschränkter Betrieb auf Teilstrecken aufgenommen werden. ..."

Selbst auf der 1946 für damalige Verhältnisse mit vier täglichen Zugpaaren gut belegten Strecke Kassel-Bebra fuhr der letzte Zug nach Kassel 15.55 Uhr in Bebra ab. Dann war Pause bis 5.10 Uhr. Von Göttingen bis Bebra gab es dagegen nur einen täglich verkehrenden Zug am frühen Morgen. Der zweite Zug, am Abend, endete in Eschwege=West. Wer weiter wollte, mußte es mit einem Güterzug probieren, und weder Unbequemlichkeit noch Risiko, noch Militär- oder Bahnpolizei konnten das generell verhindern.

Von dem, was in den Jahren 1944 - 1946 passierte, sind nur Bruchstücke bekannt, aber 1947 erschienen die Statistischen Angaben [16] wieder, die nicht nur die Bizone, sondern auch das französische Besatzungsgebiet berücksichtigten, ausgenommen das Saarland. Im Jahrgang 1949 der noch DIE REICHSBAHN betitelten Bahnzeitschrift sind in Heft 10 und 12 sogar vergleichende Berichte über die Sicherheit der Verkehrsträger (von Fischl) und Entwicklung der Bahnbetriebsunfälle (von Rohde) veröffentlicht. Die letztgenannte Arbeit bringt Zahlen über die Folgen selbstverschuldeter Unfälle von Reisenden im Bahngelände und in Zügen, teilweise sicher auch bedingt durch die Reiseumstände.

1946		**1947**		**1948**	
T	V	T	V	T	V
282	757	252	758	171	570

Die Vollständigkeit der Zahlen für 1946 dürfte zweifelhaft sein, und insgesamt wären sie zu ergänzen durch die der Sparte 'fremde Personen', also blinde Passagiere oder Güterzugreisende, von denen 1947 allein in der Bizone 451 getötet und 446 verletzt wurden.

Im Einzugsbereich der größeren Städte gehörten genau wie nach 1918 die Trittbrettfahrer zum zeitgemäßen Reisebild, häufig bei sogenannter Hamsterfahrt. Vieles, was dabei passierte, ist in den Wirren jener Tage unbeachtet geblieben. Nur zwei schwere Unfälle dieser Art sind überliefert:

Am **23.7.1947**, Str **Hamburg-Lüneburg**, wurden bei Begegnung P 782 mit Sgb 5509 Reisende von der offenen Türe eines Kühlwagens wegen defekten Türverschlusses vom Trittbrett gerissen (11 T, 12 V), und
am **15.8.1947**, Vorort=Str **München-Pasing**, Trittbrettfahrer von P 3413, München-Herrsching, bei Begegnung mit P 2916, Gauting-München, heruntergerissen; vermutlich war der Rucksack eines Reisenden an der Griffstange der Lok des P 2916 hängen geblieben (4 T, 1 V).

Aber auch wer planmäßig reiste, war nicht sicher, ob oder wann er sein Ziel erreichte. Züge fielen unvermittelt aus und öfters endete die Fahrt vorzeitig wegen Maschinenschaden. Es dauerte dann Stunden, bis eine Ersatzlok eintraf. Außerdem verursachten gelegentlich die Betriebsprovisorien mehr oder weniger ernste Zwischenfälle.

oben und **rechts**: Zeitgemäße Reiseszenen

unten links: ein gerade entladener Kohlezug mit menschlicher Rückfracht von Hamburg ins Ruhrgebiet. Der Zug links im Bild diente der Besatzungsmacht.

unten rechts: Reisekomfort 1946: Wenigstens ein frisch verglaster Sehschlitz

Zu Neuwied: **oben**: Die abgestürzte 03 054 des D 269 / **unten:** Das zerstörte Gleis mit Wagen 2

3. **Neuwied** (Str Wiesbaden-Niederlahnstein-Köln) Zusammenstoß am **22.12.1947** D 269 mit D 48 am Ende einer Gleisverschlingung (42 T, 116 V)

Der aufmerksame Leser der HEILBRONNER STIMME konnte auf einer Seite der Ausgabe vom 24.12.1947 versteckt zwischen Berichten über das Nürnberger Militärgericht, die Inhaftierung des Leiters der Fürther Kripo (weil er von einem beschlagnahmten Stoff ein Stück für sich abgeschnitten haben sollte), Verurteilungen vom Wachpersonal des KZ=Lagers Auschwitz durch den polnischen Gerichtshof und derartigem mehr eine kurze Notiz über den Zusammenstoß zweier "Eilzüge" bei Neuwied entdecken. Die Lokalpresse war natürlich besser informiert und berichtete genauer, bezeichnete das Unglück allerdings als das schwerste der Nachkriegszeit. Von dem bei Aßling hatte man in Neuwied offenbar nichts gehört, obwohl Rheinländer betroffen waren. Auch die Kunde von zwei legendären Katastrophen in der SBZ, angeblich je mit über 100 Toten, war nicht so weit westlich vorgedrungen.
Mit den Jahren schwand auch die Erinnerung an die Katastrophe von Neuwied am 22.12.1947. Nur in Eisenbahnerkreisen wurde sie nicht vergessen. Daher hatte die Suche nach zuverlässigen Informationen schließlich doch Erfolg.
Das Unglück ereignete sich nördlich der Wied=Brücke zwischen den Bahnhöfen Neuwied und Fahr-Irlich. Die am 3.11.1944 durch Bombentreffer stark beschädigte Wied=Brücke, ab 27.11.1944 eingleisig und ab 7.12.1944 wieder zweigleisig befahrbar, war am 13.3.1945 von deutschen Truppen im Zuge der Sperrmaßnahmen gesprengt worden. Am 12.9.1945 konnte nach Fertigstellung einer eingleisigen Behelfsbrücke durch die Alliierten der Verkehr wieder aufgenommen werden.
Die Brücke war in der Achse des Richtungsgleises Neuwied - Fahr-Irlich errichtet worden. Statt das Gleis der Gegenrichtung durch Weichen vor und hinter der Brücke auf das durchgehende Süd-Nord=Gleis zu leiten, wählte man eine sogenannte Gleisverschlingung, d.h. der innere Strang des Nord=Gleises kreuzte den inneren Strang des Gegengleises, so daß im Brückenbereich jeweils zwei Stränge der Richtungsgleise nebeneinander lagen. Unmittelbar nach dem Ende der nördlichen Gleisverschlingung begann der Bahnhofsbereich Fahr-Irlich, wo die beiden Ausfahrgleise Richtung Neuwied zweibegriffige Ausfahrsignale hatten. Das südliche Ende der Gleisverschlingung wurde für die Züge von Neuwied durch ein ebenfalls zweibegriffiges Signal und Langsamfahrsignaltafeln gesichert.
Für den von Süden kommenden D 269, Freiburg-Dortmund, standen Vor- und Hauptsignal auf Halt, da dem D 48, Dortmund-München, der eingleisige Streckenabschnitt, km 133,1 - 133,5, zur Durchfahrt freigegeben worden war. Der Tf des D 269 überfuhr in der Dunkelheit die vermutlich unbeleuchteten Signale, das Hauptsignal um ca. 700 m. Er gab später zu Protokoll, die Warnstellung des Vorsignals wahrgenommen und danach mit seinem Heizer gemeinsam nach dem Hauptsignal Ausschau gehalten zu haben. Jedoch seien sie sich erst beim Befahren der Brücke bewußt geworden, daß sie am Hauptsignal vorbei gefahren wären, und daraufhin hätte er sofort Vollbremsung eingeleitet.

oben: Zusammenstoßstelle / **unten:** Wagen 1 und 2 des D 269

Nach Plan müßte Gegenzug D 48 die Engstelle schon passiert gehabt haben. Ein Fahrgast dieses Zuges hatte aber, in der Absicht die Entlüfterklappen ganz zu öffnen, in dem unbeleuchteten Abteil versehentlich die Notbremse erwischt, wodurch der Zug im Bf Fahr-Irlich Zwangshalt erhielt. Es dauerte einige Zeit, bis die Ursache geklärt war und D 48 weiterfahren konnte.
Mit ca. 10 km/h stieß 18.32 Uhr die Lok des D 48 am Ende der nördlichen Gleisverschlingung gegen die des D 269, der noch 40 - 50 km/h fuhr. Beim Zusammenprall wurde die Lok 03 054 des D 269 seitlich aus den Schienen gedrückt und stürzte mit den ersten drei Wagen die Böschung hinunter auf die Straße. Der zweite Wagen, ein vierachsiger Abteilwagen preußischer Bauart, erlitt an beiden Wagenenden, der dritte Wagen am vorderen Teil starke Beschädigungen. Insgesamt fanden 42 Personen den Tod, 116 wurden verletzt, alle im D 269. Die Reisenden des D 48 kamen mit dem Schrecken davon, da nur ein Wagen überpufferte. Stärker beschädigt in diesem Zug wurde lediglich die Lok.
18.45 Uhr wurde die Polizei in Neuwied alarmiert und mit Erste=Hilfeleistung begonnen. Bis 21 Uhr trafen Hilfszüge aus Engers, Linz und Oberlahnstein ein. Am Folgetag war die Strecke eingleisig und am 24.12.1947 beide Gleise wieder befahrbar.
In der Gerichtsverhandlung wurde der Lokführer zu vier Monaten Gefängnis verurteilt. Über die Verhandlung - wohl vor einem deutschen Gericht - berichtete die Neuwieder Zeitung gemäß umstehendem Abdruck, ein sachlicher und ausgewogener Bericht, der zudem ein Geschichtsdokument ist.

Wagen 2 und 3 des D 269

13 Hanns D. Ahrens, Demontage: Nachkriegspolitik der Alliierten, München 1982.

14 War doch bereits ein Titel, der mit -rat endete, 'naziverdächtig'.

15 DAS FLÜGELRAD, Mitteilungsblatt der Eisenbahndirektionen in Bayern, Sonderdruck vom 1.12.1949, München, S. 6 und 27.

16 Statistische Angaben über die Deutsche Reichsbahn (ab 1949, DIE BUNDESBAHN), Sparte Betriebsunfälle.

Nach dem Neuwieder Eisenbahnerprozeß

Streiflichter aus dem Gerichtsssaal

-cr- NEUWIED. Das gerichtliche Nachspiel der Irlicher Eisenbahnkatastrophe endete, wie berichtet, mit der Verurteilung des angeklagten Lokomotivführers zu 4 Monaten Gefängnis. Seine persönliche Schuld ist im Rahmen dieser tragischen Verkettung unglücklicher Umstände gering.

Das wurde auch in der Urteilsbegründung festgestellt. Hohe menschliche und fachliche Eigenschaften zeichnen diesen, immer wieder als vorbildlichen Lokführer beurteilten Eisenbahnbeamten aus, der auf eine 33jährige makellose Berufslaufbahn zurückblicken kann.

Der 2tägige Prozeß, durch zahlreiche Untersuchungen und Verhandlungen gründlich vorbereitet, war von einer bemerkenswerten Sachkenntnis getragen, was auch von den vielen als Zuhörer anwesenden Eisenbahnexperten anerkannt wurde. Aus der Behandlung der technischen Belange, insbesondere des Signalwesens und der Streckensicherung erhellten all die großen Schwierigkeiten, denen gerade in den ersten Nachkriegsjahren der Eisenbahnverkehr ausgesetzt war. Nach dem Gutachten des technischen Sachverständigen war das Signalwesen gerade zur damaligen Zeit auf diesem Streckenabschnitt einfach „horrent und unerhört". Mangel und unzureichende Zuteilung von Glaszylindern, Dochten und Petroleum für die Signalbeleuchtung gefährdeten in höchstem Maße die Betriebssicherheit. Die Minderwertigkeit der Lampenzylinder (vor dem Kriege fast ausschließlich aus der jetzigen Ostzone bezogen) führte zu einem anormalen Verschleiß und verursachten oftmals plötzliches Erlöschen der Lampen.

Trotz aller Berichte und Eingaben an die verantwortlichen Instanzen konnte keine wesentliche Abhilfe erreicht werden. Die allgemeine Notlage verhinderte eine ordnungsgemäße Ausstattung wie in Friedenszeiten. Dann trifft das Betriebspersonal und die örtlichen Verwaltungsstellen keine Schuld. Sie waren im Gegenteil bemüht, durch Selbsthilfe dem oftmals behelfsmäßigen Betrieb die höchstmögliche Sicherheit zu verleihen.

Geradezu ergreifend wirken die Aussagen eines einfachen Eisenbahnbediensteten (DM 30.— Wochenlohn), der für die Bedienung der Lampen selbst aus seinem Haushalt Wolle zur Verfügung stellte, um die Brenndauer der Dochte zu erhöhen. Der Bahnhofsvorsteher hatte wochenlang mit Handwerkern Verhandlungen geführt, um die für die Signalbeleuchtung notwendigen Zylinderbehälter zu beschaffen. Außerdem wurden in unverantwortlicher Weise des öfteren aus Signaleinrichtungen Lampen und Petroleum entwendet oder Lampen mutwillig beschädigt.

Bemerkenswert bei der Rekonstruktion der damaligen Tatumstände war die Aussage eines Lokführers, der etwa um 17.45 Uhr mit seinem gleichfalls in Richtung Köln fahrenden Güterzug am Hauptsignal zum Halten kam. Zu diesem Zeitpunkt seien die Lampen noch intakt gewesen, dagegen könne er nicht mit Sicherheit bestätigen, ob die Einrichtung auch nach dem Hochschlagen des Signalflügels noch in Ordnung gewesen sei. Alle Zeugen, die wenige Minuten später oder kurz nach dem Zusammenstoß, der sich um 18.32 ereignete, vorbeikamen, bekundeten übereinstimmend mit der Einlassung des Angeklagten, daß das Signal nicht beleuchtet gewesen sei. Somit kann angenommen werden, daß vielleicht mit der Signalsänderung der Glaszylinder beschädigt und die Flamme zum Erlöschen gekommen ist.

Die äußeren Bedingungen, unter denen das Fahrpersonal seinen anstrengenden, verantwortungsvollen Dienst versehen mußte, waren denkbar schlecht. Der Dienst des Angeklagten begann damals am 21. Dez. um 18 Uhr und sollte am darauffolgenden Abend nach der Rückfahrt aus Frankfurt-Wiesbaden enden. Dazwischen lag eine Pause von etwa 6 Stunden, bei äußerst ungünstigen Ruhemöglichkeiten in Wiesbaden. Als Verpflegung nur wenige Schnitten nur notdürftig bestrichenes Brot sowie einige Kartoffeln mit etwas Mehlsoße mitgeführt.

Aus: Neuwieder Zeitung vom 22.12.1947

III. Die frühe Bundesbahnzeit

1. Das verunglückte Bundesbahngesetz von 1951 ff. Erste Sicherheitsbilanz

In den vier Jahren nach dem Neuwieder Unglück hatte sich Wesentliches ereignet, auch für die Zukunft der Deutschen Bundesbahn, so umbenannt mit Gründung der Bundesrepublik Deutschland, und nicht nur gültig für die Bahnen der Bizone, sondern auch für die der französischen Zone, obwohl diese ihre eigene Bahnverwaltung noch kurze Zeit behielt. Zu den wenigen formalen Änderungen, die sofort erfolgten, gehörte die Umtitulierung der bahnamtlichen Zeitschrift Die Reichsbahn. Am 20.11.1949 erschien das erste, Die Bundesbahn benannte Heft, herausgegeben von der HV der Bizone in Offenbach. Sind auch umständebedingt nicht alle Rechtsfragen klar bzw. abzugrenzen, ergibt sich letztlich doch, daß die DB Rechtsnachfolger der DR ist. In diesem Sinne geben auch die neuesten Ausgaben der Zeitschrift Die Bundesbahn als Gründungsjahr 1924 mit der entsprechenden Jahrgangszahl an. Noch deutlicher weist es die erste umbenannte Nummer der Zeitschrift aus:

DIE BUNDESBAHN

AMTLICHES ORGAN DER HAUPTVERWALTUNG DER DEUTSCHEN BUNDESBAHN
FRÜHER „DIE REICHSBAHN"

HAUPTSCHRIFTLEITER: REICHSBAHNDIREKTIONS-PRÄSIDENT I. R. DR. ROSER
CARL RÖHRIG-VERLAG KÖLN-RIEHL U. STADE

23. Jahrgang | Offenbach, 20. November 1949 | Heft 22

Zur Gründung der Bundesrepublik Deutschland trat am 23.5.1949 das Grundgesetz in Kraft, dessen Schlußartikel 146 den Passus enthält, daß das (unter Aufsicht und mit Einspruchsrecht der Siegermächte entstandene) Grundgesetz seine Gültigkeit verliert:

> *"... an dem Tage, an dem eine Verfassung in Kraft tritt, die von dem deutschen Volke in freier Entscheidung beschlossen worden ist."*

Das wäre dringend notwendig, u.a. da sich mehreres am Grundgesetz überlebt hat, das darin fixierte Primat der Politik mehr oder weniger zu einem Freibrief für unsere Politiker geworden ist [17], und dieses Primat auch unpolitische Bereiche trifft.

So obliegt dem Bund gemäß Artikel 73 die ausschließliche Gesetzgebung über die Bundeseisenbahnen sowie gemäß Artikel 74 die konkurrierende Gesetzgebung über die Schienenbahnen, die nicht Bundesbahnen sind. Artikel 87 bestimmt, daß die Bundeseisenbahnen usw. in bundeseigener Verwaltung mit eigenem Verwaltungsunterbau geführt werde.

In diesem Rahmen entstand bis zu seiner Verabschiedung am 13.12.1951 das Bundesbahngesetz, das *"unter Wahrung der Interessen der deutschen Volkswirtschaft"* in § 4 (bis 1961 gültige Fassung) der DB einerseits kaufmännische Grundsätze vorschreibt, andererseits die Kompetenz der DB= Führung sehr beschränkt. Der jeweilige Bundesminister für

Verkehr hat ein weitgreifendes Aufsichtsrecht, mit der Möglichkeit, Beschlüsse der DB= Führung zu annullieren, sofern diese nicht zuvor die bundesministerielle Absegnung erlangt haben.

Bemerkenswerterweise wurde 1969 die ursprüngliche Fassung des § 14, der das Aufsichtsrecht und die Verantwortlichkeit der Bundesminister für Verkehr bestimmt, u.a. in Punkt 1b wie folgt geändert, treffender gesagt, verwässert:

Ursprünglich: *"b) um die Interessen der Deutschen Bundesbahn und der übrigen Verkehrsträger miteinander in Einklang zu bringen."* [18]

neu: *"b) daß der Betrieb nach den geltenden Vorschriften ordnungsgemäß geführt wird."*

Dr.jur. Karl Ottmann,[19] der am ersten Reichsbahngesetz und am Gesetz der Südwestdeutschen Eisenbahnen, d.h. der französischen Zone, mitgearbeitet hatte, übernahm, wie er schrieb, aus Verbundenheit zu Professor Frohne - ab 13.5.1952 erster DB=Chef - und zu Bizonen=Generaldirektor Busch (1946-1949) die Aufgabe, auch an der Ausarbeitung des Bundesbahngesetzes mitzuwirken. Seine erste unangenehme Überraschung war, daß die Federführung nicht bei ihm, sondern der Verwaltung für Verkehr, dem künftigen Bundesverkehrsministerium, lag. In seinen Memoiren [20] resümierte er:

"Wenn das Reichsbahngesetz (1924) aus einem Guß gelang, so verdankte man das der damaligen Kompromißlosigkeit. Das Bundesbahngesetz, an dem man jetzt herumbastelte, bestand aus halbherzigen Zugeständnissen und doppelsinnigen Formulierungen. Es glich, nachdem jeder sich das gesichert zu haben glaubte, was seinen Wünschen entsprach, einer nach der Ernte stehengebliebenen Vogelscheuche."

Über das Gesetz ist viel, auch Halbherziges geschrieben worden, und je fester sich die Bundesrepublik etablierte, desto dezenter wurde die Kritik, obwohl sich die Mängel des Gesetzes umso negativer auswirkten je größer der Abstand vom Jahr seines Inkrafttretens wurde.[21]

In den Jahren des Aufbaus überließ man die Bundesbahn samt ihren Lasten und Leistungen im wesentlichen sich selbst. Obwohl diese ihre Finanzkraft überstiegen, was sich in den Jahresabschlüssen niederschlug, ging die Aufbauarbeit stetig voran. Auch der Sicherheitsstandard besserte sich von Jahr zu Jahr, und zu Recht konnte HV=Verwaltungsdirigent Dipl.Ing. Walter Rohde im Jahrbuch für Eisenbahnwesen 1955 (S. 163) konstatieren, daß die DB

"... hinsichtlich ihrer Betriebssicherheit den Anschluß an die übrigen Länder, der durch die Kriegsereignisse und die Kriegsfolgen verloren gegangen war, im großen und ganzen wiedergefunden hat."

Es war die zweite Arbeit Herrn Rohdes über Sicherheit und Unfälle im Eisenbahnbetrieb, gründlich und durch reichlich Statistiken zum Vergleich mit der Vorkriegszeit und den Bahnen anderer Länder ergänzt.

Fünf Jahre später lautete der Kommentar zu einem neuerlichen statistischen Vergleich zur "Entwicklung der DB=Bahnbetriebsunfälle" weniger befriedigend. Aber darin bestand die Hauptsorge der DB zu diesem Zeitpunkt nicht mehr, zumal in der DB=Führung eine einschneidende Änderung eingetreten war (s. B I,1). Denn die Ära der 'Eisenbahner' [22] in der DB=Führungsspitze endete mit der Amtsperiode von Dr. Ing. Frohne.

2. **Walpertskirchen** (Str München - Mühldorf)

Auffahrunfall am **8.11.1951** P 1102 auf Ng 9721

(16 T, 41 V)

Auch das schwere Unglück von Walpertskirchen liefert Zeitkolorit, jedoch ein Bild, das außer der gleichen unfallbeteiligten Wagenart kaum noch an die Zeit von Neuwied erinnert. Auch kannte man im Bayerischen offenbar weder die Neuwieder Katastrophe noch die von Aßling. Den Schlagzeilen der Presse zufolge war der Auffahrunfall Walpertskirchen das schwerste Nachkriegs=Bahnunglück im Bundesgebiet. Selbst die Vernehmungsprotokolle machen eine Welt spürbar, in der Krieg und Not kaum Spuren hinterlassen hatten, eine abseitige Idylle beinahe; und den amtlichen Schriftstücken wiederum sieht man die jüngsten, einschneidenden Umwälzungen nicht an. Im Gerichtsakt finden sich Briefköpfe und Vordrucke der Reichsbahnzeit, nur die amtlichen Bezeichnungen sind durch Korrektur auf Stand gebracht sowie die Hakenkreuze im Reichsbahnadler mit Stempelfarbe überdruckt, die Amtstitel aber noch unverändert.

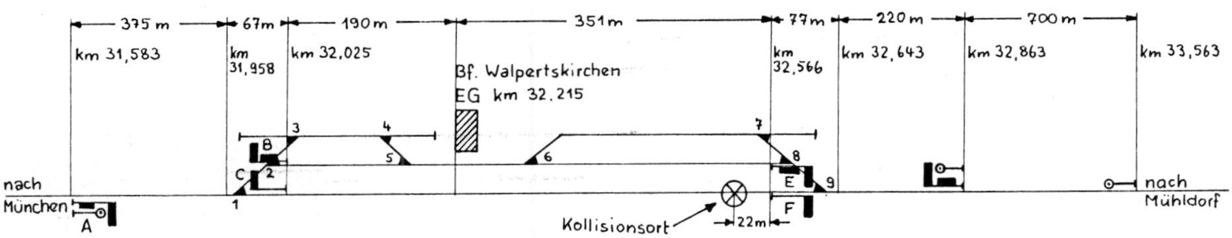

Bahnhofsskizze Walpertskirchen

Zur turnusmäßigen Abwicklung des Fahrdienstes waren im Bf Walpertskirchen drei Beamte eingesetzt, die alle anfallenden Arbeiten zu verrichten hatten. Hilfspersonal stand nicht zur Verfügung und war auch dem Verkehrsaufkommen entsprechend nicht erforderlich. Den zum Zeitpunkt des Unglücks diensthabenden Beamten bezeichneten Zeugen als hilfsbereit und zuvorkommend, bei den Vorgesetzten galt er als strebsam und diensteifrig.

Obwohl der Fdl von 21 -6 Uhr Nachtschicht hatte, zeigte er sich einem Kollegen gegenüber gefällig und trat seinen Dienst schon um 19.30 Uhr an. Zuvor schlief er in seiner Schlafstelle im Bahnhofsgebäude viereinhalb Stunden, da er an diesem Tage, dem 7.11., auch die Frühschicht von 6 bis 12 Uhr leistete und, um pünktlich von seinem Wohnort Mühldorf nach Walpertskirchen zu kommen, schon um 4 Uhr aufgestanden und mit dem gleichen Zug gefahren war, der tags darauf durch seinen Fehler verunglücken sollte.

Trotz der langen, nur durch eine relativ kurze Ruhepause unterbrochenen Arbeitszeit wurde Übermüdung oder Überlastung des Fdl ausgeschlossen. Schichten bis zu 12 Stunden waren gestattet und damals üblich.

oben: links Güterzug mit Lok 50 690, rechts Zugspitze P 1102
unten: Tender der 38 2810 in den ersten Wagen geschoben

Am 8.11. bot Fdl Bf Hörlkofen 5.01 Uhr seinem Kollegen in Walpertskirchen den Ng 9721 an. Der Zug wurde angenommen und die Ankunft 5.12 Uhr ordnungsgemäß in das Zugmeldebuch eingetragen. Ng 9721 führte zwei für Walpertskirchen bestimmte Wagen mit, die aus- und umrangiert werden mußten, was bis ca. 5.25 Uhr dauerte.
Planmäßig kreuzte Ng 9721 mit P 1102 in Thann-Matzbach, der nächsten Station Ri Mühldorf. Da aber der Ng um ca. 45 Min verspätet war, vereinbarten gegen 5.30 Uhr die beiden Fdl telefonisch, die Kreuzung in Walpertskirchen vorzunehmen.
Normalerweise hätte Fdl den Güterzug auf Gleis 1 gelassen, wo er nach Beendigung der Rangierbewegungen stand. Damit die zu- oder aussteigenden Fahrgäste ungehindert von einem auf Gleis 2 haltenden Personenzug zum EG gehen konnten, wurden auf Gleis 1 stehende Güterzüge getrennt und auseinandergezogen. Bei 108 Achsen, die der Ng an jenem Morgen hatte, reichte aber die Länge von Gleis 1 nicht aus, da dann für Fahrten über Gleis 2 keine Profilfreiheit mehr gewährleistet war. So mußte Fdl umdisponieren und den Ng nach Gleis 2 umrangieren, damit der Personenzug in Gleis 1 einlaufen konnte.
Nach Beendigung der Umsetzbewegung überzeugte sich Fdl, daß der lange Zug grenzzeichenfrei stand. 5.31 Uhr erhielt er den Personenzug von Thann-Matzbach angeboten und nahm ihn an. Anschließend telefonierten beide Beamte noch einmal miteinander, wobei Fdl Walpertskirchen seinem Kollegen in Thann-Matzbach auftrug, dem Lokführer des Personenzuges wegen Abweichung vom Gewohnten sicherheitshalber einen schriftlichen Vorsichtsbefehl auszuhändigen. Darin war wegen ablenkender Einfahrt in Gleis 1 Hg 65 km/h angeordnet.
Bevor Fdl Walpertskirchen das Einfahrtsignal auf Hp 2 ziehen und die signalabhängige Weiche 9 in Ablenkung stellen konnte, erschien eine Frau am Schalter, um ihr Fahrrad zur Aufbewahrung zu übergeben. Wie erwähnt, zeichnete sich Fdl durch Hilfsbereitschaft aus. Er unterbrach seine Verrichtungen und stellte nicht nur das Fahrrad unter, sondern überbrachte der Frau auch den Aufbewahrungsschein in den Warteraum. Von diesem Gang zurückgekehrt, zeigte ihm ein Blick auf die Uhr, daß es höchste Zeit geworden war, die Einfahrt für Zug 1102 freizugeben. Ohne an seine vor wenigen Minuten erfolgte Absprache mit dem Kollegen in Thann-Matzbach bzw. an den auf Gleis 2 stehenden Zug zu denken, gab er Einfahrt in geradem Strang, also Hp 1.
Jetzt verlief wieder alles wie jeden Morgen. Er öffnete die Bahnsteigsperre, damals auch auf kleinen Bahnhöfen vorhanden, und ließ etwa 20 Zeitkarteninhaber passieren, die alle mit dem Frühzug nach München wollten. Anschließend wartete er im Dienstraum auf die Ankunft des Personenzuges.
Inzwischen näherte sich dieser Walpertskirchen. Es war noch dunkel, die Sichtverhältnisse jedoch klar. Schon vom Vorsignal, das 'Fahrt frei erwarten' zeigte, konnte der Lokführer seiner Aussage nach das Licht des 700 m entfernten Hauptsignales erkennen. Er wunderte sich, daß die Farben der Signallichter nicht dem Vorsichtsbefehl entsprachen. Zunächst nahm er an, das gelbe Licht sei ausgegangen. Er reduzierte die Geschwindigkeit seines Zuges auf die vorgeschriebenen 65 km/h und hielt nach dem Flügel des Hauptsignals Ausschau. Bei seiner Vernehmung gab er zu, daß er die Stirnlampen des Güterzuges *"im selben Augenblick gesehen"* habe, als er auch den nach oben zeigenden Arm des Signals erblickte. Er behauptete, sofort Schnellbremsung eingeleitet zu haben, die den Zusammenstoß mit dem stehenden Güterzug jedoch nicht mehr verhindern konnte.

Beim Anprall gegen die Lok des Ng hob sich der Tender der 38 2810 hinten mit seinen Puffern über die des ersten Personenwagens, der die Wucht des ganzen Zuges zu verarbeiten hatte. Der alte preußische Abteilwagen wurde bis auf ein Geringes seiner ursprünglichen Länge zusammengedrückt oder teleskopiert, wie der Vorgang auch bezeichnet wird. Wenige, die darin saßen, überlebten. Einer der Überlebenden berichtete:

"Plötzlich kam die Zwischenwand auf mich zu".

Der teleskopierte Personenwagen

Zahlreiche Zuginsassen, darunter auch Eisenbahner, machten verhältnismäßig präzise Angaben, die den Aussagen des P=Lokführers widersprechen. Übereinstimmend sagten die Zuginsassen aus, daß das Anschlagen der Bremsklötze und der Aufstoß zeitlich nur Sekunden auseinander lag. Außerdem hätten sie kaum einen Unterschied zum normalen Bremsgefühl gespürt. Ein Fahrgast war bereits zum Aussteigen aufgestanden und meinte, stehend hätte er doch eine außergewöhnlich scharfe Bremsung wahrnehmen müssen.
Daß der Lokführer tatsächlich Schnellbremsung vorgenommen hatte, bestätigten zwei Aussagen von Bahnbediensteten. Einer der beiden gab noch an, daß erst gebremst wurde, als er, zum Fenster hinaussehend, den Hof des Bauern X (s. Schluß) erkannte. Das Intervall zwischen Bremseinleitung und Aufstoß kennzeichnete er mit den Worten:

"... war nur so viel Zeit, daß ich die Worte aussprechen konnte: jetzt fahrt er auf!"

Der zur Beurteilung der Reaktion des Personenzug=Lokführers bestellte DB=Gutachter schob nicht nur alle diese zu Protokoll gegebenen Aussagen als wertlos beiseite, er führte auch schriftlich aus, daß der Lokführer des Güterzuges keine Äußerungen über den Bremsbeginn des Personenzuges gemacht habe, was nicht stimmte. Im Gegenteil, die nachstehend in Auszügen wiedergegebene Darstellung des Güterzug=Lokführers bietet dazu recht plastische Angaben:

"Nach dem Umsetzen stand ich etwa 5 Minuten auf Gleis 2, als ich den Personenzug 1102 aus Richtung Thann-Matzbach kommen sah. ... sagte ich ... zu meinem Heizer, daß alles noch gut geklappt habe. ... Ich saß auf dem Führersitz und hatte die Füße in bequemer Stellung. Mein Heizer war mit dem Speisen beschäftigt. ... Plötzlich bemerkte ich, daß der P 1102 nicht auf Gleis 1 einfährt, sondern im Gleis 2 auf mich zufährt. Ich rief meinem Heizer zu: 'Toni halt dich fest, jetzt san ma hi!' Im gleichen Augenblick hörte ich das schrille Pfeifen der Bremsen und unverzüglich darauf erfolgte der Aufprall. Zeitlich gesehen kann ich nur sagen, daß ich sicher nicht mehr Zeit gehabt hätte, die Signalpfeife zu ziehen. Ich konnte mich gerade noch am Steuerrad festhalten. Das Erkennen der Gefahr und der Aufprall lag nur Augenblicke zeitlich auseinander. ... Bald darauf kam der Fahrdienstleiter vorgelaufen und fragte mich, was los sei. Ich gab ihm zur Antwort: 'Kamerad, mir scheint, du hast uns einen schönen Sauhaufen angerichtet!' Er riß die Hände über den Kopf zusammen und rief: 'Um Gottes Willen, jetzt habe ich vergessen, die Weiche zu stellen!' ...
Da durch den Aufprall mein bereits gelöster Zug um eine gute Wagenlänge zurückgeworfen wurde, ich stellte dies später an der Stellung des Zuges fest, betrug die Geschwindigkeit des P 1102 zum Zeitpunkt des Aufpralls schätzungsweise 40 - 50 Stundenkilometer. Nach dem schrillen Pfeifton der Bremsen hat der Lokführer des P 1102 ... zu bremsen angefangen, nachdem er die Weiche überfahren hatte. ..."

Selbst wenn es schwierig ist, die Geschwindigkeit eines frontal anlaufenden Fahrzeuges zu taxieren, ergibt sich doch die Folgerung, daß die Personale der Güterzuglok abgesprungen wären, wenn sie dazu Zeit gehabt hätten. Die Spanne vom Erkennen der Gefahr bis zum Aufstoß kann also effektiv nur Sekunden betragen haben.
Ob die Endgeschwindigkeit des aus ca. 65 km/h abgebremsten Zuges auf 25 km/h reduziert werden konnte, wie der DB=Gutachter zu beweisen versuchte, ist unwahrscheinlich.

Der Gutachter benutzte in seinen Darlegungen die Zahl 25 km/h als Beweis für die schnelle Reaktion des P=Lokführers. Im nächsten Satz schreibt er jedoch wörtlich:

> *"... Aus dem festgestellten Bremsweg kann schwer, niemals einwandfrei festgestellt werden, bei welcher Geschwindigkeit und an welcher Stelle die Notbremsung eingeleitet worden war...".*

Davon abgesehen, daß dreierlei Bremsweglängen ermittelt wurden (s. unten), hat zur Errechnung der Aufstoßgeschwindigkeit keiner davon Beweiskraft, weil dafür die Fixierung des Bremsbeginns Voraussetzung gewesen wäre.

Kriposeitig nahm man die wahrnehmbaren Unfallfolgen als Beweis für eine Aufprallgeschwindigkeit von mindestens 40 km/h. Allein die Beispiele Salzbergen (B V) und Urft-Nettersheim (A III 4) zeigen jedoch, daß Kraftkomponenten zufälliger Art und Größen das optische Bild nach einem Unfall stark beeinflussen.

Die Klärung der Frage, inwieweit der P=Lokführer tatsächlich sein Möglichstes tat, das Unglück zu verhindern, gestaltete sich zu einem seltsamen Tauziehen. Es begann bereits ca. 2 Stdn nach dem Zusammenstoß, als der die Untersuchung leitende Kripobeamte den Lokführer vernehmen wollte. Einer der mittlerweile an der Unfallstelle eingetroffenen höheren DB=Beamten versuchte das zu verhindern, indem er als Vorgesetzter seinem Untergebenen schlicht die Aussage untersagte. Dem Kripobeamten stellte er frei, dem bahnpolizeilichen Verhör beizuwohnen. Jener Kripobeamte, dessen Schlußbericht musterhafte Gründlichkeit und Kombinationsgabe verrät, wußte seinen Willen durchzusetzen, indem er umgehend Vorführung zur richterlichen Einvernahme erwirkte.

Bei dieser verwickelte sich der Lokführer in Widersprüche. Er behauptete z.B., bei der Schnellbremsung sofort den Sandstreuer betätigt zu haben. Um das nachzuprüfen, gingen mehrere Kripobeamte die Strecke bis zum Einfahrhauptsignal ab. Als man dem Lokführer das negative Ergebnis vorhielt, meinte er, dann sei der Sandbehälter leer gewesen. Auch das stimmte nicht, und es wurden auch Sandspuren am Kollisionsort gefunden. Für die Kripo stand danach fest, daß der Lokführer zu spät bremste und erst kurz vor dem Aufstoß den Sandstreuer betätigte.

Die Kripo vertrat ferner den Standpunkt, der Lokführer habe gegen § 53 FV (Verhalten gegenüber Signalen) verstoßen, der in Absatz 7 vorschreibt, daß ein Zug sofort anzuhalten ist, wenn sich ein dem planmäßigen Fahrweg nicht entsprechendes Signal vorfände. Der DB=Gutachter bestritt die Anwendbarkeit des § 53 grundsätzlich, weil dieser nur für Zugausfahrten gelte. Denn besagter Absatz begänne: *"Wenn ein Zug bei der Ausfahrt aus einem Bahnhof ...".* Die Fortsetzung des Satzes: *"... oder bei einer Abzweigstelle irrtümlich in einen unrichtigen Fahrweg eingelassen worden ist oder der Lokomotivführer ein dem planmäßigen Fahrweg des Zuges nicht entsprechendes Signal vorfindet ..."* hielt der DB=Gutachter für unanwendbar. Die abweichende Signalstellung könne durch eine Signalstörung verursacht werden, von der der Lokführer nichts wisse, da der Grund für die Ausstellung des Vorsichtsbefehls in diesem nicht angegeben sei. Außerdem wäre möglich, daß sich in der Zwischenzeit der Anlaß für die Abweichung erübrigt habe, und es gehöre nicht zu den Pflichten eines Lokführers, eine nachträgliche Rücknahme, Änderung oder dgl. zum Gegenstand seiner Gedanken zu machen.

Daß in diesem Fall keine sonderliche Gedankentätigkeit nötig war, zeigt ein Blick auf den Text des Vorsichtsbefehls:

"Zug 1102 fährt in Bahnhof Walpertskirchen vorsichtig mit höchstens 65 km/h. Grund: Zug fährt auf mehrflügliges Signal in Gleis 1".

Der Grund für die Abweichung selbst war nicht vermerkt, aber die zu erwartende Signalstellung zur Einfahrt in Gleis 1! Und was der Lokführer vorfand, entsprach nicht dem Wortlaut dieses Befehls. Das stellte eine eindeutige Situation dar und keine Denkaufgabe.

Zur Ermittlung des Bremsweges ergaben Versuche mit einer allerdings nicht völlig gleichen Wagengarnitur ca. 175 m, die Ermittlung auf graphischem Wege von Beamten der ED München ca. 203 m und die theoretische Rechnung des Eisenbahn=Zentralamtes Minden gar ca. 244 m. Kalkuliert mit einer Bremsverzögerung von 2 Schrecksekunden, einigte man sich dahingehend, daß der Zug, aus 65 km/h abgebremst, nach 223 m zum Stillstand gebracht werden konnte. Aber all diese Gedankengänge waren müßig, da nicht einmal geklärt wurde, ab wann bzw. wo der Lokführer zur Einleitung der Bremsung verpflichtetet gewesen wäre.

Im Hinblick auf diese Unklarheiten und unter Berücksichtigung der damaligen Verhältnisse ist es verständlich, wenn die StA keine Anklage gegen den Lokführer erhob. Verhandelt wurde nur gegen den Fdl, dessen Hauptfehler in dem Versäumnis bestand, nach Abschluß des Rangierens den Fahrstraßenhebel mit einem Sperrkeil zu sichern. Das war vorgeschrieben, um eine unzulässige Betätigung auszuschalten, wenn ein Zug länger als 10 Min in der zugehörigen Fahrstraße stand. Die Keile waren also eine zusätzliche Gedächtnisstütze und Sicherung gegen menschliche Unzulänglichkeiten. Da der Fdl wußte, daß Ng 9721 etwa 20 Min auf Gleis 2 verbleiben würde, hätte er sofort nach dem Umsetzen diesen Fahrstraßenhebel mit einem Sperrkeil blockieren müssen. Im Gutachten, das die Verfehlungen des Fdl zu prüfen hatte, wird dessen Vergeßlichkeit als psychologisches Rätsel hochgespielt:

"Mit den gewöhnlich in Frage kommenden Begriffen des täglichen Lebens wie Leichtsinn, Nachlässigkeit, Fahrlässigkeit, kann dieses Versagen des ... insbesondere bei diesen einfachen Betriebsverhältnissen mit nur 2 Hauptgleisen nicht mehr erklärt werden. Das Beiziehen eines Sachverständigen für Psychiatrie erscheint mir deshalb angebracht."

Das Gericht überging vernünftigerweise diesen überspannten Antrag und verzichtete auf das "Beiziehen" eines Psychiaters. Wer hat schließlich nicht irgendwann einmal ein 'Brett vor dem Kopf' gehabt, besonders kurz vor Arbeitsschluß, nach 26 Stdn Auf-den-Beinen-sein mit nur kurzer Ruhepause dazwischen.

Die Bestrafung des Fdl war gerechtfertigt, ob auch das Strafmaß von 14 Monaten Gefängnis, ist im Hinblick auf heutige Strafen fraglich. Wenn der Fdl in Revision ging, die vom Bundesgerichtshof verworfen wurde, wird ihn dazu nicht nur die Härte des Urteils bewogen haben, sondern auch daß er allein der Schuldige sein sollte.

Vieles hat sich seit damals gewandelt. Das Bahnhofsgebäude ist abgerissen; die Weichen und Signale sind ausgebaut. Walpertskirchen ist nur noch ein Haltepunkt.

Auch das Gesicht des Dorfes hat sich in den Jahren nach dem Unglück grundlegender geändert als im davorliegenden Jahrhundert. Jener eingangs erwähnte Bauer X wird sicher nicht mehr zwischen 5.00 und 6.00 Uhr morgens seine "Miste" beschicken, wodurch er ein "wichtiger" Zeuge wurde, für den einen DB=Experten so wichtig, daß er ihn sogar als "außenstehenden Kronzeugen" zum Beweis der Unschuld des Lokführers benannte. Darüber mag sich jeder selbst ein Urteil bilden. Die auszugsweise Wiedergabe der Aussage steht am Schluß dieses Kapitels. Selbst wenn der Leser betr. sachlichem Wert für das Rechtsproblem zu einem anderen Ergebnis als der DB=Beamte gelangt, ist die Aussage als Zeugnis einer vergangenen Zeit, in der es noch Rösser im Stall und Dampf=Rösser auf den Schienen gab, ein erheiternd oder melancholisch stimmende Erinnerung:

"Mein Hof liegt von der Bahnstrecke Thann-Matzbach - Walpertskirchen nur einige Meter weg. Die Böschung des Bahndammes beginnt kurz hinter meiner Schupfen. Meist stehe ich täglich gegen 5 Uhr bis 5.15 Uhr auf. Ich verrichte dann die notwendigen Stallarbeiten. Wenn der Personenzug 1102, der gegen 5.45 Uhr in Walpertskirchen aus Richtung Thann-Matzbach ankommt, fahre ich meist den Mist vom Roßstall auf die Miste, die unmittelbar neben dem Bahndamm liegt. Aus diesem Grunde sehe ich diesen Personenzug fast jeden Morgen.

Am Donnerstag, den 8.11.1951, stand ich gerade unter der Roßstalltüre, ich hatte sie soeben geöffnet, als der Personenzug 1102 aus Richtung Thann-Matzbach kam. Als der Zug an meinem Hof vorbeifuhr, dachte ich mir nichts Besonderes. Wie ich einen Blick zum Bahndamm gerichtet habe, sah ich gerade noch die Lok an der Schupfen vorbeifahren. Kurz darauf hörte ich einen Kracher, aber nicht besonders stark. Mein Blick war immer zum Bahndamm gerichtet und ich sah auch die einzelnen Personenwagen vorbeifahren. Unmittelbar nach den Kracher ist der Personenzug gestanden, und zwar so, daß ich von meinem Standpunkt aus noch 2 Wagen hinter meiner Schupfen auf dem Bahndamm stehen sah. Ich hörte keine Pfeifsignale. Ich bin der Anschauung, daß ich Pfeifsignale unbedingt hätte hören müssen, wenn welche gegeben worden wären. Ich hörte auch kein Geräusch des vorbeifahrenden Zuges, das anderes gewesen wäre, als das Geräusch, das sonst dieser Zug beim Vorbeifahren verursachte. ... Als der Zug an mir vorbeifuhr, hörte ich keine Bremsgeräusche. ... Erst nachdem das Unglück geschehen war, dachte ich für mich, daß der Zug meiner Ansicht nach etwas langsamer gefahren ist als sonst. ... Das Einfahrtsignal aus Richtung Thann-Matzbach ist von meinem Hof noch 200 Meter entfernt und aus diesem Grund fahren die Züge, die aus Thann-Matzbach kommen, alle etwas langsamer an mir vorbei. ... Später erzählten mir Leute aus Mauggen, die zur Unfallstelle kamen, daß sie krachen gehört haben. Auch Leute aus Pfaferding, das ca. 3 km entfernt vom Bahndamm liegt, hörten das Krachen."

3. **Urft/Nettersheim** (Str Köln-Trier)
Zusammenstoß am **24.9.1958** Schadlok mit N 3515
(8 T, 17 V)

In den Begleitumständen des Urfter Unglücks sind zum letzten Male Spuren des Krieges zu erwähnen. Die alliierten Truppen waren in diesem Raum auf starken Widerstand der deutschen Wehrmacht gestoßen, und während der harten Abwehrkämpfe erlitten auch die Bahnstrecken dort schwere Schäden. Nach Wiederherstellung der kriegszerstörten Brücken wurde die vormals durchgehend zweigleisige Hauptbahn Köln-Trier abschnittsweise und zunächst eingleisig wieder hergerichtet. Dabei reparierte man jeweils den weniger beschädigten oder günstiger liegenden Strang, so von Norden her gesehen bis Posten 41, Block Gronrechtsmühle, (amtlich und in Folgendem GWB genannt) den rechten und ab dort den linken. Nördlich GWB waren vermutlich beide Stränge intakt, so daß man hier eine Kreuzungsmöglichkeit einrichtete. Wie aus den Unterlagen ersichtlich, wurde nach dem Unglück die Ausweichstrecke bis Hp Urft verlängert und besser abgesichert.

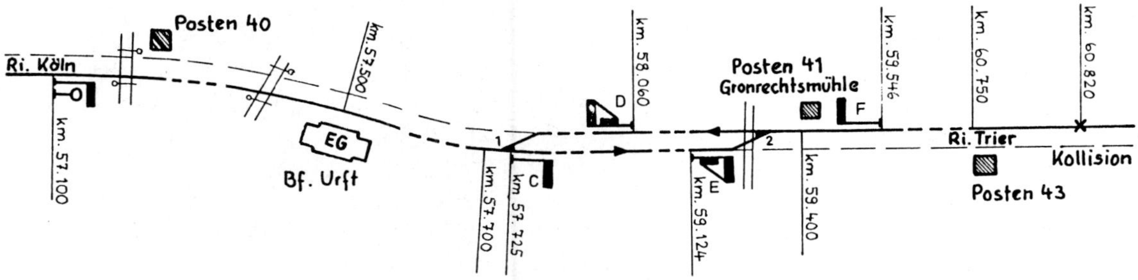

Die Gleis-, Weichen- und Signalanlagen zur Unfallzeit sind aus der Lageskizze ersichtlich. Die vom Stellwerk GWB, am Ende der Ausweichanlage Ri Nettersheim-Trier angelegt, zu bedienenden Signale konnten nur in gegenseitiger Weichenabhängigkeit gestellt werden. Auf die Anlage von Schutzgleisen zur Sicherung gegen Flankenfahrt bzw. Signalmißachtung war verzichtet worden, weil hier den Vorschriften zufolge dafür keine Notwendigkeit bestand - so jedenfalls von Kripo und StA in den Akten vermerkt. Der Aufwand für eine solche Anlage, zwei Weichen und ein paar Meter Gleis mehr, standen jedoch in keinem Verhältnis zu den Unfallkosten, und dem Ermittlungsakt nach hatte es in der Nähe schon zuvor kritische Zwischenfälle gegeben, u.a. den folgenschweren Zusammenstoß zweier Güterzüge mit zwei Toten im November 1949.
Außer Planzügen benutzten die Strecke fast täglich einzeln fahrende Loks Ri Trier, um dort im Ausbesserungswerk repariert zu werden, in der Gegenrichtung um wieder zum Heimat=Bw zurückzukehren. Auch am 24.9.1958 lief eine Schadlok, 23 080, vom Bw Krefeld im Plan Nr. 17 130 - an sich für einen nicht täglich verkehrenden Dg - zur Reparatur der stark riffigen rechten Kreuzkopfgleitbahn und des ausgeglühten Kreuzkopfes nach

Der Pfeil deutet auf die Trümmer des ersten Personenwagens von N 3515

Trier. Die Fahrtüchtigkeit der Maschine war nicht beeinträchtigt und daher auch keine Geschwindigkeitsbeschränkung nötig.
Da die Fahrzeitangaben in den Buchfahrplänen für Güterzüge nicht die Verbindlichkeit wie für Reisezüge haben und 23 080 ohnehin vorzeitig fuhr, stimmte der Fahrplan überhaupt nicht mit den vermerkten Fahrzeiten überein. Einen vorgesehenen Halt in Dormagen ließ die Lok ganz aus. Dafür stand sie unplanmäßig in Mechernich 16 Min. Die Lokpersonale beeilten sich nicht sonderlich und beschleunigten erst kurz vor der Unfallstelle die Geschwindigkeit auf ca. 55 km/h. Der Wärter von Posten 40, etwa 3 km vor der Unfallstelle, sagte aus, der Heizer habe ihm bei der Vorbeifahrt zugewinkt.
Für Plan 17 130 war in GWB keine Kreuzung vorgesehen. Sie ergab sich an diesem Tag durch die vorzeitige Ankunft der Schadlok. Aus der Gegenrichtung wurden zwei Züge im Abstand von ca. einer halben Stunde erwartet. Der erste Zug, Nr. 3515, mit dem die 23 080 in GWB kreuzen sollte, war ein Frühzug, der sich den Erfahrungen nach erst im Laufe seiner weiteren Fahrtstrecke mit Insassen füllte. Er fuhr ab Urft stets noch fast leer, wogegen der nächste, ein Schüler- und Arbeiterzug (1555), bereits hier gut besetzt war. Ein Zusammenstoß mit diesem Zug würde erheblich ernstere Folge gehabt haben. Aber auch die Kollission mit N 3515 wäre ohne einen besonderen Umstand noch schlimmer ausgegangen.
Ein heftiger Regenguß während des Haltes in Nettersheim, der letzten Station des Personenzuges vor GWB, hinderte die Fahrgäste an ihrer Gewohnheit, den vordersten Personenwagen zu besteigen. Sie beeilten sich, vom EG in den direkt davor haltenden Wagen, etwa in der Zugmitte, zu kommen. So lief der erste Reisezugwagen nahezu unbesetzt.
Der Beamte in GWB, ein Betriebsaufseher, nahm N 3515 an und stellte Signal F auf 'Frei' zur Einfahrt in Gleis 2. Auf Anruf des Bahnhofs Urft meldete er sich 5.57 Uhr abermals dienstbereit und nahm Kurs 17 130 zur Einfahrt in Gleis 1 an. Beide Ausfahrsignale und die Ausfahrvorsignale standen nachgewiesenermaßen auf 'Halt'. Vom Dienstraum aus beobachtete der Betriebsaufseher die Heranfahrt der 23 080. Seiner Aussage nach sah er entsetzt, daß die Maschine, statt abzubremsen und im vorgeschriebenen Sicherheitsabstand vor Ausfahrsignal E anzuhalten, mit unverminderter Geschwindigkeit die auf geraden Strang stehende Weiche 2 aufschnitt und Richtung Nettersheim dem erwarteten Nahverkehrszug entgegenfuhr.
Wie Posten 40 stand das Dienstgebäude von GWB so, daß die Ri Süden fahrenden Maschinen dem Betriebsaufseher die Heizerseite des Führerhauses zeigten. Die Lokführer waren daher nicht zu sehen, wenn sie sich auf ihrem Platz befanden. Bei dieser Fahrt war jedoch auch der Heizer nicht sichtbar. Vermutlich beschickte er gerade den Rost, wie die nach dem Unfall offen vorgefundene Feuertür annehmen ließ. Vergebens lief der Beamte von GWB hinaus, um mit dem Signalhorn Haltezeichen zu geben. Als er erkannte, daß die Maschine.nicht anhielt, eilte er in das Stellwerk zurück, stellte Signal F wieder auf 'Halt' und rief Posten 43 an mit der Weisung, die Lok aufzuhalten.
Bis zum Posten 43 - inzwischen aufgehoben - waren es 1,4 km und von dort bis Bf Nettersheim 2 km. Zu den Pflichten von Posten 43 gehörte bei Abmeldung eines Zuges die Schließung zweier nicht einzusehender Fernschranken, eine Richtung Urft, 200 m, die andere Richtung Nettersheim, 50 m entfernt. Das war bereits geschehen. Als der Wärter von Posten 43 die Alarmmeldung von GWB vernommen hatte, fragte er laut Aussage zu-

oben: Die vorderen Wagen des N 3515 mit Lok 38 2965 / **unten**: Die zurückgeschleuderte 23 080, Pfeil mit Meterangabe

nächst fassungslos, ob das auch wahr sei. Dann nahm er umgehend die vom Nachtdienst her rot abgeblendete Handlampe, ferner aus der griffbereiten Büchse eine Knallkapsel und lief der Schadlok entgegen. Er sah sie ca. 600 m weg aus einer Kurve auf sich zu kommen. Sobald er erkannte, daß die Personale der Maschine nicht reagierten, machte er kehrt und wollte zurücklaufen. Jetzt erblickte er den Personenzug in ca. 200 m Entfernung und hörte die 23 080 unmittelbar hinter sich. Um nicht überfahren zu werden, sprang er beiseite, ohne den Knallkörper an den Schienen befestigen zu können. Es war dazu ohnehin zu spät.

Lok 23 080 fuhr an ihm vorbei und stieß ca. 70 m weiter mit der Personenzuglok zusammen. Der Wärter von Posten 47 berichtete später, daß Funken aus beiden Maschinen gestoben wären und eine große Rauchwolke alles eingehüllt hätte. Nach dem Zusammenstoß verständigte er die beiden nächsten Bahnhöfe, gab "Betriebsgefahr" durch und forderte Hilfe an.

Der direkt hinter der Lokomotive laufende Packwagen des N 3515 stellte sich beim Aufprall rückseitig hoch. Der erste Personenwagen, dessen Insassen nur tot oder schwer verletzt geborgen werden konnten, wurde völlig zertrümmert. Die angelegten Bremsen bewiesen, daß die Lokpersonale des Personenzuges ihr Möglichstes getan hatten.

Nach kurzer Untersuchung - Überprüfung der Stellwerkanlagen usw. - stand fest, wer den Unfall verschuldete. Zu einer Anklageerhebung kam es nicht, weil der oder die Schuldigen den Zusammenstoß nicht überlebten. Der Führer der Schadlok wurde mit zerschmettertem Hinterkopf aufgefunden, woraus man schloß, daß er im Moment des Zusammenstoßes mit dem Rücken zur Fahrtrichtung gestanden hatte.

Die staatsanwaltlich angeordnete Blutprobe ergab 0,2% Blutalkohol. Alkoholgenuß als Grund für die grobe Unaufmerksamkeit schied somit aus. Die Vermutung einer Vergiftung durch Kohlenmonoxyd, da die Loks BR 23 ein geschlossenes Führerhaus besaßen, entfiel ebenfalls. Der Aussage des Wärters von Posten 40 zufolge stand das Führerhausfenster auf der Heizerseite auf, außerdem waren die Entlüftungsklappen am Führerhausdach nicht geschlossen, und die Untersuchung ergab auch keinen CO=Gehalt im Blut. Übermüdung als Erklärung für das Verhalten der Lokpersonale war gleichfalls unwahrscheinlich. Sowohl Heizer als auch Lokführer hatten hinreichend dienstfrei gehabt, bevor sie die 23 080 übernahmen.

Sachverhalt und Zitierungen zu III, 2, Walpertskirchen, aus Ermittlungs- und Gerichtsakt LG München II, Az Erd 8 Is 1372/51 und 8 KMS 9/52 und zu III, 3, Urft/Nettersheim, aus Ermittlungssakt StA beim LG Aachen, als I-Sache in Abt. 11 eingetragen; weitere Informationen von der Kreispolizeibehörde Schleiden.

17 Und die Eingriffsmöglichkeiten der Bundesverfassungsrichter sind aus mehreren Gründen sehr begrenzt.

18 Im Verbund mit § 4 hätte sich für das Verkehrsministerium die Pflicht zur Aufstellung eines Verkehrswegeplans ergeben.

19 Geboren am 13.1.1892 in Neu-Derben/Elbe, gestorben am 12.4.1970 in Karlsruhe. Im Bahndienst verschiedener Aufgabenbereiche seit 1923; 1940-45 Ministerialrat im Reichswirtschaftsministerium. Ab 1946 im Generalsekretariat der Südwestdeutschen Eisenbahnen in Baden-Baden und bei seinem Wechsel zur

Eisenbahn=Bizonen=Verwaltung in Offenbach zunächst für die Leitung des Finanzreferates vorgesehen. Er übernahm dann aber im Hinblick auf die Ausarbeitung des Bundesbahngesetzes für wenige Jahre das Organisationsreferat, in dem er sich auch intensiv dem Neuaufbau der internationalen Verbindungen widmete. Während seiner letzten Tätigkeit im Range eines Ministerialdirektors als Präsident des Hauptprüfungsamtes der DB wirkte er im Auftrag der Bundesregierung an zwei Gutachten zur Lage der DB mit, am ersten Gutachten federführend.
Darüber hinaus war er der letzte Herausgeber des ARCHIV FÜR EISENBAHNWESEN (s.a. D I) und Verfasser mehrerer wissenschaftlicher Arbeiten, über verkehrswirtschaftliche Probleme, diese z.T. auch in englischer, französischer und japanischer Übersetzung erschienen; ferner Aufsätze zur Eisenbahngeschichte.

20 Karl Ottmann, Im Spiegel persönlicher Erinnerungen, in Deutsche Eisenbahngeschichte - Teil I, Pürgen 1975, S. 65.

21 Bis 1981 gab es 6 Auflagen, da laufend Änderungen einzuarbeiten waren, die jedoch ebenso unrealisierbar wie wirklichkeitsfern blieben, z.B. § 28 (Wirtschaftsführung). Abs. (1) lautete ursprünglich:
"Die Deutsche Bundesbahn hat ihre Wirtschaft so zu führen, daß sie die zur Erfüllung ihrer Aufgaben und Verpflichtungen notwendigen Aufwendungen selbst bestreiten kann."
1961 geändert in: *"Die Deutsche Bundesbahn ist unter der Verantwortung ihrer Organe wie ein Wirtschaftsunternehmen mit dem Ziel bester Verkehrsbedienung nach kaufmännischen Grundsätzen so zu führen, daß die Erträge die Aufwendungen einschließlich der erforderlichen Rückstellungen decken; eine angemessene Verzinsung des Eigenkapitals ist anzustreben. In diesem Rahmen hat sie ihre gemeinwirtschaftliche Aufgabe zu erfüllen."*

22 Auch Generaldirektor Busch und der kommissarische DB=Präsident bzw. Generaldirektor Helberg (1949-1952) waren im Gegensatz zu ihren Nachfolgern Eisenbahner.

Teil B:

In die Sicherheitskrise

I. Das unverstandene 'Notsignal'

"Das Notsignal" lautete der Titel eines überwiegend sachlichen Artikels im SPIEGEL vom 16.12.1953. Einleitend wird eine falsche Prognose Friedrich List's über das (Dampf-) Kraftfahrzeug zitiert und danach die Lage der DB unter die Lupe genommen. An das List=Zitat anknüpfend und auf die Abwanderung größerer Teile des Personen- und Güterverkehrs zur Straße heißt es *"Das ist die späte Fuhrmannsrache"*. Der Autor des Artikels legt aber auch die Gründe für diese Desertion klar, u.a. steuerliche Begünstigungen gewisser Bereiche des Straßenverkehrs einerseits, unangemessene Belastung der Bahn - nicht zuletzt durch sozialwirtschaftliche Sondertarife -, Personalkosten und das wenig glückliche DB=Gesetz vom 13.12.1951 andererseits. Daß der Verlust des Geschäftsjahres 1952 in Höhe von rd. DM 157 Mio im Jahr 1953 um ein Vierfaches übertroffen werden würde, wird als Schock bezeichnet.

So setzte Adenauer in seiner Regierungserklärung bei Antritt seiner zweiten Amtsperiode als Bundeskanzler die Verkehrspolitik an die Spitze der Dringlichkeitsliste: Koordinierung der Verkehrsträger zur Erzielung größten Nutzens mit geringstem Kostenaufwand unter Erhalt der bestehenden Werte. Die Umsetzung der gut klingenden Worte in die Tat oblag dem bisherigen Verkehrsminister Seebohm, der trotz nicht gerade überwältigender Aktivität abermals berufen worden war; im SPIEGEL=Artikel "Bewährungsauftrag" genannt.

Seebohm hatte alle ihm seit 1949 zugeleiteten Appelle und Warnungen hinsichtlich der zu erwartenden Folgen durch die ungleichen Wettbewerbsbedingungen Straße/Schiene mißachtet, ja mit Verärgerung zurückgewiesen. Er hatte auch nicht reagiert, als beispielsweise 1952 die Bergedorf=Geesthachter EG nach Weigerung der Länder Hamburg und Schleswig-Holstein, den jährlichen Verlust von DM 500 000,-- zu tragen, zum 26.10. den Personenverkehr einstellte. Von einem Tag auf den anderen waren die ca. 4000 Pendler und übrigen Fahrgäste der 21 000 Einwohner Stadt Geesthacht auf die Benutzung von Bussen angewiesen. Das Chaos, man darf getrost sagen, die Katastrophe war perfekt, worüber der leicht mokante Ton des SPIEGEL=Artikels nicht hinwegtäuscht:

> *"Während die Frau des Bahnhofsvorstehers von Geesthacht am nächsten Morgen ihre Wäsche auf dem Bahnsteig trocknete und ihre Hühner friedlich zwischen den toten Gleisen herumgackerten, fuhren auf dem Marktplatz beim Kino Hellmann die Autobusse zur historischen Wachablösung der Eisenbahn auf. <...> Wer Kinder-*

wagen und großes Gepäck hatte, mußte zurückbleiben. Wegen Überfüllung der Fahrzeuge in den Stunden des Spitzenverkehrs gewöhnten sich die Fahrer außerdem an, mit Vollgas 200 Meter über die Haltestellen hinauszufahren. Dann stiegen ein paar Leute aus, das auf der 200-Meter-Strecke geübte Jungvolk von Geesthacht hüpfte in den Wagen, und wenn dann im Dauerlauf die Meute der Wartenden angehetzt kam, mußte ihnen der Schaffner zurufen: 'Besetzt'."

Die Autoindustrie zog aus Vorfällen dieser Art natürlich ihren Vorteil. Wer es sich leisten konnte, wechselte baldmöglichst vom Bus zum eigenen Auto über. So haben wir schon in der Frühzeit unserer Bonner Demokratie den Mangel an gemeinwirtschaftlicher Orientierung![23] Der Bürger geht seinen für ihn persönlich günstigsten Weg, die Politiker reden, und die Presse mahnt mitunter zu Recht:

"Die vier Jahre hinausgeschobene Aufgabe des Bonner Verkehrsministeriums aber muß es jetzt sein, diese Gesprächspartner an einen Tisch zu bringen. Es wird allmählich höchste Eisenbahn." [24]

Das Sprichwort Steter Tropfen höhlt den Stein würde im übertragenen Sinne wohl auch auf den Einfluß der Presse zutreffen. Aber leider lassen es unsere Journalisten einmal so und einmal anders 'tropfen'. Der Titel=Artikel Das Wohlfahrts=Defizit, SPIEGEL v.14.8.57, ist bei weitem nicht so prägnant gehalten wie jener von rd. 4 Jahren zuvor und hat einen wesentlich anderen Tenor. Lang und breit ist die Problematik der DB=Führung, d.h. die Wahl des Ersten Präsidenten und die steile Karriere Herrn Oefterings abgehandelt. Zwischendurch erfährt man, daß die FDP verlangte, die DB in eine private AG umzuwandeln, und Professor Oeftering nach seiner Bestallung als DB=Chef versicherte:

"Der neue Vorstand wird für die fünfjährige Periode den Akzent seiner Tätigkeit stark auf kaufmännisch-wirtschaftliche Überlegungen setzen, was er um so mehr tun kann, als die technischen Dinge bei der Bahn sowieso in guten Händen sind."

Zuvor hatte Herr Oeftering, dem Artikel zufolge, Finanzminister Schäffer versprochen, das chronische Defizit der Bahn so schnell wie möglich zu beseitigen. An sich war die Forderung nach diesem Versprechen unverständlich, da dem Finanzministerium ein Gutachten aus dem Jahre 1955 vorlag,[25] demzufolge die Bahn nicht fähig sei, aus eigener Kraft mit dem Defizit fertig zu werden, und seitdem hatte sich ja nichts Grundlegendes oder zum Besseren geändert.

Diese Folgerung zog der Verfasser des Artikels nicht, obwohl er ausführlich auf besagtes Gutachten einging. Auch ein Foto Karl Ottmanns, unter dessen Leitung das Gutachten erstellt wurde, lockert den Text auf, der aber - was die Aussage des Gutachtens betrifft - entweder vorsätzlich oder aus mangelhafter Kenntnis irreführend ist. So behauptet der Verfasser des Artikels, Dr. Ottmanns Expertise enthielte nichts, *"was den Verdacht entkräftete, daß die Bahn nicht doch gelegentlich mit frisierten Zahlen operiere, um ihren Anspruch auf Finanzierungshilfe des Bundes durchzusetzen."* [26] Auch sonst stößt der interessierte Leser eines rd. 35 Jahre alten, durchaus aktuellen SPIEGEL=Artikels auf mehr oder weniger deutliche, in Richtung Bahn gerichtete Anwürfe. Am Schluß kein Appell wie im zuvor gewürdigten Aufsatz, sondern nach dem Postulat, die DB hätte zu erkennen, daß sie *"zumindest auf Teilgebieten ausgedient hat"* und Kraftverkehrsunternehmen auf

diesen sinnvoller seien - das Fazit: *"Lastwagen und Eisenbahn fahren gut dabei. Sie kommen beide auf ihre Kosten."*
Autolobby und gewisse Politiker konnten zufrieden sein. Die Dinge würden sich schon 'richtig' entwickeln, zumal DB=Chef Oeftering energisch mit Rationalisieren und Anpassung der Tarife begann.

Wie oben angedeutet, wurde im SPIEGEL=Artikel der Lebensweg Herrn Oefterings eingehend nachgezeichnet: Nach Jurastudium arbeitete er im Reichsfinanzhof in München und ab 1935 im Reichsfinanzministerium. 1945 wurde er in der französischen Besatzungszone Kommissarischer Oberfinanzpräsident des Gebietes Mittelrhein, 1949 übernahm er eine leitende Position im Bundesfinanzministerium, nebenbei hatte er den Vorsitz in mehreren Aufsichtsräten inne, u.a. VW Wolfsburg.[27] 1957 zum Präsidenten des Bundesrechnungshofes ernannt, ließ er sich wenige Wochen danach bewegen, das Amt des Ersten DB=Präsidenten zu übernehmen.
Zusammenfassend wäre zu sagen, daß sich Herrn Oefterings Berufserfahrung auf das Finanzwesen beschränkte. Abgesehen von seiner Vorliebe für schnelle Autos - so in besagtem Artikel, auch mit Fotos aufgezeigt - und seiner VW=Aufsichtsrat=Tätigkeit gab es somit kaum etwas, das ihn für die Leitung des größten bundesdeutschen Verkehrsunternehmens qualifizierte. Seine Maßnahmen zur "Gesundung" der DB waren seiner Berufserfahrung entsprechend vorwiegend finanzpolitischer Art. Der betriebliche Handlungsspielraum wurde dadurch erheblich eingeengt, was sich auch im Sicherheitsbereich negativ auswirkte.

Bis zum Amtsantritt Herrn Oefterings hatte die DB bereits wieder einen beachtlichen Leistungsstand erreicht. Nachdem die Kriegsschäden beseitigt worden waren, wurden die wichtigeren Hauptbahnen Zug um Zug für höhere Geschwindigkeiten hergerichtet, einschließlich Indusi. Man war dabei, den Fahrzeugpark zu erneuern und hatte sich einiges einfallen lassen. Ungeachtet der politischen Querelen war die DB äußerst aktiv und produktiv gewesen - im Sinne ihrer Aufgabe.
Als Professor Oeftering an die DB=Spitze trat, zeichnete sich DB=intern ohnehin eine Wende ab. Man erkannte, daß die Zukunft der Eisenbahn einen Traktionswandel erfordere. Die Leistungsfähigkeit der Dampfloks konnte zwar gesteigert werden, aber selbst bei Umstellung auf Ölfeuerung war ein zweiter Mann auf dem Führerstand unerläßlich, in Anbetracht der Personalkosten unrationell. Die neu entwickelten V=Loks mit Flüssigkeitsgetriebe boten zwar diesbezüglich und auch in der Wartung Vorteile, leistungsmäßig waren sie kein Fortschritt. Die Gründe hierfür aufzuzählen, ist im Rahmen des Themas nicht von Wichtigkeit, wesentlich nur, daß Ende der fünfziger Jahre die Entscheidung zugunsten des Elektrifizierungsprogramms fiel, zu dessen Durchführung gewaltige Summen erforderlich waren.
Und es gab noch andere, ebenso drängende wie kostspielige Aufgaben. So befand sich der Oberbau auch wichtigerer Hauptbahnen nicht unbedingt auf Stand, wie auch sonstige betriebliche Einrichtungen. Das Sicherungswesen bedurfte einer Anpassung an die künftigen Hochgeschwindigkeiten, die Kalamität niveaugleicher Kreuzungen Schiene/Straße mußte dringend angegangen werden. Die ansteigende Fieberkurve in der Statistik Bahnbetriebsunfälle wies jedes zweite Jahr einen Zacken nach oben aus, und in jedem

Nun zu den Vorgängen am Spätnachmittag des 20.6.1959. Nachdem Eiltriebwagen 4864 Ri Stuttgart vorbeigefahren war, erhielt der Schrankenwärter vom Fdl Kirchheim, der nächsten Station Ri Stuttgart, die Abmeldung des E 867 mit voraussichtlicher Durchfahrzeit (in Kirchheim) 17.31 Uhr. Genau ließ sich der Zeitpunkt dieser Meldung nicht rekonstruieren, sie erfolgte jedoch frühestens 17.28 Uhr, spätestens 17.30 Uhr. Beamte im Bf Lauffen gaben 17.28 Uhr an.
Die Eintragungen in den Zugmeldebüchern weisen für E 867 folgende Zeiten aus:

Str=km/Distanz				
23.4	6.4	Bietigheim	ab	17.20
29.8	2.2	Besigheim	durch	17.26
32.0	3.1	Walheim	durch	17.28 *)
35.1	4.0	Kirchheim	durch	17.31 *)
39.1	5.4	Überweg	durch	?
40,5	(15.7)	Lauffen	(Planankunft	17.37)

*) oder etwas früher

Die zulässige Hg des E 867 betrug gemäß Buchfahrplan 90 km/h. Da die eingetragenen Fahrzeiten bis Kirchheim im Vergleich zur Entfernung nicht viel mehr als eine Geschwindigkeit von 60 km/h ergeben, und bei Eintragungen in die Zugmeldebücher Toleranzen bis zu 2 Min möglich sind, dürften die effektiven Durchfahrten ab Walheim um gut 1 Min früher als vermerkt erfolgt sein. Den Aussagen der anderen Wärter zufolge, die auf Posten 47 Dienst taten, kam E 867 öfter nach der Meldung überraschend früh, worauf sie ihren neuen Kollegen speziell aufmerksam gemacht hätten.
Die Unregelmäßigkeiten dieses Zuges hatten nichts mit Verspätungen zu tun. E 867 führte neun Wagen, für einen Eilzug relativ viel. Die Fahrzeiten des Zuges waren auf die Leistungsfähigkeit der Planlok vom Typ BR 38 abgestimmt. Aus betrieblichen Gründen erhielt der Zug gelegentlich oder gar an bestimmten Tagen eine Lok der BR 01^{10}, d.h. eine wesentlich leistungsfähigere Maschine mit einer zulässigen Hg von 140 km/h. Selbst wenn diese Geschwindigkeit hier nicht gefahren werden durfte, erreichte eine 01^{10} mit der genannten Last ohne Mühe schneller als eine 38 die zulässige Hg von 90 km/h.
Auch am 20.6.1959 traf E 867 vor Plan an Posten 47 ein, da mit einer 01^{10} bespannt. Unter Berücksichtigung der möglichen Eintrag=Toleranzen und der Gegebenheiten mußte der Zug ab Walheim keine 140 km/h fahren, wie das Gericht erster Instanz meinte, um vor Umspringen des Uhrzeigers auf 17.32 Uhr am Lauffener Überweg zu sein. Für eine Strecke von 15,7 km ergeben rd. 12 Min Fahrzeit eine Reisegeschwindigkeit von rd. 78 km/h.
Der gerichtlich bestellte Hauptgutachter brillierte in den Verhandlungen mit hochwissenschaftlichen, wenn auch für seine Zuhörer unverständlichen Berechnungen. An einem Tag der ersten Hauptverhandlung referierte er 4 Stdn und bezeichnete die Anlage von Posten 47 als "auf dem Stande der Technik". Die Uhrzeit wurde auf 17 Uhr, 33 Min und 5 Sek fixiert, in der zweiten Heilbronner Hauptverhandlung: *"...keineswegs vor 17.32.36 Uhr..."*.
Man kann über solche Präzision nur staunen. Wie viel Widersprüchliches, Ungenaues oder Hypothetisches war einzukalkulieren! Selbst die Angaben über die Abfahrtszeit in

Bietigheim differierten um mehr als 20 Sekunden. Genau wußte es keiner der beteiligten Beamten.
Zur Zeitbestimmung auf die Sekunde benutzten die Gutachter auch den Indusischreibstreifen. Das wäre eher möglich gewesen, wäre die Maschine mit einem schweizerischen Hasler=Gerät ausgerüstet gewesen, das eine Zeit/Weg=Aufzeichnung wiedergibt. Die DB=Geräte sind für die Fixierung präziser Uhrzeiten nicht gedacht und nicht geeignet, wie auch von anderen Gutachtern in anderen Fällen klargestellt.[29]

Welche Hypothese auch stimmen mag - und es kommt noch einiges hinzu - unfallursächlich war die v e r z ö g e r t e Schließung der Schranken. Denn bei knappster Meldung wurde angenommen, daß dem Wärter immerhin 1 Min und 53 Sek Zeit zur Verfügung standen, und der Schließvorgang in 12-15 Sek erledigt sein konnte. In Anbetracht der Gegebenheiten hätte der Wärter die Pflicht gehabt, die Schranken sofort nach Eingang der Meldung zu schließen. Als er sich an jenem Tag nach einer nicht genau bestimmbaren Wartezeit dazu anschickte, verrichtete er seine Arbeit jedoch nicht zügig, sondern hielt noch einmal inne. Warum er das tat, blieb Vermutung.

Nach dem Unglück am 20.6.1959- **oben**: Blick vom BÜ auf das Zugende des E 867, durch die Pfeilspitze markiert / **unten**: die Busträmmer

Erst als der Wärter die Warnpfiffe der Lok des E 867 hörte, die der Tf der 01 1094 aus 150-180 m Entfernung nach Erkennen der offenen Schranken bei gleichzeitiger Bremseinleitung abgab, ließ er die Schrankenbäume vollends herunter. Dabei schlug der westliche Baum auf das Dach oberhalb der Windschutzscheibe des gerade auf den Überweg fahrenden Busses. Die 01 1094 erfaßte diesen mit einer Geschwindigkeit von noch etwa 80 km/h und schleifte ihn bis zum Stillstand rd. 400 m mit, wobei die meisten Businsassen hinausgeschleudert wurden. Nahezu unversehrt blieb nur ein 9jähriges Mädchen, das hinten saß.
Obwohl damals auf dieser Strecke noch von Dampfloks geführte Reisezüge verkehrten, war die elektrische Fahrleitung bis Heilbronn bereits fertiggestellt und in Betrieb genommen. Der mitgeschleifte Bus riß einen Fahrleitungsmast um, wodurch Kurzschluß entstand. Sowohl im DB=Unterwerk Mühlacker als auch Stgt.=Münster wurde der Kurzschluß registriert und zur Leitung der Strecke nach Heilbronn zugeordnet. Außerdem löste in Bietigheim der zugehörige Kurzschlußschalter aus. Drei Beamte bezeugten dafür als Zeitpunkt 17.31/32 Uhr. Dazu kam die Aussage des Fdl Kirchheim, E 867 habe seine Station 17.30 Uhr, also eine Minute vor der gemeldeten Zeit und sehr schnell durchfahren.
Die StA prüfte die Meldebücher der Unterwerke und stellte dabei Ungenauigkeiten bei Zeiteinträgen fest. Dann behauptete ein Zeuge, die herunterhängenden Drähte der Fahrleitung wären noch nach dem Unfall unter Strom gestanden, weil sie bei Berührung geblitzt hätten, und schließlich gab es noch Unstimmigkeiten zwischen den Aussagen der Fdl Kirchheim, Walheim und den Beamten der Unterwerke. Hauptsächlich ging es um die Feststellung, wer wen zuerst vom Unfall verständigt hatte. Der Werkmeister vom Unterwerk Stgt.=Münster gab an, er habe, nach etlichen Versuchen durchzukommen, 17.42 Uhr Fdl Kirchheim erreicht und jetzt erst von dem Unfall erfahren. Tatsächlich war um 17.39 Uhr ein Anruf von Kirchheim im Schaltbuch Münster eingetragen. Der Werkmeister bestritt das auch nicht und gab folgende Erklärung:

> *"Ich habe im Schaltbuch deshalb Kirchheim als gebende Stelle vermerkt, weil von dieser Sprechstelle aus auch an mich der Auftrag ergangen ist, den Strom wegzunehmen. Richtig ist, daß ich von Münster in Kirchheim zuerst angerufen habe."*

Fdl Walheim bestätigte die Aussage seines Kirchheimer Kollegen. Aber auf Befragen mußte er zugeben, nicht einmal das Rufzeichen des Bf Kirchheim zu kennen, sofern vom Unterwerk Münster über die Starkstromleitung[30] gerufen würde, und über diese Leitung erfolgten die Gespräche betr. Fahrstromabschaltung.
Keine dieser Differenzen ließ sich klären, und dahinter stand sicher nicht die Absicht vorsätzlicher Falschaussagen oder manipulierter Einträge.[31] Denn eine Nachprüfung der Eintragungen über den Zeitpunkt der Wiedereinschaltung ergab einen Unterschied von 5 Min in Münster und Walheim. Hier stand schwarz auf weiß 18.30, dort 18.25 Uhr. Und dieser Eintrag war für Unfall und Prozeß ohne jede Auswirkung.
Nun werden ja auch in den Schaltwerken alle Schaltungen automatisch aufgezeichnet. So glaubte man, endlich ein sicheres Beweismittel für den Abfall des Leistungsschalters in Bietigheim gefunden zu haben. Jedoch stellte sich heraus, daß die mechanische Uhr ungenau ging, das Band des Schaltzeichners nicht richtig eingelegt und die Trans-

portwalze nicht in Ordnung war. Treffend kommentierte die HEILBRONNER STIMME am 12.12.1959:

"Stünde nicht die Schreckensbilanz von 45 Toten und 27 Verletzten hinter dem Prozeß um das Lauffener Omnibusunglück, gäbe die bisherige Beweisaufnahme Material für Glossen und Kommentare sonder Zahl. Das Leid, das zahlreiche Familien betroffen hat, verbietet eine Betrachtung unter solchen Aspekten. Eines aber darf schon heute festgestellt werden, ohne der Beweiswürdigung des Gerichtes vorzugreifen: Für die Deutsche Bundesbahn hat der Prozeßverlauf bisher wenig Erfreuliches gebracht. ..."

Die im weiteren Wortlaut ausgesprochene Hoffnung auf positive Konsequenzen hinsichtlich Überprüfung des Systems fanden wohl nicht die erwünschte Resonanz. Denn noch während der zweiten Heilbronner Hauptverhandlung ereignete sich der Zusammenstoß im Bf Eßlingen, nicht zuletzt als Folge von Organisationsmängeln.

Nicht sonderlich überraschend war die Wertlosigkeit fast aller Zeugenaussagen. Auch der ungefähre Ort der Begegnung des E 867 mit dem Et 4864, der in Lauffen 17.27 Uhr nach Stuttgart abgefahren war, ließ sich nicht bestimmen. Die Verteidigung wollte sie auf die freie Strecke nördlich des Tunnels lokalisiert haben, dessen Nordausfahrt bei km 37,1 liegt. Das wäre aber den Zugpersonalen, besonders dem Heizer sicher nicht entgangen. So dürften die Züge im Tunnel, der für jedes Gleis eine eigene Röhre hat, aneinander vorbeigefahren sein. Mit Sicherheit stand nur fest, daß der Et 17.32 Uhr in Kirchheim zum Halten kam, und das Zugpersonal den Fdl dort fragte, warum der Strom weg sei.

Das Sachverständigenaufgebot trug offenbar nicht sonderlich zur Klärung der Zweifelsfragen bei, sondern verursachte heftige Kontroversen. Der gerichtlich bestellte Gutachter, jener Professor, der auch im Fall Eßlingen berufen wurde, und ein von der Verteidigung beauftragter Kollege gerieten sich derart in die Wolle, daß der Vorsitzende der Kammer den Professor trösten mußte, man könne es nicht allen recht machen, Richtern ginge es genauso.

Berechnungen, die ein maschinentechnischer BOR dem Gericht vorlegte, wurde vom Gerichtsgutachter mit "dubiose Annäherungsversuche" abgetan. Hierbei ging es um eine mögliche Mitschuld des Tf der 01 1094, der bei Erkennen der Gefahr aus etwa 90 km/h Schnellbremsung einleitete. Der BOR gab an, die Zeitspanne bis zum Eintreten der vollen Bremswirkung betrüge 4-5 Sek. Der Gerichtsgutachter legte den Indusischreibstreifen zugrunde, demzufolge die Bremsung 150 m vor dem Überweg begonnen und 50 m weiter voll wirksam geworden wäre, so daß die Hg beim Zusammenstoß noch etwa 80 km/h betragen habe. Ein zweiter Gerichtssachverständiger, TÜV=Beamter, verlegte das Wirksamwerden der Bremsung anhand des Indusiaufschriebs auf wahrscheinlich "nach dem Überweg", frühestens am Überweg. Jedenfalls schied unter Berücksichtigung der Sichtweite und nachweisbaren sofortigen Reaktion des Tf ein Mitverschulden seinerseits aus.

3. Die Gerichtsverhandlungen mit Revision

Die StA erhob also nur Anklage gegen den Schrankenwärter und die Insassen eines Mercedes, der gemäß Zeugenaussagen etwa 10 Sek vor dem Unfall den Überweg passierte. Die Anklage gegen den Pkw=Fahrer, einen Ingenieur aus Stuttgart, lautete auf unterlassene Hilfeleistung und Gefährdung des Eisenbahnverkehrs. Da die Schrankenbäume bereits bis zu einem Winkel von 70-80° herabgelassen waren, hätten Straßenfahrzeuge den Überweg nicht mehr befahren dürfen.

Die im Pkw mitfahrende Ehefrau des Fahrers war wegen Anstiftung zur Fahrerflucht angeklagt. Sie hatte, als der Pkw das Gleis Bietigheim-Lauffen querte, ihren Mann auf den "weit entfernten Zug" aufmerksam gemacht und ihn nach dem Zusammenstoß aufgefordert, weiter zu fahren, weil sie "das Schreckliche" nicht sehen könne. Dem war ihr Mann nachgekommen. Er stellte sich erst 5 Tage nach dem Unfall der Polizei, obwohl er die Rundfunksuchmeldung gehört hatte. Zur Begründung seiner Säumigkeit führte er an, die Suchmeldung nicht auf sich bezogen zu haben. Sein Pkw sei braun; man hätte aber einen schwarzen Wagen gesucht. Das stimmte. Da jeder Augenzeuge eine andere Farbe in Erinnerung hatte, richtete man sich bei der Durchsage nach der Mehrzahl. Richtig beobachtet, auch betreffend Fahrzeuginsassen, hatte nur ein 12jähriges Mädchen, das mit seiner Freundin kurz vor dem Unglück über den BÜ geradelt war.

Das Verfahren gegen die Ehefrau wurde aus gesundheitlichen Gründen bereits vor der Hauptverhandlung abgetrennt und dann eingestellt, der Ehemann erhielt Freispruch mangels Beweisen. Die Begründung dieses Urteils, kurzgefaßt, lautete: Er habe die Schranken als geöffnet ansehen dürfen, somit keine schuldhafte Gefährdung des Zuges begangen. Er könne auch nicht wegen unterlassener Hilfeleistung belangt werden, weil er sich dann erheblich eigener Gefahr ausgesetzt hätte, da seine Frau an gesteigerter Erregbarkeit litte.

Bemerkenswert ist, daß sich das Gericht betr. Gefährdung des Eisenbahnverkehrs nicht den gutachterlichen Auslegungen anschloß, die die Ansicht vertraten, b e i d e Fahrer (Bus und Pkw) hätten anhalten müssen und können. Einer der Sachverständigen errechnete für die Ausgangssituation, d.h. für den Moment der ersten Schrankenbewegung folgende Distanzen jeweils bis zur angenommenen Null=Linie am Überweg: Lok des E 867: 370 m; Omnibus: 80 - 90 m; Pkw: 80 m. Zu diesem Zeitpunkt sei der Zug noch nicht in Sichtweite gewesen, was sich mit der Aussage der Frau des Pkw=Fahrers deckte, die den Zug bei Befahren des Überweges "weit entfernt" erblickte.

Der andere Gerichtsgutachter ermittelte geringe Entfernungen für die Ausgangssituation. Er nahm für den Bus höchstens 22 m an, wobei er allerdings die Entfernung bis zum A n f a n g des Überweges - nicht der Null=Linie a u f dem Überweg meinte. Über die Geschwindigkeit, mit der der Bus auf den Überweg rollte, differieren unter Auswertung des Leistungsschreibers die Werte zwischen 15 und 25 km/h. Der TÜV=Gutachter schränkte jedoch ein, die Bus=Leistungsschreiber seien bei weitem nicht so zuverlässig wie die Indusieaufschriebe.

Auch der Schrankenwärter wurde in erster Instanz frei gesprochen, weil ein schuldhaftes Verhalten nicht beweisbar sei. Die späte Schließung der Schranken und das Innehalten bliebe zwar ein Rätsel, aber der Wärter habe ja nicht wissen können, daß der Zug etwa eineinhalb Minuten vor Plan kommen würde. Dem Wärter sei auch niemals der Begriff des rechtzeitigen Schließens erläutert worden. Daß Fahrplanabweichungen von 2 Min ohne gesonderte Meldung erlaubt und möglich wären, könne ihm nicht als bekannt unterstellt werden. Er habe bei einem Unterricht hierüber gefehlt und sei auch keiner Eignungsprüfung unterzogen worden. Psychologische Gutachten hätten ergeben, daß er, da geistig wenig beweglich und leicht ablenkbar, zu Fehlreaktionen neige. Wenn jedoch seine Vorgesetzten seine Unfähigkeit nicht erkannten, die Anforderungen als Schrankenwärter zu erfüllen, könne man ihm auch nicht anlasten, eine Aufgabe übernommen zu haben, der er nicht gewachsen war. Seiner psychischen Veranlagung nach sei es denkbar, daß er beim Schließen der Schranken innehielt, weil er durch den sich schnell nähernden Zug erschreckt wurde.

Die StA ging nach der Urteilsverkündung mit guten Gründen in Revision, der vom BGH, was den Schrankenwärter betraf, stattgegeben wurde, so daß es im Sommer 1961 zu einer zweiten, sieben Wochen dauernden Hauptverhandlung beim LG Heilbronn kam. Der Pkw=Fahrer saß nicht wieder auf der Anklagebank. Sein Freispruch zweiter Klasse, wie es im Verteidigerjargon heißt, war sogar in erwiesene Unschuld aufgebessert worden. Aus der Urteilsbegründung sei folgendes zitiert:

> *"... Werden Bahnschranken während des Schließvorganges in einer Stellung angehalten, die es dem Führer eines Straßenfahrzeugs ermöglicht, ohne Berührungsgefahr und ohne Gefährdung des etwaigen Gegenverkehrs unter ihnen hindurch zu fahren, so darf er die Geleise noch überqueren. Dies gilt nicht, wenn der Schrankenwärter das Schließen der Schranken unter Umständen unterbricht, die es deutlich machen, daß er dies nicht in Ausführung pflichtmäßigen Ermessens tut. ..."*

Wie aber soll ein Autofahrer wissen, aus welchem Grunde der Wärter das Schließen der Schranken unterbricht, sofern letzterer das nicht durch Zuruf oder Zeichen verdeutlicht! Unterbleibt das, ergibt sich im Zweifelsfalle und im Sinne einer Mitverantwortung jedes Verkehrsteilnehmers doch nur die Konsequenz, sich die Gewißheit durch Anruf bzw. Rückfrage zu verschaffen. Und dazu ist eben ein Anhalten notwendig.
Nun hielt gemäß eigener Aussage und durch Zeugen bestätigt der Pkw=Fahrer hinter dem Überweg an, um den Bus vorbei zu lassen. Die Straßenbreite sei ihm so eng vorgekommen, daß er befürchtete, abgedrängt zu werden. Was also hätte näher gelegen, als wenigstens den Versuch einer Warnung des Busfahrers zu unternehmen. Da der Bus im Radlertempo fuhr und den Aussagen überlebender Insassen nach der Fahrer auf den Pkw achtete, wäre der Bus wahrscheinlich anzuhalten gewesen. Jedoch, wie der Ingenieur aussagte, an Hilfeleistung oder dgl. habe er gar nicht gedacht.
In der zweiten Heilbronner Hauptverhandlung stand die Prüfung einer ganzen Reihe vom BGH aufgegebener Fragen auf dem Prozeßprogramm. Zum psychologischen Komplex wurde ein zweiter Experte zugezogen, der gleichfalls die Unfähigkeit des Wärters zum Schrankendienst bestätigte. Dessen Überforderung habe sich auch in Magenbeschwer-

den geäußert. Er wiese alle Symptome der Psychosomatrie auf, im Volksmund Managerkrankheit genannt. Nicht zu Unrecht monierte das Gericht abermals die unterbliebene psychotechnische Eignungsprüfung. Zumindest hätte ein Vorfall im Mai 1959 die Vorgesetzten veranlassen müssen, das Versäumte nachzuholen.

Der erst seit 1.10.1958 im Schrankendienst tätige Wärter hatte nämlich, als ein eingeklemmter Backstein die Beweglichkeit der Schrankenbäume behinderte, den Schaden zu beseitigen versucht, statt einem sich nähernden Zug Haltezeichen zu geben oder sich um die Sicherung des Straßenverkehrs zu kümmern. Damals konnten zwei Pkw den Übergang gerade noch passieren, ohne vom Zug erfaßt zu werden. Diese Fehlhandlung des Wärters wurde DB=seitig erst nach dem Unglück beachtet.

Zu einer der gemäß BGH=Urteil noch zu klärenden Fragen gehörte die Dauer der sogenannten Schrecksekunde, und zwar im Hinblick auf die Zeit, die der Wärter beim Schließen der Schranken innegehalten hatte. Ein Sachverständiger meinte, die Schrecksekunde ließe sich nicht fixieren, da sie individuell verschieden sei. Bei der Konstitution des Wärters wäre es durchaus denkbar, daß der Schreck eine länger dauernde Handlungsunfähigkeit oder Lähmung auslösen könnte.

Eine weitere der zu verhandelnden Fragen war die Bestimmung des rechtzeitigen Schließens der Schranken. In der BGH=Urteilsbegründung heißt es hierzu:

> *"... Wenn ... es seinem reinen Gefühl überlassen hätte, wann er spätestens mit dem Schließen der Schranken zu beginnen habe, dann wäre er hinter den Mindestanforderungen, die an die Sorgfaltspflicht eines Schrankenwärters zu stellen seien, so erheblich zurückgeblieben, daß auch einem Schrankenwärter von der geistigen Verfassung des Angeklagten der Vorwurf fahrlässiger Pflichtwidrigkeit kaum erspart bleiben könnte. ..."*

Der zuständige Bahnmeister, der den angeklagten Wärter nach dessen sechstägiger Unterweisung geprüft und ihm seine praktische Befähigung bescheinigt hatte, wurde hierzu sehr eingehend vernommen. Als der Bm erklärte, von einer auf die Sekunde genauen rechnerischen Fixierung des rechtzeitigen Schließens wäre nie die Rede gewesen, weil das nicht möglich sei, hielt ihm der Kammervorsitzende u.a. entgegen, es müsse Aufgabe des Vorgesetzten sein, dem Wärter solche wichtigen Zeitbestimmungen vorzurechnen:

> *"... Wenn aber Sie nicht einmal wissen, wie lange ein Zug von Kirchheim bis zum Posten 47 braucht, wie sollen es dann die Schrankenwärter wissen?"*
> *Darauf der ...* (Amtsvorstand; d. Verf.)*:*
> *"Das muß dem Schrankenwärter seine Erfahrung sagen!"*

Die Debatten (und nicht nur darum) waren pure Zeitvergeudung. Ein Kollege des Angeklagten, der seit 12 Jahren ohne Beanstandung Dienst an diesem Überweg verrichtete, beantwortete treffend die Frage des Kammervorsitzenden, wie lange ein Wärter brauchte, bis er das Zeitgefühl zum richtigen Schließen der Schranken hätte:

> *"Einige Zeit, manche lernen es aber auch nie!"*

Um den Kernpunkt des Problems, nämlich der Verwendung eines für diesen Posten völlig Ungeeigneten, wurde im Gegensatz zum Fall Allach nur herumgeredet. Aber in der zweiten Heilbronner Hauptverhandlung wurde der Schuldige schließlich trotz der psychiatrischen Gutachten zu neun Monaten Haft auf Bewährung verurteilt, vom Schrankendienst abgelöst und als Rottenarbeiter weiterbeschäftigt.

Ahnungsvoll warnte einer der Nebenkläger=Rechtsanwälte während der ersten Hauptverhandlung:

"Wenn der Fall ... mit dem Maßstab gemessen werde, wie seit Jahren an deutschen Gerichten andere Verkehrsteilnehmer, so bestehe kein Zweifel am fahrlässigen, schuldhaften Verhalten des Angeklagten, möge es noch so viele Mitschuldige geben. Mit einer anderen Auffassung würde Heilbronn die bisherige Rechtsprechung aus den Angeln heben. Man könne nicht sagen, ... sei überfordert gewesen, nur weil das ein Psychiater meine, sonst könnten alle Gerichte in Zukunft die Psychiater entscheiden lassen, ..."

Noch ein anderer Gedanke drängt sich hier auf: Wenn die Eignung zum Schrankendienst, der bei einem Normalmaß an Aufmerksamkeit keine schnellen Reaktionen erfordert, von einem psychologischen oder gar psychiatrischen Gutachten abhängig gemacht wird, wäre ein solcher Test in weit höherem Maße bei der Erlangung des KFZ=Führerscheins notwendig (eingehender hierzu s. S. 282).

Nachwort

Nachzutragen wäre noch eine Randepisode. Im Gegensatz zu Verkehrsminister Gscheidle, der durch persönliches Erscheinen an der Allacher Unfallstelle (1974) seine Anteilnahme bezeugte, hielt das Verkehrsminister Seebohm nicht für nötig. Es erregte in der Öffentlichkeit Unwillen, daß er auf der Durchreise den Schnellzug, in dem er saß, an der Unfallstelle nur langsam fahren ließ und in Stuttgart den DB=Präsidenten zur Berichterstattung an seinen Wagen beorderte. Die Presse nannte dieses Verhalten "schlechten Stil".

Sicher hatte die Presse mit diesem Tadel recht, und Herr Seebohm machte ja auch bei anderen Gelegenheiten des öfteren Fehler, oder nennen wir es eine unglückliche Figur. Nun hat alles und jeder seine Licht- und Schattenseiten. Herrn Seebohms nicht gerade zupackende Art verhinderte jedenfalls, daß sich die Vertreter der Forderung nach radikaler Stillegung von Nebenbahnen nicht damals schon durchsetzten. Man versuchte, das Problem im Gegenteil noch mit Verbesserungen in den Griff zu bekommen und investierte auch andernorts in halbwegs aussichtsreich scheinende Flächenbahnen. Der Erfolg war nicht von Dauer. Das Auto erwies sich als stärker und umfassende Maßnahmen, die zu einer nachhaltigen Wirkung nötig gewesen wären, blieben aus. Bahnseitige Angebotsverbesserungen allein reichen nicht. Im Falle der Zabergäu=Bahn setzten schon im zweiten Jahrzehnt nach dem Umbau die Zeichen der Endphase ein: Schrumpfung der Zugzahlen, dann Einstellung des Wochenendverkehrs auf der Schiene, und 1986 kam das endgültige Aus. Eine Weile ließen die DB=Kursbuchbearbeiter die Tabelle Nr. 781 im Kursbuch. Statt Fahrzeiten stand dort aber nur getreu dem neuen Kaufmannsstil:

"Angebotsumstellung, Fahrplan s. Buslinie 7808"

Sachverhalt und Zitierungen, soweit nicht anders angegeben, aus BGH=Urteil vom 7.10.1960 - 4 StR 323/60 - LG Heilbronn; außerdem detaillierte Berichte der Heilbronner Stimme über Unfall, Ermittlungen und Prozesse.

29 Vgl. dazu insbesondere die gutachterlichen Ausführungen in den Kapiteln Rheinweiler (C VI), S. 185 ff.und Warngau (D IV), S. 233 ff.

30 Damit ist vermutlich die Fde=Verbindung, die Leitung vom Unterwerk zu den Fdl, gemeint.

31 Über Eintragungen im Zugmeldebuch gab es auch bei anderen Katastrophen vielfach Diskussionen, die bis zur Fälschungsbehauptung gingen, so im Fall Siegelsdorf 1928, H.J.Ritzau, Schatten...(S. 19. Anm. 1), S. 254ff.

Unfallrekonstruktion
am BÜ Lauffen

III. Eßlingen Hbf

Zusammenstoß am 13.6.1961 Nt 3902 mit Nt 3885 zu Beginn eines zeitweise eingleisigen Betriebes wegen Bauarbeiten
(35 <lt. DB=Statistik 34> T, 92 V)

1. Die lokalen und betrieblichen Umstände

Zunächst schien der Zusammenstoß zweier Vorortzüge am 13.6.61 im Bereich der westlichen Ausfahrt Eßlingen Hbf einen klaren Tatbestand abzugeben: Nichtbeachtung mehrerer Signale durch den Triebwagenführer und Verstoß des Zugführers gegen die Pflicht zur Signalmitbeobachtung. Aber bereits im Hauptbericht der für die Ermittlungen gebildeten polizeilichen Sonderkomission tauchen Fragen auf, die sich nach und nach zu einem Berg von Problemen türmten.
Ein Jahr nach dem Unfall begründete der leitende Oberstaatsanwalt in einem Schriftsatz an das Justizministerium Baden=Württemberg, warum die Untersuchungen noch nicht als abgeschlossen gelten könnten. Im Punkt b) dieses Schreibens wird auf den Umfang des Komplexes hingewiesen, der sich aus über 200 zu beantwortenden Einzelfragen zusammensetze.
Ordner auf Ordner füllte sich mit Zeugenaussagen, Stellungnahmen, Gutachten, Vorschriftenauszügen u.a. Der 123 Seiten umfassenden Anklageschrift vom 12.3.63 folgte am 29.3.65 eine Nachtragsanklage. Es kam zu Kontroversen der Sachverständigen untereinander und sogar zwischen öffentlichem Ankläger und Gericht. DBseitige Beschwerdeschriftsätze über die Staatsanwaltschaft finden sich in den Unterlagen ebenso wie Klagen der Ermittlungsbeamten über das Verhalten von DB=Bediensteten, weil diese den Gang der Untersuchung behinderten. Die Kleine Anfrage eines Landtagsabgeordneten fehlt auch nicht. Erst nach beinahe sieben Jahren setzte das Landgericht Stuttgart mit dem Einstellungsbeschluß vom 17.5.1968 den endgültigen Punkt.
Der Ausgangspunkt war an sich Routinesache: Die Vorortgleise zwischen Eßlingen/Nekkar und Stuttgart=Obertürkheim (in Folgendem Es und Om genannt) mußten überarbeitet werden. Da mit der Gleiserneuerung auch Unterbauverbesserungen nötig waren, hatte man sich entschlossen, während der Arbeitsausführung jeweils ein Vorortstreckengleis zu sperren, und zeitweise eingleisigen Betrieb zwischen Es und Om durchzuführen.
Die dichte Streckenbelegung erschwerte die Planung. Beide Ferngleise des Abschnittes waren täglich mit bis zu 230 und die Nahverkehrsgleise mit 75 bzw. in der Gegenrichtung Eßlingen-Stuttgart 85 täglichen Zugfahrten belegt. Aus verschiedenen, für unsere Abhandlung unwichtigen Gründen entschied man nach eingehender Prüfung dahingehend, das zweite Gleis ab westliche Bahnhofsausfahrt Eßlingen für den Zugverkehr zu sperren. Zur Überleitung der Züge Richtung Stuttgart von Gleis 7 auf das Gegengleis 8 (s. Planskizze) bot sich als einfachste, billigste und wohl auch sicherste Lösung die Benutzung

der vorhandenen Weichenverbindung unmittelbar hinter den Bahnsteigen an. Das Ausfahrsignal F 7 hätte lediglich in Weichenabhängigkeit gebracht und mit einem Zusatzflügel ('Fahrt frei mit Geschwindigkeitsbegrenzung') versehen werden müssen. Wenn die verantwortlichen Stellen der BD Stuttgart eine kompliziertere und - wie die Folgen zeigen - gefährlichere Lösung vorzogen, hatte das seinen Grund in der vorerwähnten Zugdichte.
Weil die einfache Lösung Verspätungen begünstigt hätte, entschloß man sich zu einer Neuerung, für die es weder genaue Bestimmungen noch in d i e s e r Form Vergleichsbeispiele gab. Man schuf einen Vorrückungsabschnitt. Obwohl auch dieser Begriff in keiner Vorschrift stand, ließ man ihn im Unfall=Schriftverkehr gelten, weil er die Situation treffend kennzeichnete.
Um den Planungsentschluß verständlicher zu machen, stellen wir uns kurz die Betriebspraxis der einfachen Lösung vor: Zug A Richtung Om hätte auf Gleis 7 (Es) zu warten, bis Zug B aus Richtung Om in Gleis 8 (Es) eingelaufen wäre. Zug A konnte dann erst abfahren, wenn alle Zugmeldeverrichtungen erledigt worden waren. Hatte Zug A jedoch die Möglichkeit, bereits ein Stück in Richtung Om vorzurücken, während der Gegenzug einlief, würde sich ein Zeitgewinn von je ein bis knapp zwei Minuten erzielen lassen. Das konnte Verspätungen reduzieren helfen.
Daher verwarf man die einfache Lösung und änderte den westlichen Bahnhofsteil Es. Das Ausfahrsignal F 7 wurde Zwischensignal $F\ 7_1$ und das neue Ausfahrsignal F 7 vom bisherigen 657 m entfernt als zweiflügeliges Formsignal errichtet. Es zeigte bei Stellung 'Fahrt frei' Hp2 mit vorgeschriebener Geschwindigkeitsbeschränkung auf 40 km/h. Das neue Ausfahrvorsignal setzte man ca. 4 m vor das Zwischensignal $F\ 7_1$. Um unnötige Ko-

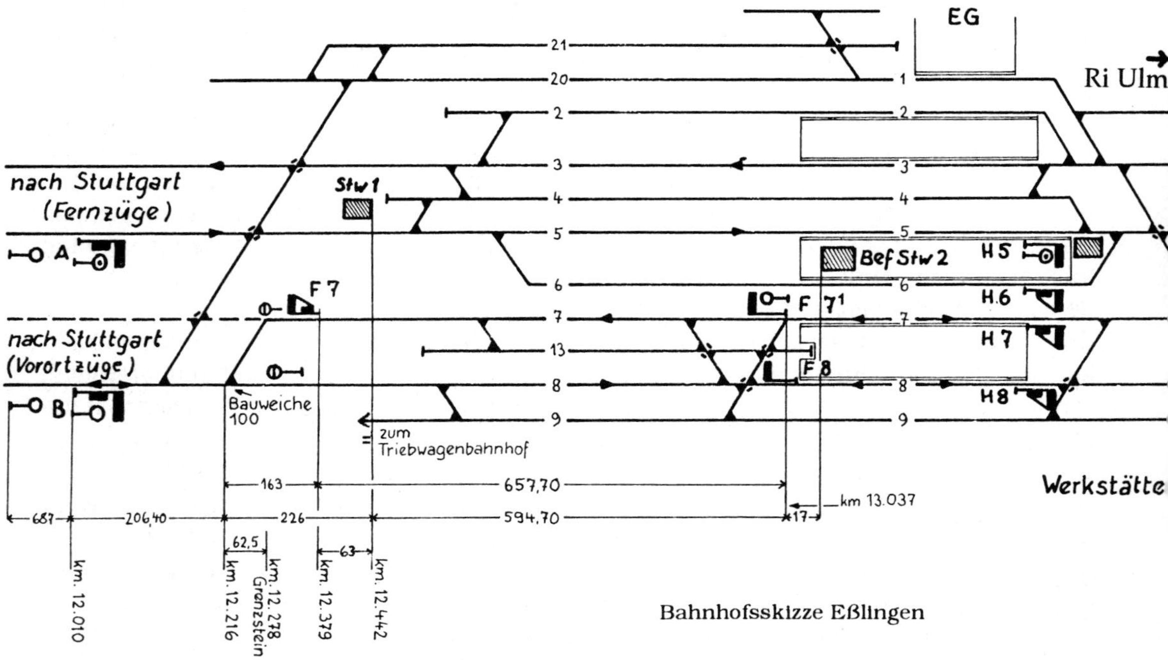

Bahnhofsskizze Eßlingen

sten zu vermeiden, war es nicht in Abhängigkeit zu seinem Hauptsignal gebracht, sondern starr in Stellung 'Halt erwarten' belassen worden.
Zur Überleitung der Züge von Gleis 7 auf Gleis 8 stand auch bei der Bahnhofsausfahrt eine Weichenstraße zur Verfügung. Allerdings hätte die im Fahrweg Gleis 7 liegende einfache Kreuzungsweiche (nur Ablenkung rechts) durch eine doppelte Kreuzungsweiche ersetzt werden müssen. Da Linksablenkung nur für die Zeit der Bauarbeiten nötig war, kam Abtrennung des Gleises und Einschwenken auf eine in Gleis 8 neu einzubauende Weiche (Bauweiche 100) billiger. Der Durchrutschweg vom neuen Ausfahrsignal F 7 bis zum Gefahrpunkt (Grenzzeichen Weiche 100) betrug 100 m, der Zwangsbremsweg ab Einfahrsignal B der Gegenrichtung 127,36 m.
Für Einrichtung und Abwicklung des zeitweise eingleisigen Betriebes wurde vom zuständigen BA die Betra 403 ausgearbeitet, von der BD Stuttgart genehmigt und rechtzeitig an die beteiligten Dienststellen verteilt. Das Zugpersonal hatte sich durch die La=Einträge ins Bild zu setzen. Am 25.5.61 wurde mit dem Einbau der neuen Weichen- und Signalanlage begonnen. Für die Umschaltarbeiten auf zeitweise eingleisigen Betrieb war am 13.6.1961 die Zeit von ca. 9.50 Uhr bis 13.15 Uhr vorgesehen. Jedoch erwies sich diese Spanne als zu kurz bemessen. Daher liefen bis zur Beendigung der Abnahmeprüfung um 15.10 Uhr die Vorortzüge außerplan über die Ferngleise.
Auch Nt 3884, der als erster Zug den eingleisigen Abschnitt befahren sollte, mußte infolge einer Signalstörung noch die Ferngleise benutzen. Dann passierten bis zum Unfall insgesamt sechs Züge ohne besondere Vorkommnisse das eingleisige Streckenstück. Nt 3885 kreuzte in Om Nt 3900, fuhr dort 16.49 Uhr und in Es=Mettingen lt. Zugmeldebuch 16.52 Uhr ab. Kurz hinter der Ausfahrt Om war gemäß La=Eintrag der Baustelle wegen von km 10.100 - 10.300 allen Zügen eine Geschwindigkeitsbeschränkung auf 50 km/h vorgeschrieben. Ansonsten galt die übliche Hg, wie in den Buchfahrplanspalten angegeben, d.h. 80 km/h für Nt 3885 einschließlich Einfahrt Es auf Gleis 8.
Wegen der Lage des Triebwagen=Bf mußten die Triebwagenführer der Züge Richtung Stuttgart nach Erreichen der Bahnsteiggleise den Führerstand wechseln, um an der Zugspitze zu bleiben. Der dichten Zugfolge halber ergab sich meist - wie auch in diesem Falle - eine sehr knappe Bereitstellungszeit, weshalb die Bremsprobe im Triebwagen=Bf vorgenommen wurde und es dem Zugführer nicht möglich war, seine schriftlichen Arbeiten (Ausfüllen der Wagenzettel usw.) vor der Abfahrt zu erledigen.
Zf war 16.24 Uhr von Stuttgart in Es eingetroffen und hatte sich beim Aufsichtsbeamten von Bahnsteig 4 gemeldet. In seiner Vernehmung gab er an, sich während der Wartezeit über die Neuerung durch die La informiert zu haben. Weil er die Betra nicht kannte (als Zf war er nicht verpflichtet sie zu kennen, und im La=Eintrag stand nichts über die Fahrplanänderung), wußte er nicht, daß Nt 3902 im zeitweise eingleisigen Betrieb statt 16.49 erst 16.52 Uhr abfuhr. Dadurch sollte bei planmäßiger Ankunft des Gegenzuges Nt 3885 die Gefahr einer spitzen Kreuzung ausgeschaltet bzw. ein unnötiges Anhalten des Nt 3902 am neuen Ausfahrsignal vermieden werden.
Unterdessen war Tf im Triebwagen=Bf beschäftigt gewesen. 16.41 Uhr räumte Nt 3900 Gleis 7, und 16.47 Uhr rückte Nt 3902 [32] nach. Da ja weder Tf noch Zf noch Schaffner wußten, daß die Abfahrt auf 16.52 Uhr verschoben war, glaubten alle drei bei der angenommenen Plandifferenz von 2 Minuten, sich beeilen zu müssen, insbesondere der den

Luftbild Zusammenstoßstelle kurz nach dem Unfall
<freigegeben durch Regierungspräsidium Nordwürttemberg Nr. 600302412 - 7.4.1972>

Führerstand wechselnde Tf. Sein Weg betrug rund 130 m. Seinen Platz an der Zugspitze wieder eingenommen, lehnte er am bahnsteigseitigen Fenster und wartete auf Abfahrauftrag von Zf, wie dieser aussagte: *"Ich gab meinem Triebwagenführer, der schon nach mir herschaute, das Abfahrsignal durch zwei Pfiffe und Hochheben der rechten Hand."*
Zf hatte sich nicht nach dem Grund der vermeintlich unpünktlichen Abfahrt seines Zuges erkundigt, da er - auch der Geringfügigkeit wegen - dazu nicht verpflichtet war. Er wartete, bis das Ausfahrsignal 'Fahrt frei' zeigte, erteilte Abfahrauftrag und stieg in den zweiten Wagen der ersten Einheit, wo er die Wagenzettel vervollständigte. Der Schaffner begann die Fahrausweise der wenigen Insassen zu kontrollieren. Keiner der beiden vermochte seine Dienstverrichtungen zu beenden. Nach einem kurzen Moment der Schnellbremsung erfolgte etwa 16.54 Uhr der Zusammenstoß mit Nt 3885 nahe Weiche 100.

7 Vb Eßlingen (Neckar)—Stuttgart Hbf <u>Vorortgleise</u>

✚ 54	Eßlingen(Neckar) –Stg-Obertürkheim	Ausf Eßlingen (Neckar)	40	alle Z	13.6.61 10^{00}			auf Sig Hp 2; zweites Ausfsig km 12,375 Ausfvorsig bei altem Ausfsig
		Eßlingen (Neckar)– Stg-Obertürkheim						Vorortgl Es–Om gesp **Großbaustelle**
		12,1–10,1	50	7^{00}–17^{00}				Arb im Nachbargleis Baust wand
		Bk Eßlingen-Mettingen		alle Z				auf Sig Hp 1 mit Sig Ne 4 (Schachbrettafel)
		Einf Stg-Obertürkheim	40					auf Sig Hp 2 mit Sig Ne 4 (Schachbretttafel); Übergang auf Vorortgleis Es–Stg
✚ 55	Eßlingen(Neckar) –Stg-Bad Cannstatt	Eßlingen (Neckar)– Stg-Bad Cannstatt	Ferngleis statt Vorortgleis	3820 3824 3828 3832 4570	nur 13.6.61			Umstellarb auf eingl Betrieb auf Vorortgleis Es–Om
				2202	14.6.61			eingleisiger Betrieb auf Vorortgl Es–On

Aus:
La 24. Woche 1961

2. Rätsel um das Versagen des Triebfahrzeugführers

Das Versagen des Tf stellte alle Beteiligten vor ein Rätsel. Der Beamte war zuverlässig, dienstwillig und gesund. Nennenswerte private Belastungen konnten ebenfalls nicht ermittelt werden. Allerdings hatte er laut Dienstplan überwiegend Einsätze auf anderen Strecken gehabt und die Strecke Stuttgart-Eßlingen in den Tagen der Umstellungsvorbereitung überhaupt nicht befahren. Alle Sachverständigen bejahten jedoch seine Streckenkenntnis. Aber er kannte weder die Weisung der Betra 403 noch die La und hatte daher keine Ahnung von der betrieblichen Änderung.
Nach einem Ruhetag hatte Tf am Vormittag des 13.6.61 ab 9.32 Uhr Dienst auf einer anderen Strecke getan, über Kopfweh geklagt und angedeutet, er wolle sich krankmelden. Zwar meldete er sich bei Dienstantritt in Es nicht krank, erbat aber bei der Lokleitung Urlaub. Bemerkenswert dürfte ferner sein, daß sich Tf immerhin rd. 2 Stdn im Triebwagen= Bf Es aufhielt, ohne seinen Informations- und Abzeichnungspflichten[33] nachzukommen, und daß er beim Wechseln des Führerstandes vergaß, seine Mütze und Aktentasche mitzunehmen. Man fand beides in der dem Unfall folgenden Nacht im rückwärtigen Füh-

Blick vom Führerstand auf eingeschwenktes Gleis 7 mit Bauweiche 100

rerstand des Nt 3902. In der Aktentasche wurde auch das La=Heft entdeckt, neu und dem Anschein nach unbenutzt.[34]
Der Grund für die Zerstreutheit des Tf an diesem Tag und seine Signalmißachtung blieb ein Rätsel. Mit einem Blick auf das alte Ausfahrsignal hätte er auch das neu erstellte Vorsignal sehen und stutzig werden müssen (s. Abb. S. 76). Da er bei der Anfahrt wie beim Regelbetrieb beschleunigte, fiel das den Beamten auf Stellwerk 2, die die Betriebsumstellung aufmerksam beobachteten, auf. Sie riefen ihre Kollegen von Stellwerk 1 an und wiesen warnend auf Nt 3902 hin. Als sich der Zug Stellwerk 1 genähert hatte, war sicher, daß eine rechtzeitige Bremsung vor Signal F 7 nicht mehr erfolgen konnte. Weil die Zeit jetzt auch nicht mehr zum Anbringen von Knallkörpern reichte, versuchte ein Beamter aus dem geöffneten Fenster durch kreisförmiges Armschwenken Haltezeichen zu signalisieren. Gleichzeitig nahm man die Einfahrt für Nt 3885 zurück und verlangte telefonisch Fahrstromabschaltung.
In den wenigen Sekunden, die zur Verfügung standen, nachdem die Gefahr erkannt worden war, tat das Stellwerkpersonal sein Möglichstes, den Unfall zu verhindern. Auch Gleisarbeiter versuchten, das Ihre beizutragen. Einer von ihnen riß seine Mütze vom Kopf und gab damit Haltezeichen. Er sagte später aus, gesehen zu haben, wie sich Tf erhob und mit seinen Händen eine Bewegung machte, als ob er sich frage, was das Theater solle.

Blick auf eingeschwenktes Gleis 7 mit Bauweiche 100 aus Zug der Gegenrichtung

Daß Tf die Situation nicht begriff, beweist die Aussage eines anderen Arbeiters, der im unterbrochenen Strang von Gleis 7 etwa auf Höhe von Weiche 100 stand. Bei dessen Anblick gab Tf, um auf die Annäherung des Zuges aufmerksam zu machen, ein kurzes Warnsignal ab. Danach muß er zu diesem Zeitpunkt immer noch der Meinung gewesen sein, seine Fahrt verlaufe geradeaus weiter.
Von Zeugen inner- und außerhalb des Nt 3902 wird Schnellbremsung ungefähr beim Passieren des Signals F 7 bestätigt. Die unbeschädigt aufgefundende Sifa=Anlage zeigte das Schaltrad mit Rückstellfeder im Eingriff und ca. 130 m abgelaufen. Ob Tf gerade die vorgeschriebene Sifa=Prüfung vornahm, als er den die Mütze schwenkenden Arbeiter sah oder ob er doch auf Grund seiner Beobachtungen Schnellbremsung einleitete, war nicht zu klären. Die im Moment der Bremseinleitung ca. 78 km/h betragene Fahrgeschwindigkeit konnte bis zum Aufstoß auf nicht ganz 50 km/h reduziert werden. Diese Zahl zeigte auch der Tacho nach dem Unfall an.
Als Einfahrsignal B für die Gegenrichtung von 'Fahrt frei' wieder auf 'Halt' fiel, war Nt 3885 mit der Zugspitze bereits am Signalmast vorbei. Aber selbst wenn die Rücknahme der Einfahrt etwas früher erfolgt und vom Triebwagenführer wahrgenommen worden wäre, blieb eine erfolgreiche Reaktion fraglich. Beispielsweise wechselte am 15.8.69 im Bf Düsseldorf=Reisholz die Signalstellung vor einem einfahrenden Zug ebenfalls von 'Frei' auf 'Halt'. Obwohl das dort sofort erfaßt wurde, war es für eine wirksame Bremsung zu spät.
So wenig ein Tf mit der unvorhergesehenen Rücknahme einer Einfahrtfreigabe zu rechnen hat, bestand für den des Nt 3885 kein Anlaß zu besonderer Vorsicht bei Einfahrt Es. Den entgegenkommenden Nt 3902 sah er wegen eines Bauzuges, auf dem Stumpf von Gleis 7 stehend, erst in letzter Sekunde. Trotzdem löste er ohne Verzug die Bremsung aus und rief eine Warnung in den vordersten Fahrgastraum. Ein Überlebender machte diese Aussage, der Tf selber konnte nicht mehr aussagen.

3. Zum Mitverschulden des Zugführers und der Planungsbeamten

Daß den Zf des Nt 3902 ein Mitverschulden des Unglücks traf, stand fest. Denn bis zur Vorschriftenänderung im Jahre 1964 war er - wie es polizeiseitig formuliert wurde - *"der Herr des Zuges"*. Er erteilte den Abfahrauftrag und ihm oblag die Überwachung des Fahrverlaufes. Nach FV §51(3) hatte er sich, soweit es seine Dienstgeschäfte zuließen, an der Signalbeobachtung zu beteiligen, und bei A b w e i c h u n g e n vom Regelbetrieb ging diese Tätigkeit allen anderen Pflichten vor [35].
In der alten Fassung der Fahrdienstvorschrift, gültig bis 31.7.1960, war Abweichung vom Regelbetrieb erläutert. U.a. fiel unter diesen Begriff auch zeitweise eingleisiger Betrieb. Die neue Fassung, gültig ab 1.6.1960, enthielt keine Definition mehr, und ab hier liefert die Katastrophe doch einen Beitrag zur zeitbezogenen Aussage. Mit Einzug des "kaufmännischen Geistes" in die Welt der Eisenbahn und, wie gesagt, verbunden mit einer

Verunsicherung der leitenden Personen, vollzog sich auch ein Abbau geistiger Werte und Haltung. Daß gewisse Vorschriften den sich ändernden Gegebenheiten angepaßt wurden, war nicht zu beanstanden, wohl aber die Aufweichung der Formulierungen, Begriffe und Definitionen, wodurch sich die Mängel der bisherigen Praxis noch nachteiliger auswirkten.
So hatte jeder Tf jährlich einmal zu unterschreiben, daß er verpflichtet sei, sich über seinen Dienst betreffende Weisungen auf dem laufenden zu halten. Für die Unterschriftsleistung war aber keine Frist gesetzt, und der beim Eßlinger Unglück umgekommene Tf hatte es bis dahin nicht für nötig befunden, die Abzeichnung vorzunehmen.
Da die Polizei [36] bei den Vernehmungen über die Vorschriftenkenntnis allgemein stutzig wurde, versuchte sie, sich mit Hilfe von Fragebogen, die ca. 170 Zugführern vorgelegt werden sollten, ein umfassendes Bild zu verschaffen. Das Resultat war bemerkenswert: In den ersten zwei Vernehmungen hielten ca. 40% der Befragten den zeitweise eingleisigen Betrieb zwischen Es und Om für eine Abweichung, 60% hingegen stimmten für Regelbetrieb. In den folgenden Tagen verschob sich diese Verhältniszahl zugunsten Abweichung, bis schließlich alle die richtige Meinung kundgaben. Daraufhin wurde die zwecklos gewordene Aktion abgebrochen. Im abschließenden Bericht darüber meinte die Polizei, es habe den Anschein, als ob Überwachung, Belehrung und Unterweisung durch die vorgesetzten Dienststellen zu wünschen übrig ließen.
Die Vorgesetzten der Befragten und die Dienstlehrer hatten ebenfalls Gelegenheit, Stellung zu nehmen. Einer der höheren Beamten äußerte die Ansicht, der Unterricht genüge, im übrigen reiche die La zur Unterweisung. Etliche fanden die zur Verfügung stehende Unterrichtszeit als zu knapp bemessen, vor allem, weil es sehr viele Vorschriftenänderungen durchzunehmen gab. Die Aussage eines Lehrers enthält den Satz: *"Eine eingehende Besprechung aller Neuheiten war nicht möglich."* Ferner gab er an, über die neue Sbv im dritten Kalendervierteljahr 1960 unterrichtet zu haben. Der Zf des Unglückszuges hatte weder teilgenommen noch das Versäumnis nachgeholt.
Die Polizeibeamten wunderten sich auch, daß den DB=Beamten des höheren Dienstes die Überschneidung der Vorschriftengültigkeit entgangen war. Wie bereits vermerkt, galt die alte Fahrdienstvorschrift bis 31.7. und die neue ab 1.6..1960. Kleinigkeiten, gewiß, die aber dennoch Verwirrung stiften können.
So sollte man auch meinen, daß die bei den Unfallermittlungen aufgedeckten Unzulänglichkeiten des Informationswesens in Vorgesetztenkreisen nicht gänzlich unbekannt sein müßten [37] und daraus Konsequenzen gezogen worden wären, insbesondere wenn es um die Sicherheit bei Abweichungen vom Regelbetrieb ging. In diesem Sinne gab Zf in seiner Vernehmung an, daß er sich bei zusätzlicher Information, d.h. Kenntnis der Sachlage als Beimann in die Führerkabine begeben hätte, was alle seine Kollegen nach dem Unfall von sich aus taten. Eine entsprechende Anordnung durch die DB Stuttgart war nicht ergangen.
Daher erwog die Anklagevertretung schon sehr bald, ob die Unterlassung, während der Dauer des zeitweise eingleisigen Betriebs zwischen Es und Om die Zugführer nicht als Beimann der Tf beordert zu haben, nicht ebenfalls einen strafrechtlichen Verstoß darstellte. Hierzu sowie zur Prüfung eventueller weiterer strafrechtlicher Versäumnisse der Planungsbeamten und zur Stützung der Anklageerhebung, schließlich auch zur Entwir-

rung des Begriffs= und (scheinbaren) Vorschriften=Dschungels bemühte sich die Staatsanwaltschaft um ein fachlich fundiertes Gutachten und erhielt zunächst das eines höheren DB=Beamten. In dessen Gutachten wird die Beorderung des Zf als Beimann des Tf während des zeitweilig eingleisigen Betriebes als überflüssig bezeichnet und das wie folgt begründet.

"Eine zusätzliche Maßnahme organisatorischer Art kann also nur dann als notwendig anerkannt werden, wenn in Sonderfällen eine Lücke in den Sicherheitsbestimmungen entdeckt wird und die zusätzliche Maßnahme geeignet ist, die Lücke zu überbrücken."

In seiner Argumentation bestritt der Gutachter, daß es sich bei der betrieblichen Regelung Eßlingen um einen Sonderfall gehandelt habe[38] und wartete mit Vergleichsfällen und statistischem Material zu diesen sowie zum Nutzen zweimänniger Führerstandbesetzung allgemein auf, den er grundsätzlich verneinte.

"...d.h., daß bei einmänniger Besetzung der Triebfahrzeuge Haltesignale etwa ebensooft überfahren werden wie bei zweimänniger Besetzung. Man führt dieses überraschende Ergebnis, daß auch die zweimännige Besetzung keine höhere Sicherheit bietet, auf die mögliche Unterhaltung bei zweimänniger Besetzung zurück."

Blick vom Führerstand auf Signale F 7_1 und Vf 7

Die pauschale Unterstellung, zwei Männer auf dem Führerstand eines Tfz vernachlässigten ihre Dienstobliegenheiten durch Konversation, wäre als persönliche Diskreditierung der Lokpersonale anzusehen, worauf einzugehen sich erübrigt; zudem waren die maschinentechnischen Sachverständigen anderer Ansicht. Nach diesen hatte vor allem die Pflicht der Lokpersonale zum Signalzuruf als eine Art gegenseitiger Selbstüberwachung sehr zur Minderung der Fälle von Signalnichtbeachtung beigetragen.[39]
Mit Vergleichsfällen tat sich der DB=Gutachter schwer. Schließlich wählte er aus der geringen Zahl auch nur entfernt ähnlicher Umstände und Regelungen das Beispiel Meppen, einem Bahnhof nördlich Lingen an der Strecke Rheine-Leer. Eine Ähnlichkeit zum Fall Eßlingen lag in der räumlichen Beschränkung. Die Überleitung vom eingleisigen zum zweigleisigen Abschnitt mußte einer Kurve wegen vor diese (Richtung Leer-Emden) gelegt werden. Man entschloß sich den Bahnhofsbereich zu verlängern, setzte das alte Einfahrhauptsignal bei km 260.795 außer Funktion und erstellte ein neues bei km 261.106.
Für die Süd-Nord=Richtung ergab sich als Änderung - ebenfalls ähnlich Eßlingen - eine Art Vorrückungsabschnitt bis zum neuen Hauptsignal bei km 260.718. Allerdings, und darin ist der erste Unterschied zu sehen, machte man es konventioneller bzw. unkomplizierter: Dieses neue Ausfahrsignal galt als Blocksignal und die Zwischenstrecke bis dahin (ca. 600 m) als Blockabschnitt.

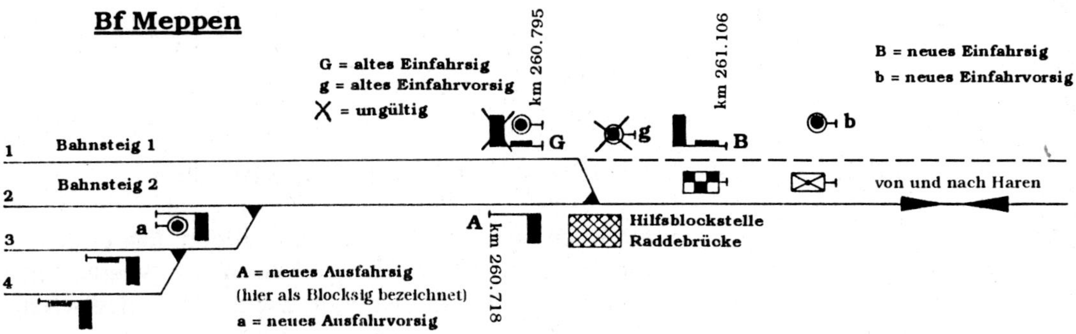

<Zeichn. nach Vorlage: Doris Magg>

Der gravierendere Unterschied zu Eßlingen lag in der zusätzlichen, mündlichen Information der Zugpersonale über die Abweichung. Interessanterweise gab es bei der Umstellung in Meppen auch eine Signalstörung, und nach Ansicht des Gutachters war es diese, weshalb die Personale zusätzlich belehrt wurden. Das Gutachten enthält seine vier an die BD Münster gerichteten kargen Fragen mit den Antworten und der gutachterlichen Folgerung:

> *"Die zusätzliche Unterrichtung im Falle Meppen ergab sich demnach ohne besondere Anordnung durch die Befehlsausstellung und n u r w ä h r e n d d e r S t ö r u n g am Ausfahrsignal."*

Da dem Schriftwechsel keine so eindeutige Aussage zu entnehmen war, schrieben wir die Direktion Münster am 20.8.1971 an und erhielten mit Datum vom 7.9.1971 folgende Auskunft:

> *"...teilen wir Ihnen mit, daß es sich bei der mündlichen Verständigung der Zugbegleiter am 23.5.61 zwischen Meppen und Haren (Ems) um eine zusätzliche Einzelmaßnahme der Bundesbahndirektion Münster handelte. Diese zusätzliche Unterweisung hatte n i c h t s m i t d e r S i g n a l s t ö r u n g zu tun."*

Die Zweifel des leitenden Oberstaatsanwalts an der Objektivität des DB=Gutachters fanden Bestätigung durch eine unvorsichtige Äußerung. Am 6.4.1962 sagte der Gutachter im Laufe einer Besprechung, er verfasse eine "Verteidigungsschrift", womit er letztlich nur die Wahrheit von sich gegeben hatte [40].
Die StA zog die Konsequenzen und sah sich nach einem anderen, einem neutralen Gutachter um. Die dem Gerichtsakt beiliegende Liste des dafür in Frage kommenden Personenkreises enthält nur wenige Namen, und erst die zweite staatsanwaltliche Anfrage vom 25.4.62 hatte Erfolg, sofern man die Annahme eines Auftrages schon als Erfolg bezeichnen kann. Das Obergutachten, so im Gerichtsakt bezeichnet, blieb Entwurf. Daß es über etliche Seiten Notizen nicht hinauskam, begründete sein Verfasser mit beruflicher Abhaltung, was auch die zuerst angegangene Kapazität als Ablehnungsgrund angegeben hatte.

4. Gutachterwirren und das Ende eines 'Siebenjährigen Krieges'

In fast allen Beispielen, die in diesem Buch eingehender gebracht werden, löst die Gutachtertätigkeit mehr oder weniger Unbehagen aus. In manchen Wissenschaftsbereichen, so die zur menschlichen Psyche, sind die Wertungen von sich wandelnden modischen Strömungen durchzogen, in der Technik vom Erkenntnisstand. Auch hier war in jenen Jahren vieles im Fluß. Aber selbst bei Darlegung gültiger Fakten ließen die Experten des öfteren Gründlichkeit u.a.m. vermissen, besonders peinlich, wenn bei Aufarbeitung komplizierterer Fälle mehrere Gutachter tätig waren, die einander widersprachen. Das Gericht hatte dann jene Ausführung auszuwählen, die überzeugender schien.
Hart wurde es stets, sobald sich bei den Ermittlungen zur Schuldfrage eine mögliche Einbeziehung des Planungs- bzw. Organisationsapparates abzeichnete, und das brachte auch die sogenannten neutralen, d.h. nicht in DB=Diensten stehenden Wissenschaftler - in der Regel Professoren der Technischen Universitäten (früher Hochschulen) - in Konflikte. Während ihrer Zeit als wissenschaftliche Hilfsarbeiter oder Assistenten mit geringem Verdienst verlieh ihnen die DB einen Rang, der ihnen ein angemessenes Einkommen sicherte. Der Konflikt bestand also darin, daß sie als Gutachter unter Umständen Material zusammentragen mußten, das ehemaligen Kollegen den Vorwurf der Nachlässigkeit einbrachte oder gar der ihnen gegenüber einst so großzügigen DB Lücken in ihrem Sicherheitswesen nachzuweisen nicht umhinkamen.

Auch der von der Stuttgarter StA engagierte Obergutachter gehörte zum Kreis jener, einst von der DB Unterstützten, und die Situation war besonders heikel, weil bereits Gutachten höherer DB=Beamter vorlagen, mit denen er sich auseinanderzusetzen hatte - ggfs. auch vor Gericht. So dauerte es nahezu zweieinhalb Jahre, bis nach mehrfacher Erinnerung, datiert auf den 8.10.64, schließlich eine gutachterliche Vorwegstellungnahme vorlag, auch "vorläufiges Teilgutachten" benannt.
Seine früheren DB=Kollegen sprachen ihm den im Gerichtsakt enthaltenen Äußerungen zufolge kurzerhand die Qualifikation zumindest für die Beantwortung eines Teiles der Fragen ab. Z.B. sei er auf dem Gebiet der Signaltechnik bzw. des Signalwesens kein Fachmann, und daher könne er die Problematik dieses Bereiches nicht überblicken.
Der Staatsanwalt verwarf den Vorwurf. Gegebenenfalls stünden dem Obergutachter wissenschaftliche Mitarbeiter zur Seite, die eventuelle Wissenslücken ausgleichen könnten. Der Anwurf führt sich überdies selbst ad absurdum, wenn man vom Sinn der Vorschriften ausgeht, die ja nicht erlassen werden für Experten, um darüber zu diskutieren, was dieses oder jenes bedeutet, sondern für die Praxis.
Einer der wissenschaftlichen Streitpunkte war die Bemessung des Durchrutschweges (Signal F 7 - Grenzzeichen Bauweiche). Das vorläufige Teilgutachten legte dar, daß dieser nicht 100, sondern 200 m hätte betragen müssen, jedoch wäre die Länge für den Unfall selbst nicht kausal gewesen. Die DB=Sachverständigen waren anderer Ansicht. Einer von ihnen meinte, es hätten sogar 50 m genügt, und wenn man in den einschlägigen Vorschriften und Bestimmungen nachliest, muß man zugeben, daß jede dieser Ansichten belegbar oder widerlegbar war.
Als Erstes mußte der Charakter der Strecke bestimmt werden, d.h. ob es sich um ein durchgehendes Hauptgleis handelte oder nicht. Das wurde teils bejaht, teils verneint. Bei der Frage, welches Streckenstück als Ersatzfahrstraße anzusprechen war, gab es abermals Meinungsverschiedenheiten. Etliche betrachteten die Strecke ab Signal F 7 als solche, etliche bereits ab F 7_1.
Dann ging es um die zulässige Fahrgeschwindigkeit. Daß ab F 7 nur 40 km/h erlaubt war, stand fest, aber über die Hg von F 7_1 bis F 7 liefen die Meinungen wiederum auseinander.
Der Staatsanwalt nennt auf Seite 23 seiner Nachtragsanklage vom 29.3.65 diesen Auslegungsdschungel treffend: *"Irrungen - Wirrungen"*. Und es scheint grotesk, daß theoretisiert wurde, welche Hg ein Zug ab Halteplatz am Bahnsteig 4 auf diesem Streckenstück erreichen konnte, wenn doch Nt 3902 den Beweis dafür bereits geliefert hatte und während der Bauzeit hier auch Züge mit höherer Anfahrleistung verkehrten.
Die überzeugenderen Darlegungen stellten klar: Abgesehen von der Beachtung eines möglichen Haltes an F 7 , da ja Vf 7 Warnstellung zeigte, galt für diesen Streckenabschnitt die im Buchfahrplan vermerkte Hg.
Strittig war ferner die Frage, ob Gleis 7 für die Zeit der Bauarbeiten mit Indusi ausgerüstet werden mußte oder nicht. Der Staatsanwalt ermittelte, daß während dieser Spanne 81 Züge, mit Indusi versehen, den Streckenabschnitt benutzten und bemängelte daher folgerichtig die unvollständige Bestückung der Gleismagneten.
Interessant für unsere Betrachtung ist, daß einer der die Umbauarbeit ausführenden Beamten von sich aus am Signal F 7 einen 2000 Hertz Magneten anbrachte, wie sich

auch der Vorsteher Hbf Eßlingen aufgrund seiner Erfahrungen und aus eigenem Entschluß am ersten Tag des zeitweise eingleisigen Betriebes zur Beobachtung auf Stellwerk 1 aufhielt.
Zum Indusi=Problem schrieb ein DB=Sachverständiger in seinem Gutachten: *"Für den Zwangsbremsweg bei induktiver Zugbeeinflussung gibt es zwar keine amtliche Definition".* Am Schluß der daran anschließenden Erwägungen steht jedoch, daß sich bei vollständiger Ausrüstung der dortigen Vorortsignalanlagen mit Indusimagneten nach dem Dreifrequenzsystem ein Gefahrpunktabstand für das neue Signal F 7 von 200 m ergeben hätte. Er verneint aber an anderer Stelle seines Gutachtens die Notwendigkeit des Einbaus von Gleismagneten in der Annahme, es verkehrten auf diesem Streckenstück keine mit Indusi ausgerüsteten Züge - was ja nicht stimmte (s.o.).
Schließlich griff der Staatsanwalt die fehlerhafte Abfassung des La=Textes der 24.Woche an (s.S.71). Nach seinem Dafürhalten trugen die Formulierungen mit zum Verhalten von Zf bei: Altes Ausfahrsignal statt Zwischensignal, Abweichungen von der Betra (als Grundlage des La=Eintrages), falsche Reihenfolge der Angaben, d.h. nicht der Wahrnehmungsreihung entsprechend u.a.m.
Zwar meinten einige DB=Experten, der La=Eintrag habe ungeachtet seiner Fehlerhaftigkeit alle für das Personal wissenswerten Punkte enthalten, jedoch dürfte die Textabfassung keineswegs geeignet gewesen sein, eine klare Vorstellung der veränderten Situation zu schaffen, und die La der 25. Woche wurde auch dementsprechend verbessert.

So schleppten sich die Ermittlungen und Verfahren dahin. Am 20.10.1964 beantwortete der Kammervorsitzende die Anfrage eines Rechtsanwaltes:

> *"Die Entscheidung über die Eröffnung des Hauptverfahrens ist in wesentlichen Punkten vom Gutachten des Sachverständigen <...> abhängig."* (Gemeint ist das Obergutachten; d. Verf.)

Nach einem weiteren Jahr Verzug stand nicht einmal der Termin für dessen Fertigstellung fest, und man muß dem Gericht zubilligen, daß es eine längere Wartezeit als nicht mehr zumutbar empfand. So erließ die Kammer am 30.11.1965 einen Teileinstellungsbeschluß zu den Verfahren gegen die Planungsbeamten. Die Begründung stützte sich im Wesentlichen auf die Expertisen der DB=Gutachter, insgesamt vier, und einer dieser von einem der Angeschuldigten beauftragt. Eines der Gutachten war der StA nicht einmal zur Kenntnis gegeben worden!
Einer der staatsanwaltlichen Anklagepunkte gegen die Planungsbeamten betraf - wie gesagt - die Unterlassung, die Zugführer nicht als Beimann der Tf abgeordnet zu haben. In der Anklageschrift vom 12.3.1963 heißt es dazu:

> *"Diese vorbeugende Maßnahme, die sich danach als notwendig erwies, hätte sich bei Triebwagenzügen ohne weiteres durchführen lassen, da die Zugbegleiter dieser Züge jederzeit vom Zuginnern zum Führerstand gelangen konnten. Die Maßnahme wäre der Bundesbahn auch zumutbar gewesen, da sie keine Kosten verursacht und den Zugführer nicht von anderen Dienstgeschäften abgehalten hätte, da der Zugführer bei zeitweise eingleisigem Betrieb ohnehin nur den Fahrtverlauf zu überwachen, alle sonstigen Dienstgeschäfte dagegen zurückzustellen hat (§51 (3) 2 FV)."*

Die Kammer lehnte im Einstellungsbeschluß vom 30.11.1965 diese Darlegung mit folgender Begründung ab:

"Im vorliegenden Fall können derartige Zweifel auch schon deshalb nicht unterdrückt werden, weil der Zugführer vom Antritt der Fahrt bis zum Unfall mit der Fertigstellung seines Wagenzettels (§47 FV) beschäftigt war, den er schon bei der Abfahrt des Zuges hätte ausgefüllt haben sollen. Das aber gibt der Vermutung Raum, er hätte sich dieser Arbeit genauso als Beimann im Führerstand des Triebfahrzeugs unterzogen und dabei die Beobachtung und den Zuruf der Signalstellung vernachlässigt."

Im Einstellungsbeschluß finden sich noch weitere sachlich und logisch nicht gerade fundierte Argumente, gegen die der Oberstaatsanwalt mit sofortiger Beschwerde vom 10.12.65 vorging. Über sachliche Begründungen hinaus, resümierte er in seinem Schriftsatz:

"Leider fand die Staatsanwaltschaft kein Gericht, von dem sie überzeugt sein konnte, daß es ihre Bemühungen fortsetzen werde. Offenbar scheut man bei den Gerichten vor der Verhandlung großer und schwieriger Eisenbahnbetriebsunfälle zurück und versucht daher, die Prozesse in aller Form vom grünen Tisch aus abzutun. Ob diese Methode mit der Pflicht zur Erforschung der materiellen Wahrheit vereinbar ist, mag dahinstehen; jedenfalls war ihre Anwendung in diesem Verfahren verfehlt."

Gegen diese und andere Formulierungen verwahrten sich die Richter mit einer Dienstaufsichtsbeschwerde. Ihnen seien damit sachfremde Motive unterstellt, und die Form weiche *"in unangenehmer Weise von dem sonst zwischen Staatsanwaltschaft und Gericht üblichen Ton ab".*

Der Vorgesetzte des Oberstaatsanwaltes gab gewisse Überspitztheiten zu. Ansonsten wies er die Dienstaufsichtsbeschwerde ab, wobei ihm die gerichtliche Unterlassung, der StA eines der vorerwähnten Gutachten zugeleitet zu haben, eine willkommene Hilfe war.

Über die sofortige Beschwerde entschied das OLG, und obwohl es diese mit Datum vom 19.4.1966 insgesamt verwarf, mußte es etlichen der von der Strafkammer angeführten Gründen ein "nicht überzeugend" bescheinigen und der Staatsanwaltschaft "beachtliche Gegenargumente" bestätigen.

Den Schluß des Kapitels Eßlingen - als Markstein gemeint - kennzeichnen drei Schriftsätze: Am 7.3.68 fragte das Landgericht bei der Staatsanwaltschaft an, ob diese einverstanden sei, auch das Verfahren gegen den Zf einzustellen. Die Rechtslage habe sich geändert usw. In dem nur ein paar Seiten umfassenden Text steht u.a.: *"Vor wenigen Tagen"* habe man erfahren, daß die DB die Fahrdienstvorschriften über die Verpflichtung der Zugführer zur Signalmitbeobachtung änderte[41]. Der Grund, weshalb die DB sich zu dieser Änderung entschied, wird verhältnismäßig ausführlich erläutert (für wen? Denn der Oberstaatsanwalt war vermutlich bestens informiert). Es folgen dann einige juristische Für und Wider und schließlich die Bitte um baldige Antwort, *"da der Termin zur Hauptverhandlung schon auf den 2.4.1968 (nebst weiteren drei Verhandlungstagen) angesetzt ist, ...".*

Die Staatsanwaltschaft stimmte in lakonischer Kürze zu (ganze fünf Zeilen Text), und am 17.5.1968 kam auch das Verfahren gegen den Zugführer vom Tisch.

5. Kosten und Nachspiel

Werfen wir noch einen Blick auf die finanzielle Seite. Der Sachschaden bezifferte sich lt. DB=Bericht vom 16.3.1962 auf ingesamt DM 337795,--. Die Höhe der für die Abgeltung von Schadensansprüchen aufzuwendenden Summe läßt sich ahnen, wenn man den Vergleichsabschluß e i n e s Falles betrachtet: Der Unfalltod eines Familienmitgliedes bedingte einen Doppelanspruch, den die DB abgalt, indem sie sich zur Zahlung einer Abfindung von DM 12000,-- einerseits, andererseits einer monatlichen Rente von DM 75,– bis zu einem bestimmten Zeitpunkt verpflichtete.

Die Polizei stellte eine relativ niedrige Rechnung: ca. DM 600,--.

Sehr unterschiedlich waren die Forderungen der Gutachter. Einer bezifferte seine Kostennote (in DM) wie folgt:

> *"Die Anfertigung des Gutachtens lt. Aufstellung mit insgesamt 430 Stdn je 10,--;*
> *für eine Hilfskraft zur Prüfung z.B. von Fahrplanunterlagen 15 Stdn je 5,--;*
> *für die Anfertigung von Zeichnungen 26 Stdn je 7,--; Schreibkraft 193 S. je -,50.*
> *Schließlich sind enthalten Fahrtkosten zur Beschaffung von Informationsmaterial und dgl. und die dadurch entstandene Ausbleibzeit mit 5,-- je Stunde,*
> *insgesamt 5 864,55."*

Die Forderung scheint angemessen, ja geradezu bescheiden, wenn sie mit der des neutralen Experten verglichen wird. Dieser verlangte mit Datum vom 31.7.1968 ursprünglich eine Gesamtsumme von DM 23 556,50, ermäßigte sie nach einem Hinweis seitens der StA am 8.9.1968 auf DM 19511,50 und erhielt durch Gerichtsbeschluß vom 27.10.1969 DM 12 333,50 zugestanden:

> Gesamtzeitaufwand des Sachverständigen mit 642 Stdn je 15,-- = 9 630,--;
> für wissenschaftliche Mitarbeiter insgesamt 232 Stdn je 10,-- = 2 320,--;
> Fahrtkosten, Porti und dgl. = 115,--;
> Schreibkraft 42 Stdn je 6,--= 252,-- (gefordert waren als Stundenlohn 10,--)
> und schließlich noch 16,50 (?) für schriftliche Vorwegstellungnahme.

Dem Antrag auf einen 50%igen Zuschlag zum Stundensatz gab das Gericht nicht statt. In der Begründung dafür findet sich zunächst die Bestätigung, daß er als Fachautorität anzuerkennen sei, weshalb ihm je DM 15,-- zustünden. Die Erhöhung auf DM 22,50 wäre jedoch ungerechtfertigt, weil es nicht zu einer schriftlichen oder mündlichen Auseinandersetzung mit der wissenschaftlichen Lehre für eine Hauptverhandlung kam.

Nun hätte der erhöhte Satz noch bewilligt werden können, wenn, wie es im Beschluß heißt: *"... er sich im Gutachtenentwurf mit der wissenschaftlichen Lehre auseinandergesetzt hat und es, wie im vorliegenden Fall, aus nicht von ihm zu vertretenden Gründen nicht zur eigentlichen Erstattung des Gutachtens kommt..."*. Aber das Gericht verneint die Voraussetzung:

> *"... denn der Sachverständige hat sich weder in seiner schriftlichen Vorwegstellungnahme, noch in seinem konzipierten Hauptgutachten mit der wissenschaftlichen Lehre im Einzelfall auseinandergesetzt. Daß der Gutachter seine Untersuchungen und fachkundigen Schlußforderungen nach dem heutigen Stand der*

eisenbahntechnischen Wissenschaft vornahm und sich möglicherweise mit der einschlägigen Literatur befaßte, reicht hierzu nicht aus. Mit der wissenschaftlichen Lehre auseinandersetzen heißt vielmehr, daß der Sachverständige in seinem Gutachten zu voneinander abweichenden Lehrmeinungen kritisch Stellung nimmt und seine eigene Auffassung wissenschaftlich begründet...". [42]

Soweit ist dem Gerichtsbeschluß in Kenntnis der Sachlage zuzustimmen. Der nachfolgenden Behauptung: *"Dazu gab die dem Sachverständigen gestellte Aufgabe auch gar keinen Anlaß"*, wäre jedoch zu widersprechen, denn dazu war der Obergutachter schließlich bestellt. Und es kommt noch ein Gesichtspunkt hinzu. Der Oberstaatsanwalt mühte sich im Rahmen seiner Ermittlungstätigkeit mit eisenbahnwissenschaftlichen Forschungen theoretischer Art ab. Wenn nun die Kammer, wie sie in ihrer Dienstaufsichtsbeschwerde gegen den Oberstaatsanwalt schrieb, sich nicht zu o.g. Forschungen verpflichtet fühlte, hätte sie die Widersprüche der diversen Gutachten, Stellungnahmen und die abweichenden Lehrmeinungen eben durch den Obergutachter klären lassen müssen, ggfs. in öffentlicher Verhandlung.

Warum die Kammer diesen Entschluß scheute, ist bestenfalles zu mutmaßen. Kostengründe waren es sicher nicht, denn es wurden und werden Mammutprozesse letztlich auf Staatskosten geführt ohne jeglichen Nutzen für Gegenwart und Zukunft. Der Prozeß Eßlingen, konsequent und gründlich durchgefochten, wäre zweifellos auch ein Mammutprozeß geworden, aber mit Nutzen für Allgemeinheit, Zukunft und DB, wenngleich diese gewißlich einige Federn hätte lassen müssen. Bedauerlich ist diese verpaßte Chance ganz besonders deshalb, weil jener Oberstaatsanwalt nicht nur das geistige Format hatte und bestens präpariert war, um es richtig anzufassen, sondern weil er auch die Schwächen des Systems erkannt hatte.

Es ging ihm nicht um Verbesserungsvorschläge, wozu - wie die Kammer schrieb - die Gerichte nicht da seien. Nun korrigieren oder verhindern heute aber auch höchstrichterliche Entscheidungen Fehlgriffe der Politiker, d.h. die Justiz greift in das Staatssystem auf höchster Ebene ein. Ohne näher darauf einzugehen, ergibt die Tatsache als solche doch, daß es zwar nicht die Sache der Gerichte ist, in den nachgeordneten Etagen Verbesserungsvorschläge durchzusetzen, wohl aber Mißstände in den Systemen aufzudecken, damit diese erkannt und bereinigt werden. Und so meinte eben jener Oberstaatsanwalt, es genüge nicht, eine unter besonderen Umständen aus Gewohnheit und Unkenntnis der Neuerung begangene Verfehlung zu ahnden, ohne die Mitschuld der Organisations- und Planungskräfte einzubeziehen. Denn die höhere Position fordere nicht nur höhere Kenntnisse, sondern auch Verantwortung einschließlich der Berücksichtigung menschlicher Schwächen. Daraus resultiere die Pflicht, deren Gefahren durch Voraussicht zu begegnen - sofern wie im Falle Eßlingen möglich - und hier schuldhafte Nachlässigkeiten oder Versäumnisse aufzudecken, wäre auch zum Nutzen des Apparates gewesen.[43]

Sachverhalt und Zitierungen, soweit nicht anders angegeben, aus Gerichtsakt LG und OLG Stuttgart Zeichen Nr. 61 Is 33 56/61; V KMS 3/63; 1 Ws 300/65.

32 Zusammensetzung der Vorortzüge betr. 'Eßlingen' am 13.6.1961

Nt 3886			**Nt 3902**	
1. Wagen	ES 65 012	20,3 m	ET 5507a	21,81 m
2. Wagen	EB 65 012	19,5 m	ET 5507b	21,81 m
3. Wagen	ET 65 014	20,3 m	ES 5507	22,10 m
4. Wagen	ES 65 002	20,3 m	ET 5503a	22,10 m
5. Wagen	EB 65 002	19,3 m	ET 5503b	22,10 m
6. Wagen	ET 65 002	20,3 m	ES 5503	22,10 m

(EB = elektr. Beiwagen / ES = elektr. Steuerw. / ET = elektr. Triebwagen)

33 Aus Dienstanweisungen für d. Lokomotivbeamten:

§ 7 (1.) Die Lokomotivbeamten haben sich bei Dienstantritt daheim und auswärts zu melden. ... Vor Antritt des Dienstes auf der Heimdienststelle haben sie von neuen Verfügungen usw. Kenntnis zu nehmen.

(2.) Ehe sie an einem neuen Dienstort selbständig Dienst leisten, müssen sie die örtlichen Anordnungen und Verhältnisse kennen.

34 Es fehlte aber ein Abrechnungsheft der DB=Spar- und Darlehenskasse, mit dem er sich aussagegemäß während seines Aufenthaltes im Triebwagen=Bf Es beschäftigte, und vom Stellwerk aus will man beobachtet haben, daß bei Abfahrt etwas Heftähnliches aufgeschlagen vor ihm lag. Aber auch das gab nur Stoff für Vermutungen.

35 Ziff. 326 zu FV §51 (3) - Ausgabe 1951:

1. In besonderen Fällen (z.B. bei zeitweise eingleisigem Betrieb, Befahren des falschen Gleises, Beachtung von La=Einträgen über Umleitung, Ablenkung usw. sowie von schriftlichen Befehlen) geht die Signalbeobachtung durch den Zugführer allen anderne Geschäften vor.

36 In Anbetracht des Ausmaßes dieser Katastrophe war eine Sonderkommission gebildet worden.

37 Zumal diese Erkenntnis aufgrund von Beobachtungen bzw. Vorkommnissen früherer Zeiten schriftlich fixiert wurden, so in Aufgaben des Zugführers aus BavF 227 vom 18.12.1939:
"Bei mehreren Unfällen mußte festgestellt werden, daß die Zugführer ihre Aufsichtspflicht selbst bei außergewöhnlichen Verhältnissen, z.B. beim Befahren des falschen Gleises u.a., nicht erfüllt haben und nicht einmal bemerkten, wenn die dem Zug gegebenen schriftlichen Befehle nicht befolgt wurden."

38 Wie der Oberstaatsanwalt dagegen hielt, handelte es sich hier schon insofern um einen Sonderfall, da in seiner Art neu, weshalb es eben auch keine speziellen Bestimmungen dafür geben konnte. Bemerkenswert auch das unübliche Verhalten des Bahnhofsvorstehers, der sich zum Stellwerk zwecks zusätzlicher Beobachtung begab.

39 *"... Die Behauptung, der Signalzuruf habe bei zweimänniger Besetzung bestimmt zur erhöhten Sicherheit beigetragen, ist richtig."* (Aus: Schreiben der BD Stuttgart vom 21.1.63 an Kripo)

40 Der Oberstaatsanwalt führte im Nachtrag vom 10.2.1966 zur weiteren Begründung seiner sofortigen Beschwerde vom 10.12.1965 über den von der BD Stuttgart benannten Gutachter u.a. aus:
"Zu jener Zeit war nicht bekannt, daß die Direktionen nach der Betriebsunfallvorschrift dafür zu sorgen haben, daß als Sachverständige Bundesbahnbeamte hinzugezogen werden, zu deren allgemeinen Pflichten es schon gehört, die Belange der Deutschen Bundesbahn zu wahren (§§ 3 (4)..."

Diese sehr dezente Formulierung wurde in einem Schreiben präziser gefaßt, da vertraulich kann es hier nicht wiedergegeben werden. Nach der Katastrophe bei Aitrang äußerte einer der höchsten Beamten der ehemaligen BD Augsburg in einer Unterredung mit mir:
"Eisenbahnunfälle können nur durch Eisenbahner geklärt werden."
Dieser Satz ist zutreffend, sofern das Wort 'nur' gestrichen wird, sobald Ursache oder Schuld jedoch eine gewisse Grenze zu durchbrechen drohen, müßte der Satz noch mit dem Verb 'wollen' ergänzt werden.

41 Diese seit dem 1.7.1964 gültige Vorschrift war eine Konsequenz des Personalmangels, teils Folge der Rationalisierung, da viele Einheiten nur noch e i n e n Zugbegleiter haben, der mit Verrichtungen voll ausgefüllt ist, teils weil die Wagen moderner Bauart so konstruiert sind, daß eine Signalbeobachtung kaum noch möglich ist.

42 Gestützt auf Entscheidung des OLG Schleswig-Holstein, Schleswig-Holsteinische Anzeigen 1966, S. 227; Meyer-Höver 12. Aufl., Anm. 33 zu §3 ZuSEG; Brocke-Reese, 2. Auflage S. 112, Anm. 6b zu §3 ZuSEG.

43 Diesen Komplex, Mitverantwortung der Planungsbeamten,um bei diesem Ausdruck zu bleiben, hat fast jeder der in Teil B dieses Buches behandelten Fälle zum Hintergrund, ohne daß es zur Wiederholung einer Auseinandersetzung StA-Gericht kam. Ähnliche Gedanken finden sich jedoch in den Abschlußschriftsätzen der StA Kempten zu Aitrang (C V). Es sind aber nur drei Fälle bekannt, in denen ein Gericht die Verurteilung höherer DB=Dienstgrade durchsetzte, die das jeweilige Unglück nicht direkt verschuldeten: München=Allach (D III), Warngau (D IV) und der nur in der Gesamtchronik enthaltene Fall des BÜ=Unglücks zwischen Herrsching und Hechendorf, Str nach München, wo am 19.6.1951 ein Lkw bei geöffneter Selbstbedienungsschranke von einem Zug erfaßt wurde. 16 der Insassen des Lkw (ein Pater und Novizen des Jesuitenkollegs Pullach) wurden getötet, 7 schwer verletzt; Lkw=Fahrer und der für diesen Abschnitt zuständige Bahnmeister, ein BOI, freigesprochen, zwei Bundesbahnoberräte dagegen zu je 7 Mon Gefängnis verurteilt.

Zum Vergleich: **oben:** Hs=Oberbau zwischen Leiferde und Meinersen, Stoß mit zu weiter Lücke
unten: Oberbau K, ebenfalls auf Holzschwellen (Ansbach, DX, Foto Ulrich Rach, Nürnberg)

IV. Leiferde/Meinersen (Str Hannover-Oebisfelde)

Entgleisung des D 136 am 28.7.1969 infolge Gleisverwerfung
(5 T, 23 V)

1. Ein vergessener Schienenstrang

In jenen Jahren, als die DB ihr Elektrifizierungsprogramm durchführte - anfangs sparsam und, wie gesagt, schleppend, später großzügiger disponierend und rascher - demonstrierte sie dem Reisepublikum ihr modernes Image mit flotten Sprüchen, beispielsweise *"Unsere Loks gewöhnen sich das Rauchen ab"*. Im Rahmen der überaus effektvollen DB=Werbung wurden selbstverständlich auch die Vorteile des elektrischen Betriebes herausgestellt, so Verkürzung der Reisezeiten. Daß die Umstellungen in der Regel mit Ober- und auch Unterbauverbesserungen [44] verbunden waren, bevor als eine der Vorbedingungen für nennenswerte Fahrzeitkürzungen die zulässige Streckengeschwindigkeit erhöht werden konnte, mußte nicht unbedingt publik gemacht werden, und noch weniger, daß anderes mangels ausreichender Mittel im Sinne des Wortes auf der Strecke blieb.
Im Bereich der BD Hannover waren in den Jahren vor dem Unglück namhafte Elektrifizierungsprojekte vollendet worden: 1963 Aufnahme des elektrischen Betriebes Hannover-Göttingen, 1964 Hannover-Bremen, 1965 Hannover-Hamburg sowie Lehrte-Hildesheim-Nordstemmen, und im Winter 1968/69 Wunstorf-Hamm. Die Strecke Berlin-Oebisfelde-Hannover, einst die bedeutendste dieses Raumes, auf der internationale und die schnellsten Züge der Deutschen Reichsbahn liefen (letztere neben der Linie Berlin-Hamburg), hatte durch die innerdeutsche Grenze nur mehr Lokalverkehr und grenzüberschreitend an schnellen Zügen mit Hg 120 km/h lediglich vier tägliche D=Paare Ri Leipzig, außerdem zahlreiche Güterzüge. So wies die Strecke trotz ihrer, im Vergleich zur Zeit vor 1945 unverkennbaren Abwertung immer noch eine beträchtliche Belegung auf.
Seit 1950 lag im Unfallabschnitt des Ost-West=Stranges Hs=Oberbau, zwar mit Profilen S 49 (z.T. Fertigung 1930 [45]), die Hs=Oberbauform war jedoch schon in den dreißiger Jahren wegen der Schienenbefestigung auf den Schwellen o h n e Unterlagplatte und nur mit Schrauben lediglich bei Bahnen schwacher Belegung und niedrigeren Geschwindigkeiten üblich. Der in den zwanziger Jahren für Hauptbahnen entwickelte Oberbau bewährte sich, und so ist der moderne DB=Hauptstrecken=Oberbau in seinen Grundelementen ein Reichsbahn=K=Oberbau auf Betonschwellen, dessen feste Verspannung Voraussetzung für die endgültige Einführung des Langschienenoberbaus und lückenlosen Gleises war.[46]
Im Vergleich zum Hs=Oberbau ist der K=Oberbau kompliziert und teuer, da für e i n e Schienenbefestigung bei Hartholzschwellen 14 Einzelteile benötigt werden. Die Schienenbefestigung nur mit Schwellenschrauben ist zwar billig und einfach, birgt aber Unsicherheitsfaktoren in sich. Ohne zusätzliche Unterlagplatte wird die Schraube einseitig be-

anspruchtt, d.h. sie übt eine Scherkraft aus, wodurch die Haltekraft des Holzes im Laufe der Zeit nachläßt.[47] Die Schraube kann überdreht werden und ohne manuelle Prüfung läßt sich beim Begehen der Strecke nicht erkennen, ob der Schraubensitz noch ausreichend fest ist.
Seit 1962 war geplant, auch das Gleis des Ost-West=Stranges der Strecke in Oberbau K Ausführung zu erneuern.[48] Das geschah jedoch erst nach dem Unglück. Zuvor hatte das BA Hannover 2 lediglich verfügt, daß die normalerweise alle zwei bis drei Jahre durchzuführende Stoßlückenmessung auf dem Hs=Streckenabschnitt jährlich zu erfolgen habe, darüber hinaus im Jahr zweimal eine Kleineisenbehandlung, zu der auch die manuelle Prüfung des Schwellenschraubensitzes gehört. Diese Anordnung war von der zuständigen Bahnmeisterei nicht befolgt worden. Die letzte Stoßlückenmessung hatte Januar 1968 stattgefunden. Im Herbst 1968 und Frühjahr 1969 waren nur die eingefahrenen Stöße nachbehandelt worden, die kleinen Unterhaltungsarbeiten ganz unterblieben. Im April 1968 hatte die Bm zwischen km 210,9 - 211,2 und km 212,4 - 212,5 noch eine Stoßlückenberichtigung mit Auswechseln der Laschen und Einbau von Kuppelschwellen mit Rippenplatten vorgenommen.
Die Stoßlückenmessung vom 8.1.1968 hatte gegenüber den Messungen der Vorjahre keine nennenswerten Abweichungen ergeben, aber die an sich dringend nötige Stoßlückenberichtigung im gesamten Hs=Abschnitt wurde nicht erledigt, weil die Bm gemäß Aussage überlastet war und ohnehin eine Überarbeitung des Gleises anstand. Diese Überarbeitung wurde durch die Betra vom 27.3.1969, gültig ab 25.7.1969, fixiert. Sie bestimmte, daß von km 212, 7 bis km 211,5 das Gleis durch den Einsatz fahrbarer Oberbaugeräte einer Privatfirma durchgearbeitet werden sollte. Eine Beeinträchtigung des Zugverkehrs hatte zu unterbleiben, weshalb Streckensperrungen lediglich in Zugpausen von mindestens 30 Min erfolgen durften. Die Zuständigkeit für die Sperrfahrten der Maschinen wurde dem Bf Leiferde übertragen. Dem jeweils dort Aufsichtführenden mußte der Name des die Gleisarbeiten Überwachenden bekanntgegeben werden. Außerdem hatte er die Sperrfahrten schriftlich festzuhalten.

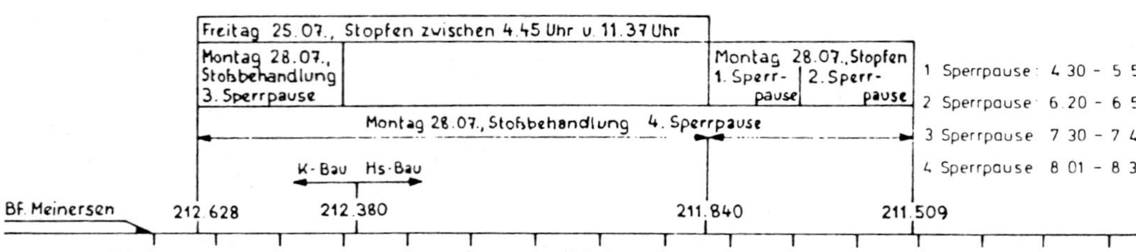

Ablauf der Oberbauarbeiten am 25.7. und 28.7.zwischen Meinersen und Leiferde

Nun haben Verordnungen die fatale Eigenart, daß sie ohne Kontrolle mitunter nicht befolgt werden. Geht es glatt, kümmert es niemanden. Gibt es aber eine Panne, folgen Peinlichkeiten, und nahezu nach jedem Unfall werden mehr oder weniger gravierende Verstöße gegen Vorschriften und dgl. aufgedeckt. So überwachten die Personale von Bf Meinersen statt jene des vorgeschriebenen Bfs Leiferde die Sperrfahrten. Dann gab die Bm dem zuständlichen Fdl nicht den Namen des die örtliche Bauaufsicht führenden Beamten bekannt. Als Aufsicht wurde ein Bua eingesetzt, der Werkmeister (Bau) hingegen "mit weniger wichtigen Arbeiten beauftragt".[49] Zwar ließ sich der Bua aufgrund seiner langjährigen Erfahrung bei großzügiger Auslegung der einschlägigen Vorschriften als Bauaufsicht akzeptieren, aber unzulässig war auf jeden Fall seine Doppelfunktion. Er war nämlich gleichzeitig als Rottenaufsichtsbeamter tätig.

Die Arbeiten, über das Wochenende unterbrochen, wurden am Montag, dem 28.7. wieder aufgenommen: das Gleis gehoben, gestopft, gerichtet und nachbehandelt, und zwar in der zweiten Sperrpause von km 211,7-211,48. In den Aussagen finden sich über Zeit und Arbeitsleistungen der vierten Sperrpause Differenzen: Laut Bua war sie von 8.01-8.38 Uhr, nach Angabe des (Schacht-) Meisters der Arbeitsmaschinen möglicherweise von 8.13-9.40 Uhr. Letzterer sagte auch, daß alle 35 Stöße nachbehandelt wurden, aber diese Arbeit wäre in der Zeitspanne von 8.01 bis 8.38 Uhr nicht durchführbar gewesen. Was in dieser vierten und letzten Sperrpause wirklich geschah, konnte nicht eindeutig geklärt werden. Auf jeden Fall ist die Zeitangabe des Schachtmeisters falsch, da Et 1902 um 8.59 Uhr in Isenbüttel-Gifhorn Richtung Meinersen abging und die Strecke rechtzeitig geräumt werden mußte.

Über die Qualität der Arbeiten gab es gemäß Gutachten und Berichten der DB keinen Grund zur Beanstandung. Die Auslauframpe, in Siegelsdorf [50] Kern langer Erörterungen, stand in den Ermittlungen Leiferde-Meinersen nicht zur Debatte, obwohl sie hier in etwa mit der Entgleisungsstelle deckungsgleich gewesen sein könnte.[51] Fraglich war aber, ob die Unterlassung der Kleineisenvorbehandlung und Stoßlückenberichtigung die Verwerfung begünstigt habe.

Zu Ersterem gibt das Untersuchungsergebnis - lt. Bericht vom 5.11.1969 (DB an StA) - für den Abschnitt km 210,9 - 211,5 folgenden Wert: Bei 5730 Schwellenschrauben hatten 354 keinen festen Sitz in der Schwelle. Dieser Abschnitt war von der Entgleisung nicht betroffen und teilweise - wie erwähnt - im April 1968 durch den Einbau von Rippenplatten verbessert worden. Ferner finden sich in der Anlage zum Zwischenbericht vom 4.8.1969 die Ergebnisse von Stichproben und zwar an je 10 Schwellen = 60 Schwellenschrauben: Bei km 211,4 konnten zwei Schwellenschrauben und bei km 211,3 konnte eine Schwellenschraube überdreht werden. Diese Mängel sind den Richtlinien nach zulässig,und es wäre zu folgern, daß die Verspannung Schiene-Schwellenrost den vorgeschriebenen Festigkeitsgrad hatte.

Zum Zweiten: Die Einträge der Vorjahre über die Stoßlückenwerte im anstehenden Gleisabschnitt zeigen hingegen, daß hier kritische Abweichungen von den zulässigen Maßen vorhanden waren. Ab ausgebohltem Überweg zwischen Stoß 7 und 8 nahmen diese laut Messungsergebnis vom 8.1.1968 bei + 4° bis zu der zwischen den Stößen 23 und 24 gelegenen Okerbrücke dergestalt ab, daß sie für die Stöße 20 - 23 nur noch je 1 mm betrugen. Das bedeutet, am Unfalltag war das Gleis hier lückenlos geschlossen und hatte bei einer niedrigsten Nachttemperatur von ca. +16° eine bereits vorhandene und sich mit zunehmender Tageserwärmung steigende Druckspannung zu verarbeiten.

Stoßmessungen

durchgeführt am	8.1.1968		4.8.1969	
Zeit	08.15-09.15		04.30-05.15	
Temperatur	+ 4° C		+ 18 ° C	
Stoß / Lage	r	l	r	l
1 km 210,9	30	30	(23)	(24)
2	27	28	(20,5)	(25)
3	22	26	(13,5)	(21)
4	11	27	7	(14)
5	10	13	5,5	9,5
6	11	8	5,5	5,5
7 ausgebohlter BÜ	6	5	2,5	3,5
8	10	5	4	2,5
9	1	1	2	(0)
10	6	4	1	(0)
11	4	2	1	(0)
12	5	2	(0)	(0)
13	6	3	(0)	(0)
14 km 211,3	6	2	(0)	(0)
15	1	1	(0)	(0)
16	5	3	(0)	(0)
17	3	3	(0)	(0)
18	1	2	1,5	(0,5)
19	2	3		
20 km 211,5-211,9	1	1		
21	1	1		
22	1	1		
23 Okerbrücke	1	1		

Krümmung R = 1800 (Stoß 1 bis 14)

oben links.: Überkletterspuren auf Schienenkopf (mit Kreide nachgezogen)
unten: Gewanderter Stoß 20 mit fehlender Schwellenschraube und geschlossener Stoßlücke

2. Die Entgleisung des D 136

Die Entgleisung des in den Schriftsätzen z.T. noch als Interzonenzug bezeichneten D 136, Leipzig-Düsseldorf, erfolgte unweit westlich der Stelle, an der 1926 der D 8, Berlin-Köln, als Folge eines Attentates entgleiste.[52] D 136, zu etwa 70% besetzt, fuhr in Dieseltraktion, geführt von Lok 216 059 des Bw Hannover und hatte 56 Achsen mit insgesamt 597 t. Die Fahrgeschwindigkeit betrug im Moment der Entgleisung ca. 105 km/h, durch den Fahrtschreiber nachgewiesen. Zulässig wären 120 km/h gewesen, die jedoch mangels Maschinenleistung nicht erreicht wurden, so daß D 136, der in Wolfsburg plan abging, Bf Leiferde mit ca. 4 Min Verspätung passierte.[53]

Zwischen Leiferde und Meinersen befindet sich die Okerbrücke, eine trapezförmige Stahlkonstruktion. Unmittelbar vor Befahren derselben bemerkte der Lokführer ein Schwanken, ähnlich dem beim Passieren von Weichen. Er beachtete es nicht weiter. Erst das langsame Absinken des Druckluftmessers, begleitet von einem leisen Zischen, machte ihn aufmerksam, daß sich etwas Ungewöhnliches ereignet haben müsse. Als er daraufhin am Zugende eine Staubwolke bemerkte, leitete er sofort Vollbremsung ein. Der Zug kam mit Lokspitze ca. 280 m vor dem Einfahrhauptsignal Bf Meinersen zum Stillstand.

Die Ermittlungen ergaben, daß eine Gleisverwerfung hinter km 211,5 die letzten Wagen des Zuges zum Entgleisen gebracht hatte. Der Schlußwagen kollidierte außerdem mit den Brückenträgern und wurde, nach Abscheren der Drehgestelle umgestürzt, auf der linken Seite liegend bis hinter km 211,9 mitgeschleift. Der vorletzte Wagen konnte sich auf den Rädern halten und vom drittletzten entgleiste nur das hintere Drehgestell.

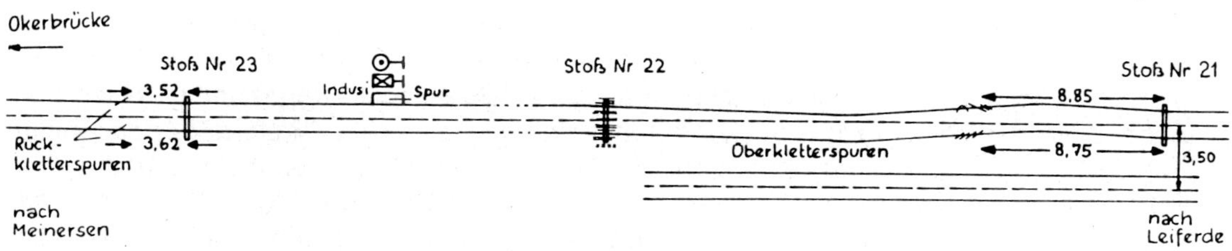

Entgleisungsabschnitt

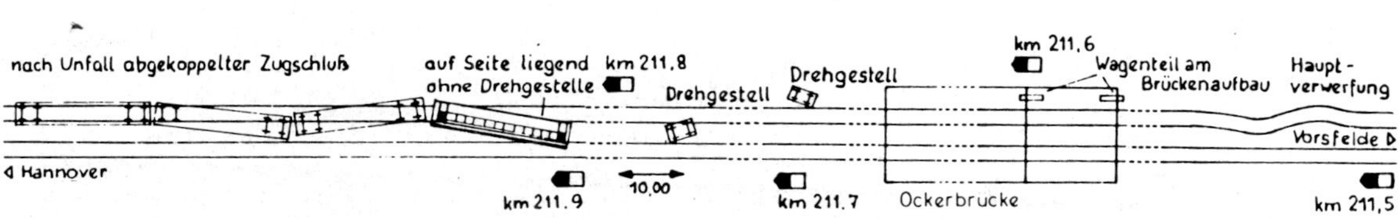

Gesamtübersicht

Die in den Protokollen enthaltenen Wahrnehmungen von Zugbegleitpersonalen und Fahrgästen sind für die Rekonstruktion des Entgleisungsablaufes nicht sehr ergiebig. Der sich im sechsten Wagen - ab Zugspitze gerechnet -, einem kombinierten Gepäck- und Sitzwagen, aufhaltende Zugführer verspürte nur ein Rucken, das er jedoch zunächst nicht als Ursache für den Halt auf freier Strecke in Betracht zog. Als er zur Klärung der Situation ausgestiegen war, erblickte er ebenfalls die erwähnte Staub- oder Rauchwolke am Zugende.

Der Zugschaffner konnte ausführlichere Angaben machen.

> *"Als ich mich in der hinteren Hälfte des vorletzten Wagens befand, bemerkte ich plötzlich ein starkes mehrmaliges Rucken während der Fahrt. Der Wagen schlingerte und neigte sich stark nach rechts und links. Dies geschah etwa fünf bis sechs mal."*

Im Zug hielt sich zum Zeitpunkt der Entgleisung im vierten Wagen noch ein zweiter Schaffner auf. Er gab an, während des "Reißens und Zerrens" kein Schlingern wahrgenommen zu haben. Ein Insasse des letzten Wagens mit "Erfahrung als Gleisbauer" glaubt sicher zu sein, daß der Waggon während der ersten Schleuderbewegung noch in den Schienen lief und erst unmittelbar darauf die Gleisführung verließ. Eine Reisende im gleichen Abteil meint ebenfalls Schlingerbewegungen gespürt zu haben, bevor "detonationsartige Geräusche" ertönten. Ein Fahrgast desselben Wagens registrierte lediglich einen Krach.[54] Von besonderem Interesse dürfte noch die Aussage einer Dame sein, wonach kurz vor dem Unfall der Wagenlauf so unruhig wurde, daß alle in den Sitzen auf und nieder "hopsten". Dann hörte sie ein Geräusch, als ob der Zug abgebremst würde und hierauf erfolgte ein starker Anstoß.

Da sich zur Ermittlung der Ursache einer Entgleisung nicht ganz eindeutiger Umstände ein Sachverständiger - möglichst ein Experte, der auch als Gutachter auftreten kann - am Unfallort umsehen sollte, verständigte die zuständige StA Hildesheim unmittelbar nach dem Unglück fernmündlich einen renommierten Professor, der nicht nur der staatsanwaltlichen Bitte sofort nachkam, sondern auch den Gutachterauftrag annahm. Nach eingehender Ortsbesichtigung inclusive Anfertigung von Fotos rekonstruierte er den Ablauf der Entgleisung anhand der Spuren auf den Schwellen, den Schienenköpfen und den Beschädigungen an Wagen und Brückenteilen. Wenn er auch abgrenzte, daß eine absolut sichere Zuordnung der Schwellen- und Schienenkopfspuren zu den jeweiligen Achsen nicht möglich sei und sich daher der Ablauf der Entgleisung nicht eindeutig verfolgen ließe, waren die Ermittlungen sehr gründlich und die Auswertung der Ergebnisse durch den Sachverständigen umfassend.

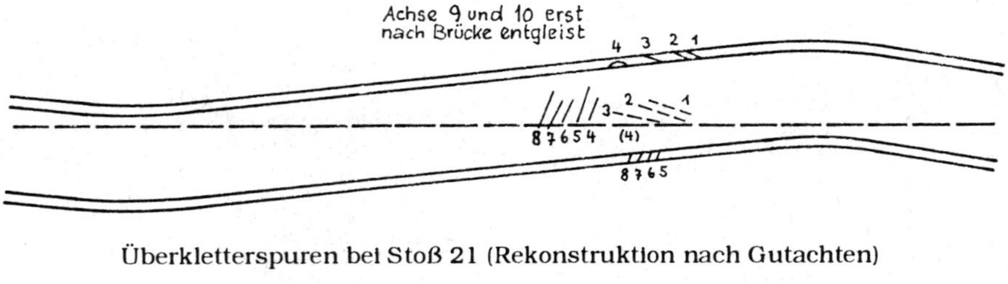

Überkletterspuren bei Stoß 21 (Rekonstruktion nach Gutachten)

oben: Entgleisungsspuren neben linker Schiene / **unten:** Schwelle im Bereich der Verwerfung

Die ersten Überkletterspuren fanden sich am Wendepunkt der Verwerfungskurve nach Stoß 21, und zwar in Fahrtrichtung gesehen auf den Laufflächen der linken Schiene von vier, der rechten von drei Rädern, ferner auf denen der rechten Schiene der Abdruck eines Radkranzes, jedoch wieder zur Gleisachse zurückführend. Daraus ergab sich, daß hinter Schienenstoß 21 die Drehgestelle der beiden letzten Wagen entgleisten, wobei die Räder einer Achse nur aufstiegen und dann vermutlich wieder Gleisführung fanden. Der Gutachter meinte, es könnten die der Achse 7 gewesen sein. Die drei rechtsseitig, d.h. feldwärts laufenden Spuren hielt er identisch mit denen der rechten Räder von Achse 8 und 1/2 (Achsangaben ab Zugschluß). Möglicherweise wurde aber die dritte Spur von den Radkränzen der Achse 7 hinterlassen, da durch entsprechende Pufferschäden erwiesen ist, daß sich der rechte Puffer des vorletzten Wagens mit dem Gegenpuffer des drittletzten Wagens verhing. Ob das bereits hier geschah oder erst nach der Brücke, wo die Achsen 9/10 entgleisten, ohne Überkletterspuren zu hinterlassen, blieb Hypothese. Fest steht auf jeden Fall, daß eine der drei nach rechts entgleisten Achsen, den Abdrükken auf beiden Schienensträngen nach, kurz vor der Brücke nach links pendelte, wie es auch sicher ist, daß die beiden rechtsseitig verbliebenen Spuren den Rädern der Achsen 1/2 zuzurechnen sind. Als Beweis für diese Annahme dienten die Beschädigungen auf der rechten Seite des letzten Wagens, entstanden beim Anstoß an den Betonpfeiler vor der Brücke und an die Brückenträger, die nur bei diesem vorhanden waren. Für wahrscheinlich hielt es der Gutachter, daß die bei Stoß 21 ebenfalls nach links überstiegenen Räder die der Achsgruppe 3/4 und 5/6 waren, und die linken Räder der Achsgruppe 3/4 im Schotter des Gegengleises liefen. Danach müßte der Schlußwagen bereits zu Anfang der Entgleisung eine Schräglage erhalten haben, die an sich einen sofortigen Kupplungsbruch hätte bewirken müssen.

3. Über Gleisverwerfungen

Vorsorglich meinte der Gutachter, ohne grundlegende Erläuterung des Verwerfungsvorganges wären seine gutachterlichen Ausführungen für juristische Schlußfolgerungen unoder mißverständlich, weshalb er in seinem Gutachten auch die Gesetzmäßigkeiten von Gleisverwerfungen darlegte, überdies danach noch einen umfangreichen Fragenkomplex der StA beantwortete.

In seinem Werk über Oberbautechnik teilt G. Schramm [46] die angreifenden Kräfte wie folgt ein:

1. Senkrechte Kräfte als Biegespannung durch die Radlasten der Fahrzeuge.
2. Waagrechte Seitenkräfte als Biegespannung durch die seitlichen Führungskräfte der Fahrzeuge in den Geraden wie auch im Bogen.
3. Waagrechte Längskräfte als axiale Druck- und Zugspannungen durch angetriebene und abgebremste Fahrzeugräder vor allem aber durch Wärmeschwankungen.

Hinsichtlich Wertung der angreifenden Kräfte kommt der Verfasser zum Schluß, daß Unsicherheiten bestehen und von einer Spannungsermittlung im Oberbau nicht der Genauigkeitsgrad erwartet werden kann, wie normalerweise im Bauwesen gewohnt. Nach Schramm ist die Druckspannung eines 30 m Gleises - unter Annahme der vorgeschriebenen Verlegelücken bei O° - etwa ebenso groß wie bei einem durchgehend geschweißten Gleis. Auch der Gutachter von Leiferde-Meinersen wies darauf hin, daß - wie hier vorhanden - bei geschlossenen Stoßlücken ähnliche Verhältnisse wie im durchgehend geschweißten Gleis angenommen werden konnten. Er errechnete bei 48° Schienentemperatur das Auftreten einer Längsspannung im Gleis von 120 t, wörtlich: *"Belastung des Gleisrostes horizontal in Richtung Gleisachse von ca. 120 t"*.
Wissenschaftlich erwiesen ist ferner, daß Gleisverwerfungen bei großer Hitze gewöhnlich entstehen, wenn der Gleiszustand nicht vorschriftsmäßig ist oder am Gleis ausgeführte Arbeiten, verbunden mit Lockerung des Schotters und dgl., den Querschiebewiderstand und das Trägheitsmoment des Gleises herabgesetzt haben.
Die Grundbedingungen für das Zustandekommen einer Gleisverwerfung waren demnach bei Leiferde-Meinsersen gegeben, und die Ergebnisse der Ermittlungen nennen folgerichtig als Ursache: Die ungewöhnliche Lufttemperatur, die unterlassene Stoßlückenberichtigung - wegen der benachbarten Brücke, bedingt auch des Überweges, von besonderer Auswirkung - und die Stopfarbeiten.
Obwohl Gleisverwerfungen seit der Eisenbahnfrühzeit die Fachleute beschäftigten, blieben die Erklärungen für dieses gefährliche Phänomen widersprüchlich, bis Anfang der dreißiger Jahre unter Professor Raab auf einem Gleisprüfstand der TH Karlsruhe wissenschaftliche Versuche [55] vorgenommen wurden. Nach dem Krieg setzte Raab seine Versuche fort, insbesondere hinsichtlich der bei einer Verwerfung mitwirkenden Rolle weiterer Umstände. In dem Bericht zum Versuch vom 19.12.1956 gibt Professor Raab an, daß das Gleis unter gleichen Voraussetzungen jedoch bei zusätzlicher Betriebsbeanspruchung bereits nach ca. 55° Temperaturerhöhung zur Verwerfung kommen könne. Darüber hinaus bewiesen andere Versuche, daß ein vorhandener Richtungsfehler oder eine Welle auch mit kleinem Pfeil Verwerfungen bei noch niedrigerer Temperaturerhöhung ermöglichen.[56]
Zwar noch ohne wissenschaftlichen Beweis wurden diese Zusammenhänge bereits vor dem Kriege erkannt und publiziert. Der Autor des Artikels, Professor Huber,[57] legte dar, daß der über ein Gleis fahrende Zug die Verwerfung begünstigende Schwingungen auslöst, d.h. eine periodische Minderung der Querstützung bewirkt. Die Verwerfung selbst - wie Professor Raab ermittelte - ist die Folge eines Spannungszustandes, nicht aber einer plötzlichen Störung des Gleichgewichtszustandes. Entnehmen wir noch dem Bericht über die Karlsruher Versuche von 1956, daß sich dort Minuten vor dem Ausknicken bereits gar nicht so winzige Vorverformungen gebildet hatten, erklärt das möglicherweise die vom Lokführer des D 136 zu Protokoll gegebene Wahrnehmung von Schwankungen vor der Okerbrücke. Das heißt, die bei den Versuchen beobachteten, und hier offensichtlich schon vorhandenen, Vorverformungen deuten darauf hin, daß die letzte Phase - das Ausknicken - unmittelbar bevorstand.
Da im Fall Leiferde-Meinersen mit einem verhältnismäßig großen Druckspannungswert gerechnet werden kann (lt. Gutachter wie erwähnt 120 t), müßte das den Karlsruher Ver-

suchen nach ein blitzartiges Ausknicken mit seitlichem Schotterauswurf zur Folge gehabt haben. Da nun dieser Schotterauswurf nicht nur fehlte, sondern sich auch der Gleisrost in das Schotterbett gepreßt zeigte (s. Abb.), ist anzunehmen, daß sich der Hauptverwerfungsvorgang unter einer Achsgruppe vollzog. Der Gutachter nahm den Moment des Ausknickens bei Überrollen der Achsgruppe 9/10 - 7/8 an, woraus sich nicht nur die Eigenart des Entgleisungsablaufes, sondern auch des Gleisbildes, wie es sich nach dem Unfall bot, erklären ließe.

Die Gleisverwerfung von Leiferde-Meinersen, in Fahrtrichtung gesehen

4. Schuldfrage und Gutachterkosten

Die StA verzichtete auf Anklageerhebung, obwohl die Ermittlungen eine ganze Reihe Verstöße gegen Dienstvorschriften bzw. Anordnungen aufdeckten. So monierte der Gutachter, *"daß*

1. *die letzten Eintragungen über die Messungen vom Januar 1968 (!) stammen,*
2. *die Meßabschnitte unabhängig von festen Punkten gewählt wurden. Es bestand keine Veranlassung, den Meßabschnitt bei Stoß 18 abzubrechen,*

3. die Eintragungen nicht mit der nötigen Sorgfalt vorgenommen wurden,
4. die Übersicht keinen Vermerk über die erforderlichen Stoßlückenberichtigungen enthält,
5. die Übersicht offensichtlich nicht dem Betriebsamt vorgelegt wurde."

Weiter führte der Gutachter aus, alle Meßwerte der Stoßlücken, die nicht im Rahmen der zulässigen Toleranzen lägen, hätten lt. Az-Obv eingekringelt gehört und der Bereich, in dem der Ausgleich vorgenommen werden müßte, mit Farbstift umrandet. Da das unterblieben war, dürfte der Bm nur die sich aus der Spaltenaddition ergebenden Werte beachtet haben, die einen innerhalb des Erlaubten liegenden Durchschnittswert aufzeigten. Der Schluß einer nur flüchtigen Durchsicht der Meßformulare bzw. -einträge ergibt sich auch wegen weiterer darin enthaltener Fehler. Darüber hinaus äußerte der Gutachter Zweifel am Verständnis des Bm für Sinn und Zweck der Meßvordrucke, da die besondere Beachtung von Isolierstößen nicht berücksichtigt wurde.
Bevor zur Unterlassung der oben unter Punkt 5 aufgeführten Vorlagepflicht beim BA einiges angemerkt wird, eine Frage die der Gutachter aufwarf, nämlich warum der ständige Vertreter (in Oberbauangelegenheiten) des BA=Vorstandes, der sogenannte Betriebsingenieur, bei seinen pflichtgemäßen Streckenbegehungen nicht das Wandern der Schienen bemerkte und sich daraufhin der nicht vorliegenden Meßübersichten erinnerte. Ferner erwog der Gutachter, ob nicht der Oberbaukontrolleur der BD Hannover die Unregelmäßigkeiten hätte bemerken müssen. Der Gutachter meinte jedoch:

"...Bei der Größe der Direktionsbezirke erscheint es unmöglich, daß er bei der Vielfalt seiner Aufgaben mit allen Details seines Bezirkes vertraut sein kann. Vielmehr ist er auf die Meldungen der Betriebsämter und diese weitestgehend auf die ihrer Bahnmeistereien angewiesen. ..."

Womit wir abermals bei der Dienstaufsicht angelangt sind. Denn wenn eine höhere Dienststelle auf Informationen angewiesen ist, um ihre Aufgaben erfüllen zu können, muß diese Dienststelle auch dafür sorgen, daß sie die Informationen erhält. Fristsetzung hierfür, ggfs. Reklamation, wären doch die elementarsten Bedingungen. Aber man hatte sich offenbar schon Jahre zuvor nicht darum gekümmert, worauf am Schluß nachstehender Zusammenfassung des Gutachters zur Unfallsache hingewiesen wird:

"... Da angenommen werden muß, daß die Stoßlücken vor der Stopfung nicht berichtigt wurden, kann nicht bewiesen werden, daß das Stopfen selbst ursächlich für die Verwerfung gewesen ist. Wäre die Verwerfung auch im nicht frisch gestopften Gleis entstanden, müßten die unzureichenden Stoßlücken einwandfrei als Unfallursache angenommen werden. Da die Lufttemperaturen und damit die Schienentemperaturen an den Tagen der voraufgegangenen Woche kaum geringer gewesen sind als am Unfalltage - ein Temperaturverzeichnis einer amtlichen Stelle liegt mir nicht vor, wird aber dem Vernehmen nach von der Bundesbahndirektion mit ihrem Untersuchungsergebnis vorgelegt - und in dem noch nicht durchgearbeiteten Gleis in der Vorwoche keine Verwerfung stattgefunden hat, kann objektiv aufgrund der Bestandsaufnahme an Ort und Stelle und der 'Übersicht über Stoßlückenmessungen' nur festgestellt werden, daß die unzureichenden Stoßlücken das Entstehen der Verwerfung mindestens begünstigt haben. Für die Durchführung der Stoßlückenmessungen und Prüfen der Übersicht ist der Vorsteher der

Bahnmeisterei Meinersen zuständig. Dem Vorstand des Betriebsamtes Hannover 2 wäre die Übersicht vorzulegen gewesen, was seit 1966 nicht geschehen war." (Sperrung v. Verf.)

Abschließend ist noch auf die Bewertung des Verstoßes gegen die damals gültigen Vorschriften einzugehen, wonach der Bm=Vorsteher entweder die Arbeiten persönlich hätte überwachen oder seinen Vertreter schicken müssen. Der Gutachter schied jedoch eine Auswirkung dieser Unterlassung auf das Unglück aus und erklärte:

> *"Die Vorschriften (1964) hinken hier den technischen Entwicklungen naturgemäß nach. M.E. kann dem Dienstvorsteher höchstens zum Vorwurf gemacht werden, daß er Zeiten für Verziehen der Gleise und Prüfung des Kleineisens nicht besonders vorgesehen hat."*

Außerdem sei zu bezweifeln,

> *"...ob ein Dienstvorsteher zur Aufsicht geeigneter ist, als ein 'alter' Bahnunterhaltungsarbeiter oder umgekehrt: muß ein routinierter, zuverlässiger Arbeiter für eine örtliche Aufsicht ungeeigneter sein, als ein mittelmäßiger Rottenführer oder Bahnmeister?"*...womit *"...keine subjektive Kritik am Bahnmeister geübt werden..."* solle.

Die im letzten Satz enthaltene Einschränkung dürfte eine Geste der Höflichkeit gewesen sein, um die Kritik am Bm nicht so hart ausfallen zu lassen. In diesem Sinne übergeht der Gutachter auch, daß der Bua - wie schon erwähnt - eine unzulässige Doppelfunktion aufgetragen erhalten und somit auszuüben hatte.

Ein Schriftsatz mit Begründung des Verzichtes auf Anklageerhebung war in den uns zur Einsicht überlassenen Akten nicht enthalten, wohl aber die Kostenrechnung vom 27.11.69 des Gutachters über eine Gesamtsumme in Höhe von DM 784,01. Trotz der u.E. im Vergleich zu Eßlingen diffizileren Materie benötigte er lediglich 8 Stdn einschließlich Auseinandersetzung mit wissenschaftlicher Lehre und Forschung, weshalb er auch DM 22,50 pro Stunde ansetzte.

Für die Voruntersuchungen durch einen wissenschaftlichen Assistenten berechnete er

25 Stdn zu DM 15,--	insgesamt	DM 375,--

für Schreibarbeiten

31 Seiten à DM 0,50		
124 Seiten à DM 0,25	insgesamt	DM 46,50

für Photoarbeiten:

5 x 2 = 120 Bilder à DM 0,30	DM 36,--	
anteilige Kosten für Film und Entwickeln	DM 3,--	DM 39,--

und Fahrtkosten:

2 Fahrten mit Pkw von Braunschweig nach Meinersen 140 km	
1 Fahrt mit Pkw von Braunschweig zum Ausbesserungswerk	
Hannover-Leinhausen 132 km = 272 km à 0,21	DM 57,12

Außerdem:

10% Gebühren, abzuführen an die Hochschulkasse gem. Runderlaß des Niedersächsischen Kultusministers vom 18.11.1965 - II A 472/65 - für Inanspruchnahme von staatlichen Institutspersonal und -einrichtungen	DM 62,54

oben: Okerbrücke **-links:** zerfetzte Schwellen und vom letzten Wagen abgerissene Teile - **rechts**: der Pfeil zeigt auf die Anprallstelle des letzten Wagens von D 136; bemerkenswert auch der längst erneuerte West-Ost-Strang links im Bild / **unten**: linke Seite des letzten Wagens

Ergänzend ist noch zu betonen, daß vorstehender Arbeitszeitvergleich zu Eßlingen auch nicht im Entferntesten eine Abwertung der Leistung des Gutachters zu Leiferde/Meinersen andeuten soll, weil er 'nur' 8 Stdn benötigte: Für einen renommierten Experten wie diesen Gutachter, unterstützt von einem sicher begabten Assistenten, scheint die aufgewendete Zeit angemessen, im Gegensatz zu der Zeit, die der Eßlinger Obergutachter für eine unfertige Arbeit über Vorschriftenauslegung und dgl. benötigt zu haben angab. Und was der Gutachter zu Leiferde/Meinersen für seine Fahrten und Photoarbeiten berechnete, ist so bescheiden, daß es gar nicht in unsere Zeit paßt. Über seine Fähigkeiten hinaus besaß dieser Gutachter ein Bewußtsein für Würde und Selbstverständnis des Berufes.

Sachverhalt und Zitierungen, soweit nicht anders angegeben, aus Ermittlungsakt StA beim LG Hildesheim AZ Nr. 15 Is 1167/69.

44 Auch Kriegsfolgeschäden wurden z.T. erst mit Elektrifizierung der Strecken beseitigt, so auf der Emslandstrecke, Rheine-Leer, wo gesprengte Brückenbauwerke nur eingleisig wiederhergestellt und bis zur Traktionsumstellung so belassen wurden. Dadurch hatten sich betriebliche Behinderungen ergeben und bei Unaufmerksamkeit der Lokführer, d.h. Nichtbeachtung der Temposenkung sogar Unfälle.

45 So gemäß Polizeibericht, demzufolge diese Jahreszahl auf den Schienenstegen erkannt wurde. Der Gutachter nennt die Zahl 1931, möglicherweise das Einbaujahr, wie auch die 1950 eingebauten Schwellen 1949 gefertigt wurden.

46 Dr.Ing.habil. Gerhard Schramm, Oberbautechnik und Oberbauwirtschaft, Darmstadt 1963, 2.Aufl., S. 39.

47 Der Gutachter zu Leiferde-Meinersen formulierte es so: *"Die einseitige Auflage einer Schwellenschraube auf dem Schienenfuß übt ein Biegemoment auf die Schraube aus, das einen erhöhten einseitigen Lochleibungsdruck auf das Holz zur Folge hat. Unter der Verkehrslast wird das Moment infolge von Zusammenpressung von Zwischenplättchen und Schwelle kleiner. Der dauernde Lastwechsel läßt das Loch 'ausschlagen', so daß die Haltekraft nachläßt. Durch diesen Vorgang können sich auch Schrauben lösen. Die Schraube wird außerdem auf Abscheren beansprucht, das Holz nur im Bereich des Schraubengewindes in Richtung Schraubenachse. Die Unterlagsplatten befreien die Schwellenschrauben weitestgehend von den dynamischen Beanspruchungen, abgesehen davon, daß die Belastung pro cm² der Schwelle erheblich verringert wird."*

48 Wie der Aussage des seit 1958 bei der Bm Meinersen tätigen Owm (Bau) zu entnehmen, war das Projekt nicht unbekannt: *"Mir ist bekannt, daß von km 210,884 bis km 212,367 Hs=Oberbau liegt und dieser zusätzliche Unterhaltungsarbeiten erforderlich macht. Meinen DVst habe ich wiederholt auf den Zustand der aus dem Jahre 1931 stammenden Schienen hingewiesen. Mir ist bekannt, daß 1962 von der Dienststelle Erneuerungsarbeiten angemeldet waren. Diese Arbeiten, bei denen die Schienen erneuert und Rippenplatten eingebaut werden sollten, kamen nicht zur Durchführung. Auch die 1963 bis 1964 angemeldete Gleiserneuerung kam nicht zur Ausführung, ebensowenig wie die Anmeldung aus dem Jahre 1967 und 1968."*
Somit bleibt die Frage, warum die Zwischenüberarbeitung überhaupt angeordnet und das fällige Hauptprogramm immer wieder verschoben wurde. Schließlich handelte es sich um eine Schnellfahrstrecke, und die für Gleise erster Ordnung den Vorschriften nach unterste Grenze der Schwellenliegezeit von 20 Jahren wäre 1970 ohnehin erreicht gewesen.

49 Zwischenbericht der BD Hannover vom 12.8.1969.

50 H.J. Ritzau, Schatten... (s. S.19, Anm. 1), S.255ff.

51 Der Gutachter war der Ansicht, daß die Auslauframpe vor Stoß 21 lag und die Aussagen des Bua nicht eindeutig sind. Dieser gab bei der Ergänzung seiner Vernehmung vom 30.7.69 wörtlich an: *"In der zweiten Sperrpause von 6.20 - 6.55 Uhr wurde von km 211,700 bis km 211,486 gestopft (ausschließlich der 66 m langen Okerbrücke). Die endgültige Auslauframpe ist darin enthalten. Die Maße habe ich zusammen mit meinem DVst so genau wie möglich ermittelt."*

52 H.J. Ritzau, Schatten... (s. S.19, Anm. 1), S. 248 ff..

53 Laut DB=Bericht 14.13 Uhr (14.10 + 3), laut Aussage Lokführer 14.11 Uhr bei Plandurchfahrt Leiferde 14.07 Uhr.

54 Diese beiden akustischen Wahrnehmungen beziehen sich vermutlich auf den Anstoß des letzten Wagens gegen den Betonsockel bzw. Brückenträger. (Angabe des Gutachters)

55 Professor Dr.Ing. Friedrich Raab, Die Stabilität des Schienenweges unter neuen Gesichtspunkten, Zeitschrift des VDI Bd. 78, 1934, Nr. 13, S. 405 ff.
... Das Eisenbahngleis unter dem Gesichtspunkt der Verwerfungssicherheit in GLEISTECHNIK UND FAHRBAHNBAU, Jahrgang 14, 1938, Heft 23/24.

56 Im Sinne des die Verwerfung begünstigenden Momentes von Richtungsfehlern weist folgerichtig der Gutachter zu Leiferde-Meinersen darauf hin, daß ein länger liegendes Gleis eher zur Verwerfung neige als ein frisch gestopftes. Er betont aber auch, daß ein frisch überarbeitetes Gleis seine endgültige Ruhelage erst nach einem Lastwechsel durch Befahren von Zügen mit einem Gesamtgewicht von ca. 100 000 t erreiche. Nach Freigabe des Gleises am 28.7. passierten vor dem D 136 aber nur neun Züge mit insgesamt ca. 3 500 t die Strecke, zu wenig für eine feste Verankerung des Schwellenrostes im Schotterbett.
War im Ganzen gesehen die Arbeitsausführung sicher nicht zu beanstanden, lag ein geringfügiger Fehler, den evtl. nur ein Meßwagen hätte erfassen können, im Hinblick auf die sehr kurze Zeitspanne, die in der vierten Sperrpause zur Verfügung stand, durchaus im Bereich des Möglichen. Vom Arbeitsende bis 14 Uhr konnte sich dieser minimale Richtungs- und Höhenfehler durch die Erschütterung der passierenden Züge so vergrößert haben (weil eben das Gleis noch nicht eingefahren war), daß sich die hitzebedingten Spannungen am schwächsten Punkt der alten Nordstränge zwischen Stoß 21 und 22 durch eine Verwerfung lösten. Die Karlsruher Nachkriegsversuche wiesen überdies nach, daß sich die Verwerfungswellen bei geraden Gleisen überwiegend dort ausbilden, wo bereits Abweichungen vorhanden sind.

57 Professor D.Ing. M.T. Huber, Warschau, Zur Frage der Deutung der Gleisverwerfung durch Wärmespannungen, in GLEISTECHNIK UND FAHRBAHNBAU, 13. Jahrgang, 1937, Heft 23/24.

Bf Salzbergen nach dem Unglück. Rechts das neu errichte Stellwerkgebäude Ss, davor der BÜ und Gleis 3; links (G) die Güterzugwartegleise ↓ mit neuem Verbindungsstrang Ri Emden (E); B = Ri Bentheim

V. Salzbergen (Str Rheine-Leer und -Bentheim)

Zusammenstoß am 16.9.1969 Ng 9353 mit Gdg 26 954
(Brand)

1. Fünf Bahnhofsumbauten und nichts Perfektes

Die Grundform der Bahnhofsanlage Salzbergen, mitursächlich am Zusammenstoß zweier Kesselwagenzüge und an der Brandkatastrophe vom 16.9.1969, stammt aus der frühen Länder- und Privatbahnzeit. Die von der Hannöverschen Staatsbahn erbaute und 1856 zunächst eingleisig eröffnete Strecke Rheine-Emden führte nahe am Dorf Salzbergen vorbei. Da seinerzeit nur von niederländischer Seite in diesem Raume Interesse an einer Bahnverbindung Holland-Deutschland bestand, wurde deren Ausführung auch von einer holländischen Gesellschaft übernommen. Verständlich, daß die Holländer eine Anbindung an das deutsche Bahnnetz an einem Ort mit dem kürzesten Streckenstück auf ausländischem Boden wählten, der dennoch für einen überlokalen Verkehr günstig lag. Diese Bedingungen erfüllte Salzbergen, 8 km nördlich des Knotenbahnhofs Rheine und ca. 20 km östlich der holländischen Grenze zwischen Bentheim und Oldenzaal gelegen. Bis die Konzessionen ausgehandelt waren, vergingen einige Jahre, und die Eröffnung der Bahn Salzbergen-Bentheim-Holland konnte erst 1865 gefeiert werden.
Die eingleisige Strecke endete in Salzbergen westlich des Staatsbahnhofs, zwischen diesem und dem Dorf. Wenn in den folgenden Jahrzehnten auch nicht viel gebaut wurde, so doch in dem noch freien Raum vor dem Bahngelände, denn Salzbergen war ein gar nicht unwichtiger Umsteigebahnhof geworden. Deshalb mußte 1900 ein Fußgängertunnel von der Dorfseite unter den zwei Gleisen des holländischen Bfs hindurch zum Staatsbahnhof angelegt werden. Schnellzüge von Holland nach Deutschland verkehrten schon geraume Zeit und wurden im südlichen Bahnhofsgelände auf die mittlerweile zweigleisige Strecke nach Rheine geleitet.
1907 folgte der zweigleisige Ausbau der Strecke von Salzbergen nach Emden und 1912 nach Bentheim-Holland mit Erweiterung der Bahnhofsanlage Salzbergen, soweit eben möglich, d.h. der Dorf=Bebauung wegen nur nach Osten. Der zwischen den Gleisen der Staatsbahn und denen der holländischen EG liegende Inselbahnsteig mit deutschem Dienstgebäude war ebenfalls verbreitert worden, weshalb die Gleise der holländischen EG in eine Krümmung mit Gegenkurven in engen Radien gelegt werden mußten, die in Salzbergen nicht haltenden Zügen nur ein geringes Tempo erlaubten. Das erzwang 1935, im Bestreben nach Fahrzeitverkürzungen, und weil das auf deutschem Gebiet liegende Streckenstück der Holländischen EG nach dem Ersten Weltkrieg von der Reichsbahn übernommen worden war, einen vierten Umbau. Man verlegte die Einmündung der Bentheimer Strecke vom südlichen zum nördlichen Bahnhofsteil. Schlanke Weichenverbindungen mit der gerade durch den Bf führenden Emslandstrecke hatten das Geschwindig-

keitsproblem gelöst. Der ehedem holländische Bahnhofsteil wurde fortan ausschließlich von Lokal- und Güterverkehr genutzt, möglich aber eben lediglich Richtung Bentheim oder Rheine.
Die Güterzüge der Emslandstrecke hatten nach wie vor ihre Überhol- und Wartegleise östlich der Durchfahrtgleise, wodurch es bei wachsendem Verkehrsaufkommen zu Behinderungen kam. Nicht nur die durchfahrenden Züge beider Richtungen hatten jeweils eine niveaugleiche Kreuzung mit einem Strang der anderen Strecke, sondern auch die zum Gütergleisteil des Bfs abzweigenden Züge der Emslandstrecke mit dem Gleis der Gegenrichtung. Bis zum Unglück änderte sich daran nichts Grundlegendes, denn beim Wiederaufbau des im Zweiten Weltkrieg stark zerstörten Bfs wollte man vor allem den Zugverkehr schnell wieder in Gang bringen, und dann wurden die Mittel knapp. Die DB hatte zu sparen. Im Rahmen des Sparprogramms verringerte man wie überall auch in Salzbergen die Nebengleise, so daß für Überholungen der Emslandstrecke nur ein verlängertes Gleis, Nr. 3, zur Verfügung stand.
Diese Sparsamkeit war hier unangebracht; ein großzügiger Umbau zur Beseitigung der niveaugleichen Abzweigung wäre kein Luxus gewesen. Denn seitdem im ehemaligen Kriegshafen Emden Erz und Öl gelöscht und auf dem Bahnweg weiter in die deutschen Industriezentren befördert wurden (in der Gegenrichtung Ausfuhrgüter, vorwiegend Autos), wickelte sich dort ein reger Güterverkehr ab. Weiteres Verkehrsaufkommen brachten die längs der Strecke entstandenen Raffinerien und die Reisesaison mit zahlreichen Schnell- und Eilzugpaaren. Durch den zusätzlichen Verkehr von den Niederlanden bildete der Abschnitt Rheine-Salzbergen einen Engpaß, zumal auch die Bahnhofsanlage von Rheine nicht gerade die glücklichste war. Auch hier wurden einerseits mit steigendem Verkehrsaufkommen nachträgliche Gleisumbauten vorgenommen, andererseits berücksichtigte die Grundanlage ursprünglich andere Verkehrsschwerpunkte.

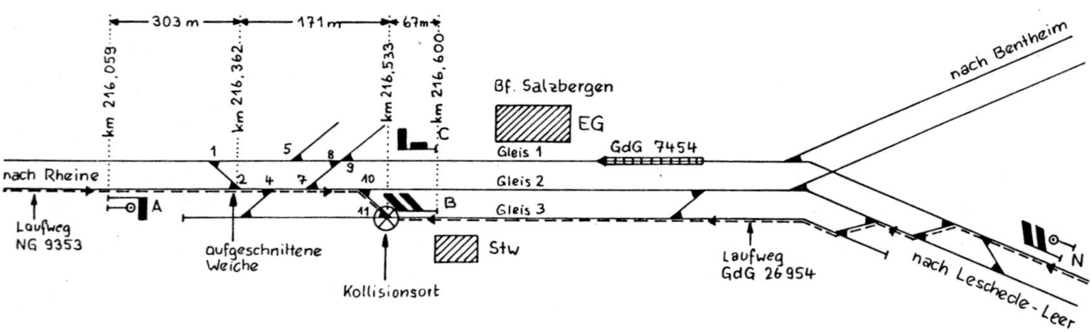

Gleisplan Bf Salzbergen zur Zeit des Unfalls am 16.9.1969

2. Zusammenstoß im Nebel

Zur Zeit des Unglücks wurden Güter- und Schnellverkehr auf der indusigesicherten Emslandstrecke noch nahezu ausschließlich von Dampflokomotiven bewältigt. Die hauptsächlich dort eingesetzten Maschinen der BR 011, 012, 042, 043, 044 hatten nur einen rechtsseitigen Fahrzeugmagneten, weil sie in der Regel in Vorwärtsfahrt liefen [58]. Bei gelegentlicher Rückwärtsfahrt hing also der Lokomotivmagnet über der linken Gleisseite, und der auf der rechten Gleisseite befindliche Gleismagnet konnte keinen Impuls geben, falls ein auf 'Halt' stehendes Signal überfahren wurde. Da also die Indusieinrichtung bei diesen Einsätzen unwirksam war, schaltete der Lokführer den Indusi-(Stör-)schalter aus, so daß allein die Fahrverlaufslinie aufgezeichnet wurde.
Für Rückwärtsfahrt gab es als Sicherheitsausgleich zusätzliche Vorschriften, insbesondere eine Geschwindigkeitsbeschränkung auf maximal 50 km/h. Die Beachtung gerade dieses Punktes der Vorschriften war schwierig, da die Armaturen (z.B. Geschwindigkeitsanzeige) so montiert waren, daß sie der Lokführer bei gleichzeitiger Signalbeobachtung nur in Vorwärtsfahrt laufend kontrollieren konnte. Bei Rückwärtsfahrt befanden sie sich hinter ihm und an der falschen Stelle, wenn er die in Fahrtrichtung rechts stehenden Signale persönlich beobachten wollte. Verließ er also seinen Platz, um auf die Heizerseite zu gehen und dort seiner Pflicht zur Signalbeobachtung nachzukommen, mußte er damit rechnen, daß der Tachozeiger zu steigen begann, was bei diesen leistungsfähigen Maschinen sehr schnell ging. Beauftragte der Lokführer seinen Heizer, auf die Signale zu achten, blieb das ebenfalls eine vor allem bei Sichtbehinderung unsichere Lösung, denn der Heizer auf ölgefeuerten Maschinen - und solche waren die am Unglück beteiligten Loks - hatte auch ständig die Ölarmaturen zu kontrollieren. Selbst wenn der Heizer nur ab und zu einen Blick auf diese warf, konnten sie bei schlechter Sicht gerade das Signal passiert haben.
Nur bei guter Fernsicht ließ sich der Pflichtkompromiß durchführen - bei Nebel wurde es zum Glücksspiel - und landschaftsbedingt gibt es im Emsland zu Zeiten sehr starke Nebelbildung. So war deshalb auch am Abend des 16.9.1969 die Sicht auf wenige (3-4) Meter beschränkt. Der Fdl des Bfs Salzbergen erwarte noch ca. 22.45 Uhr aus Richtung Holland die Durchfahrt von D 1393, dem Hoek-Warszawa-Expreß, und ca. um 22.55 Uhr D 393, genannt Nord-West-Expreß. Die Emslandstrecke stand bereits völlig dem Güterverkehr zur Verfügung.
Ca. eine Stunde vorher hatte sich folgende Situation ergeben: Um 21.55 Uhr war auf Gleis 1 aus Ri Lingen der Gdg 7454 eingefahren. Er mußte warten, weil Rheine wegen besetzter Gleise zunächst die Annahme weigerte und eine Ausweich- bzw. Überholmöglichkeit zwischen Salzbergen und Rheine nicht vorhanden war. Gegen 22.00 Uhr wurde aus Leschede, dem nächsten, ca. 9 km nördlich Salzbergen gelegenen Bf, erneut ein Großgüterzug gemeldet, der Gdg 26 954, der dort um 22.03 Uhr abgehen sollte [59].
Da es sich beim Gdg 26 954 um einen Kesselwagenzug mit feuergefährlicher Füllung (Benzin) handelte, der in Rheine durchfahren konnte, nahm ihn Salzbergen an und bereitete die Überholung auf Gleis 3 vor. Ehe der Zug weitergemeldet werden konnte, traf von

Rheine die Meldung ein, 22.07 Uhr sei Ng 9353 abgefahren. Der Überholweg (s. Planskizze) des Gdg 26 954 kreuzte in Salzbergen zweimal die Fahrstraße des Ng 9353. Theoretisch stellte dies keine Gefährdung dar, weil die Einfahrsignale für den Ng auf 'Halt' standen. Sich darauf verlassend, gab der Fdl die Meldung der voraussichtlichen Abfahrt des Benzinzuges 22.13 Uhr nach Rheine durch.
Bei Annäherung Einfahrt Salzbergen zeigten die für den Gdg 26 954 geltenden Vor- und Hauptsignale ebenfalls 'Halt'. Wegen der schlechten Sicht beobachteten dessen Lokführer und Heizer ihrer Aussage gemäß gemeinsam die Signale von der Führerseite aus. Als der Zug (Dampflokomotive und 15 Wagen = 60 Achsen = 1174 t) am Einfahrhauptsignal zum Stehen gekommen war, wechselte die Stellung auf Hp 2 (Langsamfahrt) und die des Ausfahrvorsignals auf Vr 2 (Langsamfahrt erwarten). Daraufhin setzte sich der schwere Güterzug wieder in Bewegung und rollte, sich durch die Weichenstraße zwängend, in Gleis 3 ein.
Von der anderen Seite näherte sich in flotter Fahrt Ng 9353. Der Zug bestand aus 16 leeren Kesselwagen (= 44 Achsen = 365t), gezogen von der Schnellfahrgüterlok 042 245-1.[60] Diese lief rückwärts, d.h. Tender voraus, weil sie nach Abgabe des Ng 9353 in Lingen einen Zug zurück, Ri Rheine, übernehmen sollte und Lingen Bf selbst keine Wendemöglichkeit hatte. Die im ehemaligen Ausbesserungswerk Lingen vorhandene Drehscheibe dürfte ohnehin während der Nachtstunden nicht dienstbereit gewesen sein, und die zum Bf gehörende kleine Lokstation war schon längere Zeit nicht mehr in Betrieb.
Bei der geringen Sichtweite am Abend des 16.9.1969 war vom Führerplatz der 042 245-1 keine Signalstellung zu erkennen. Daher beauftragte der Lokführer schon bei der Abfahrt in Rheine seinen Heizer, diese Aufgabe zu übernehmen. Trotzdem stand der Lokführer meist mit dem Rücken zu den Armaturen, den Blick in Fahrtrichtung. Die erhöhte Konzentration bei dieser Nebelfahrt hinderte ihn auch daran, seine mitgeführte Taschenlampe zu benutzen, die man brauchte, wollte man die Zeigerstellungen der Armaturen genau erkennen. Die Leuchtkraft des selbstleuchtenden Belages reichte dazu nicht aus.
Bei Passieren der Blockstelle Deves vor Salzbergen meldete der Heizer die erkannte Signalstellung 'Fahrt frei'. Nach dem Indusistreifen lief der Zug hier schon mit 60 km/h. Bald danach, etwa auf eine Länge von 900 m bis zum Brechpunkt bei km 216.100 (Einfahrsignal bei km 216.059) hat die Strecke ein leichtes Gefälle von 0.722‰. Der Lokführer dachte jedoch weder daran, noch an die sich aus dem Hangabtrieb automatisch ergebende Steigerung der Geschwindigkeit. Sie betrug im Moment der Bremseinleitung 69 km/h. Keiner von beiden sah das Warnstellung zeigende Einfahrvorsignal Salzbergen. Erst das auf 'Halt' stehende Einfahrhauptsignal bemerkte der Heizer und rief es dem Lokführer zu. Da dieser zunächst annahm, der Zuruf bezöge sich auf das noch nicht gemeldete Vorsignal, löste er normale Betriebsbremsung aus. Unmittelbar darauf wurde ihm der Sachverhalt klar, und er leitete sofort Schnellbremsung ein. Der Zusammenstoß mit Gdg 26 954 war nicht mehr zu verhindern.
Von der Wucht des Zusammenpralles hatte der Ng am meisten zu verarbeiten. Etliche seiner Wagen wurden beschädigt, die 042 245-1 entgleiste mit einer Achse, einer der Puffer wurde verbogen, der andere abgerissen; die Lokpersonale erlitten leichtere Verletzungen. Beim Gdg drückten lediglich die Puffer des hinten aufgestiegenen Loktenders die Stirnseite des ersten Kesselwagens in Sattelhöhe ein. Das aber hatte den Brandaus-

bruch zur Folge, da aus dem Domaufsatz und Rissen Benzin drang und sich explosionsartig entzündete.[61] Durch Drahtkanäle gelangte auslaufendes Benzin auch in das nahe Stellwerk, das völlig ausbrannte. Sehr in Mitleidenschaft gezogen wurde außerdem ein benachbartes Wohnhaus mit Nebengebäuden, und auf Umwegen floß ein Teil des Benzins sogar in die nahe Ems. Bei den gleichfalls teilweise leck gewordenen Flüssiggaswaggons des Ng strömten Reste des Butan-Propan=Gasgemisches ins Freie. Eine weitere Explosion drohte, konnte mit viel Glück jedoch verhindert werden.
Die Absperrung des gefährdeten Gebietes nach dem Unfall war übrigens die einzige der Landpolizei übertragene Maßnahme. Die sachdienlichen Ermittlungen führte die Bahnpolizei durch.

3. Freispruch für den Lokführer

In der Verhandlung vor dem Schöffengericht Lingen am 30.10.1970 wurde der angeklagte Lokführer der 042 245 freigesprochen. Zu prüfen war vor allem die Entscheidung, den Heizer mit der Beobachtung der Signale beauftragt und die Überschreitung der zulässigen Geschwindigkeit nicht beachtet zu haben. Bei der Beurteilung des ersten Punktes wirkte sich des Heizers Gesundheitszustand erschwerend aus, der nicht der beste und leistungsbeeinträchtigend war. Der Gerichtsvorsitzende stellte aber fest, daß die Unkenntnis dieser Tatsache dem Beklagten nicht anzulasten sei, wenn seine Vorgesetzten ihrerseits hinsichtlich Diensttauglichkeit keine Bedenken gehabt hatten. Auf die Möglichkeiten, denen zufolge auch ein im Vollbesitz seiner Kräfte befindlicher Mann das Signal bei den herrschenden Sichtverhältnissen übersehen konnte, ist bereits hingewiesen.
Zur Nichtbeachtung der Geschwindigkeitsüberschreitung ergab sich noch, daß der Lokführer im Nebel die Orientierung verloren hatte, wie es in den Protokollen heißt. So bezog er eben den Signalzuruf "Halt" irrtümlich auf das Vorsignal, und es dauerte Sekunden, bis er begriff, daß der Heizer ja nicht "Halt erwarten" oder "Warnstellung" gerufen hatte.
Ein Sachverständiger argumentierte, der Lokführer hätte sich mit Hilfe seiner Uhr, der Fahrgeschwindigkeit und den ihm bekannten Entfernungen auch ohne Sicht orientieren können. Der Richter lehnte auch dieses Argument mit Recht ab und verwies auf die relativ kurzen Distanzen sowie die zu einer Uhr=Kalkulation nicht ausreichende Zeit: Vom Blocksignal Deves bis zum Einfahrvorsignal Salzbergen waren es knapp 800 m und von dort bis zum Hauptsignal rund 1000 m. Unsinnig, von einem Mann der Praxis zu verlangen, auf einem rüttelnden Führerstand bei der angespannten Situation Berechnungen anzustellen. Er erlaubte sich ja nicht einmal einen Blick auf den Tacho.
Die Möglichkeit, sogar beide Signale ohne Wahrnehmung zu überfahren, war gegeben. So blieb für die Urteilsfindung als ausschlaggebender Punkt die Frage: Hätte der Lokführer ohne die Signalverwechslung bei sofortiger Schnellbremsung den Unfall verhindern können? Damit beschäftigte sich das fundierte Gutachten eines hohen DB=Beamten.

Die Entfernung Einfahrhauptsignal A bis zur Unfallstelle betrug 511 m. Der Gutachter berechnete nach der Mindener Formel mit einer Genauigkeit von +-10% einen Bremsweg bei einer Ausgangsgeschwindigkeit von 69 km/h zwischen möglichen Längen von 446 m und 366 m. Die letzte Zahl war auf jeden Fall zu klein, da der Indusistreifen bereits 380 m aufwies. Dieser Wert ist aber nicht identisch mit der effektiven Strecke, die ab Betätigung des Führerbremsventils bis zum Stillstand zurückgelegt wird. Konstruktiv muß eine gewisse Verzögerungswirkung berücksichtigt werden, u.a. um Zerrungen im Zug zu vermeiden. Die Notwendigkeit eines annähernd gleichmäßigen Andrucks der Bremsbacken bei allen Rädern bewirkt die Verzögerung durch die Durchschlagsgeschwindigkeit in der Hauptluftleitung und die Füllzeit der Bremszylinder. Rechnerisch wurde also ein kürzester Bremsweg von 400 - 446 m ermittelt. Gemäß Gutachten löste der Lokführer zwischen km 216.124 und 216.164 die Schnellbremsung aus, d.h. nachdem er ab Einfahrsignal A noch 64-105 m gefahren war, was bei 69 km/h einer Verzugszeit von 3,4-5,5 Sek entspräche. Selbst unter Berücksichtigung der vorstehend dargelegten Umstände bei Rückwärtsfahrt, schienen dem Gutachter 3,4-5,5 Sek bis zur Bremsauslösung recht lang, und er schloß, daß die Angabe des Lokführers zutreffend war, er habe den Zuruf betr. Signalstellung zunächst falsch ausgelegt.
Die Hauptfrage, ob erstens bei sofortiger Reaktion und zweitens bei zulässiger Höchstgeschwindigkeit der Zusammenprall hätte vermieden werden können, erhielt ebenfalls eine für den Lokführer günstige Antwort. Die Entfernung vom Hauptsignal A bis zum kritischen Punkt, Grenzzeichen Weiche 2, betrug 303 m. Dieses hätte die Spitze von Lok 042245-1 nicht überfahren dürfen. Voraussetzung 1 lag völlig klar, Voraussetzung 2 blieb zweifelhaft. Die Schwierigkeit einer genauen Fixierung ergab sich durch die Unsicherheit, den Einfluß der vorhandenen Streckenneigung als Faktor in die Rechnung einzusetzen, weil ja der vordere Zugteil bereits in der Ebene rollte. Auch wenn der rechnerische Nachweis ein mögliches Anhalten des Zuges mit Lokspitze 2 m vor dem Grenzzeichen ergab, machte der Gutachter doch Zweifel geltend, ob dies als Bemessungsgrundlage sicher sei.
Vom Moment der Vorbeifahrt am Hauptsignal A bis zum Halt bei km 216.470 vergingen insgesamt ca. 47 Sek, in denen die in Ablenkung stehende Weiche 2 aufgeschnitten wurde und Ng 9353 in den Fahrweg des Gdg 26954 geriet. Der Ng war mit seiner Lok kaum in der Spitze von Weiche 11 zum Stehen gekommen, als der Benzinzug auffuhr. Betrug die Auffahrgeschwindigkeit auch nur ca. 20-25 km/h,[62] stand doch die Wucht einer Masse von rd. 1400 t (Zuggewicht + Lok) dahinter. Die 042 245-1 und der erste Wagen wurden lt. DB=Bericht um ca. 25 m, lt. Gutachter um ca. 42 m zurückgeschleudert. Da der Ng festgebremst stand, gaben die hintersten Wagen nicht nach und die Wagen 2, 3, 4, 5 und 6 wurden seitlich aus dem Gleis gedrückt, auch das Hauptgleis Emden-Rheine blockierend. Der Abstand zwischen den Wagen 1 und 7, die Gleisführung behielten, betrug nach dem Unfall nur noch eine halbe Wagenlänge.

Zur Zeit der Gerichtsverhandlung war man dabei, den Bf Salzbergen zum fünften Male umzubauen, teils der Lehren des Unglücks wegen, teils in der Absicht, die Strecke Rheine-Salzbergen-Holland zu elektrifizieren. Hierfür sollte vor allem eine "Tempo 200" ermöglichende Gleislage der Durchfahrt Richtung Bentheim geschaffen werden, was man

im Wesentlichen durch Auswechseln der Abzweigweichen erreichte: Gerader Strang Ri Bentheim.
Gleis 3 wurde einstweilen im inneren Bahnhofsbereich vom Überholverkehr ausgeschlossen und der westliche Bahnhofsteil so gestaltet, daß Überholungen dort auf zwei Wartegleisen vorgenommen werden konnten.
Die Verbesserung war jedoch zweischneidig. Güterzüge in Ri Lingen, die vom Westteil des Bfs Salzbergen wieder auf den Süd-Nord=Strang gelangen wollten, mußten nun nicht nur den Nord-Süd=Strang kreuzen, sondern auch beide Bentheimer Hauptgleise. Aus Ri Rheine kommende Wartezüge hatten also insgesamt viermal Hauptdurchgangsgleise zu queren. Schon der normale Betriebsablauf gestaltete sich daher seit dem Umbau komplizierter, und es kam weit häufiger als früher vor, daß Züge aus Ri Lingen keine Einfahrt erhielten.

Sachverhalt und Zitierungen, soweit nicht anders angegeben, aus Gerichtsakt LG Osnabrück, Zeichen Nr. 4 LS 31/70 (73) und diverse Schreiben der BD Münster 32 B 5 Bu.

58 Deshalb waren im Bw Rheine auch keine Loks stationiert, die gleichermaßen für Vor- und Rückwärtsfahrt Indusisicherung haben, z.B. die der BR 50 (alte Bezeichnung), deren Höchstgeschwindigkeit auch bei Fahrt mit Tender voran unvermindert ist.

59 Gdg 7454 ab Leschede 21.48 Uhr gegenüber Soll 22.48 Uhr. Der Zug lief also 1 Stde vor Plan, dagegen Gdg 26 954 Leschede ab 22.03 Uhr gegenüber Soll 20.31 Uhr, mit ca. 90 Min 'Verspätung', im Güterverkehr übliche Unregelmäßigkeiten.

60 In den Schriftsätzen des Gerichtsaktes stand versehentlich die Lok Nr. 042 295-1. Einigen Eisenbahnern fiel der Fehler zwar während der Hauptverhandlung auf, eine Berichtigung unterblieb jedoch. Wir wurden durch die Zuschrift eines Lesers aus dem Ausland darauf hingewiesen und erhielten dann auch die Bestätigung des Versehens von der BD Münster.

61 Den Berichten nach an der Feuerung der Dampflokomotive. Vermutlich wäre es auch ohne diese dazu gekommen. Beispielsweise entzündete sich das ausgeflossene Benzin bei der Ingolstädter Katastrophe vom 2.3.1972 trotz des elektrischen Betriebes. Konnten sich jedoch in Salzbergen die Personale der Dampflok aus ihrer brennenden Kabine retten, war der Tfz=Führer der in Ingolstadt beteiligten Ellok so unglücklich in seinem an der Tfz=Spitze befindlichen Sitz eingeklemmt, daß es für ihn bedauerlicherweise keine Rettung gab.

62 Unmittelbar nach dem Anprall stand der Führerstand der Lokomotive des Gdg in Flammen. Dadurch verbrannte auch der Indusistreifen, und die Auffahrgeschwindigkeit konnte nur geschätzt werden. Die Personale trugen außer einem Schock keine Verletzungen davon.

DATEN zu den Entgleisungen: Leiferde/Meinersen, Celle, Alfeld, Kellmünz

Ort Datum BD	Temperatur in Grad Luft [a]	 Schiene	Sonstiges	Lokale Besonderheit Streckenführung	Gleisart	Entgleisung Wagenzahl v max.	 Uhrzeit
1.) L/M II 28.7.69 Hannover	27–29	48 [b]	Okerbrücke Überweg	gerade	HS 49 (Schienen 1931, Schwellen 1949)	3 105 km/h	14.12
2.) Alfeld 8.6.70 Hannover	25–28	48	Durchlaß	gerade nach Bogen	K 49/54	11 125 km/h	16.25
3.) Celle 5.6.70 Hannover	18–25	31 [b]		R = 1500 Übergangsbogen 2 BW, Bongossi	K 54 (Schwellen 1963, Schienen 1969)	7 157 km/h	12.02
4.) Kellmünz 18.5.71 Augsburg	ca. 27	48 [b]	Straßenbrücke Bitumenüberweg neuer Damm	Bogenwechsel R = 1200–1440 2 BW, Bongossi	K 49, B 58/S 54 Weichen seit 1963, Neubaustück 23.10.70	2 130 km/h	12.54

	Verkehr nach Arbeitseinstellg. Züge	 Lt	Arbeit Art / Zeit	Gleisverformung Ursache	 Maße	Mängel / Fehlhandlung
1.)	9	3 500	Heben u. Stopfen bis 8.38	Verwerfung infolge Druck- spannung u. Gleismängeln	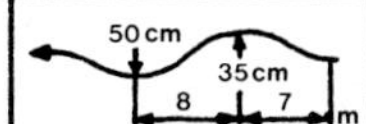	Stoßlücken, allgem. Gleis- zustand, Aufsichtsführung
2.)	16 ab 12^h	34 000 (bis 12^h 20 000)	Bauweichen- ausbau bis 12	Querverschiebung durch dynam. Kräfte u. Druck- spannungen (Verwerfung?)	Wellenlänge knapp 40 m	Einschotterung, Paßstück, Schraubzwingenverbindung, zu frühe v max. Freigabe
3.)	33	22 000 (nach Richten) 88 000 (nach Stopfen)	Richten (Vortag)	Querverschiebung ohne zu- sätzliche Druckspannung	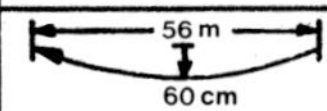	Unzusammenhängende Gleisarbeiten
4.)	1	500	Schwellenver- schlagen bis 11.50	wie 3.) mit Druckspannung	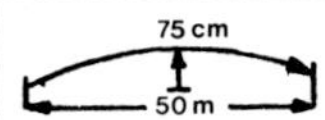	Arbeiten an Weiche, Einschotterung, Gleislage

L/M = Leiferde/Meinersen a) = Angaben differieren b) = geschätzt oder errechnet

Teil C:

Die Katastrophenjahre 1970/71

I. Späte und teure Konsequenzen

1. Ein Fehlstart

Katastrophen sind Folge von Zufällen, dem Zusammentreffen widriger Umstände oder - wie Kriege - Konsequenz einer Entwicklung. Die nun anstehenden Ereignisse fallen im wesentlichen unter die letztgenannte Gruppe und wären somit dem Teil B zugehörig. Die Themenstellung Katastrophen und darin das Gewicht der Jahre 1970/71 erlauben jedoch eine Abweichung von der vorgesehenen Systematik durch einen eigenen Abschnitt.

Nach 15jähriger Tätigkeit endete am 13.5.1972 Herrn Oefterings Amtsperiode als DB=Chef. Daß er eines seiner Ziele, die Sanierung der DB=Finanzen nicht erreichte, war vorhersehbar. Die Bahnen anderer Länder wurden mit diesem Problem ebenfalls nicht fertig, und in Eisenbahnangelegenheiten erfahrenere Männer als Herr Oeftering hatten dessen Unausweichbarkeit einschließlich Lösungen überzeugend dargelegt. Man muß Herrn Oeftering zugute halten, daß die Stimmen jener lauter und letztlich bequemer waren, die die Zeit für Lösungen wie Trennung des Transportgeschäftes von der Infrastruktur, deren Kosten vom Staat zu tragen seien, als noch nicht reif erklärten. Auf diese zu hören, schob die harte Konfrontation mit den politischen Gremien hinweg. Ferner ist zu bedenken, mit welchem Elan Herr Oeftering sein Amt antrat, und daß es nur wenigen gegeben ist, das eigene 'Glaubensbekenntnis' [63] als falsch zu erkennen, das einzugestehen und den Kurs zu ändern oder es zumindest zu versuchen.

Nun ging es allerdings von einem bestimmten Zeitpunkt an nicht mehr um das Erreichen einer Zielvorgabe, zumal diese als Utopie klar lag und sich darüber hinaus abzeichnete, daß ein Festhalten am Rationalisierungs- und Sparprogramm dringend notwendige Investitionen verhinderte. Denn, was bis Mitte der sechziger Jahre seltene Einzelfälle gewesen waren - Entgleisungen infolge Gleisverwerfungen oder Mängeln am Gleis - wurde ab 1966 zu einer besorgniserregenden Regelmäßigkeit. Aber zu mehr als Sensationsmeldungen inspirierte das die meisten Journalisten nicht. Im Gegenteil, man ließ sich von der DB=Propaganda einfangen und berichtete, was da an Großartigem im Kommen wäre: Der IC=Taktverkehr. Daß bahnintern darüber keine allgemeine Euphorie herrschte, erfuhren die Herren der Presse kaum. Es gehörte nicht zum Stil der höheren DB=Beamten-

schaft, selbst begründete Befürchtungen an die Öffentlichkeit zu bringen, ja sogar bahnintern allzu deutlich zu werden.
Nachlesenswert zum IC=Start ist ein Artikel in der DB=Zeitschrift *"für aktuelle Verkehrsfragen"*, DIE BUNDESBAHN, 45.Jahrg., Heft 17, September 1971, von Dipl.Ing.Dr.hc. Rolf Rückel, Ministerialdirektor in der HVB und Leiter der Abteilung III, Absatz und Produktion. Herrn Rückels Aufsatz *I n t e r c i t y - Zwei Stunden-Takt auf der Schiene*, liest sich glatt wie nahezu alle Beiträge in dieser DB=Hauszeitschrift. Zwischen den Zeilen scheint hier und da teils Unbehagen, teils eine gewisse Wehmut anzuklingen, ja man könnte gewisse Passagen dahingehend sogar direkt auslegen.
Herr Rückel beginnt mit einem Rückblick auf die

> *"systematische, konsequente und glanzvolle Schienen-Schnellverkehrsentwicklung, die schon am 15. Mai 1933 mit der ersten fahrplanmäßigen Schnelltriebwagenfahrt, dem 'Fliegenden Hamburger', begonnen hatte."*

Erstaunlicherweise unterlief ihm gleich im ersten Absatz ein Fehler. Schrieb er doch, jenes Schnellstverkehrssystem, mit dem die *"alte Deutsche Reichsbahn"* im Sommer 1939 fast 6000 km Strecke bediente, acht Berliner Relationen und vier Querverbindungen, habe die 1. Klasse geführt. Bekanntlich hatten die 'Fliegenden' jedoch 2. Klasse und FDt 45/46, Berlin-Breslau-Beuthen zusätzlich 3. Klasse.
Da Herrn Rückels Rückblick nur seine aktuellen Ausführungen einleitete, ist nicht sicher, ob diese Ungenauigkeit effektiv ein Fehler[64] oder konzeptkonformen Ursprungs ist. Denn bei der DB liefen die F- und TEE-Züge eben nur mit 1. Klasse (die 3. war ja völlig abgeschafft worden), und die neuen IC waren gleichfalls nur für 1. Klasse Reisende vorgesehen, keineswegs nur als Übergangslösung, wie der zweite Artikel in besagtem Heft über IC=Verkehr bestätigt.
Dieser Artikel, von Dr.Ing. Hans Hussong, Ministerialrat des Fachbereiches Produktion und Personenzugfahrplanreferent der DB, formulierte unmißverständlich unter "1. Aufgabe des Intercity-Verkehrs":

> *"Dieses Stammnetz von 1. Klasse-Zügen wird voraussichtlich zum Sommerfahrplan 1973 noch durch ein System doppelklassiger Züge ergänzt, die bedeutende, aber abseits der Hauptmagistralen gelegene Verkehrsräume mindestens dreimal am Tage bedienen sollen."* (Sperrungen vom Verf.)

Hören wir hierzu noch Herrn Rückel:

> *"Wenn der erstaunliche Trend zur 1. Klasse der letzten beiden Jahre auch weiter anhält - und nichts spricht zur Zeit dagegen - ist es durchaus denkbar, daß in den besonders stark genutzten Relationen <...> in Spitzenverkehrsstunden Zwischenzüge im Stundenabstand vorgesehen werden müssen. Das wird ganz sicher der Fall sein, wenn <...> weitere 44 abseits des Intercity-Netzes gelegene Groß- und Mittelstädte exakt mit doppelklassigen Ergänzungszügen an dieses neue System angeschlossen werden.*
> *So glaubt die DB, mit dem neuen IC-System erkannte Lücken im erstklassigen und komfortablen Personen-Fernverkehrs-Markt, wenn auch im ersten Schritt noch nicht in vollkommener Perfektion, so aber dennoch zu schließen."*

Nennen wir diese 'erstklassige' Denkungsart getrost auch eine Katastrophe,[65] denn konsequent weitergedacht wäre anzufügen, die Masse des Reisepublikums, die eben nicht gewillt oder in der Lage ist, 1. Klasse=Tarife zu zahlen, hat sich mit Zügen minderer Güte zu begnügen oder Auto zu fahren. Es sei aber betont, daß offen bleibt, ob diese Denkungsart die des Herrn Rückel war oder Produkt der Leitlinie.

Nun fällt noch etwas am Start des IC=Systems auf. Üblich war und ist bei den deutschen Bahnen, daß Neuerungen stets zum Sommerfahrplan eingeführt wurden, und wenn davon 1971 abgewichen wurde, so bestimmt nicht aus dem von Herrn Rückel genannten Grunde:

> *"...zumal der Start in eine Jahreszeit fällt, die den Wettbewerbern im allgemeinen größere Schwierigkeiten bereitet als dem Schienenverkehr.*

Dazu passend hatten die DB=Werbeleute zwar den trefflichen Slogan "Alle reden vom Wetter..." erfunden, leider erwies sich in der Folge, daß die DB auch vom Wetter 'reden' mußte, und der effektive Anlaß [66] zum IC=Start erst im Herbst 1971 läßt sich eher zwischen den Zeilen folgender Passage entnehmen:

> *"Es war kein übereilter, sondern ein länger als vier Jahre gründlich von Fachleuten aller Fachrichtungen wohl überlegter Schritt. Der schwierigste Teil der Aufgabe, die pünktlich exakte Durchführung, liegt noch vor uns. Sie kann leider vorher nicht geübt werden, <...>. Doch haben wir gerade in diesem Sommer - anders als sonst - bewußt gewisse Unpünktlichkeiten in Kauf genommen, um die im Vorjahr aus Gründen der Konjunktur-Bremsung unterlassenen Bauarbeiten als wesentliche Voraussetzung für eine pünktliche Durchführung der IC-Züge verstärkt nachzuholen.*

Hätte man den Mut gehabt sowie auf die intern warnenden Stimmen gehört und das Projekt bis zum Beginn des Sommerfahrplans 1972 verschoben, wäre dadurch der Prestigeverlust der DB minimal gewesen - wenn überhaupt. So aber gab es noch eine Katastrophe, zwar ohne Tote, aber ebenfalls in der normalen Geschichte der deutschen Eisenbahnen des 20. Jahrhunderts beispiellos: Mit Fahrplanwechsel am 26.9.1971 rollte der IC=Verkehr an und löste eine nie dagewesene Serie von Dauerverspätungen aus. Der Normalreisende handelte im Herbst 1971 vorausschauend, wenn er auf Kursbuchinformationen verzichtete und ähnlich wie in Kriegszeiten auf gut Glück fuhr. Mag diese Formulierung auch überspitzt erscheinen, die genormten Herbst- und Winterverspätungen auf Fernstrecken sind eine Tatsache, die ihren Niederschlag in in- und ausländischen Pressestimmen fanden.

Am bemerkenswertesten war wohl die soziale Spaltung des Reisepublikums. Während das Gros die Folgen verpaßter Anschlüsse in der Regel hinzunehmen hatte, wurde für die privilegierteren IC=Fahrgäste auch die unrentabelste Hilfe gegeben: Für IC=Passagiere, deren Anschlußzug nicht warten konnte, wurde notfalls ein Komfort=Sonderzug eingesetzt. Dafür kam es andererseits vor, daß die Abfahrt von Normalzügen verschoben werden mußte, weil keine Lok bereit stand.[67] Außerplanmäßige Überholhalte der gewöhnlichen Schnellzüge, um verspätete IC vorzulassen, gehörten damals zum gewohnten Reiseerlebnis der nichtprivilegierten Fahrgäste.

Und nach dem Debakel war dann in DB=Druckschriften zu lesen, daß man völlig überrascht gewesen sei in Anbetracht der besonders sorgfältigen Organisation und Vorbereitung.

2. Der zweite Untersuchungsausschuß deutscher Bahnen zur Klärung von Entgleisungsfällen 1970; die Entgleisungen von Etelsen am 16.7.1966 und Kelsterbach am 6.6.1967

Der mißratene IC=Start war aber lediglich die nur Ärgernis erregende Erscheinung und Folge einer gefährlichen Situationsverkennung. In jenem Sommer des Jahres 1970, in dem nach Herrn Rückel Bauarbeiten aus konjunkturellen Gründen unterlassen worden wären, hatte es im Zusammenhang mit Gleisarbeiten ernste Unfälle gegeben, die sich 1971 fortsetzten, z.T. aus anderer Ursache. Daß sich die DB in einer Sicherheitskrise befand, wurde aber offenbar nur den zuständigen DB=Fachkreisen bewußt, die daraufhin zur Prüfung eines Teilbereiches einen Untersuchungsausschluß erwirkten.
Bereits 1928 hatte die Hauptverwaltung der DRG eine Untersuchungskommission zur Klärung einer Kette scheinbar rätselhafter Entgleisungen berufen [68]. 1970 sah sich die Hauptverwaltung der DB abermals zu einer solchen Maßnahme veranlaßt. Im Gegensatz zur DRG, die sehr schnell reagierte, obwohl sie Nachkriegs-, Gründungs- und Umstellungswirren noch nicht voll verarbeitet hatte, zögerte die HVB diesen Entschluß um ein paar Jahre zu lange hinaus. Wenn auch die Folgeschäden des Zweiten Weltkrieges längst beseitigt und die Gleisanlagen weitgehend auf Stand gebracht worden waren, machten die Anhebung der Geschwindigkeiten und der starke Anstieg der Zugdichte seit Anfang der sechziger Jahre Erneuerungen und Überarbeitungen der Gleise und Weichen dringend nötig. Zu einer großzügigen Disposition fehlten die Mittel, da ja die DB ihre Investitionen selber zu erwirtschaften und außerdem zu sparen hatte [69].
Die ab 1959 in der DB=Unfallstatistik erfaßten Entgleisungen infolge Gleis- oder Weichenschäden (am 4.6.1960 bei Ingelheim die erste aufsehenerregende des D 269, Basel-Dortmund mit 2 Toten, 37 Verletzten) sowie einige weitere harmloseren Ausgangs lieferten noch keinen Grund zur Besorgnis. Erst die Entgleisung des D 41, Senator, am **16.7.1966** in **Etelsen**, Str Hannover-Bremen, begann Beunruhigung auszulösen. In einem Schreiben der HVB vom 31.8.1971 an die StA Celle findet sich der Hinweis, daß nach dem vorgenannten Unfall Forschungsaufträge an ein "besonders geeignetes Institut" vergeben worden seien, *"um den Einfluß der Stopfarbeiten auf den Querverschiebewiderstand des Gleises zu untersuchen"*.
In Etelsen war vom 5.6.-4.7.1966 Ri Langwedel eine Bettungsreinigung mit anschließender Bettungsverdichtung vorgenommen worden. Während der Arbeiten waren 30 km/h, danach 50 km/h zulässig. Nach erfolgter erster Stopfung mit Matisa Stopfmaschinen durfte ohne Geschwindigkeitsbeschränkung gefahren werden. Am 15. und 16.7. nahm man die zweite Stopfung vor und richtete mit einer Plasser Richtmaschine. Bis auf 218 m, davon 140 m in Fahrtrichtung vor der späteren Entgleisungsstelle, konnten die Arbeiten fertiggestellt werden. Im westlichen Teil des 218 m langen Abschnittes waren 101 m zwar schon gestopft, aber noch nicht gerichtet und zum ungestopften Abschnitt bei einer durchschnittlichen Hebung von 10 - 20 mm Rampen von 20 bzw. 21 m Länge hergestellt. Die seitliche Verschiebung, die auszugleichen war, betrug auf 50 - 60 m höchstens bis 5 mm.

12.42 Uhr entgleiste ein Zugteil des D 41 mit 135 km/h im geraden Strang bei km 98,1. Die vordere Achse des hinteren Drehgestells von Wagen 5 stieg nach rechts über, wonach das gesamte Drehgestell entgleiste und das vordere Drehgestell von Wagen 6 folgte. Der Anstoß dieses Wagens gegen einen Winkelmast verursachte Zugtrennung zwischen Wagen 5 und 6. Der sechste und der nun auch entgleisende siebte Wagen kamen nach wenigen Metern in Schräglage zum Stillstand. Wagen 5 wurde noch 170 m mitgerissen, geriet in Querstellung und stieß mit der rechten hinteren Seite gegen eine im Nachbargleis stehende Richtmaschine, wobei sich deren Richtbalken in den Wagen bohrte. Ein Toter und 30 Verletzte wurden aus den Trümmern geborgen.
An der Entgleisungsstelle hatte sich das Gleis als Entgleisungsfolge S=bogenförmig verdrückt und danach durch die entgleisten Fahrzeuge in Schlangenlinien verzogen. Ein ursächlicher Fehler wurde weder an den Fahrzeugen noch am Oberbau ermittelt, weshalb das zuständige Dezernat der BD Hannover am 2.8.1966 beantragte, auf einer Versuchsstrecke unter vergleichbaren Bedingungen Meßfahrten vorzunehmen. Das BZA Minden wandte mit Schriftsatz vom 6.9.1966 ein, es sei nicht möglich, die Verhältnisse an der Unfallstelle genau nachzubilden. Daher könnten Versuche auf einem Betriebsgleis zu keinem Ergebnis führen.
Am **6.6.1967** ereignete sich unter ähnlichen Umständen wie in Etelsen ein zweites Unglück. Im Bahnhofsbereich **Kelsterbach**, Str Mainz-Frankfurt, wurde an einer für 135 km/h zugelassenen Weichenverbindung gearbeitet. Die beiden im Bogen des einen Hauptstranges liegenden Weichen (EW 1200-1:18,5 und IB 500-1:12) und das Zwischenstück wurden ab 8.30 Uhr mit einer Weichenstopfmaschine durchgearbeitet. Gegen Mittag begann man mit dem Nachbargleis. Die Schienentemperatur stieg von 25°C gegen 10 Uhr bis auf 35°C gegen 12 Uhr. Der hohen Schienentemperatur wegen - vermutlich über 40°C - wurden gegen 12.45 Uhr die Arbeiten eingestellt.
Nach Durchfahrt des D 221 mit 60 km/h zeigten sich größere Gleisverdrückungen, die man mit einer Schwungramme zu beseitigen versuchte. Das gelang bei dem unter starken Druckspannungen stehenden Gleis nicht völlig.
15.15 Uhr passierte E 712 mit 120 km/h. Der aufmerksame Tf dieses Zuges sah die schlechte Gleislage und leitete Schnellbremsung ein, wobei es zu Schüttelschwingungen der Wagen, Vergrößerung der Lagefehler und Gleisverwerfung kam. Die Verwerfungswellen hatten Längen von 21,5 - 23 m und Amplituden von 1, 0,26 und 0,50 m im Weichenbereich und 40 m weiter. Es wurde angenommen, daß die Verwerfung hinter dem dritten Reisezugwagen auftrat, nachdem die Schnellbremsung vorhandene, wärmebedingte Längskräfte verstärkt hatte.

Da dieses Unglück nur 4 Verletzte forderte und einige Entgleisungen der beiden nächsten Jahre wiederum ohne ernstere Folgen abgingen, widmete man den Vorfällen geringe Beachtung. Auch aus der Entgleisung von Leiferde/Meinersen (B IV) wurden nur insofern Konsequenzen gezogen, als der Nordstrang Oberbau K erhielt. Dann aber ereigneten sich am 5.6.1970 in Bf Celle und drei Tage darauf bei Alfeld, Str Hannover-Göttingen, Entgleisungen, die jeweils Tote und Verletzte zur Folge hatten.
Jetzt reagierte die HVB und berief am 20.6.1970 einen Untersuchungsausschuß - in Folgendem UA genannt -, der auch die 1966 nicht erledigten Meßfahrten durchführte.

Der UA erhielt den Auftrag, die genannten Entgleisungen *"unter Berücksichtigung der Wechselwirkung zwischen Gleis und Fahrzeugen zweifelsfrei"* zu klären, da die dafür nötigen Maßnahmen die Untersuchungsmöglichkeiten der Direktionen überstiegen. Die Leitung des UA wurde BDir. Prof. Dr.Ing. Birmann übertragen, der u.a. die Versuche Prof. Raabs fortsetzte und sich als wissenschaftliche Kapazität für Oberbauprobleme einen Namen gemacht hatte. Ferner gehörten dem UA an: je ein höherer DB=Beamter des BZA Minden und der BD Köln sowie je ein Oberbaukontrolleur der BD München und Stuttgart. Darüber hinaus wirkten beratend mit: vier Gruppenleiter des BZA Minden, der Vorsitzende des Fachausschusses Fahrzeuglauf im Gleis BZA Minden und vier Vertreter der BD Hannover.
Am 6./7.8.1970, als zweite Sitzung bezeichnet, wurden die Unfallstellen im Bf Celle und bei Alfeld besichtigt, was insofern bemerkenswert ist, da reichlich Material - Fotos und gründliche Berichte - zur Verfügung standen. In der dritten Sitzung am 25.8.1970 legte man die Nachahmungsmessungen für Alfeld fest, die gleichzeitig mit bis zu fünf Meßgruppen in ortsfesten und Radsatz=Meßverfahren arbeiteten.
Die Untersuchungen, Versuchsfahrten und Besprechungen unter Beteiligung beider Gutachter zum Unglück Celle, soweit sich Berührungspunkte ergaben, erstreckten sich bis Dezember 1972. Ein Kurzbericht über vorläufige Meßergebnisse konnte in der fünften Sitzung am 29.4.1971 abgegeben werden. Der Abschlußbericht des BZA Minden lag *"wegen Überlastung der Meßgruppen und mehrmonatiger Erkrankung wichtiger Beteiligter"* erst am 10.8.1972 vor.
Ergebnisse, soweit für die Entgleisungsbeispiele von Bedeutung, sind bei deren Abhandlung gestreift, insbesondere im Kapitel Celle, dort auch über die Versuchsfahrten betr. Fahrzeuglauf in verschiedenen Geschwindigkeiten. An Wesentlichem für unsere Arbeit wäre noch zu erwähnen, daß zur Verhinderung von Gleisverwerfungen außer Qualität des Schienen- und Schwellenmaterials sowie guter Verspannung Schwelle/Schiene die Fachverschotterung mit einer 35 - 45 cm breiten Bettung vor den Schwellenköpfen nötig sei. Es wurden also nicht nur Ergebnisse des UA zur Neufassung einschlägiger Vorschriften vorgetragen, sondern auch in der Wissenschaft Bekanntes, was DB=seitig jedoch bislang nicht hinreichend beachtet worden war. So monierte der Gutachter zu Alfeld (C III), bei der DB würde im Gegensatz zu französischen Praktiken die Fahrgeschwindigkeit nach Gleisarbeiten allgemein zu früh heraufgesetzt. Die dadurch möglichen Risiken müßten an sich auch DB=Kreisen geläufig sein, da dieses Problem (und andere der Art) in der Fachliteratur abgehandelt worden wäre.
Aus weiteren neuen Erkenntnissen ergab sich ferner die Empfehlung zur eingehenden Untersuchung sogenannter Nahtstellen durch Dichtemessungen des Schotters und Einsenkungsmessungen, schließlich, daß die Hg=Begrenzungen beim Befahren von Bogenweichen und nach Gleisarbeiten vorgeschrieben wurden [70] und nach Entgleisungen zweifelhafter Ursache die Schienentemperatur s o f o r t zu messen sei. Der Erfolg blieb nicht aus. Selbst während der Hitzeperiode des Jahres 1976 wurden unliebsame Zwischenfälle durch Gleisverwerfungen oder -verdrückungen vermieden.
Da die HVB voraussah, daß es einige Zeit dauern würde, bis der UA Ergebnisse vorlegte, aufgrund deren die Neufassung der einschlägigen Vorschriften erfolgen könnten, erließ sie bereits am 16.6.1970 eine Verfügung, die bis 1973 im Neuentwurf der Obv 42

eingearbeitet wurde. Dieser zufolge müssen Oberbauarbeiten, die mit einer auch nur geringfügigen Lockerung des Gleisrostes verbunden sind, eingestellt werden bzw. haben zu unterbleiben, wenn der örtlichen Wetterlage nach schon v o r m i t t a g s mit einer Schienentemperatur von +35°C g e r e c h n e t werden k a n n . Sollte es sich um unaufschiebbare Arbeiten handeln, die eine zeitliche Verschiebung nicht erlauben, sind sie von einem Beamten des technischen gehobenen Dienstes der zuständigen Bm zu überwachen.

Wie dringlich und wichtig der HVB die Angelegenheit war, beweist die Eile, mit der die Verfügung verbreitet wurde, nämlich als Telegramm durch Bahndienstfernschreiber, von den Direktionen umgehend an die zu informierenden Dienststellen weitergeleitet. Die seinerzeit noch bestehende BD Augsburg beispielsweise fügte für die Bahnmeistereien noch den Zusatz an,

> *"Es ist sicherzustellen, daß die im Telegramm angegebenen Bestimmungen beachtet werden. In Zweifelsfällen ist der Obktr beratend einzuschalten. Allen bautechnischen Beamten und Bediensteten, die mit der Aufsicht von Arbeiten am Oberbau beauftragt sind bzw. werden, ist eine Abschrift dieser Verfügung gegen Unterschrift nachweisbar auszuhändigen."*

Dieser Zusatz hatte durchaus seine Berechtigung, noch mehr nachstehende, einem DB=Kurzbericht zur Entgleisung bei Kellmünz (s. C IV) entnommene Sätze:

> *"Den Außenstellen sind die Kräfteverhältnisse und deren Beeinträchtigung durch Oberbauarbeiten unzureichend bekannt. Selbst die führenden Stellen von BD und BA an der Unfallstelle waren der Ansicht, daß alles in Ordnung gewesen wäre. Nötig ist also eine sehr eingehende Instruktion auch der Betriebsingenieure!"*

Hierzu paßt in gewisser Hinsicht auch die den UA=Bericht abschließende Empfehlung, neben langfristigen Maßnahmen zur Verbesserung des Oberbaus sei es ratsam, die Untersuchungen fortzuführen, da es noch Faktoren gäbe, die nicht hinreichend erforscht wären.

Sachverhalt und Zitierungen, soweit nicht anders angegeben, aus DIE BUNDESBAHN, 45. Jahrg., Heft 17, Darmstadt 1971, S. 825ff und 831ff sowie Ergebnisbericht des Untersuchungsausschusses für die Aufklärung der Entgleisungen Etelsen und Kelsterbach s.a. Anmerkungen und Quellen zu Celle, C II.

63 Abgesehen von Herrn Oefterings Äußerung (DER SPIEGEL 14.8.1957, S. 17), er traue sich zu, jedes Unternehmen zu führen - und er meinte natürlich mit Erfolg -, bezeichnete er im Rahmen eines Vortrages am 15.9.1957 in Berlin als erste Hauptaufgabe betrieblicher Unternehmensführung:
"1. Ein Unternehmen führen bedeutet: auf ein Ziel hin handeln. Über dieses Ziel darf sich die Unternehmensführung nicht verschwommenen Vorstellungen hingeben, sie muß sich darüber ganz klar werden und es bei ihren Führungsentscheidungen immer im Auge behalten." <DIE BUNDESBAHN, 31. Jahrg. Nr. 19, Darmstadt 1957, S. 1446>

64 Herr Rückel, Jahrgang 1914, begann seine Laufbahn im höheren Bahndienst 1939. Er erlebte die Reichsbahnzeit also noch persönlich. Deshalb und bei dem allgemeinen Interesse an den sogenannten 'Fliegenden' ist es schwer, an einen Fehler zu glauben.

65 Auf jeden Fall war es eine kostspielige Fehlspekulation. Der Generalbevollmächtigte des Vorstands der DB für Absatz und Produktion, Rüdiger Scotland, schrieb 1979 in DIE BUNDESBAHN 4/1979, S. 241/242:
"... wurde deutlich, daß vor allem gegenüber der rapiden Zunahme des Individualverkehrs und dem ständigen Ausbau der Flugverbindungen das vorhandene DB-Angebot nicht konkurrenzfähig war.
Das im Jahr 1971 eingeführte einklassige IC-System im Zwei-Stunden-Rhythmus verbesserte zwar das Image der DB und hat deren Wettbewerbssituation vorübergehend gestärkt, doch zeigte sich, daß der Markt der Kunden, die die 1. Klasse benutzen, zu klein ist, um hierfür auf allen vier IC-Linien auf Dauer ein besonderes einklassiges Zugsystem im Zwei-Stunden-Takt vorzuhalten. Außerdem führte das IC-Angebot von 1971 dazu, daß in den großen Fernverkehrsverbindungen für die Reisenden der 2. Wagenklasse, die den stark überwiegenden Teil der Kunden ausmachen, nur 65 Prozent des Zugangebots der Fernzüge zur Verfügung standen und für diesen Markt die durchschnittliche Reisegeschwindigkeit seit Jahren bei rund 80 km/h stagnierte.
Die Entwicklung des Wirtschaftsergebnisses zeigt bei allen wichtigen Zuggattungen des Schienenpersonenfernverkehrs eine stetige Verschlechterung des Kostendeckungsgrades. Er betrug im Jahr 1977 im gesamten Fernverkehr auf der Schiene nur noch 82 Prozent."

66 Zu vermuten wäre auch, daß Herr Oeftering vor dem Ende seiner Amtsperiode als DB=Chef noch einen Erfolg haben sollte.

67 Zum Beispiel am 24.11.1971 in Heilbronn Hbf bei E 1935. Gem. Angaben mehrerer Eisenbahner bildete dieses Vorkommen keine Ausnahme.
In den IC=Umsteigebahnhöfen Dortmund, Hannover, Köln, Mannheim und Würzburg stand dagegen täglich eine Lok mit zwei 1. Klasse=Wagen bereit, um bei Verspätungen von über 30 Min im IC=Verkehr als Vorzug eingesetzt werden zu können.

68 H.J. Ritzau, Schatten... (s.S. 19, Anm. 1), S. 261 f.

69 Vom Bund wurden Förderungsprogramme nur für Straßen und Wasserwege aufgestellt, die Bahn bedachte man mit Umschuldungsprogrammen.

70 N e u a u f n a h m e n in Az Obv 42 (33) zu Gleisarbeiten:
DV 820/III (12) und 18c) Betr. Einschotterung und Lagekorrektur nach Stopfgängen und Begrenzung der Hg (s.u.); Bedingungen für Heraufsetzung der Hg: Ausgeführte Schienenverspannung, Schlußschweißung, Anbringung von Wanderschutzklemmen, Sicherungskappen und Herstellung des Bettungsquerschnittes nach (DV 820) Az Obv 6. Ohne Schwellenfachverdichtung muß Gleisbelastung 50 000 Lt erreicht haben.
Gemäß zugehöriger Tabelle ist die Hg von folgender Gleisbelastung abhängig: bis 50 000 Lt = 90 km/h; bis 100 000 Lt = 110 km/h; über 100 000 Lt = zulässige Hg;
Ä n d e r u n g e n : DV 820/III (10, 11, 18) Betr. Verdichtung und Geschwindigkeit bei und nach Stopfgängen;
Az Obv 37 und 42 Betr. Notlaschen, Paßstücken und Fahrgeschwindigkeiten. (C III, 2, Anm. 77)
Die gem. HVB Verf. vom 25.9.68 e m p f o h l e n e zusammenhängende Arbeitsausführung wurde in "Vorläufigen Richtlinien für Stopf und Richtarbeiten" am 1.3.1972 v o r g e s c h r i e b e n .
Az Obv 42 Zif. 30 inzwischen aus den bisherigen Vorschriften a-d in zwei (a+b) zusammengefaßt.

II. Celle

Entgleisung des D 47 am 5.6.1970 infolge Gleisverschiebung
(5 T, 41 V)

1. Zur Entgleisung

Am 5.6.1970 entgleisten gegen 12.02 Uhr die letzten Wagen des von Hannover bis Hamburg ohne Halt durchfahrenden D 47 hinter Weiche 3, Südeinfahrt Bf Celle. Weiche 3 gehört zur Weichengruppe der 1938 eingleisig angelegten und 1964 zweigleisig ausgebauten Verbindungslinie über Langenhagen, die das Kopfmachen der Hamburger Nord-Süd= Züge in Hannover erübrigte [71]. Das Neubaustück war am 5./6.11.1969 bei einer Schienentemperatur von 18-20°C verschweißt worden.Zur Beseitigung von Richtungsfehlern und Korrektur der Überhöhungswerte an Weiche 2 und 3 hatte eine Oberbaufirma am 7., 21. und 26.5. sowie am 1. und 4.6.1970 die erforderlichen Arbeiten ohne Beanstandung durchgeführt. Der Bericht des BZA Minden vom 6.7.1970 bemängelte lediglich das Fehlen eines Weichenhöhenplanes, der nach Obv §30 (3) hier erforderlich gewesen wäre, insbesondere aber das von Sicherungskappen an Weiche 3.

Kritik übte das BZA ferner an der unzusammenhängenden Durcharbeitung, daß nämlich nicht einmal e i n e Weiche i n e i n e m Arbeitsgang, sondern je in mehreren Zugpausen gestopft und zu verschiedenen Zeiten gerichtet wurde,

> *"... obwohl die HVB=Verfügung vom 9.10.1968 - 47 Jos 82 - eine zusammenhängende Durcharbeitung gebietet ..."*, da *"Ansatzstellen bei Unterbrechungen des Stopfganges ... erfahrungsgemäß Unstetigkeitsstellen gerade bei Schnellfahrten"*

ergeben. Deshalb hätte nach Ansicht des BZA Minden bei dieser mit 60 täglichen Zugfahrten - etliche davon mit Hg 160 km/h - belasteten Strecke organisatorische Maßnahmen für die Sicherung einer Arbeitsweise im Sinne der oben zitierten Verfügung getroffen werden müssen.

Das Gutachten geht auf diese Verfügung von anderer Warte ein und stellt fest, daß in Übergangsbögen liegende Weichen nicht speziell berücksichtigt sind, obwohl zwischen Weichen und Gleisen unterschieden wird. Der Gutachter konstatierte:

> *"Die Frage, ob bei der Durcharbeitung von in Übergangsbögen liegenden Weichen der gesamte Übergangsbogen (auch außerhalb der Weichen selbst) mitgestopft und gerichtet werden muß, läßt sich nach dieser Verfügung nicht eindeutig beantworten. Die in Celle angewandte Arbeitsweise ... kann daher - zumindest bis zum Sommer 1970 - als zulässig ... bezeichnet werden."*

Zwischen Stopfen (1.6.) und Richten (4.6.) befuhren die Strecke rd. 100 Schnellzüge mit 66 000 Lt und ab Arbeitseinstellung bis zum Unfall 33 Züge mit 22 000 Lt. Bei Schienentemperaturen vermutlich unter 30°C konnte der Gesamtwert von insgesamt 80 000 Lt als ausreichende Betriebsverdichtung angesehen werden, und eine Beschränkung der zulässigen Geschwindigkeit war daher den noch gültigen Richtlinien nach nicht nötig.[72]

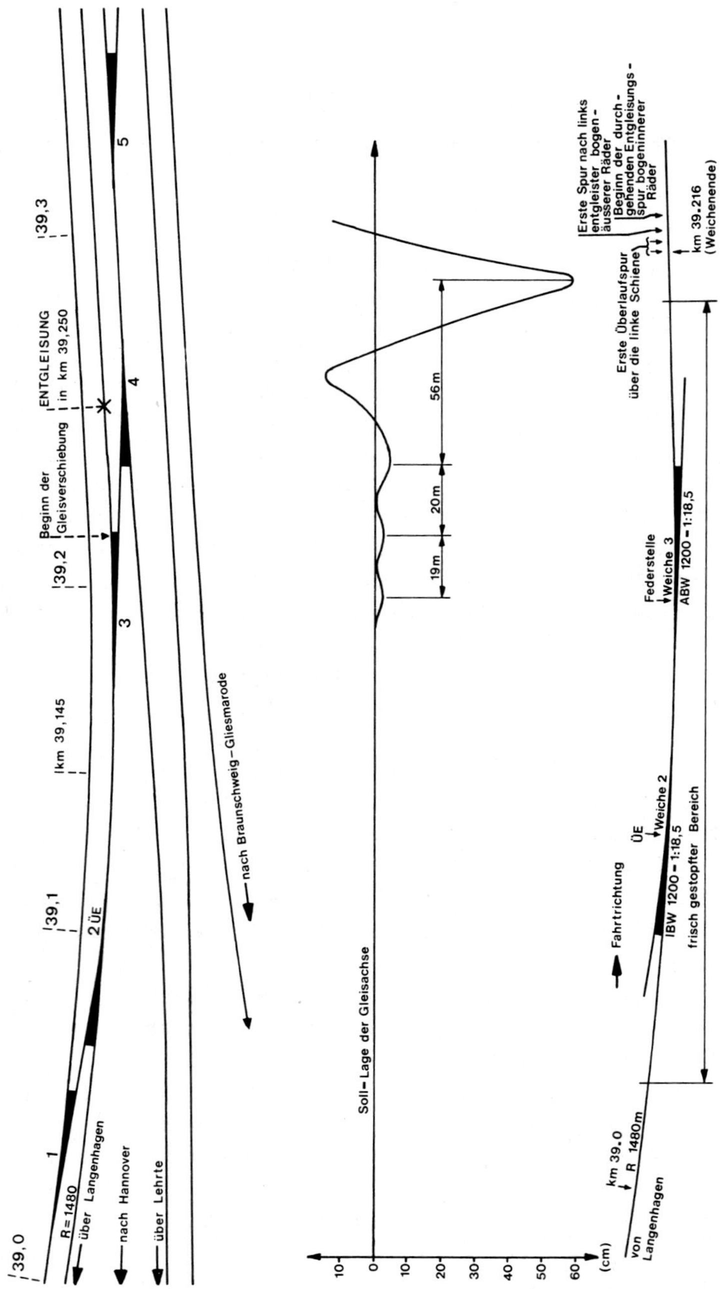

Südeinfahrt Bf Celle mit Gleislage und Engleisungsspuren

Richtarbeiten bewirken jedoch eine abermalige, wenn auch geringfügige Lockerung des Schotterbettes. Wie der Ergebnisbericht des UA einräumte, waren eingehende DB=Versuche dazu noch nicht durchgeführt worden. In Japan hingegen habe man eine *"merkliche Herabsetzung des Querverschiebewiderstandes"* durch Richtarbeiten festgestellt. Im übrigen bestätigte der UA die vom Gutachter vertretene Ansicht, daß die Nahtstellen vom frisch gestopften zum altliegenden Bereich kritisch seien, wohl eine der wesentlichsten Erkenntnisse, die auch erklärt, warum Entgleisungen unter ähnlichen Umständen überwiegend vor oder nach der eigentlichen Arbeitsstelle erfolgten.

Der UA=Bericht vom Januar 1973 enthält ferner einen Hinweis, der auch speziell für Kellmünz wichtig sein dürfte: Daß in den ersten Jahren nach Streckenfreigabe besonders an den Weichen 2 und 3 starke Richtungsfehler gemessen wurden und sich die Lage im Weichenbereich erst ab 1967 festigte (vgl. s. 116 betr. Dichtemessungen).

Dann wurde nach dem Unfall durch Messungen der Einfluß der Schienentemperatur auf Gleis- und Weichenlage im Vergleich Sommer und Winter geprüft. Dabei ergaben sich im Sommer größere Pfeilhöhenunterschiede als im Winter. Während des Meßzeitraumes wurden dort keine Oberbauarbeiten durchgeführt. In dem vom Unfall zerstörten und danach völlig erneuerten geraden Gleisstück maß man mit 8 mm den Größtwert der Abweichungen.

Über Wahrnehmungen an der späteren Unfallstelle befragt, will nur der Tf des E 1573, der diese gegen 10.02 Uhr mit 135 km/h als vorletzter schnellfahrender Zug passierte, dort Schlingerbewegungen bemerkt haben, die er aber nicht für außergewöhnlich oder betriebsgefährlich hielt.

Auf dem Führerstand der Ellok 112 493-2 des D 47 befanden sich am Unfalltag zwei Tf, in folgendem Tf 1 und Tf 2 bezeichnet, ferner ein BOI, der zwecks Auffrischung seiner Streckenkenntnis mitfuhr. Tf 1 sagte aus, er hätte bei Befahren von Weiche 3 das anschließende Gleis durch die Sonneneinstrahlung sehr deutlich in einer Schlangenlinie liegen gesehen und den Ausspruch getan: *"Das sieht böse aus."* Tf 2 und BOI wollen weder diese Worte gehört noch etwas Besonderes an der Gleislage bemerkt haben. Alle drei stimmen darin überein, daß die Lok unvermittelt schlingerte, und zwar so stark, daß sie es als Seitenschläge empfanden, wobei Buchfahrpläne aus der Halterung fielen, und andere lose Gegenstände herumgeworfen wurden. Danach habe sich der Lauf der Maschine wieder stabilisiert. Über die Stelle, an der sich das ereignete, wichen die Angaben abermals ab. Tf 1 war überzeugt, daß es n a c h Weiche 3 war, Tf 2 äußerte sich völlig vage, und BOI meinte, es sei hinter der Straßenbrücke gewesen.

Die Bewertung dieser Aussagen war ebenfalls unterschiedlich. Im Schreiben v. 22.6.1970 des Vorstandes BA Hannover 2 heißt es: Tf müsse *"... einer Sinnestäuschung erlegen sein,"* denn nur er allein habe diese Wahrnehmungen gemacht. Im Untersuchungsbericht vom 13.8.1970 der BD Hannover steht:

> Wenn die *"... beschriebene Schlangenlinie vorhanden gewesen wäre, hätten ... schon die Lok und die ersten Wagen entgleisen müssen."*

Man argumentierte ferner:

> Die von Tf 1 *"...wahrgenommenen Unregelmäßigkeiten in der Gleislage ... konnten nicht vorhanden sein. Die zwei Stunden nach dem Unfall gemessenen Luft- und*

oben: Blick in Fahrrichtung von Weiche 3 auf Gleisverschiebung
unten: Verrissenes Gleis im Bereich der Flachkreuzung mit Wagen 9 - 11

Schienentemperaturen (Luft = 25 Grad und Schiene = 31 Grad C) lassen eine Gleisverdrückung [73] in Anbetracht der guten Einschotterung nicht zu."

Bei der am 11.6.1970 wiederholten Befragung des Zugpersonals in Gegenwart von fast einem Dutzend DB=Beamten des höheren und gehobeneren Dienstes waren die Beamten der Kripo nur als Zuhörer anwesend. Sie legten folgenden Aktenvermerk an:

"1.) Zu den vorliegenden Vernehmungen des Zugpersonals des D 47, die in Gegenwart sämtlicher Herren der Besprechung durchgeführt wurden, kann gesagt werden, daß fast alle Zeugen mehr oder weniger befangen waren, so daß ihren jetzigen Aussagen wenig Wert beizumessen sein dürfte.

Vor allem kann hier zur Aussage des Zeugen ... (BOI) *gesagt werden, daß er kaum die Wahrnehmungen gemacht haben kann, wie sie jetzt von ihm geschildert wurden. Daraufhin angesprochen gab er auch zu, seine Feststellungen erst nach Halt des Zuges getroffen zu haben.*

Die Angaben des ... (Tf 1) *dagegen erscheinen glaubwürdig, da er sich trotz Gegenwart eines Großteiles seiner Vorgesetzten wenig beeindruckt zeigte und sich offensichtlich in keiner Weise einschüchtern ließ."*

Beliebt bei seinen Vorgesetzten hat sich Tf 1 mit seiner Aussage offenbar nicht gemacht. Neben dem *"kann nicht sein"* und *"muß sich irren"* findet sich im Bericht vom 22.6. des BA Hannover 2 der Passus:

"... (Tf 1) *ist, soweit hier bekannt, zum ersten Male als Triebfahrzeugführer auf einer Lok eines Zuges mit v = 160 km/h gefahren, der z.Z. des Unfalls noch 157 km/h fuhr. Nähere Einzelheiten über die vorausgegangene Verwendung des ... wurden am 12.6.1970 vom MA Hannover erbeten, Stellungnahme steht noch aus."*

Der Gutachter hingegen unterstellte durchaus die Wahrscheinlichkeit einer Vorverformung des Gleises hinter Weiche 3 und gleich den Kripo=Beamten die Beobachtungen von Tf 1 als zutreffend. Auch die Stellungnahme des BZA Minden deckt sich im wesentlichen mit der des Gutachters:

"Es ist anzunehmen, daß der seitliche Ruck (der 112 493-2) *durch eine Unstetigkeit der Fahrbahn hervorgerufen wurde."*

Wenn vor dem Unfall in den Zügen keine besonderen Wahrnehmungen gemacht worden seien, und auch die Indusistreifen keine Unregelmäßigkeiten gezeigt hätten, müsse sich ein größerer Gleislagefehler zwischen dem Befahren der Lok des letzten Zuges vor dem D 47 und diesem gebildet haben.

Die Auswertung des Indusistreifens bestätigte die Wahrnehmungen der Tfz=Personale hinsichtlich Schwingungen der Lok und ermöglichten eine Lokalisierung. Etwa 710 m vor Stillstandsanzeige wies die Schreibspur einen starken Zacken auf, der durch Seitenschläge bei km 39,3 entstanden sein mußte. Dort wurden auch die ersten Entgleisungsspuren gefunden.

Der Ablauf der Entgleisung ist im Gutachten rekonstruiert. Die Lok und die ersten fünf Wagen überwanden die Verformung des Gleises noch. Das nachlaufende Drehgestell des sechsten Wagens entgleiste vermutlich als erstes, und zwar in Fahrtrichtung nach links. Auf dem Schienenkopf der Bogeninnenschiene waren leichte Überlaufspuren sichtbar; Aufkletterspuren fehlten. Dem Befund nach müssen die bogeninneren Räder 6,5 m keine Schienen- oder Bodenberührung gehabt haben. Kurz nach den Überlaufspuren

Luftaufnahme von der Entgleisungsstelle des D 47 am 5.6.1970 im Gesamtüberblick, vorn Wagen 5-8
<freigegeben durch Präs.d. Nds.Verw.bezirks Oldenburg am 25.11.77, Nr. 430/1>

fanden sich bei km 39,283 auf den Holzschwellen 30 cm innerhalb der Bogenaußenschiene als erste Spur zwei dicht nebeneinander liegende Kerben. Kerben auf den anschließenden Schwellen zeigten, daß dort 10 - 12 weitere Radsätze aus den Schienen gesprungen waren, wodurch das Gleis so zerstört wurde, daß unmittelbar darauf alle Wagen hinter dem sechsten Wagen entgleisten.
Die auf dem Indusistreifen verzeichnete Wirkung der Schnellbremsung läßt die Zugtrennung - Reißen der Bremsschläuche - spätestens bei km 39,9 annehmen. Als sich hier die letzten drei Wagen vom Zugverband lösten, betrug die Geschwindigkeit immer noch 153,5 km/h. Nach 155 m kamen diese Wagen (9, 10 und 11) zum Stillstand, die Wagen 6, 7 und 8 wurden weiter mitgerissen, wobei sich das nachlaufende Drehgestell von Wagen 6 an Weiche 34 im Gegengleis wieder eingleiste. Flachkreuzung I lenkte die Drehgestelle der Wagen 7 und 8 ebenfalls in den Bereich des Gegengleises, Weiche 35 dagegen die schon vorher abgerissenen Gestelle von Wagen 8 nach rechts, dessen Wagenkasten, von Wagen 7 gezogen, nach links umstürzte, bei km 39,71 mit dem Dach einen Fahrleitungsmast knickte und nahe km 38,80 zu liegen kam. Das vordere Drehgestell von Wagen 6 und beide Drehgestelle von Wagen 5 müssen die Flachkreuzung I noch einwandfrei durchlaufen haben und erst infolge der Schiefstellung von Wagen 6 in Weiche 37 entgleist sein.
5 Reisende (in Wagen 8) wurden getötet, 6 schwer und 35 leicht bzw. geringfügig verletzt. 867 m Oberbau, 7 Weichen, die Flachkreuzung, 1000 m Fahrleitung, Signalanlagen und die entgleisten sieben Wagen waren zum Teil schwer beschädigt. Die Summe der Sachschäden betrug etwa DM 900 000,--.
12.05 Uhr erfolgte die telefonische Verständigung der Polizei, und bis 12.30 Uhr waren alle erforderlichen Hilfsmaßnahmen angelaufen oder eingeleitet. Bereits 13.23 Uhr traf der ersten Hilfszug der DB ein. Zur Absperrung der Unfallstelle, um Belästigung durch Neugierige auszuschalten, wurde Bundeswehr angefordert, und in Absprache mit der StA konnte die Kripo noch am Unfalltag persönlichen Kontakt mit dem Gutachter aufnehmen.

2. Neue Erkenntnisse

Die Untersuchung der Entgleisungsursache brachte neue und wesentliche Erkenntnisse. Man war sich klar, daß hier die Annahme einer Gleisverwerfung infolge zu hoher Druckkräfte ausschied, da bei diesen Biegewellen von 12 bis 15 m Wellenlänge in entgegengesetzter Richtung entstünden, wogegen im vorliegenden Fall die Wellenlänge fast 60 m betrug. Die Bestätigung erbrachte das Aufschneiden des Unfallgleises. Dabei wurden k e i n e Gleisspannungen ermittelt. Auch in Kellmünz (C IV) nahm man eine Spannungsuntersuchung vor, aber in rd. 2 km Entfernung von der Entgleisungsstelle, über eine Woche nach dem Unfall und nachts, womit für die Entgleisungsursache gar nichts bewiesen werden konnte.

Zu Celle kam das BZA Minden im Bericht vom 6.7.1970 zu nachstehendem, vorläufigen Resultat:

"In Celle handelt es sich also offensichtlich um eine bislang nicht bekannte Erscheinungsform einer Gleisverformung. ...
Durch die Gegebenheiten des Oberbaues - Wechseln der Gleisüberhöhungen innerhalb eines Bogens mit gleichem Radius, Innenbogenweiche, dann Außenbogenweiche - wurden die Fahrzeuge in diesem Abschnitt offensichtlich zu Eigenschwingungen (Querschwingungen) angeregt. Anlaß hierzu gab vor allem der Radlenker der Bogenaußenschiene, der nach früheren im Rahmen des ORE=Ausschusses D 72 durchgeführten Untersuchungen einen besonders bei hohen Geschwindigkeiten starken Querruck verursacht, weil der Radlenker das bogenäußere Rad von der Bogenaußenschiene abzieht und das bogeninnere Rad die Führung des Radsatzes übernimmt (Rückenführung). ...
Der Grund dafür, daß das Gleis beim D 47 seitlich stark nachgab, läßt sich nur so erklären, daß die Fahrzeuge des Unglückzuges so große seitliche Kräfte auf das Gleis ausübten, daß dieses diesen Kräften in horizontaler Richtung nicht gewachsen war und seitlich unter den Fahrzeugachsen auswich.
Offensichtlich vergrößerten sich vorhandene kleinere Gleislagefehler unter der dynamischen Einwirkung des schnellfahrenden Zuges immer mehr, wodurch eine resonanzartige Aufschaukelung der Fahrzeugschwingungen eintrat. ...
Bekräftigt wird diese Ansicht dadurch, daß die Wellenlänge der Gleislagefehler der Wankfrequenz der Wagenkästen bei der Geschwindigkeit von 155 km/h entspricht.
Die Weiche 3 selbst veränderte vermutlich erst während der Verschiebung des Rampengleises 26 ihre Lage, so daß sich die seitliche Verschiebung des Weichenendes um 1 bis 5 cm als F o l g e der Verschiebungen des vorliegenden Gleises darstellt. Warum dieser Zustand auftreten konnte, ist derzeit nicht bekannt.
Eingehende Forschungen hierüber erscheinen notwendig."

Dieser bemerkenswert sachgerechte und offene Bericht lag 14 Tage vor Berufung des UA vor, so daß in dessen Aufgabenstellung auch die Klärung des im Schlußsatz des BZA=Berichtes als unbekannt Bezeichnetem einbezogen werden konnte: Exakte Prüfung der Wirkung dynamischer Kräfte auf das Gleis.

Darüber hinaus vermuteten die Experten im Fall Celle, daß die Ursache für das Unglück auf einem gut eingeschotterten und aus einheitlichen, neueren Profilen bestehenden Gleis nicht allein in der Folge zweier Bogenweichen, ungleicher Überhöhung, unzusammenhängender Arbeitsausführung und einer Nahtstelle zu suchen war, sondern auch in einer negativen Mitwirkung der Fahrzeuge. Zur Überprüfung dieses Komplexes hielt es der Gutachter für erforderlich, eine weitere, darauf spezialisierte Kapazität hinzuzuziehen. Die StA folgte der Anregung, und am 8.6.1970 wurde ein zweiter Gutachter berufen. Gemeinsam reichten beide Gutachter ihre unter wissenschaftlicher Assistenz weiterer Mitarbeiter verfaßte und ebenso umfang- wie lehrreiche Arbeit im April 1971 ein.

Übersichtlich gegliedert sind Vorgang und Aufgaben umrissen, und im gemeinsamen Hauptbericht Unfallhergang, -ursache und Schlußfolgerung zusammengefaßt. In den anschließenden Teilgutachten, und zwar I über Fahrzeuge und II über Oberbaufragen, sind sowohl die speziellen Probleme des Falles Celle als auch die Forschungsergebnisse

deutscher Institute einschließlich des BZA Minden und anderer Eisenbahnverwaltungen hinsichtlich Fahrzeuglauf und Gleisstabilität dargelegt. Die letzten vier des fast 90 Seiten umfassenden Schriftsatzes bringen ein Verzeichnis der benutzten Literatur.
Die Gründlichkeit der Untersuchung ist noch aus einer anderen Maßnahme ersichtlich. Zur Befragung der Reisenden und Zugbegleitpersonale einschließlich der Tf entwarfen die Gutachter differenzierte Fragebogen, die auch noch mit Hilfe der örtlichen Polizei zur Befragung von Zuginsassen an deren Wohnort dienten. Das Beispiel wäre besonders im Fall Kellmünz nachahmenswert gewesen, da dort Beobachtungen von Reisenden des nichtentgleisten Zugteiles durch die Weiterreise der nichtverletzten Personen auf die wenigen Verletzten beschränkt blieben.
Die unterschiedliche Intensität der Bemühungen zeigt sich ferner bei der Fahrzeuguntersuchung. Eine mögliche Unfallbeeinflussung durch Eigenarten der V=Lok 221 105 wurde in Kellmünz gar nicht ernstlich geprüft, und man begnügte sich mit der Feststellung, daß die an den Wagen vorgefundenen Schäden Unfallfolgen seien. In Celle wies man auch auf Konstruktionskriterien hin: Das Drehgestell Minden/Deutz 1950 - die Wagen der Unfälle Celle und Kellmünz waren damit ausgerüstet - sei als Starrahmengestell mit harter Achsfederung für Radentlastungen anfällig.[74] Beispielsweise würden schon statisch bei verwundener Gleislage die diagonal gegenüberliegenden Räder zusätzlich be- und entlastet, so beim Wechsel der Überhöhungen im Bogenein- und -auslauf. Ursprünglich sei die Drehgestelltype Minden/Deutz für Hg bis 120 km/h konstruiert worden, und in dem vorgesehenen Geschwindigkeitsbereich seien die dynamischen Reaktionen unbedenklich. Sie wüchsen jedoch im Quadrat der Geschwindigkeit, was bei einer Steigerung der v max von 120 km/h auf 160 km/h eine Zunahme von 78% bedeute. Hinzu käme, daß 1967 die zulässige unausgeglichene Querbeschleunigung in Krümmungen von 0,65 auf 0,85 m/sec^2, d.h. um 31% heraufgesetzt worden sei. Die also um das 2,33fache größeren auf das Drehgestell einwirkenden Kräfte bewirkten, daß diese häufig an den festen Anschlag am Wagenkasten schlügen, wodurch wiederum die Querfederung kurzgeschlossen sei und die horizontalen Querkräfte überproportional anstiegen. Als weitere Folge trügen die dadurch verstärkten Wankbewegungen des Wagenkastens zu Radbe- und entlastungen bei, die den Sicherheitsspielraum bei Gleislagefehlern stark einschränkten. So heißt es zur Entgleisung im Gutachten S. 8:

> *"Das Fehlen von deutlichen Aufkletterspuren an den Schienen beweist, daß nicht zu hohe Horizontalkräfte Y, sondern zu geringe Radbelastungen Q als Ursache für die Entgleisung anzusehen sind. Zu der oben beschriebenen ebenen Verschiebung des Gleises ist außerdem eine räumliche Verwindung gekommen, die die Radentlastung weiter verstärkt hat."*

Zur Frage nach dem möglichen Beitrag der 112 493-2 am Unfall Celle wurde ebenfalls Bemerkenswertes zusammengetragen. Diesen Abschnitt einleitend, weist das Gutachten daraufhin, daß die Ergebnisse von Messungen der von diesem Maschinentyp auf das Gleis ausgeübten Querkräfte noch nicht vorlägen und daher andere verwendet würden, die zwar keine genaue Beweisführung ergäben, aber zumindest die Größenordnung der hier ausgeübten Querkräfte erkennen ließen.[75]
Im Kern der Betrachtung steht die Gegenüberstellung des DB=Loktyps 112 mit einer ähnlichen Ellok der SBB. Die Schweizer Re 4/4 II hätte Radsätze mit einer Querfederung

in den Achslagerbuchsen. Beim Befahren von Gleisunstetigkeiten würde dadurch die entstehende Bewegung nur teilweise auf den Drehgestellrahmen übertragen, weil die Einzelachsfederung einen Teil abfinge. Die Vorzüge dieser Konstruktion lägen primär in der erheblichen Minderung der dynamischen Führungskräfte des Tfz, die denen von Maschinen niedrigeren Achsdrucks entsprächen.

Bei Lokomotiven vom Typ der 112 folge durch die in Querrichtung nahezu starre Lagerung der Achsen das Drehgestell jedem Seitenausschlag des Radsatzes. Hinzu kämen noch das Trägheitsmoment des Drehgestells um seine lotrechte Achse und die Querfederung beider Drehgestelle mit dem Brückenrahmen (= Wagenkasten), die bei der Lok 112 die Größe der dynamischen Führungskräfte im Verhältnis zur SBB=Maschine auch noch höben.

Der rechnerische Beweis für diese Angabe ist detailliert durchgeführt, dgl. die Wirkung der Querkräfte auf das Gleis, besonders auf das frisch überarbeitete, das ja erst nach einem bestimmten Lastwechsel seine volle Lagestabilität wieder erreicht. Aber weder Weichenkonstruktion noch Lok- und Wagenzustand seien entgleisungsursächlich gewesen. Als kritischer Punkt und eigentliche Entgleisungsstelle müsse der Übergang (Nahtstelle) vom gestopften zum unbearbeiteten Gleis angesehen werden, auch durch die Zackenmarkierung im Indusistreifen ausgewiesen.

Nachdem sich schon eine geringfügige Gleisverformung unter dem letzten Zug vor dem D 47 gebildet habe, entwickelte sich dann unter der dynamischen Einwirkung des D 47 die Gleisverschiebung mit Unfallfolge. Möglicherweise auch für Kellmünz passend, wird folgerichtig erklärt:

> *"Die Form der Gleisverschiebung unterscheidet sich nach Entstehungsursache und Erscheinungsform von der Gleisverdrückung und der Gleisverwerfung. Die Gleisverschiebung entsteht an der Stelle, an der senkrechte und waagrechte Kräfte mehrfach, ausgehend von einer Schwachstelle (Anfangsrichtungsfehler, zugleich Schwächung des Quer- und Längsverschiebewiderstandes nach Oberbauarbeiten) wirken.*
>
> *Die Anfangsamplitude, deren Wellenlänge durch die nachfolgenden hohen dynamischen Krafteinwirkungen auf das Gleis geprägt ist, wird progressiv größer und es kommt zu resonanzartigen Aufschaukelungen der Fahrzeugschwingungen. Ob etwa am Unfalltag eine nicht ganz stabile Gleislage ... durch die wechselnden Schienentemperaturen mit z.T. großen Tagesspannen bis 28°C begünstigt wurde, ist nachträglich nicht mehr feststellbar. Es sollen aber vorsorglich Untersuchungen darüber angestellt werden, um festzustellen, ob sich die Spannungsverhältnisse in Gleisen und Weichenfolgen im Laufe der Durcharbeitungen ändern."*

Daneben ergibt sich aber noch eine interessante Kombination. Außer Präzisierungen und Differenzierungen stellte der UA=Bericht noch fest, daß die zum Richten verwendete Maschine Typ Kershaw nach den damals geltenden Bestimmungen in dieser Form nicht hätte eingesetzt werden dürfen, weil sie eine motorisierte Schwungramme sei und keine Randverdichter besitze. Ferner wird im Bericht auf begonnene Verbesserungen am Lokomotivtyp 112 hingewiesen. Endziel, heißt es, sei die Schaffung einer völligen Neukonstruktion zur allgemeinen Verringerung der auf das Gleis wirkenden Fahrzeugkräfte. Entsprechende Entwicklungen bei Wagen seien ebenfalls eingeleitet.

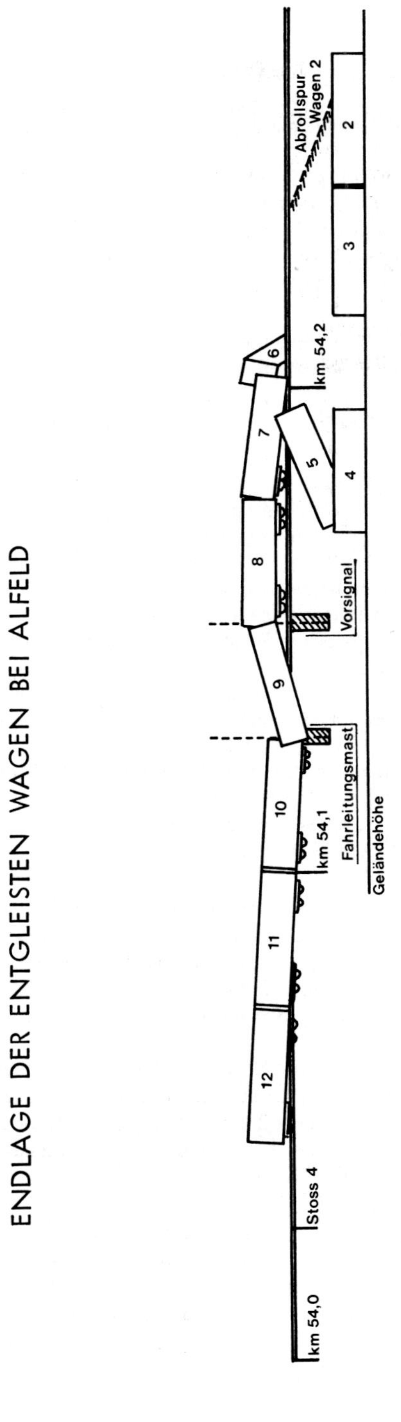

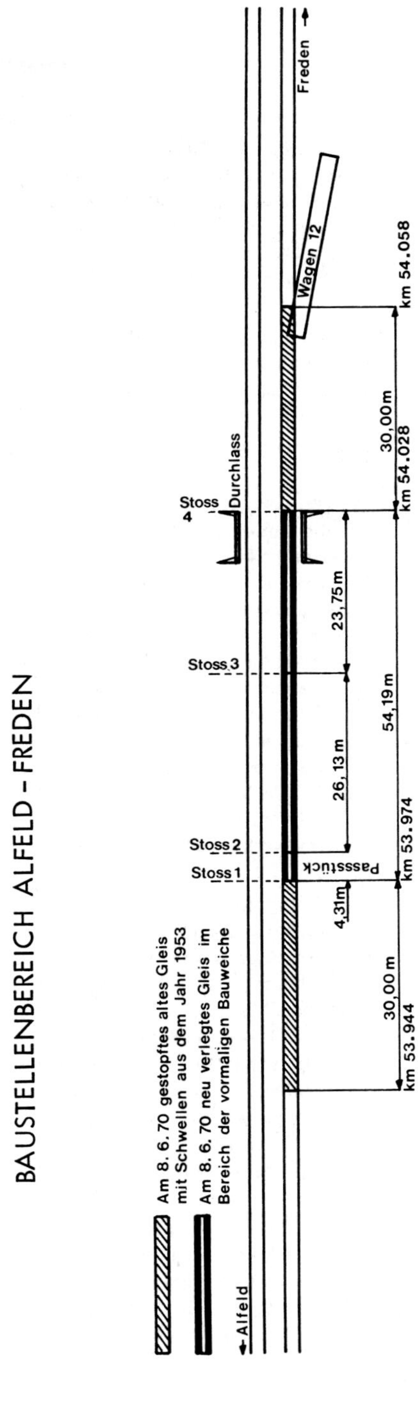

Zur Unfallstelle bei Alfeld mit Baustellenbereich Alfeld-Freden

Sachverhalt und Zitierungen, soweit nicht anders angegeben, aus Ermittlungsakt StA beim LG Lüneburg, Zweigstelle Celle, Az 41/16 Js 508/70.

Ergebnisbericht des UA für die Aufklärung der Entgleisung der D 47 im Bf Celle am 5.6.1970 und D 588 bei Alfeld am 8.6.1970. Erstattet im Auftrage der HVB v. 20.7.1970 - 47.473 Joe 224; u.erw.Ausg. v. 4.1.1973 über Versuchsfahrten m. Anlagenteil, nicht veröffentlichte, maschinengeschriebene Manuskripte.

Schreiben und Stellungnahmen div. DB=Dienststellen über die Unfälle: Etelsen, Kelsterbach, Alfeld, Celle, Kellmünz, z.T. den Gerichtsakten zu C II-IV entnommen, z.T. Antworten auf Anfragen.

71 Das zweimalige Kopfmachen (in Lehrte und Hannover Hbf) sollte bereits vor dem Ersten Weltkrieg durch den Neubau der Verbindungslinie Celle-Langenhagen-Hannover beendet werden. Der Kriegsausbruch verhinderte die Fertigstellung.

72 Änderungen der Hg nach Bauarbeiten s. S. 118, Anm. 70.

73 Die Bezeichnung Gleisverdrückung ist hier aus mehreren Gründen nicht korrekt. Da offenbar bei DB= Oberbaubeamten Unklarheit über Wesen und Definition von Gleisverformungen bestanden, wurden in den Mitteilungsblättern des BZA München, INFORMATION vom März und Juni 1975, Beispiele von *"Unfällen im Zusammenhang mit Oberbauarbeiten und dynamischer Gleisbeanspruchung"* gebracht, die Ursachen erläutert und Arten von Gleisverformungen definiert (hier in Kurzfassungen wiedergegeben):

A Gleisverdrückungen seien auf Wärmespannungen ohne Einleitung einer äußeren Kraft ... zurückzuführen und hätten Wellenlängen von 4 - 8 m mit Amplituden von 2 - 8 cm; der kritische Spannungsstau träte an Festpunkten im Gleis (Weichen, Bahnübergängen, Brücken usw.) auf. Gröbere Lagefehler bei schlechtem Untergrund, unterlassene Stoßlückenberichtigungen, herabgesetzte Rahmensteifheit und dgl. wären ebenfalls von Einfluß.

B Gleisverwerfungen entstünden unter dem fahrenden Zug, *"bevorzugt im Bereich der Abhebewelle"*. Die Verwerfungswellen hätten Längen von 8 - 23 m mit Amplituden bis max. 1 m.

C Gleisverschiebungen - Definition s. S. 128. Zusätzlich wird genannt: Bei Gleisschwachstellen und vermindertem Schotterwiderstand; Wellenlängen bis 58 m, Amplituden bis 80 m.

74 Zum Zusammenspiel von Drehgestellkonstruktionen, Gleislage und statischen bzw. dynamischen Momenten ist auch folgender Unfall interessant. Am **17.9.1969** entgleiste der siebte Wagen des D 50, Komet, in km 168,245 zwischen Bk **Cornberg** und Bf **Bebra** mit der ersten Achse des hinteren Drehgestelles in Fahrtrichtung nach rechts, ca. 510 m weiter mit der zweiten Achse und in der folgenden Einfahrtweiche der achte Wagen durch Ablenkung mit allen Achsen. Durch Ziehen der Notbremse kam der Zug ohne nennenswerte Folgen zum Halten.

Die Primärentgleisungsstelle lag in einem Linksbogen von r = 360 m, einer Neigung von 1:200 mit 130 mm Überhöhung und La von 50 km/h. Der Zug wurde wegen Signalstellung abgebremst und wieder beschleunigt, wodurch es zu Stauchungen und Zerrungen kam, die ein Kippmoment und Entlastung der Außenräder bewirkten. Die Konstruktion des Schlafwagens mit besonders weicher Federung der Drehgestelle München/Kassel und gangseitig rd. 4,6 t geringerer Belastung trug zur Entgleisung bei.

75 Eine Fußnote wies darauf hin, daß nach Fertigstellung des Gutachtens die ersten Meßergebnisse von Versuchsfahrten mit Maschinen der BR 112 die für das Gutachten durch Analogieschluß ermittelten Werte der maximalen Querkräfte überstiegen hätten. So schlingerte die 112 490-8 in der Südeinfahrtkurve Bf Celle mit Wellenlängen von 18 m (bei 160 km/h = 2,5 Hz), aber ohne nennenswerte Kräfte auf das Gleise auszuüben. Etwa 80 m vor Weiche 2 stiegen die Kräftesummen auf 12 Hz bei Verkürzung der Wellenlängen auf 3,7 m.

III. Alfeld (Str Hannover-Göttingen)

Entgleisung des D 588 am 8.6.1970 auf Arbeitsstelle
(1 T, 80 V)

1. Gleisarbeiten und Entgleisung

Drei Tage nach dem Eklat von Celle geriet die BD Hannover abermals in die Presseschlagzeilen - Leiferde/Meinersen einbezogen somit das dritte Mal im Zeitraum eines Jahres -, diesmal durch eine Entgleisung im Süden des Bezirks und wiederum im Zusammenhang mit Gleisarbeiten.
An der mit 240 werktäglichen Zugpaaren dicht belegten Strecke Hannover-Göttingen wurde der Oberbau gründlich überarbeitet, z.T. mit Gleis- und Schwellenerneuerung. Wegen Ausbau und Elektrifizierung der Entlastungsstrecke über Hameln-Altenbeken blieb keine andere Wahl, als in Etappen zeitweise eingleisigen Betrieb durchzuführen. Zur Überleitung der Züge vom gesperrten Arbeits- auf das Gegengleis standen hier Weichenverbindungen der Bahnhöfe Alfeld und Freden zur Verfügung. Die Entfernung beider Stationen mit 9 km war zu lang und hätte Stauungen bzw. Verspätungen begünstigt. Da schon 1967 die Gleisüberarbeitung von Alfeld bis km 53,921 erfolgt war, entschloß man sich vor Inangriffnahme der weiteren Umbauarbeiten im Februar 1970, den Abschnitt des zeitweise eingleisigen Betriebes durch eine Bauweichenverbindung bei km 54 zu verkürzen. Nach Beendigung der Arbeiten - es wurden zunächst altliegende Holzschwellen ausgewechselt - konnte in der Nacht vom 7./8. Juni die Bauweichenverbindung aufgegeben und der rd. 4 km lange vorübergehend gesperrte Nord-Süd=Strang wieder in Betrieb genommen werden.
Zum Ausbau der Weiche und Schließen der Lücke zwischen km 53,974 und 54,028 im Richtungsgleis Hannover-Göttingen war eine Sperrzeit von 2.55 Uhr bis 6.20 Uhr vorgesehen, die bis auf einige Minuten Differenz eingehalten wurde. Weil man sich aber im Februar bei Herstellung der Gleislücke zum Einbau der Weiche um 5 cm verrechnet hatte, die damals noch herausgeschnitten werden mußten, damit die Weiche paßte, verblieb nun nach Einfügen der vorhandenen, je über 20 m langen Gleisstücke eine Restlücke von wenigen Zentimetern. Gemäß Vorschrift ist der Einbau so kurzer Schienenstücke verboten. Daher wurde ein Schienenpaar gekürzt und ein auf 4,31 m zugeschnittenes Paßstück dazwischengesetzt. Die 54 m lange Stelle der Bauweiche schlossen folgedessen drei unterschiedlich bemessene Gleisstücke.
Dann mußte der für 5.30 Uhr vorgesehene Beginn der Maschinenstopfung verschoben werden, weil die Verfüllung des Gleises mit Schotter noch nicht abgeschlossen war, und schließlich unterblieb auch die Verschweißung der Schienenstöße. Wegen des starken Zugverkehrs an Werktagen ließen sich die unerledigten Arbeiten erst am folgenden Wochenende ausführen. Bis dahin sollten die an den Laschenverbindungen als kurzfristiges

oben: Linke Schiene mit Laschen von aufnehmendem Stoß 4
unten: Schraubzwingen an unversehrtem Stoß

Provisorium angebrachten Zwingen durch Schrauben ersetzt werden. Da aber die zur Bohrung der Bolzenlöcher zur Verfügung stehende Maschine bald ausfiel, vertauschte man lediglich an den nicht gebohrten Stößen die leichteren Zwingen mit schwereren und zog die Kontermuttern an. Die Vorschrift verlangt Verrödelung der beweglichen Teile der Schraubzwingen. Das ging nun auch nicht, weil es auf der Baustelle keinen Rödeldraht gab.
6.20 Uhr wurde das Gleis für 30 km/h befahrbar gemeldet. Eine Zugpause ermöglichte zwischen 6.40 und 7.15 Uhr das an sich für 5.30 Uhr vorgesehene Stopfen und Richten des Gleises. Es wurde in einem Arbeitsgang mit zwei Eingriffen 30 m über die eigentliche Baustelle hinaus gestopft und anschließend gerichtet. Dabei lagen die Gleistemperaturen mit 26/27°C unter dem zulässigen Wert von 35°C (Verspannungstemperaturen +15°C). Zum Schluß wurde die Höhenlage des Gleises mit einer Wasserwaage und die Richtungslage durch Augenschein geprüft und danach aufgeräumt.
Ab 9.00 Uhr durften die Züge mit 50 km/h und ab 12.00 Uhr wieder mit der hier zulässigen Hg von 125 km/h verkehren. Die unmittelbar darauffolgende Durchfahrt eines Zuges mit ca. 120 km/h wurde genau beobachtet und zeigte keine Laufmängel. Wie im Gutachten eingeräumt, ließen sich, neben dem Gleis stehend und den Zügen entgegenblickend, seitliche Stöße während der Fahrt bei Elloks am Schlagen des Stromabnehmers, vertikale Gleisunebenheiten an den Bewegungen der Achslager erkennen. Diese Praxis ist alt, aber von nur sehr bedingtem Wert. Zuverlässig sind nur Meßwagenaufzeichnungen.
D 588 Kiel-München wurde am 8.6.1970 geführt von Lok 110 278-9 und hatte ein Gesamtgewicht von 608t. Außer dem hinter der Maschine laufenden Postwagen entgleisten alle zehn Reisezug- sowie der Speisewagen, ein sogenannter Schürzenwagen der ehemaligen DR.
Mit Hilfe des Indusistreifens, der Entgleisungsspuren und verschiedener Zeugenaussagen war der Entgleisungsvorgang ziemlich genau zu rekonstruieren. Die Spitze der Lokomotive dürfte sich danach bei km 54,088 befunden haben, als das hintere Drehgestell von Wagen 2 unmittelbar nach dem nur mit Laschen und Schraubzwingen gesicherten Stoß 4 entgleiste. Die rechten vorderen Räder dieses Drehgestelles und des nachfolgenden Wagen 3 zeigten eine kurze, aber ausgeprägte Aufkletterspur, was darauf hindeutete, daß die Radsätze in einem Gleisknick hart anliefen und aufstiegen. Die Ausbildung des kritischen Gleisknicks wurde bei Stoß 4 unter Wagen 2 vermutet. Die während der Entgleisung auf das Gleis einwirkenden Längskräfte rissen es bei Stoß 4 in Fahrtrichtung auseinander, so daß die Drehgestelle von Wagen 5 und 6, deutlichen Eindrücken an den Spurkränzen nach, gegen die aufnehmenden Schienenköpfe von Stoß 4 stießen und dadurch die Gleislücke vergrößerten. Danach entgleisten die restlichen Wagen.
Trotz der durch die Entgleisung verursachten Zerrungen kam es erst zur Zugtrennung, als das vordere Drehgestell von Wagen 5 gegen den Sockel eines Selbstblockvorsignals stieß. Die Zugspitze hatte etwa km 54,278 erreicht, Wagen 2 etwa km 54,235, wo sich auf der Böschung der Anfang einer Abrollspur zeigte. Der Indusistreifen wies nach, daß sich die Fahrgeschwindigkeit auf ca. 102 km/h reduziert hatte.
Nachdem es zwischen Wagen 1 und 2 zur ersten Trennung des Zugverbandes gekommen war, rissen sich in der anschließenden Phase der Entgleisung weitere Wagen los. Wagen 2 kam seitlich des Bahndammes auf der linken Seite, Wagen 3 auf der rechten

Die Entgleissungsstelle des D 588 am 8.6.1970, Blick in Fahrtrichtung; **oben**: vorn getrennter Stoß 4
unten: der völlig verrissene Gleiskörper

Seite zu liegen. Da das vorn laufende Drehgestell von Wagen 4 ähnliche Verformungen des vorderen Querträgers wie das von Wagen 5 hatte, wurde angenommen, daß es ebenfalls gegen das Vorsignalfundament oder gegen das 18 m vorher stehende Fundament von Fahrleitungsmast 544 gestoßen war. Die Stirnseite dieses Wagens wies auch Beschädigungen auf, entstanden durch den Anprall an Fahrleitungsmast 544, der dabei abgeknickt wurde. Einen der Isolatoren fand man im Seitengang von Wagen 5.

Das beim Stoß gegen den Sockel vom Mast oder Signal abgerissene Drehgestell von Wagen 4 schleuderte in die Wiese und erschlug einen seitlich des Bahndamms radelnden Jungen, das einzige Todesopfer dieses Unglücks. Besonders tragisch mutet es an, daß der im nahen Gut wohnende 13jährige Schüler nur zum Bahnhof Freden wollte, um dort Aufnahmen für einen Eisenbahn=Fotowettbewerb zu machen. Ansonsten hatte das Unglück außer hohem Sachschaden nur Verletzungen zur Folge, weil die entgleisten Wagen sich nicht verkeilten oder hart anliefen wie im Fall Leiferde/Meinersen gegen einen Brückenträger. Lokomotive mit Wagen 1 kam nach etwa 400 m und einem Gesamtbremsweg von 590 m bei km 54,678 unbeschädigt zum Stillstand.

Der Tf des D 588 sagte aus, bei km 54 sei der Lauf der Lok unruhig geworden, und er habe ein starkes Zerren bemerkt. Die Postschaffner im Wagen 1 machten mit geringfügigen Abweichungen in der zeitlichen Einordnung folgende Angaben: Starkes Schleudern, Rucke, ein Schlag, der einem Aufprallgeräusch ähnelte, dann das Gefühl, als ob sich der Wagen nach hinten höbe. Die Schwingungen und Rucke, evtl. vom entgleisenden Zugteil verstärkt, waren so heftig, daß im Postwagen alles durcheinandergeworfen wurde. Der sich seinen Angaben nach gerade in Wagen 9 aufhaltende Zf bemerkte eine Staubwolke, ferner hatte er den Eindruck, daß Schottersteine gegen den Wagenboden flogen und der Wagen führerlos wurde.

Die Entgleisungsstelle des D 588, Blick gegen die Fahrtrichtung

Die Entgleisung ereignete sich gegen 16.23 Uhr. Bf Alfeld, den D 588 lt. Zugmeldebuch 16.21 Uhr (Plan 16.19 Uhr) durchfahren hatte, erhielt die Unfallmeldung 16.27 Uhr, die Kripowache Hildesheim 16.34 Uhr. Umständebedingt erreichten die Polizeibeamten erst 17.50 Uhr den Unfallort und waren bis nachts 1.30 Uhr im Einsatz.[76] Der von der StA beim LG Hildesheim verständigte neutrale Wissenschaftler, identisch mit dem Gutachter 1 zu Celle, war ab 21.10 Uhr anwesend.
Der DB war vor allem daran gelegen, die Strecke baldmöglichst wieder in Betrieb zu bekommen. Dauerte es doch ohnehin fast eine Woche, bis sich der Nord-Süd Güterverkehr im Raum Hannover normalisierte. Die Gleise blockierenden Wagen wurden nach Freigabe durch die StA mit Hilfe von Winden in die Wiese gezogen und die Strecke eiligst wieder hergerichtet. Der Süd-Nord=Strang war am 9.6. ab ca. 6.10 Uhr, der Nord-Süd=Strang am gleichen Tag abends mit La wieder befahrbar.

2. Unfallursache und Schuldfrage

Das oberbautechnische Gutachten lag im Februar 1971 vor. Es stellte zunächst einmal klar, daß die starken Gleisdeformationen in Fahrtrichtung gesehen südlich des Durchlasses von den entgleisenden Fahrzeugen herrührten, die Entgleisung auf dem Umbaustück eingeleitet worden war. Hier ergab eine Vermessung des Gleises nach dem Unfall Verformungen, ohne daß Entgleisungsspuren zu finden waren. Der Gutachter führte diese Verformungen auf Querschwingungen der Fahrzeuge zurück, ausgelöst im Paßstückbereich, wo auch die erste größere Querverschiebung auftrat. Das Paßstück selbst zeigte sich aus der Gleisachse gedreht; in der Mitte des Baustellenbereiches erreichte die Seitenverschiebung einen Wert von fast 8 cm.
Die Hochdruckwetterlage am Unfalltag ergab Lufttemperaturen zwischen 26 - 30°C. Der Gutachter errechnete eine Schienenhöchsttemperatur von wahrscheinlich 50°C. Er argumentierte, die verlegten Stoßlücken hätten sich bereits bei 35°C geschlossen und sich danach im Gleis starke Druckkräfte gebildet, im Paßstückbereich solche von mindestens 45 Mp. Jedoch unterlägen die Druckkräfte in Längsrichtung des Gleises starken Veränderungen. Darüber fahrende Züge versetzten das Gleis in Schwingungen, wodurch sich die Spitzen und Senken des Kraftverlaufes abflachten, und sich dadurch wiederum die Druckkraft im Paßstückbereich zur Unfallzeit auf möglicherweise 60 Mp vergrößert habe.
Da die Querschnitte der Schienenenden am Paßstück und des angrenzenden Gleises mit dem Schneidbrenner bearbeitet worden seien, was Unebenheiten auf den Stoßflächen zur Folge hätte, übertrügen sich die Druckkräfte nicht gleichmäßig auf die gesamte Querschnittfläche, sondern nur an den Berührungspunkten. So griffen die Längskräfte statt in der Symmetrieachse der Profile außermittig an. Eine genaue Bestimmung dieser Exzentrizität wäre zwar nicht möglich, aber zweifellos habe sie die Verdrehung des Paßstückes bewirkt, und die dazu nötige Kraft müsse nicht einmal übermäßig groß gewesen

sein. Nach Ansicht des Gutachters war das für die hier verantwortliche Bauleitung nicht vorhersehbar.
Durch den Lagefehler des Paßstückes gerieten die Wagen des D 588 in Schlingerbewegungen, unter denen das noch nicht verfestigte Gleis seitlich nachgab und wellenförmig in Längen bis knapp 40 m auswich, unstetig und mit Knicken an den Stößen, den stärksten wahrscheinlich bei Stoß 4, wo dann die Räder aufkletterten und wie geschildert entgleisten. Begünstigt wurde der Unfall durch die vorzeitige Freigabe der zulässigen Strekken=Hg.
In der Beweisführung ging der Gutachter auch auf Paßstückmindestlängen ein und konstatierte, dieses sei für eine stabile Lage zu kurz gewesen, selbst wenn die Vorschriften während einer *"Umbauzeit"* Paßstücke von 3 m Länge gestatteten. Der Begriff "Umbauzeit" könne hier noch gelten, da ja beabsichtigt war, die Verschweißung baldmöglichst nachzuholen, wodurch das kurze Schienenstück Teil eines langen, durchgehend geschweißten Gleises geworden wäre.
Ein schuldhaftes Verhalten der am Umbau beteiligten DB=Bediensteten und Firmenangehörigen verneinte der Gutachter, weil die Problematik bei Paßstücken geringer Länge in keiner DB=Vorschrift behandelt würde. Zwar hätten die an der Arbeitsausführung Beteiligten gegen einige Vorschriften verstoßen, aber von *"Schluderei"* oder schlechter Arbeit könne keine Rede sein. Letztlich müsse das Fehlverhalten auf den Mangel an *"eindeutige Anweisungen in den technischen Dienstvorschriften"* zurückgeführt werden.
Die StA Hildesheim folgte diesen Auslegungen und stellte am 9.3.1971 mit kurzer Begründung das Verfahren ein. Überdies war der für die Arbeiten in Alfeld unmittelbar Verantwortliche, ein techn. BOI, wie Lokalzeitungen meldeten, am 24.7.1970 vom Zug überfahren worden. Er konnte also ohnehin nicht mehr zur Rechenschaft gezogen werden.

Damit könnte es sein Bewenden haben. Nur ist der Auffassung des Gutachters, soweit sie das Verhalten der oder des Bauverantwortlichen betrifft, in einigen Punkten nicht unbedingt zuzustimmen. Die Qualität der Arbeitsausführung mag nicht zu beanstanden gewesen sein; keine Meinungsverschiedenheit kann es auch hinsichtlich des Dilemmas unzulänglicher und widersprüchlicher Vorschriften auf der einen und der durch Zeitdruck geschaffenen Situation auf der anderen Seite geben. Wenn die Vorschrift jedoch gestattete

> *"... Während der Umbauzeit können Paßschienen von mindestens 3 m Länge verwendet werden",*

bleibt die Frage, ob im Falle Alfeld die großzügige Auslegung des Begriffes "Umbauzeit" berechtigt war. Mangels eindeutiger Definition in den Vorschriften ist das nicht beweisbar. Da aber der 8.6.ein Montag war, hätte das Gleisprovisorium den dort sehr starken Verkehr der ganzen Woche aushalten müssen! Lediglich die Verrödelung sollte am folgenden Tag nachgeholt werden.
Zur Beurteilung des Verhaltens des Bauverantwortlichen ist ferner wesentlich - wie auch im Gutachten betont -, daß die spezielle Situation in den damals gültigen Vorschriften keinen direkt anwendbaren Passus enthielt. Betr. Fahrgeschwindigkeit bei Notlaschenverbindungen - und das war ja hier der Fall - lautete die Az Obv 42 (13):

> *"Die Enden der Langschienen sind durch Behelfsstöße miteinander zu verbinden. Behelfsstöße mit Notlaschenverbindungen dürfen mit voller Geschwindigkeit be-*

fahren werden, wenn die Schraubzwingen gegen Lösen gesichert sind und das Gleis einwandfrei gerichtet und verfüllt ist."

Aber es fehlt eine exakte Ausführungsbestimmung oder der Hinweis auf die Bestimmungen des Az Obv 37, die sich mit Fahrgeschwindigkeiten bei Schienenbrüchen bzw. mit Paßstücken befassen. Daß die DB derartigen Vorkommnissen besondere Aufmerksamkeit zumaß, beweist ein gesondertes Merkblatt, das Beispiele mit genauen Anweisungen bringt. Sie passen zwar nicht direkt für Alfeld, aber sinngemäß ist ihnen zu entnehmen, daß die Bm bei schwebenden Stößen mit Notlaschenverbindungen die Geschwindigkeit nach Ermessen festsetzen kann, und daß die volle Hg nur nach Einbau von Paßstücken über vier Schwellenfächer und mit ruhenden Stößen erlaubt gewesen wäre.[77]

Das dürfte nun für bautechnische Beamte des gehobenen Dienstes kein Problem darstellen, wie etwa die Spannungsverhältnisse im Gleis. Hier war die Sachlage eindeutig, und zudem hätte ihnen klar sein müssen, daß es ein Unterschied ist, ob bei einem eingefahrenen Gleis ein kurzes Stück provisorisch überbrückt wird, oder ob das Paßstück Teil eines längeren, neu verlegten Gleises verschiedener Stabilität wird: Bis km 53,9 lagen Schienen mit Profil S 54, danach S 49. Vom altliegenden Gleis wurden 30 m ab km 53,944 am 8.6. mitgestopft, und in km 53,974 begann die 54,19 m lange eigentliche Arbeitsstelle, die drei Gleisstücke von 4,31 m, 26,13 m und 23,75 m Länge und vier nur behelfsmäßig gesicherte schwebende Stöße erhielt.

Korrekt und sicher wäre gewesen, wie der Gutachter ausführte, durch Vergrößerung der Gleislücke den Einbau eines längeren Paßstückes zu ermöglichen, die Stöße zu sägen, sie auf Schwellen zu legen und durch angeschraubte Laschen zu sichern. Zeitmangel und das Zusammentreffen widriger Umstände erklären, warum das nicht geschah, aber sie erklären nicht, warum die Bm die zulässige Hg freigab. Denn ein Gleis muß ja nicht nur die Plangeschwindigkeit betriebssicher aufnehmen können, sondern in bestimmten Grenzen auch mögliche Überschreitungen. Wenn die Bm dem durch Beschränkung der Hg auf etwa 90 km/h nicht von sich aus vorbeugen wollte, wäre es angebracht gewesen, die vorgesetzte Dienststelle der BD darum anzugehen. Daher muß abschließend festgestellt werden: Die Entgleisungsursache wurde geklärt - die Schuldfrage nicht.

Sachverhalt und Zitierungen, soweit nicht anders angegeben, aus Gerichtsakt Sta beim LG Hildesheim, Az 11 Js 707/70.

76 Für den Einsatz von insgesamt 28 Beamten an vier Tagen wurde DM 328,30 in Rechnung gestellt.

77 Die 1970 gültige Az Obv 37 änderte man hinsichtlich Paßstücken dahingehend, daß für deren Länge statt bisher über vier 15 - 16 Schwellenfächer bei Hauptbahnen und 8 - 10 Schwellenfächer bei Nebenbahnen vorgeschrieben wurde; Begrenzung der Fahrgeschwindigkeit je nach Schienenart und Krümmung.
DV 820/III (18): Hg nach 2. Stopfgang höchstens 70 km/h (in Alfeld wurde nur einmal gestopft)
Az Obv 37 (11): Betr. zulässige Hg bei Notlaschenverbindungen erhielt neben Ausführunghinweisen den Vermerk: bei Schienen S 49 bis 90 km/h.

IV. Kellmünz (Str Ulm-Memmingen)

Entgleisung des D 1013 am 18.5.1971 im Zusammenhang mit Gleisarbeiten
(5 T, 46 V)

1. Gleislage, Routinearbeiten und Entgleisung

Obwohl sich die Kellmünzer Entgleisung nach Aitrang ereignete, ist sie wegen des Zusammenhanges mit Celle und Alfeld vorgezogen. Zunächst die zum Verständnis des Unglücks nötige Besonderheit der Bahnhofslage Kellmünz: Das einzige größere Geländehindernis bildete für die parallel zur Iller anzulegende Bahntrasse Memmingen-Neu Ulm der Ausläufer eines Höhenzuges, der hier bis zum Fluß reicht und entweder Brückenbau zur württembergischen Seite des Illertales oder verlorene Neigungen erforderte. Aus mehreren Gründen entschied man sich für letzteres. Die Strecke hat also nördlich und südlich von Bf Kellmünz Rampen vom Illertal herauf bzw. hinunter.
Als beim Bau der Autobahn Ulm-Memmingen-Kempten, die nördlich von Kellmünz die Iller quert, auch eine Verlegung der Bahntrasse nötig wurde, leitete man ab nördlicher Bahnhofsausfahrt die Strecke westlich der alten Trasse auf einem neu angelegten Damm über die Autobahn hinweg und erst danach zur Talsohle hinab.
Das bei km 51,681 (lt. Kripo 51,685) beginnende Neubaustück, mit Schienenprofilen S 54 lückenlos verschweißt, wurde am 23.10.1970 dem Verkehr übergeben. Der Schotter der alten Trasse war in Bahnhofsnähe noch nicht beseitigt dgl. der Betonsockel eines ehemals hier stehenden Signals. Vor dem Neubaustück führte die Strecke, ebenfalls durchgehend verschweißt, zur Unfallzeit ab EG Kellmünz - Angaben stets Ri Ulm bezogen - bei km 51,353 mit einem 200 m langen Übergangsbogen in eine Rechtskurve. In diesem Bogen lag die einfache Weiche 18 von km 51,545 bis km 51,609 und danach die Innenbogenweiche 21 bis km 51,664. Im Durchfahrhauptgleis (Nr. 3) passierten die Züge Weiche 18 im krummen und Weiche 21 im bogenäußeren Strang, beide stumpf.
Auch die Schienen der Weichen hatten Profile S 54 und lagen auf Bongossi=Schwellen. Der Bogenwechsel von r=1200 m auf r=1440 m befand sich am Ende von Weiche 21 und bei km 51,620, also noch im Bereich von Weiche 21, ein geringfügiger Neigungswechsel. Zwischen den Profilen S 54 der Weichen und des Neubaustückes war ein ca. 14 m langes Schienenstück S 49 eingefügt. Parallelen in der Weichenanordnung zu Celle sind unverkennbar. Ungenauigkeiten bei Maßangaben dort werden jedoch in Kellmünz erheblich übertroffen.
Vermutlich begann das Neubaustück beim km 51,681. Wieso aber kam der Kripo=Beamte, der an sich sehr präzise Beobachtungen und Aussagen machte, auf km 51,685? Diese kleine Differenz blieb ungeklärt, und so heißt es in der Urteilsbegründung:

> *"Etwa 16 bis 20 m nördlich der Weiche, bei km 51,681, beginnt die Neubaustrecke..."*

Nimmt man diese Formulierung wörtlich, lagen Weichenende und Bogenwechsel entweder in km 51,665 o d e r 51,661.
Auch beim Bogenhalbmesser finden sich Ungenauigkeiten, die nicht geklärt wurden. Die Urteilsbegründung formulierte *"im Anschluß an km 51,681"* habe die Neubaustrecke Radien von 1153 bis 1440 m gehabt. Gemäß dem den Akten beigefügten Lageplan hatte Gleis 3 vor dem Bogenwechsel im altliegenden Gleis einen Radius von 1153 m, nach km 51,681 1440 m.

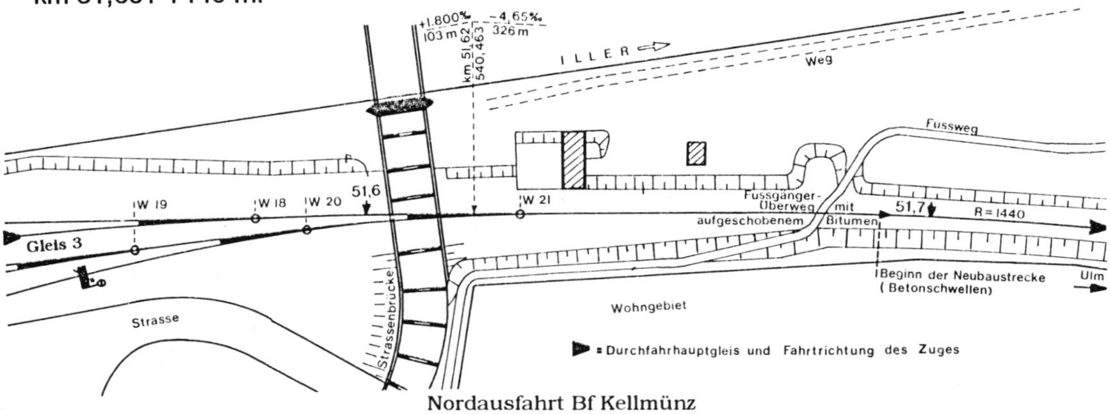

Nordausfahrt Bf Kellmünz

Unklar sind auch die Angaben über das Zwischenstück S 49. Seine Länge wird mehrfach mit 14 m angegeben. Die Entfernung Weichenende-Neubaustück betrug aber 17 m (oder 18 m?). Das hätte genau geklärt werden müssen, da in diesem Fall auch 3-4 m im Entgleisungsbereich von Einfluß für die Aufklärung gewesen wären.
Die Überhöhung des Außenstranges im Weichenbereich betrug 95 mm, die zulässige Hg 140 km/h. Rechnerisch wäre trotz des Überhöhungsfehlbetrages von 45 mm eine Hg von 148 km/h zulässig gewesen.
Zur Beurteilung der lokalen Verhältnisse ist noch auf die fast 10 m breite und rd. 6 m hohe Straßenbrücke über dem Weichenbereich 21 hinzuweisen sowie auf die Bitumendecke eines Fußgängerüberweges, der die Schienen im Übergangsbogen berührte.[78]
Die Weichen 18 und 21 - 1963 eingebaut - zeigten gemäß Weichenprüfblatt bis 1969 keine *"vorgefundenen Mängel"*. Im April 1969 festgestellte Abweichungen von den Sollmaßen boten keinen Grund für eine vorzeitige Überarbeitung, die erst 1972 fällig war. Zum 10.5.1971 haben beide Weichen einen Mängeleintrag: Weiche 18 *"Herzstück ausgebrochen"* und Weiche 21 *"Herzstück leichte Ausbrüche"*. Das aber war den Aussagen der für die Strecke Verantwortlichen nach nicht betriebsgefährdend, ebenso wenig die glänzenden Stellen [79] an Gleis 3.
Da die Weichen 18 und 21 stark beansprucht wurden, und andere Weichen des Bahnhofs ohnehin zur Überarbeitung anstanden, entschloß sich der Bm=Vorsteher mit der Durcharbeitung der nördlichen Ausfahrt Kellmünz doch nicht bis zur Fälligkeit zu warten, sondern diese schon 1971 vornehmen zu lassen. Er beauftragte einen seiner Werkmeister (OWm), die Vorarbeiten zum Einsatz von Gleisstopfmaschinen zu erledigen. Hierzu gehörten u.a. Kleineisenbehandlung, Regulierung der Spurweite durch Ausrichten der Schwellen, Verschlagen genannt. Um die Schwellen mit einer Handramme verrücken zu

können, mußten die Schwellenfächer ausgeräumt und gelüftet, d.h. die Befestigungsschrauben gelockert werden. Danach wurden sie wieder ohne zusätzliche Stopfung verfüllt.[80]
Die Verfüllung der Schwellenfächer gab zu Beanstandungen ebenso Anlaß wie das Ausmaß der Schwellenverschiebung, die ohne Schwellenverlegeplan üblicherweise nur bis zu 10 cm seitlich vorgenommen werden darf. Bei den Arbeiten an Weiche 18 am Vortag des Unfalles blieb die Rotte unter diesem Maß, hingegen ließ OWm am Unfalltag bis zu 17,5 cm an Weiche 21 verschlagen. Der Schienenfuß, wo sich der alte Eindruck der Schienenbefestigung abzeichnete, zeigte das genau.

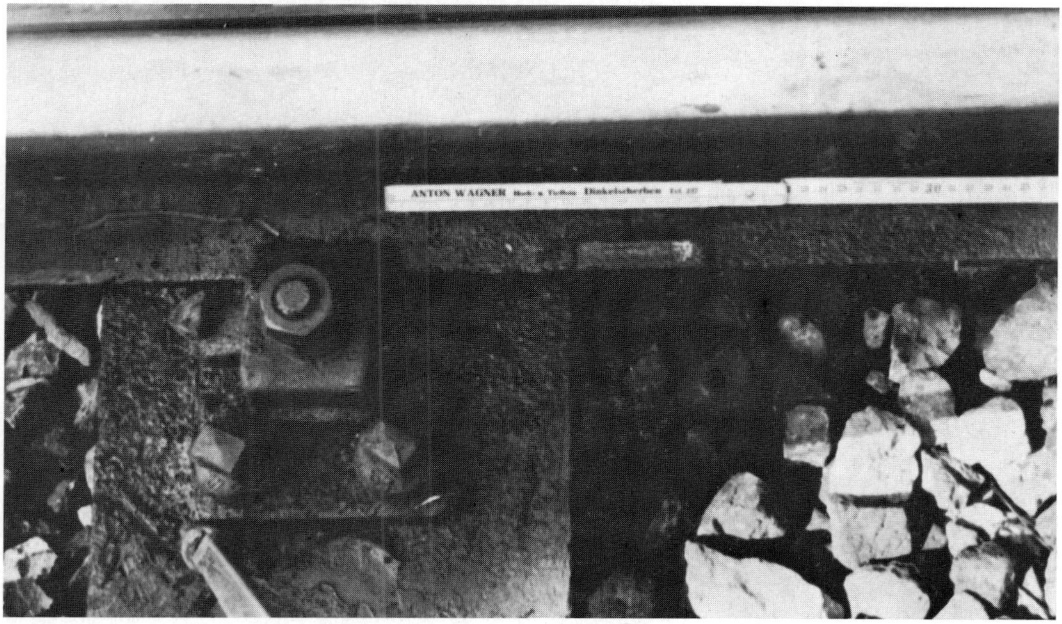

Verschlagene Schwelle an Weiche 21

Der vom Bm=Vorsteher am 11.5. erteilte Arbeitsauftrag sah das nicht vor, weil Spurmessungen am 10.5. Toleranzen von +/- 3 mm ergeben hatten, die ohne oder nur mit geringfügigem Verschlagen der Schwellen beseitigt werden konnten. OWm wiederum verteidigte seinen Entschluß mit Messungen am Unfalltag, die Toleranzen von -5 bis +6 mm nachgewiesen hätten. Auf Befragen bestritt der Bm=Vorsteher diese Angaben von OWm nicht grundsätzlich und erklärte die Differenzen durch Messungen an verschiedenen Schwellen. Vermutlich habe er an anderen Schwellen gemessen als OWm.
So ließ dieser am 18.5., nachdem von 6.45 bis 9.00 Uhr zwölf Schwellenfächer bis zur Unterkante ausgeräumt worden waren, ab 9.30 Uhr lüften und anschließend verschlagen. Dann wurden fünf neue Klemmplatten eingesetzt, die Befestigungsschrauben angezogen und die Schwellenfächer, ausgenommen vier im Zungenbereich, wieder bis zur Schwellenoberkante mit Schotter verfüllt. OWm legte noch neun Stück 1 mm=Beilagbleche zwischen Rippenplatten und Schiene, um die Toleranzen weiter zu verringern. 11.50 Uhr war auch diese Arbeit abgeschlossen, und die Rotte begab sich zu ihrem im Bahnhofsbereich abgestellten Aufenthaltsbus, wo sie Mittagspause machte.

oben und **Mitte**: Gleis bei Absturzstelle mit Wagen 10 / **unten**: die aufgerichteten Wagen 9 und 10

Während der Arbeiten an Weiche 21 passierten insgesamt 11 Züge die Baustelle ohne Geschwindigkeitsbeschränkung, da nur Routinearbeiten vorgenommen wurden, und nach Arbeitseinstellung gegen 12.25 Uhr E 2156 Ri Kempten ohne Halt mit 112 km/h, gezogen von einer V=Lok, Typ 215. Knapp eine halbe Stunde später kam es zur Entgleisung der letzten Wagen des D 1013.

D 1013, Oberstdorf-Dortmund, bestand am Unfalltag aus zehn Wagen = 40 Achsen = 388 t, von denen je 3 Büm, mit je 72 Sitzplätzen, am Zuganfang und -schluß liefen. Die übrigen Wagen - Numerierung von der Zugspitze her und ab Immenstadt - waren: Nr. 4 ABüm, 66 Sitzplätze; Nr. 5 Speisewagen WRüe; Nr. 6 Aüm, 60 Sitzplätze und Nr. 7 ein kombinierter Gepäck- und Reisewagen, 36 Sitzplätze 2. Klasse. Gezogen wurde D 1013 am Unfalltag von der V=Lok 221-105 (78 t) und beförderte ungefähr 160 Reisende.
Mit 130 km/h durchfuhr der Zug 12.53 Uhr Bf Kellmünz. Nach Passieren von Weiche 21 entgleisten die beiden letzten Wagen zunächst nach links, kippten dann aber entgegen der Fliehkraft nach rechts um und kamen ca. 650 m von der Entgleisungsstelle entfernt auf dem alten Bahndamm zu liegen. Der letzte Wagen, aus dem man fünf Getötete barg, wurde rechtsseitig vom Signalsockel aufgerissen; die Beschädigungen des vorletzten Wagens waren relativ gering.
Etwa 30 m hinter Wagen 10 lag dessen abgerissenes rückwärtiges Drehgestell, von dem angenommen wurde, die Entgleisung eingeleitet zu haben. Der nicht entgleiste Zugteil stand mit Zugspitze ca. 900 m vom Beginn des Neubaustückes und das Ende von Wagen 8 etwa 50 m von Wagen 9 entfernt. Die Zugtrennung dürfte erst kurz vor Stillstand erfolgt sein.
Tf hatte nur bemerkt, daß der Zug an Geschwindigkeit verlor.[81] In der Annahme einer Störung an der Maschine schaltete er die Leistung ab, wonach die Geschwindigkeit *"rapide"* sank. Daraufhin betätigte er sofort die Schnellbremse. Im Zug verspürte Zf, der sich gerade im Speisewagen aufhielt, nach Durchfahren von Kellmünz eine starke Erschütterung dgl. der gerade von der Zugspitze kommende Schaffner. Dieser blickte zum Fenster hinaus, bemerkte am Zugende eine Staubwolke und betätigte die Notbremse. Der Fahrladeschaffner im Gepäckraum bezeugte erst eine leichte, dann eine starke Erschütterung, die ihn zur Seite warf. Daraufhin zog er den Lufthahn. Ein pensionierter Eisenbahner, Insasse von Wagen 10, zog, nachdem ihm die Entgleisung bewußt geworden war, ebenfalls die Notbremse, die aber bereits blockierte.
An Aussagen von Reisenden sind bis auf zwei nur die aus Wagen 9 und 10 im Gerichtsakt enthalten. Sie stimmen ziemlich überein: Ruhiger Lauf des Zuges bis Kellmünz, dann Schlingern, ein Ruck oder Stoß, Dahinholpern und vor dem Stillstand Neigung und Umstürzen nach rechts. Ein Reisender sagte aus, es sei gewesen, als ob der Wagen plötzlich einen Sprung nach links gemacht hätte.
Aus den nicht entgleisten Wagen gaben zu Protokoll ein Reisender in Nr. 8: Zunehmendes Vibrieren, dann ein *"gewaltiger Ruck"*, wodurch er mit der Brust gegen das aufgeklappte Fenstertischchen geworfen wurde und sich Rippenprellungen zuzog; eine Zeugin in Wagen 6: Starkes Schütteln und Bremsen. Sie wurde durch herabfallende Koffer am Kopf verletzt. Eine Vernehmung der übrigen Insassen war nicht möglich, weil alle bis auf die Verletzten bald nach dem Unfall mit unbekanntem Ziel weiterfuhren und daher nicht mehr erreichbar waren.

Zf verständigte 12.56 Uhr telefonisch Fdl Kellmünz über den Unfall, beorderte Krankenwagen und Sperrung der Strecke. Danach beteiligte er sich mit den übrigen Zugbegleitpersonalen an den Hilfsmaßnahmen. Beamte der Kripo Memmingen trafen gegen 13.50 Uhr an der Unfallstelle ein. 14.30 Uhr rückte der nicht entgleiste Zugteil bis zum nächsten Bf (Altenstadt) vor. Dort wurde das Eintreffen eines Ersatzlokführers abgewartet, da der planmäßige Tf eines erlittenen Schocks wegen nicht mehr weiterfahren konnte.
16.53 Uhr setzte Rest=D 1013 die Fahrt mit normaler Geschwindigkeit fort. Dabei stellte sich heraus, daß der Speisewagen bei über 100 km/h stark schlingerte. Sicherheitshalber beschränkte Zf die Geschwindigkeit des Zuges bis Ulm Hbf auf 90 km/h und ließ hier den Speisewagen zur Untersuchung aussetzen. Als Ursache der Störung wurde ein Aufsitzen der Gleitstücke des Wagenkastens auf den Gleitpilzen ermittelt und als Unfallfolge bezeichnet, da sich der Schaden durch Nachstellen beheben ließ.

2. Ergebnisse der Ermittlungen und das Gutachten

Im ersten Ermittlungsbericht der Kripo vom 14.6.1971 sind abschließend fünf nach Meinung des Sachbearbeiters zu klärenden Fragen zusammengefaßt:

1. Zulässige Hg
2. Arbeitsweise der Rotte an Weiche 21
3. Temperaturen und daraus zu ziehende Konsequenzen;
4. Mögliche Anordnung einer Geschwindigkeitsbeschränkung während der Gleis arbeiten;
5. Unterschiedliche Qualität des Schotterbettes bis und ab Neubaustück.

Als Sachverständiger wurde Prof. Birmann - inzwischen beim BZA München tätig - vorgeschlagen, der persönlich an der Unfallstelle war. Warum dem weder StA noch Gericht stattgab, ist aus den Akten nicht ersichtlich. Es kann nur vermutet werden, daß jemand beauftragt werden sollte, der keinerlei offizielle Bindung zur DB hatte. Es war in mehrerer Hinsicht keine gute Entscheidung.

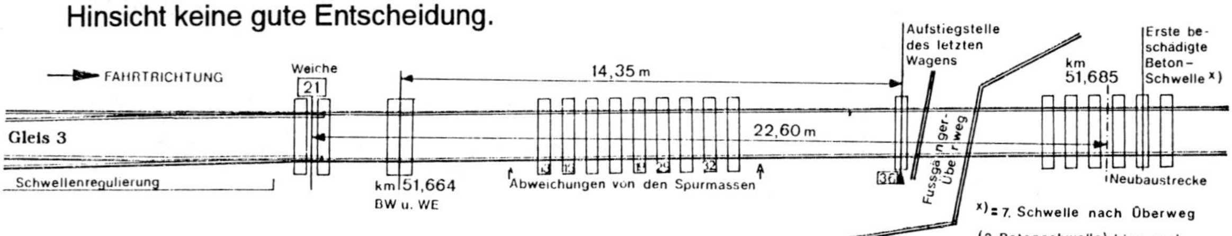

Entgleisungsstelle nach Kripo

Die Untersuchung des Gleises nach dem Unfall erbrachte folgende Hinweise: 14,35 m nördlich des Bogenwechsels bei Weiche 21, kurz vor dem Fußgängerüberweg entdeckte man innen eine Kratzspur, an der ein Rad, wie vermutet wurde des letzten Drehgestelles, aufstieg. 6,50 m weiter wies die zweite Betonschwelle eine Beschädigung auf. Anschließend zeigten sich sämtliche Schwellen und die Schienen von der Entgleisung mitgenommen. Auf die Verdrückung der Weiche 21 wurde man aufmerksam, weil die Stelldrähte am Führungskasten streiften. Die Verschiebung des Gleises in Fahrtrichtung nach links (Bogenaußen) erreichte am Bogenwechsel einen Wert von 12 cm, am Fußgängerüberweg 60 cm und bei der dritten und vierten Betonschwelle 75 cm. Die Sehne der Auslenkung betrug rd. 50 m. Der gerichtlich beauftragte Gutachter nahm eine Gleisverwerfung an mit Ausgangspunkt in Weiche 21.

> *"Dies ergibt sich aus den den Akten beigefügten Fotos sowie der hinter der Weiche 21 befindlichen Entgleisungsstelle."*

Bevor noch einmal auf die Fotos eingegangen wird, sei vorab eingefügt, daß die dem Gerichtsakt beigefügten nicht voll befriedigen und keine schlüssigen Folgerungen auf die Entgleisungsursache erlauben. Die den Herren der Polizei zur Verfügung stehenden Kameras dienen normalerweise und hauptsächlich den Aufnahmen von Autounfällen. So sind die Unfallbilder Kellmünz zwar deutlich, sie täuschen jedoch in den Distanzen und sind in der Gleisbildgesamtwiedergabe von mangelhafter Tiefenschärfe. Dann fehlen Ausschnittfotos des Gleises beim Fußgängerüberweg sowie Übersichtsbilder von der Straßenbrücke. Im Widerspruch zu der oben aus dem Gutachten zitierten glatten Folgerung steht selbst das Schreiben des Gutachters vom 11.9.1972 an den Vorsitzenden der 1. Strafkammer beim LG Memmingen, in dem nach weiteren Aufnahmen gefragt wird,

> *"... da die den Gerichtsakten beigefügten Fotos nur eine ungenügende Beurteilung der Verfüllung der Schwellenfächer mit Schotter zulassen, ...".*

Zwei Einschränkungen ähnlicher Art wiederholen sich im Gutachten, worin dargelegt wird (Seitenzahl in Klammern, Wiedergabe in Stichworten):

1. Allgemeines (5 Seiten): Grundsätzlichkeiten des Oberbaus; Überhöhung / Seitenbeschleunigung / zulässige Hg; Wärmespannungen / Gleisrost / Querverschiebewiderstand / Gleisverwerfung mit Hinweis auf Vorschriften zu deren Verhütung.
2. Arbeitsauftrag (1 Seite) mit Hinweis auf unterlassene Anforderung des Weichenverlegeplanes und gegebenenfalls La=Beantragung.
3. Arbeitsablauf (gut 2 Seiten): Zeitplan und Fehlhandlungen von OWm, durch welche der Querverschiebewiderstand herabgesetzt wurde.
4. Temperatur (2 Seiten): Für Unfalltag Luftwerte des Wetteramtes München. Schienenwerte, gemessen am Unfallfolgetag: 9 Uhr = 32°, 10 Uhr = 32/34°, 14 Uhr = 49°. Gemäß graph. Interpolation (Scheitelwert 14 Uhr) für 12.54 Uhr = 48°. Dazu Rüge an OWm betr. Fehlhandlung und Empfehlung, Schienentemperatur nach Unfällen stets feststellen zu lassen.
5. Unfallanalyse (gut 2 Seiten): Überwiegend Zusammenfassung bereits dargelegter Fakten.

Der Gutachter nähert sich in Punkt 5. hart den Grenzen wissenschaftlicher Neutralität:

> *"Herausgestellt sei, daß in diesem Zusammenhang die am 10.5.1971 durch den BmVst. ... bei der Weichenprüfung ermittelten Maße keine unzulässigen Abweichungen gegenüber den Sollmaßen zeigen (Bl 59). Die vorgenommene Spurberichtigung durch ein Verschlagen von Schwellen sowie Einlegen von Blechen, womit innerhalb der Weiche die Spur verändert wird, steht daher im Widerspruch zu den ermittelten Maßen bei der Weichenprüfung."*

oben: Blick in Fahrtrichtung von Weiche 21 auf Gleisdeformation
unten: Blick von Straßenbrücke auf neu hergerichtetes Gleis

Gerechterweise folgte das Gericht dieser Unterstellung nicht und akzeptierte, wie erwähnt, auch die von OWm gemessenen Toleranzen.
Prinzipiell ist dem Gutachter beizupflichten, wenn er OWm einen Mangel an Umsicht und verschiedene Verstöße gegen Dienstvorschriften vorwarf. Nun stellen sich aber bei fast allen Entgleisungen im Zusammenhang mit Gleisarbeiten Fehlhandlungen oder Verstöße heraus, und es kann nicht bestritten werden, daß die Gleisarbeiten häufig ihren Teil zum Unfall beitrugen. Die Ursache jedoch allein in ihnen zu sehen, bedarf des unabdingbaren Beweises, denn meist sind weitere Umstände, scheinbar nebensächlicher Art, vorhanden, deren Kausalität zumindest ausgeschaltet werden müßte. Im Gutachten zu Leiferde/Meinersen heißt es entsprechend:

> *"Wenn als Ursache für die Gleisverwerfung mehrere Fakten zusammengewirkt haben, kann nicht mit an Sicherheit grenzender Wahrscheinlichkeit ausgesagt werden, daß bei Ausscheiden eines Faktums nicht die restlichen ausgereicht hätten, um die Verwerfung auszulösen. Dies scheint mir in vorliegendem Falle umsomehr zu gelten, als entgegen meinen Erfahrungen die Verwerfung wahrscheinlich bereits unter dem vorletzten Wagen entstanden ist und nicht vor dem letzten Drehgestell des letzten Wagens."*

Der Gutachter zu Kellmünz nahm an, ohne allerdings mögliche weitere Begleitumstände in Betracht zu ziehen, daß die Verwerfung *"unter den letzten zwei bis drei Wagen des Zuges eintrat"*. Den Zeugenaussagen nach muß schon unter Wagen 5 ein spürbarer Gleisfehler vorhanden gewesen sein. Denn in Leiferde/Meinersen wurde in den nicht entgleisten Wagen nur ein Reißen oder Zerren wahrgenommen, das ein Schaffner in Wagen 6 nicht einmal als Grund für den Halt auf freier Strecke empfand. Ganz im Gegensatz dazu waren die Eindrücke im D 1036 bei den Zugbegleitpersonalen in Wagen 5 derart nachhaltig, daß sie sofort etwas Ungewöhnliches vermuteten und die Notbremse zogen.[82]
Dann fand ja der Gutachter zu Leiferde/Meinersen bereits das Ausknicken des Gleises unter dem vorletzten Wagen ungewöhnlich. Eine Gleisverformung unter dem fünften Wagen eines schnell fahrenden Zuges ließe daher auch die Möglichkeit einer Verformung ähnlich Celle zu. Jedenfalls bleibt auf Grund der dem Gutachter zur Verfügung stehenden Unterlagen und seinen Ausführungen nach alles bestenfalls Hypothese.
Der Versuch, durch Auswertung des Indusistreifens Rückschlüsse zu gewinnen, wie das in Alfeld und Celle geschah, wurde im Gutachten Kellmünz nicht unternommen.
Ein weiterer im Gutachten Kellmünz unberücksichtigter Fakt ist der Unterbau. Unabhängig von den Ergebnissen des UA betr. Nahtstellen und der entsprechenden Forderung nach Dichtemessungen wird im Gutachten Leiferde/Meinersen ein wichtiger Erfahrungssatz angeführt:

> *"Diskontinuitäten an Übergängen von einer Bodenart zur anderen können wegen ihrer unterschiedlichen Elastizität eine instabile Gleislage herbeiführen."*

Daß in Kellmünz am Nahtstück des alten Planums zur neuen Dämmung eine instabile Gleislage bestanden haben könnte, wurde gar nicht in Betracht gezogen. Doch genau dort befand sich der Scheitelpunkt der Auslenkung, der von Kapazitäten dieses Sachgebietes als der *"kritische Gleisfehler"* bezeichnet wird. Eine Gleisverwerfung in Kellmünz angenommen, muß der kritische Gleisfehler nun durchaus nicht genau an der dritten und

oben: Blick gegen Fahrtrichtung auf Weiche 21 und Straßenbrücke
unten: Blick in Fahrtrichtung auf Weiche 21 und Straßenbrücke

vierten Betonschwelle gewesen sein, nur weil hier nach dem Unfall die größte Auslenkung gemessen wurde. Er lag wahrscheinlich vorher, evtl. am Zusammenstoß der Profile S 49 und S 54 oder beim Fußgängerüberweg. Das widerspricht insofern nicht der wissenschaftlichen Lehre als beim Entgleisungsvorgang infolge Verwerfung ja nicht nur die Kräfte im Gleis wirken, sondern auch die der entgleisenden Fahrzeuge. Der Gutachter Leiferde/Meinersen formulierte wie folgt:

"Ebenso ist es durchaus möglich, daß die Endlage des Gleises nach der Verformung durch Dehnung noch durch die Stoßkräfte der entgleisten Fahrzeuge weiter geändert wurde." (bezieht sich auf d. Verschiebung des Scheitels in Stoßrichtung; d. Verf.)

Beachtung verdienen ferner im Polizeibericht vermerkte Feststellungen über das Schotterbett. Es fiel den Beamten auf, daß die Einschotterung und Verdichtung vor und an den Schwellenköpfen ab Neubaustück erheblich besser war als am altliegenden Gleis und Zwischenstück. Erst nach dem Unfall wurde das Altbaugleisstück der Qualität des Neubaustückes angeglichen, was den Polizeibeamten ebenfalls auffiel. Auch das zeigen die dem Gerichtsakt beigefügten Fotos nicht deutlich genug.

In mehrfacher Hinsicht sind sich Kellmünz und Celle - wie schon angedeutet - recht verwandt: Verformung des Gleises nach bogenaußen im Anschluß an Bogenweichen. Blieb die Länge der Welle in Kellmünz um 6 m unter der von Celle, gibt es dafür Erklärungen. Es kann die Folge von Unterschieden in Gleisart und -zustand oder Geschwindigkeit des Zuges sein. Das könnte ferner die Differenzen der Auslenkung Celle/Kellmünz im Weichen- und Gleisbereich erklären. Davon ausgehend, wäre eine Verwerfung in Kellmünz genau wie in Celle auszuschließen. Ein weiteres Argument für diese Annahme wäre, daß die Wellenlänge einer Verwerfung nur 8 - 23 m betragen soll.

Wie durch Versuche nachgewiesen, verhalten sich Schienen verschiedener Elastizität, Liegedauer oder Festigkeit bei Aufheizung unterschiedlich. So hat die Verbindung stärkerer und neuerer mit schwächeren und älteren Profilen, insbesondere in Übergangsbögen und an Planumnahtstellen, Risiken, auch wenn dies die Vorschriften noch nicht berücksichtigten. Das Hauptgutachten Kellmünz geht darauf im Gegensatz zu den Gutachten Celle und Leiferde/Meinersen nicht ein.

Von Bedeutung sind noch nachstehende Sätze aus einer, allerdings erst 1974 veröffentlichten, wissenschaftlichen Abhandlung über Lagestabilität des Gleises bei hohen Geschwindigkeiten:

"Bei einer ungleichmäßigen Erwärmung der Schienen, wie dies bei einem Schattenwurf durch ein Bauwerk, eine Böschung oder stehende Fahrzeuge gegeben ist, erfährt der Längskraftverlauf in den Schienen eine Störung <...>. Dabei wird unter Aktivierung des Längsverschiebewiderstandes die Längskraft in der weniger erwärmten Schiene abgebaut, verbunden mit einer Längsbewegung der Schiene. Dies kann eine geringe Schrägstellung der Schwellen verursachen, die entsprechend der Längsbewegung in der Mitte des Übertragungsbereiches am größten ist. Dementsprechend stellt sich eine Gleisverformung ein, die sich auch auf die angrenzenden, ungestörten Abschnitte erstreckt. Durch die Betriebseinwirkung wird die Entstehung des Gleisfehlers begünstigt, der sich ungünstig auf die Lagestabilität auswirkt. Durch Temperatur- und Verformungsmessungen im Betriebsgleis bedarf dies noch einer Erforschung." [83]

Diese Voraussetzungen waren in Kellmünz gegeben: Der im Laufe des Vormittags zwar wandernde, aber eben doch stets die Schienentemperatur beeinflussende Schatten der Straßenbrücke auf der einen Seite der Weiche 21, auf der anderen der wie ein Wärmespeicher wirkende Fußgängerüberweg, dessen Asphaltmischung lt. Ermittlungsbericht der Kripo vom 21.5.1971 flüssig geworden war. Auch diese Fakten, die sicher nicht ohne Einfluß waren, bleiben im Gutachten unberücksichtigt, was verständlicher wird, wenn man bedenkt, daß es der Gutachter für überflüssig hielt, die Unfallstelle persönlich in Augenschein zu nehmen. Daß dies vom Gericht erwartet wurde, ist einem Schreiben vom 30.10.1972 zu entnehmen. Darin wird dem Gutachter *"Für eine Information an der Unfallstelle..."* die Begleitung von Herren der Kripo angeboten.
In Celle, Alfeld, Leiferde/Meinersen und andernorts erschienen die Gutachter stets wenige Stunden nach dem Unglück - danach teilweise noch mehrmals - an der Unfallstelle und gaben dort zusätzliche Ermittlungsanweisungen, die eben nur eine versierte Kapazität geben kann. So hätten im Unfallgleis Kellmünz die Zone des Fußgängerüberweges untersucht und Wärmemessungen hier und an verschiedenen Punkten vorgenommen werden müssen und nicht irgendwo in der Nähe von Weiche 21! So stellte ein hoher DB=Beamter, der als Sachverständiger in der Hauptverhandlung auftrat, mit Recht die Lokalisierung der Entgleisung in Frage:

> *"Man hätte nach dem Unfall nach Spuren suchen müssen, wo der Zug tatsächlich entgleiste. Dies hätte nur photogrammetrisch erfolgen können. Zu diesem Zweck hätten auch einzelne Schienen freigelegt werden müssen."* [84]

Für den Gutachter gab es hierzu keine Probleme. Er rekonstruierte wie folgt:

> *"Bezüglich der Entgleisungsstelle etwa 16 m hinter dem Ende der Arbeitsstelle sei vermerkt, daß der Beginn des Aufsteigens des Radkranzes nur 3 bis 5 m vom Ende der Arbeitsstelle entfernt liegt. Weiter ist zu berücksichtigen, daß bei der Fahrgeschwindigkeit des Zuges von 130 km/h, entsprechend 36 m/s, zwischen dem Beginn der Verwerfung und der Entgleisung ein Abstand entsprechend einer Fahrzeit von 0,5 bis 1 s liegt, bedingt durch die Massenträgheit. Im vorliegenden Fall liegen zwischen dem Beginn der Gleisverwerfung und dem Aufsteigen des Radkranzes etwa 16 m; bis zur Entgleisungsstelle 30 m. Dies entspricht dem in 0,5 bis 1 s zurückgelegten Weg."* [85]

Und diese Zeilen geben im wesentlichen den gesamten Beitrag des Gutachters zur Unfallrekonstruktion wieder, wobei die Formulierung eher geeignet ist, Unklarheit zu stiften, so die dreimalige Verwendung des Begriffs Beginn, der zeitlich oder räumlich verstanden werden könnte. Völlig ausgeklammert sind Aspekte, die die Fahrzeuge betreffen. Der DB=Sachverständige erklärte in der Hauptverhandlung, er halte die Entgleisung infolge eines Fehlers an Fahrzeugen nicht für ausgeschlossen. Und es gab entsprechende Indizien: An zwei Rädern des entgleisten vorletzten Wagens zeigte sich das qR=Grenzmaß geringfügig unterschritten.[86] Dann gehörte die Lokomotive des Unglückszuges zu jenen 14 Kemptener Maschinen des gleichen Typs, deren Hg nach dem Unfall wegen unruhigen Laufes bei höheren Geschwindigkeiten von 140 km/auf 120 km/h herabgesetzt wurde.

Eine DB Stellungnahme bagatellisierte diesen Fakt mit der Begründung:

"... Zwar ist bei dieser Loktype der unruhige Lauf bei höheren Geschwindigkeiten ab ca. 120 km/h im geraden Gleis bekannt, wenn durch unregelmäßige Gleislage angeregt, die Lok in engen, kurzwelligen, nur schwach gedämpften Sinuslauf gerät. ... Die Unfallstelle bei Kellmünz lag jedoch in einer Kurve. Dort laufen die bogenäußeren Räder durch Fliehkraftüberschuß an der Schiene an, so daß ein absolut ruhiger Lauf ohne zusätzliche Querkräfte auftritt. Daher hatten die Laufeigenschaften der Lok keinen Einfluß auf die Entgleisung."

Bei gut liegenden Kurven mit gleichmäßiger Überhöhung trifft dieses Argument bedingt zu, im Entgleisungsbereich Kellmünz waren aber Radien- und Neigungswechsel, ferner das Durchfahren zweier Weichen im Bogen zu berücksichtigen. Wie zu Celle (s. S. 126) zitiert, übernimmt in Bogenweichen im Radlenkerbereich das bogeninnere Rad die Führung des Radsatzes, bei höheren Geschwindigkeiten mit Querrucken verbunden. Auch die unstete Überhöhung des Außenstranges ab Ende von Weiche 18 - hier Größtwert 102 mm (danach s.u.) - trug sicher dazu bei, daß bei schnellen Zügen besonders Ri Ulm, und mit einem Tfz der BR 221 bespannt, Schwingungen auftraten, die als unberechenbare dynamische Kräfte die berechenbare quasistatische Führungskraft übertrafen.[87]

Mehr als der Nachweis einer lückenhaften Beweisführung im Gutachten kann heute nicht mehr erbracht werden. Immerhin gelang es, eine Profiaufnahme mit Blick von der Straßenbrücke auf das Unfallgleis zu finden. Das Titelbild belegt die vorerwähnten Beobachtungen der Kripobeamten und zeigt die mangelhafte Einschotterung des altliegenden Gleises, insbesondere vor den Schwellenköpfen.[88] Diese unzulängliche Gleisbettung, für die OWm nicht verantwortlich zeichnete, war ein weiterer, die Gleisverformung begünstigender Begleitumstand.

Inwieweit Richtungsfehler vorhanden waren, ist den Gerichtsakten nicht zu entnehmen. Die Pfeilhöhen in dem vom Unfall nicht verrissenen Gleisstück zeigen ein ähnliches Bild wie Celle. Die Überhöhungsmessung der bogenäußeren Schiene - nach dem Unfall - ergab schwankende Werte zwischen 90 und 99 mm bis zum Bogenwechsel, danach nahmen sie im 5 m Abstand von 92 mm beim Bogenwechsel auf 73/52/27 mm ab. Mag der Unfall mit Stauchungen oder dgl. die Lage der Schienen geändert haben, erhärten beide Schaubilder den Verdacht auf hier vorhandene Lagefehler. An der achten Gleisschwelle, ebenfalls vom Bogenwechsel an gerechnet, maß man ferner eine Spurverengung von 8 mm, als nicht unfallbedingt, aber auch nicht als betriebsgefährlich bezeichnet. Der Ansicht zweier Sachverständiger nach konnte das nur die Laufruhe beeinflussen.[89]

Dem ist sicher beizupflichten. Aber nicht nur diese Spurverengung, sondern die gesamte Gleislage der nördlichen Bahnhofsein- und -ausfahrt Kellmünz, die ja zum Umbau anstand, dürfte sich von den schnellfahrenden Zügen nicht sonderlich gut befahren haben. Befragungen darüber wie in Alfeld und Celle fanden hier bei den Tf nicht statt.

links: Schotterbett im Bereich der Auslenkung

rechts: Blick auf Aufstiegstelle (Pfeil)

3. Ein unbefriedigendes Gerichtsurteil

Die Anklageerhebung, Schriftsatz vom 8.6.1972, stützt sich *"insbesondere"* auf *"das überzeugende Gutachten"* der BD München vom 20.9.1971, woraus bereits hinsichtlich Tfz 221 105 zitiert wurde, und auf das Gutachten des Bayerischen Landeskriminalamtes vom 28.2.1972, in dem die Feststellung wesentlich ist, daß die Neubaustrecke erstmalig sommerlichen Temperaturen ausgesetzt war. Die Zusammenfassung des vierseitigen Schreibens hat knapp sieben Zeilen und resümiert, alles deute auf eine Gleisverwerfung hin, die in Zusammenhang mit den *"Weichenrichtarbeiten"* stehen dürfte. Die Formulierungen sind recht vorsichtig, eindeutig nur im Hinblick auf den Ausschluß eines Sabotageaktes, den ein Telefonanruf in der Unfallnacht *"... diesmal hat's hingehaut"* vorspiegelte. Vermutlich handelte es sich um den schlechten Scherz eines Betrunkenen oder Wichtigtuers, wie nach fast allen Unfällen üblich.[90]
Nachdem der Gutachter seine Stellungnahme am 21.11.1972 fertig und vorgelegt hatte, fand die Hauptverhandlung am 29./30.1.1973 statt. OWm wurde wegen Tötung in Tateinheit mit Körperverletzung und gefährlichen Eingriffs in den Bahnverkehr, jeweils fahrlässig, zu einer Freiheitsstrafe von einem Jahr mit Bewährung und zu den Gesamtkosten des Verfahrens verurteilt.
Zweifellos hatte OWm gegen mehrere Vorschriften verstoßen: Das Verschlagen der Schwellen und zudem in dieser Größenordnung, ohne sich den Weichenverlegeplan zu holen (eine Ausfertigung lag in den Diensträumen des Bfs Kellmünz) und die Schienentemperatur statt mit Thermometer nur durch Handanlegen zu messen. Sachlich hatte der Gutachter recht, wenn er betonte, daß OWm bei der warmen Witterung mit seiner vorgesetzten Dienststelle hätte Verbindung aufnehmen, evtl. einen Langsamfahrbefehl erwirken oder die Arbeit abbrechen müssen. Da im gutachterlichen Schriftsatz vom 21.11.1972 mehrfach auf die unterlassene *"Benachrichtigung des Dienststellenleiters"* hingewiesen wird, ist anzunehmen, daß der Gutachter meinte, der Dienststellenleiter sei erreichbar gewesen. Er war aber in Urlaub und sein Vertreter gemäß Schreiben vom 8.6.1971 (BD München an HVB) am Unfalltag mit einem Sachbearbeiter des BA unterwegs. Wahrscheinlich wußte das OWm und handelte deshalb eigenmächtig. Traf er eine falsche Entscheidung, gibt es dafür Milderungsgründe.
Ein Rottenführer ist schließlich nur ein Vorarbeiter, in Vor- und Ausbildung einem Beamten des gehobenen technischen Dienstes nicht vergleichbar,[91] die Bm dagegen Kopf und Zentrale des örtlichen Baudienstes. Dort hätte man sich bereits am (oder in den) Vortag(en) Gedanken über die Verwendung der Rotte machen müssen, da sich ja die Wetterlage seit Auftragserteilung am 11.5. so verändert hatte, daß die Temperaturen die Ausführung der für den 18.5. vorgesehenen Arbeiten fraglich machten und die Erteilung eines Ersatzauftrages ratsam war. Das hätte noch geschehen können, wenn der Vertreter des BmVst während dessen Abwesenheit nicht auch mit einem Vorgesetzten unterwegs gewesen wäre.
Dann wird der Blick auf die im Fall Eßlingen als mangelhaft erkannte Praktizierung der Besprechung von Vorschriftenneuerungen oder dgl. gelenkt. Es kann nicht genügen, ei-

nem einfachen Mann des ausübenden Dienstes etwa ein Bahndienstfernschreiben in die Hand zu geben, ohne ihm die Bedeutung und die der Verordnung zugrundeliegenden technischen Notwendigkeiten verständlich zu machen.
Bei der Frage nach den turnusmäßigen Besprechungen über neue Vorschriften konnte sich BmVst nicht erinnern, *"ob das Schienenthermometer einmal Gegenstand einer solchen Dienstbesprechung war"*. Er war sich nicht einmal über die Ausstattung seiner Rotten damit sicher. *"Nach meinem Wissen waren zwei ältere Schienenthermometer bei der Rotte"*. Rottenarbeiter der Bm sagten aus, dort n i e ein Schienenthermometer gesehen, mitgenommen oder benutzt zu haben.
Am 10.5.1971 waren neue Haftthermometer bei der Bahnmeisterei eingetroffen. Die Rottenführer wurden verständigt, ihres abzuholen. Der eine tat es, OWm, wie erwähnt, nicht. Aber bekannterweise pflegte er selten zur Bahnmeisterei zu kommen. Entsprechend stand bei der Frage, wann OWm die Verfügung betr. Gleisarbeiten bei hohen Temperaturen zur Kenntnis genommen und abgezeichnet habe, Aussage gegen Aussage. OWm behauptete, sie erst am 14.7.1971, also nach dem Unfall erhalten und abgezeichnet zu haben. Trotz gegenteiliger Aussage eines Zeugen wäre ein stichhaltiger Beweis nur das mit Gegenzeichnung u n d Datum versehene Schriftstück gewesen. Mit Datum abzuzeichnen war aber bis zum Unfall (und nicht nur) bei jener Bm offensichtlich nicht üblich.
Ohne dem sozialen Modetenor das Wort zu reden, ist dem verurteilten Owm zuzubilligen, daß er mit seinem Schlußwort, die Kleinen hänge man..., bedingt Recht hatte. Bei Ahndung folgenschwerer Versäumnisse oder Fehlhandlungen gewinnt man durchaus den Eindruck, als ob das Recht eines Rottenführers nicht identisch ist mit dem etwa eines Bundesbahndirektors. Verschiedene Tätigkeiten können nur mit verschiedenen Maßstäben gemessen werden. Bei Bewertung der Arbeit eines Rottenführers läßt sich ein Fehlverhalten eventuell nur mit Meterstab nachweisen. Geistesprodukte sind schwerer faßbar - aber auch nur eventuell. Die Verfehlung von OWm wäre Sache einer disziplinarischen Ahndung gewesen. Ob sie vor die Strafkammer gehörte, muß bezweifelt werden. Wie dargelegt und analog den anderen Entgleisungsfällen wurde nicht überzeugend bewiesen, daß die Fehlhandlungen von OWm allein den Unfall verschuldeten.

Sachverhalt und Zitierungen, soweit nicht anders angegeben, aus Gerichtsakt StA und LG Memmingen, Az 2 Js 73/72, KLs 16/72; 1 AK 190/72 und 3 AR 38/73.

78 Bitumen ist ein thermoplastisches Material, das sich beim Erwärmen durch Sonneneinstrahlung oder künstlicher Erhitzung erweicht, bis es flüssig wird. Der Erweichungspunkt hängt von der Bitumensorte ab. Bei den billigsten Verschnittbitumen nach DIN 1995 liegt er zwischen 25 und 45°C, bei Normenbitumen B 200 zwischen 37 und 44°C und steigt bis 140°C bei bestem Hartbitumen. Über die Beschaffenheit des ehemaligen Fußgängerüberweges in Kellmünz liegen keine Angaben vor. Es ist anzunehmen, daß es sich um eine billigere Sorte handelte, da sie bei ca. 35°C flüssig geworden war.
Bei hohen Tagestemperaturen sind in Bitumenlagen bis zu 90°C gemessen worden. Es wäre interessant gewesen, seinerzeit festzustellen, welcher effektive Wärmegrad im Fußgängerüberweg erreicht war. Nun ist zwar Bitumen ein schlechter Wärmeleiter, dennoch findet bei direkter Berührung eines Gegenstandes mit erhitztem Bitumen eine Wärmeübertragung statt, und zwar in beiden Richtungen. Eine daraus abzuleitende wechselseitige Beeinflussung Schiene/Bitumen, ohne witterungsunabhängige Zwischenlage, die

hier sicher fehlte, wurde auch nicht untersucht. Nicht unwichtig scheint ferner, daß sich Bitumen relativ schnell erwärmt und die Wärme hält. (Lit.: Führmann, Bitumen und Asphalt, Wiesbaden und Berlin 1976)

79 Von einem Bahnpolizisten gesehen und gemeldet. Bm Vorsteher und Vorstand des zuständigen BA Neu Ulm erklärten das Zustandekommen durch Abbremsen haltender Züge. Diese beiden Beamten vertraten auch die Ansicht, die Verwendung von Beton oder Holzschwellen sei nur eine Kostenfrage und ohne betrieblichen Einfluß.
Im Gutachten Celle ist aus nachstehender Quelle zitiert, u.a. daß die seitl. Widerstandskraft von Betonschwellen bei eingefahrenen Gleisen um 20% höher als die von Holzschwellen ist.
(Lit.: Prud'homme, Der Widerstand des Gleises gegen die von den Fahrzeugen ausgehende seitl. Beanspruchung; dtsche. Übersetzung in Monatsschrift d. Internat. Eisenbahn=Kongreß=Vereinigung, Heft 8/9, Jahrg. 1967.)

80 Der polizeiliche Tatortbefundbericht vom 21.5.1971 weist auf ein Foto hin, das vier unverfüllte Schwellenfächer zeigt, was normalerweise üblich ist. Eine vollständige Verfüllung unterbleibt im Zungenbereich, um die Beweglichkeit der Zunge bei Schneefall nicht zu gefährden. Lt. Bericht des BLKA (Bayer. Landeskriminalamt) vom 28.2.1972, waren an Weiche 21 *"insgesamt 25 Schwellenfächer ganz oder teilweise ausgeräumt"*, wobei zu bedenken ist, daß OWm nur an 12 Schwellenfächern arbeiten ließ.

81 Tf lokalisierte seine erste Wahrnehmung *"in der Nähe des Einfahrvorsignals"* der Gegenrichtung. Möglicherweise ist das ein Schreibfehler oder durch ungenaue Beobachtung erklärbar. Es könnte evtl. in Höhe des Einfahrhauptsignals gewesen sein, das etwa 350 m hinter der Entgleisungsstelle stand.

82 In der Hauptverhandlung berichtete Zf, der sich im WR befand, auf die Frage des DB=Sachverständigen, der Wagen habe gerumpelt, und es habe sich angehört, als ob Steine von unten gegen den Wagenboden flogen. Dieses Geräusch sei nicht identisch mit dem Bremsgeräusch gewesen.
Zeugenaussagen aus Wagen 1-4 liegen gar nicht vor, und Tf konnte wegen der Eigenart der Maschine selbst bei gezielter Aufmerksamkeit nicht unterscheiden zwischen abnormem und normalem Schaukeln.
Prof. Birmann machte an der Unfallstelle Farbfotos. Eines dieser zeigt auf dem Schienenkopf vor der Weichenzunge (von Weiche 21; in Fahrtrichtung gesehen) deutlich die Spuren zermahlener Schottersteine. Das kann wohl nur in Zusammenhang mit der Aussage des Zf (s.o.) erklärt werden, gibt aber dennoch einige Rätsel auf.

83 J. Eisenmann, Lagestabilität des Gleises bei hohen Geschwindigkeiten, in DER EISENBAHNINGENIEUR Nr. 5, 1974, S. 173.

84 Dazu war aber die Unfallstelle zu schnell für Aufräumungsarbeiten freigegeben worden. Gemäß Kripobericht begann mit Zustimmung der StA und Sachverständigen des BLKA bereits 16.15 Uhr ein Bautrupp mit dem Abbau der zerstörten Gleise, und noch in der Nacht wurde mit Instandsetzung angefangen. Der Sachbearbeiter der Kripo traf 15.30 Uhr an der Unfallstelle ein, wurde von seinem schon anwesenden Vorgesetzten kurz eingewiesen und begab sich 15.45 Uhr mit den *"zu dieser Zeit eingetroffenen Sachverständigen des BLKA"* zur Entgleisungsstelle. Bis zum Abbaubeginn verblieb also etwa eine halbe Stunde Zeit zur Spurensicherung.

85 Etwa analog zu Celle, wo bei 157 km/h = 43 m/s die erste Beschädigung an der 117. Schwelle vom Herzstück festgestellt wurde. In Kellmünz waren es die 98./99. Schwelle vom Herzstück.

86 qR Maß zur Feststellung der Steilheit der Spurkranzflanke, Teil des Radreifenumrisses und wichtig zur Beurteilung der Laufsicherheit.

87 Bei steigender Geschwindigkeit wird in einer Gleiskrümmung die nicht durch Überhöhung des Außenstranges ausgeglichene Seitenbeschleunigung als Fliehkraftüberschuß und bei niedriger Geschwindigkeit als nach bogeninnen gerichteter Hangabtrieb wirksam. Die Summe dieser beiden Kräfte ist die quasistatische Führungskraft.
Dynamische Führungskräfte entstehen durch Gleisunebenheiten und werden ferner von Eigenarten des Fahrzeuglaufes, der -konstruktion oder -mängel, etwa abgefahrene Radkränze, beeinflußt. Da sich ein Gleis kaum fehlerfrei verlegen läßt, und die Lage der Nordausfahrt Bf Kellmünz vor dem Unfall bestenfalls genügend war, widerlegt das ebenfalls die von der BD aufgestellte Behauptung betr. ruhigem Lauf des Tfz 221.
Unhaltbar ist auch die Angabe, daß es in Gleisbögen mit großen Radien keinen Sinuslauf gäbe. Es kommt, sofern keine Gleisunstetigkeiten vorhanden sind, nur nicht zum Anlaufen des Spurkranzes, was aber der Fall ist bei vorhandenen Lagefehlern. Je nach Stärke übertragen sich dann die dynamischen Kräfte auf das Gleis, das bei gutem Zustand diese jedoch elastisch auffängt, wie bei den UA=Versuchen nachgewiesen.

88 Es dürften weniger als 30 cm gewesen sein. Jedenfalls zu schwach für einen ausreichenden Querverschiebewiderstand.
Gem. Az Obv 42, Ziff. 41 ist bei aufeinanderfolgenden Weichen in durchgehenden Hauptgleisen (u. Übergang von Schienenprofilen UIC 60 auf S 49) die Schotterbreite vor Kopf der Schwellen auf 50 cm zu vergrößern, und in der Auslegung entscheidend dürfte die Sicherung des schwächeren Profils sein.

89 Unruhiger Fahrzeugverlauf kann durchaus ein die Verwerfung auslösender Faktor sein. In einer Stellungnahme vom 2.7.1971 schreibt ein Oberbauwissenschaftler:
"...Daß die Verwerfung durch scharfanlaufende Räder ausgelöst werden kann,z.B. bei abgelaufenen d.h. etwa zylindrischen Radreifen, ist dabei nicht auszuschließen. ..."

90 Am Tag nach der Entgleisung des D 588 bei Alfeld rief ein Unbekannter zum Fenster einer Bahnhofswache hinein, das Unglück sei auf Sabotage im Aw zurückzuführen; jetzt sei der Helvetia dran. Außerdem gab es dort noch weitere teils verleumderische, teils phantasievolle Äußerungen.

91 Vielfach stammen die Beamten bis zum mittleren Dienst aus einer nichteisenbahnerischen Berufssparte. So ging auch OWm erst mit 23 Jahren zur DB und wurde als Rottenarbeiter und Schrankenwärter eingesetzt. Diese Kombination ist nicht unüblich, so wenig sie auch eine bestimmte Qualifizierung fördert.

V. Aitrang (Str Buchloe-Kempten)

Entgleisung des TEE 56 am 9.2.1971
(28 T, 42 V)[92]

1. Ein Paukenschlag oder das "Jahrhundertunglück"

Als Paukenschlag darf man dieses Unglück bezeichnen, weil es eine Katastrophenserie einleitete: Am 18.5. folgte die im vorigen Kapitel abgehandelte Entgleisung Kellmünz und 10 Tage darauf der Zusammenstoß bei Dahlerau mit 46 Toten und 25 z.T. schwer Verletzten. Am 21.7. gab es bei Rheinweiler die dritte, schwere Entgleisung des Jahres, der am 28.7., also sieben Tage später, die vierte im Bf Mecklar [93] folgte. In der Zwischenzeit ereigneten sich noch eine Reihe weiterer Unfälle, die glücklicherweise, wie Mecklar, glimpflich abgingen. Aber zum Jahresende, genau am 31.12. passierte bei Hachenburg, Str Altenkirchen-Limburg, noch ein Zusammenstoß (ähnlich Dahlerau) mit 7 Toten und 34 Verletzten.
Insgesamt 109 Tote allein der hier aufgezählten Unglücke, dazu eine hohe Zahl Verletzter und viele Millionen DM Sachschaden stellen in der Geschichte der deutschen Eisenbahnen für die normalen Zeiten des 20. Jahrhunderts den absoluten Minusrekord dar und waren für die DB ein nicht durch die beste Werbung zu kaschierender Prestigeverlust.

Nach diesem Streifblick auf das Jahr 1971 nun zum 9. Februar, an dessen Abend die Nachrichten mit der Meldung eines ungewöhnlichen Zugunglücks im bayerischen Voralpenraum überraschten. Das Alarmierendste war neben der Zahl der Toten und Beteiligung eines renommierten Zuges die Ursache: Die Entgleisung infolge überhöhter Geschwindigkeit ohne Begleitumstände wie Mißachtung einer La, einem Vorsichtsbefehl, Mängel am Gleis oder Befahren einer Weiche in Ablenkung. Die Bezeichnung "Jahrhundertkatastrophe" kam auf, da es sich aus moderner Sicht um einen Anachronismus handelte. Denn diese Unfallart, in den ersten Eisenbahnjahrzehnten häufig, ereignete sich auf deutschen Hauptbahnen in den Jahren vor 1914 bereits selten, und nachdem sich die Verhältnisse nach dem Ersten Weltkrieg wieder konsolidiert hatten, passierten die wenigen Entgleisungen dieser Art eindeutig durch personelles Verschulden.
Die buchfahrplanmäßige Geschwindigkeitsreduzierung zum Befahren der S=Kurve westlich der Bahnhofsausfahrt Aitrang bestand seit der Oberbau höhere Geschwindigkeiten erlaubte und dort schnelle und leistungsfähige Maschinen verkehrten. Kritisch war auch nur das Befahren der Gegenrichtung, weil die Strecke aus Ri Kempten vor der Aitranger Kurve ein 3,5 km langes Gefälle 100 : 1 hat, das ein Verbremsen der Tf eher begünstigte als aus Ri Kaufbeuren, von wo die Strecke vor Aitrang 1 :133 ansteigt. Ansonsten ist die "Todeskurve", wie von Zeitungsschreibern dramatisiert benannt, nicht gefährlicher als u.a. die Bahnhofsdurchfahrt Kaufbeuren, gleich der S=Kurve von Aitrang mit einer Ge-

Teleaufnahme von der Unfallstelle; vorn Rest des Steuerwagens der RAm=Garnitur; der Pfeil weist auf die Lage des EG; bemerkenswert ist auch rechts vom Kran der alte Bahndamm, demzufolge die Kurve ursprünglich einen anderen Radius hatte

schwindigkeitsbegrenzung von max. 80 km/h (zuvor 70 km/h) abgesichert. Vor Kaufbeuren haben die Züge von Buchloe jedoch eine lange, markierungsarme Schnellstrecke, wogegen hinter Kaufbeuren die Bahnhofsdurchfahrt Biessenhofen durch eine große Kurve und die Abzweigung der Strecke nach Marktoberdorf-Füssen wenige km vor Aitrang eine unverwechselbare Lokalisierung bietet. Danach brauchte der Tf nur auf Einfahrvor- und Hauptsignal zu achten, und die Sicht an diesem Abend war dazu völlig ausreichend.
Der Fahrdienstbeamte beobachtete vom Dienstraum im EG Aitrang die Vorbeifahrt des Zuges gegen 18.44 Uhr. Das Tempo machte ihn zwar stutzig, er meinte jedoch, bei Passieren des Zuges an den Rädern Funken der anschlagenden Bremsklötze bemerkt zu haben und war der Ansicht, die Bremsung sei zwar spät aber noch rechtzeitig erfolgt. Nach Verrichtung der üblichen Dienstobliegenheiten wartete er auf das Eintreffen des zur planmäßigen Ankunft 18.49 Uhr erwarteten Triebwagens Nr. 2513 aus Kempten, der hier endete.
18.46 Uhr stellte Fdl fest, daß auf dem Gleisbildstellpult das Triebwageneinfahrgleis durch Rotausleuchtung als besetzt markiert war. Bis ihm seiner Aussage nach bewußt wurde, daß diese Anzeige nicht das verfrühte Einfahren des Kemptener Triebwagens, sondern etwas Außergewöhnliches zur Ursache hatte, und er daraufhin sofort die Einfahrt zurücknahm sowie alle Signale auf 'Halt' stellte, muß sich Zug 2513 bereits im Bahnhofsgelände befunden haben. Die Kollision mit dem sein Gleis blockierenden Maschinenwagen des TEE 56 erfolgte zwar abgebremst und mit weniger als 40 km/h, die Folgen waren weitere 2 Tote und 6 Verletzte.

Zur Rekonstruktion des Entgleisungsvorganges gab es auf den Schienenköpfen, Bolzen und Schwellen reichlich Spuren, denen zufolge die Räder der vorn laufenden drei Reisezugwagen kurz nach Weiche 11 aufstiegen und die Wagen danach aus dem Gleis flogen. Sie deformierten das Gegengleis und kamen seitlich des Bahndammes zu liegen, ausgenommen der sich quer stellende dritte Reisezug- und der Maschinenwagen. Es wurde vermutet, daß dieser durch die entgleisten Wagen mitgerissen wurde, sonst möglicherweise Schienenführung behalten hätte.
Daß der Fdl von der nur wenige 100 m entfernten Entgleisung eines Zuges bei hoher Geschwindigkeit nichts hörte, liegt an den akustischen Verhältnissen, die dort infolge der besonderen Talformation eigenartig sind. Eine Ohrenzeugin, die sich im Moment der Katastrophe kurz vor der Straßenunterführung westlich des EG Aitrang befand, um ihren Mann vom Triebwagen aus Kempten abzuholen, gab an, nur ein leichtes Grummeln vernommen zu haben, obwohl sie sich näher an der Entgleisungsstelle und im Freien befand! Als sie am Bahnsteig vor dem EG anlangte und keine Anzeichen von Aufregung feststellen konnte, meinte sie, etwas Belangloses gehört zu haben. Nur bei einer bestimmten Windrichtung wird der Schall auf dieser Talseite ostwärts getragen. Bei den Verhältnissen, wie sie an jenem Abend herrschten, war das Entgleisungsgeräusch lediglich im süd-westlichen Ortsteil von Aitrang deutlich zu vernehmen.
Für die Entgleisung selbst gibt es zwei Augenzeugen, auf deren Aussagen einzugehen allerdings kaum lohnt. Erwähnenswert scheint, daß es bei den Anwohnern eine gewisse Zeit brauchte, bis ihnen bewußt wurde, was sich gerade ereignet hatte. Das erklärt die relativ lange Dauer (rund 10 Min) bis zur Auslösung des Katastrophenalarms. Dann aber rollte eine nahezu perfekte Hilfsaktion ab. Es kamen viel mehr Helfer als benötigt wurden,

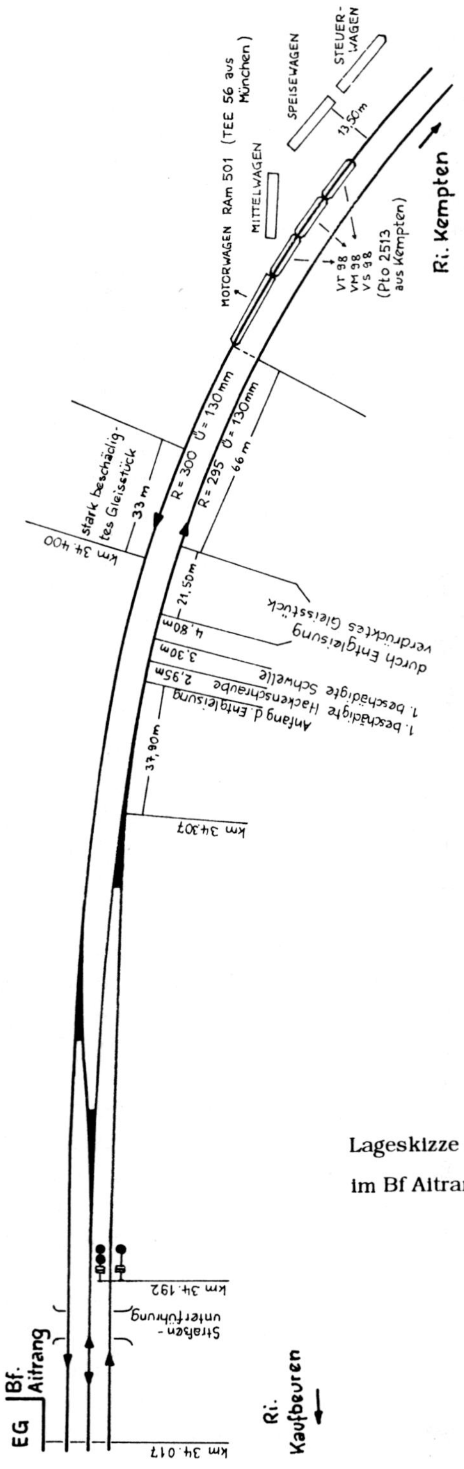

Lageskizze zur Entgleisung des TEE 56

im Bf Aitrang am 9. Februar 1971

und die Hilfsbereitschaft der Anwohner war vorbildlich. Es kamen aber auch Massen Sensationslustiger, die störten. Die Schizophrenie unserer Zeit wird überdeutlich, wenn man erfährt, daß es gar nicht so wenig Leute gab, die sich ein Stückchen Eisen oder dgl. von den Trümmern als Souvenir mitnahmen.
Dem Schlußbericht vom 16.2.1971 über die Erfahrungen des Aitranger Katastropheneinsatzes ist zu entnehmen, daß auch das Auftreten der Reporter teilweise als lästig empfunden wurde. Der gut formulierte Schriftsatz enthält eine Kuriosität. Bei Aufzählung der am Unfallort in Erscheinung getretenen Persönlichkeiten unterscheidet der Verfasser der Niederschrift zwei Gruppen: ein Landpolizeidirektor wird nur als solcher genannt, dgl. u.a. auch ein Oberstaatsanwalt. Die Titulatur 'Herr' erhielt nur der Bundesverkehrsminister und der bayerische Staatsminister des Inneren.
Der Bericht offenbart aber noch ein sehr bedenkliches Manko. Auf Seite 10 steht zu lesen, daß die "Bediensteten" der DB zwar bald zahlreich anwesend aber keine große Hilfe waren. Sie kannten sich mit der technischen Einrichtung der entgleisten Garnitur nicht aus. Niemand wußte, wo ohne Gefahr für die Verletzten und Bergungsleute geschweißt werden und an welchen Stellen der Wagen zu deren Hebung angesetzt werden konnte.

2. Die schweizerisch/niederländischen Triebzüge RAm 501/502

Für den Aufbau eines internationalen Schnellverkehrsnetzes Ende der fünfziger Jahre entwickelten die westeuropäischen Bahnverwaltungen geeignete Triebeinheiten. Die DB knüpfte an die Reichsbahntradition an. Gegenüber den 1933 in Betrieb genommenen 'Fliegenden' wies der 1957 von der DB in Betrieb genommene VT 11.5 folgende Änderungen auf: Statt dieselelektrischer eine dieselhydraulische Kraftübertragung - im Prinzip bereits Ende der dreißiger Jahre entwickelt - und statt Außenbackentrommelbremsen Scheibenbremsen. Letzteres führte bereits die ehemalige DR bei ihren weiteren FDt=Garnituren auch ein, ebenso Besandungseinrichtung.
Die deutschen Dieselschnelltriebzüge der Vor- und Nachkriegszeit hatten gemeinsam: Sifa, Indusi, Fahrmotoren in beiden Zugenden jeweils mit KE=Druckluftbremseinrichtungen und zusätzlich Magnetschienenbremse, die bei Schnellbremsung automatisch in Funktion tritt. Die DB=Garnituren erhielten ferner schnellwirkende Gleitschutzregler, obwohl sie wie die SBB/NS=Triebzüge nur für 140 km/h zugelassen waren.
SBB und NS hatten gemeinschaftlich Entwicklung und Fertigung der 1957 in Dienst gestellten Triebzüge RAm 501/502 und NS 1001-1003 einer Arbeitsgemeinschaft schweizerischer und niederländischer Betriebe übertragen. BBC Baden fertigte den elektrischen Teil, Werkspoor Amsterdam/Utrecht den maschinentechnischen Teil der dieselelektrischen Antriebsaggregate. Werkspoor übernahm ferner den Bau des Maschinenwagens. Die Konstruktion der Mittel- und der Steuerwagen wurde einer dritten, einer schweizerischen Firma übergeben. Die Gesamtlänge des Triebzuges betrug 97,2 m, der sechs-

Die Unfallstelle Aitrang am 9.2.1971 mit beschädigtem Gegengleis
<1 = Maschinenwagen d. TEE 56, 2 = Seitengangwagen, 3 = später angefahrener Gerätezug>

achsige Maschinenwagen wog rd. 115 t, die Wagen Nr. 2 rd. 38,6 t, Nr. 3 rd. 40,6 t und der Steuerwagen Nr. 4 rd. 36,8 t. Bei ausreichender Motorenleistung hatten die RAm Triebzüge lediglich eine Druckluftbremse System Oerlikon, die als Klotzbremse wirkte und stufenweises Bremsen und Lösen ermöglichte, ferner schweizerische Sifa. Ein schnellwirkender Gleitschutzregler, zusätzliche Schnellbrems- und Indusieinrichtung fehlten. Zur Zulassung auf DB=Strecken ab Winter 1969/70 war nach Prüfung durch Beamte des BZA München lediglich der Einbau von Indusi=Einrichtung zur Bedingung gemacht worden. Gemäß UIC=Sicherheitsbestimmungen für im internationalen Verkehr eingesetzte Tfz hätte ab 1.1.1971 die Sifa ein Zusatzglied zur Überwachung eines unbeabsichtigten längeren Festhaltens der Bedienungseinrichtung erhalten müssen. Das war versäumt worden, für das Unglück insofern aber ohne schuldrechtliche Bedeutung, weil der Tf - in Folgendem mit seinem Familiennamen Rahn benannt, da ohnehin durch die Presse bekannt - dem Obduktionsbefund nach keine Bewußtseinsstörung hatte, wogegen die Sifa sichern soll.

Die fast unversehrte Seite des entgleisten TEE

Wenn man die vorstehende Abbildung mit den seitlich bzw. schräg am Bahndamm im Schnee stehenden Steuer- und Mittelwagen, somit den gesamten Reisezugwagenteil des TEE betrachtet, scheint die hohe Zahl der Opfer unglaubhaft, besonders, da am 9.2. nur 53 Fahrgäste den Zug benutzten. Die Presse veröffentlichte andere Fotos, und auch im Ermittlungsakt fanden sich solche, die das Gemetzel zeigten. Gemetzel ist hier keine Übertreibung, auch nicht, daß die hohe Zahl der Toten und Verletzten - kaum ein Insasse des Zuges kam ohne Blessuren davon - nicht zuletzt Folge von Ausstattungsmängeln waren: Die Fenster der SBB=Garnitur bestanden nicht aus dem bei der DB gebräuchlichen Sicherheits=Verbundglas, sondern aus Hartglas, das bei heftigen Stößen wie in Aitrang zerfällt, wodurch Fahrgäste hinausgeschleudert und von den Wagen zermalmt werden

Bremsspuren auf linkem Radreifen des Maschinenwagens (vergrößert)

konnten. Das Mobiliar des Speisewagens war nicht fest verschraubt, und die Spiegel bestanden aus gewöhnlichem Spiegelglas. So wurde auch das Innere des Speisewagens zum Schlachtfeld.
Den SBB wäre vorzuwerfen, daß sie einen Triebzug für Schnellverkehr abnahm und auf Fahrt schickte, der nicht einmal dem Sicherheitsstandard gleichwertiger Züge der dreißiger Jahre in Deutschland entsprach. Der DB kann der Vorwurf nicht erspart werden, eine solche Garnitur auf ihren Strecken überhaupt zugelassen zu haben. Ministerialdirektor Rückel machte es sich mit seiner offiziellen Erklärung sehr einfach:

> *"International ist die Verwendung losen Gestühls nicht verboten. Wir montieren das Mobiliar aus wohlerwogenen Gründen fest, aber wir können die Schweizer nicht zwingen, das auch zu tun."*

Die *"wohlerwogenen"* Gründe basieren auf den Risiken, denen jedes Straßen- und Schienenfahrzeug ausgesetzt ist. Mit einem unvermittelt auftauchenden Fahrbahnhindernis und scharfer Abbremsung muß gerechnet werden. Dabei oder gar bei Aufprallen setzen loses Speisewagengestühl mit Metallkufen und nur eingehakte Tische die Insassen einer erhöhten Gefährdung aus.
Was den zweiten Teil des Ausspruches von Herrn Rückel angeht, steht es selbstverständlich keiner Bahnverwaltung zu, einer anderen das eigene Sicherheitsdenken aufzuzwingen. Aber man verlangte ja auch Einbau von Indusieinrichtung. Schließlich haftet die DB für auf ihren Strecken verursachte Schäden. So hätte sie konsequent entweder den Einsatz der RAm=Garnituren ablehnen oder insgesamt eine DB=übliche Fahrzeugausstattung verlangen müssen. Die Quittung für diese Fahrlässigkeit lieferte nach lediglich 16 Monaten Verkehrszeit die Aitrang Katastrophe, und in dieser kurzen Zeitspanne gab es zudem mehrere Zwischenfälle, die auf Schwächen des Bremssystems der schweizerischen Triebzüge hinwiesen.
Nach im Ermittlungsakt enthaltenen Aussagen mußte die eine RAm=Garnitur im Dezember 1970 drei- oder viermal wegen Bremsdefekten außerplanmäßig anhalten, bei der anderen Garnitur am 10.2.1971 in Lindau die Bremsprobe dreimal wiederholt werden, weil vom Steuerwagen aus keine Bremsauslösung erfolgte. Anfragen der StA erhielten die lakonische Antwort: Keine Fahrzeugmängel. Die DB=Experten verschanzten sich auch hinter unzulänglichen Untersuchungsmöglichkeiten, als es um Prüfung der Bremsspuren auf den Radkränzen des Maschinenwagens ging. Es stimmt nachdenklich, wenn im Gutachten vom 26.5.1971 eines Beamten des BZA München folgendes steht:

> *"19. Die rechten Räder des umgekippten Maschinenwagens, die nach dem Unfall etwa in Augenhöhe waren, zeigten flache Riffeln, wie sie bisher nur auf Schienen beobachtet wurden. Das sind flache Werkstofferhebungen von wenigen Zehntel Millimeter Höhe im Abstand von 60-70 mm in Umfangsrichtung. Auf den Kuppen dieser Riffeln waren deutlich Anlaufspuren zu erkennen, die die Form kleiner Kreise aufwiesen. Die Fotos des Bundesbahn-Zentralamtes München zeigen diese Anlaufspuren nur sehr unvollkommen; das Landeskriminalamt hat die Spuren ebenfalls und mit wesentlich besserem Erfolg fotografiert. Abzüge dieser Bilder sind hier nicht vorhanden."*

Die Formulierung dieser Ziffer 19. wird im weiteren Teil des Gutachtens nicht erläutert und bleibt daher ein wenig rätselhaft, im Gegensatz zu anderen Ziffern, die kommentiert

Bremsspuren der rechten Räder des Maschinenwagens

sind. Sollten mit *"Werkstofferhebungen"* oder *"Anlaufspuren"* etwa "Materialverschiebungen" (s.a. S. 205) gemeint sein? Außerdem befremdet es, wenn vorgeblich die DB=Fotografen weder die fotografischen Fähigkeiten der Kripo=Beamten besaßen noch der DB=Gutachter seinen Auslassungen nach sich die Bilder der Kripo besorgte und mit Datum vom 19.2.1971 an die StA Kempten schrieb:

"Bei der Besprechung am 17.2.1971 im Bundesbahn-Betriebswerk Kempten war festgelegt worden, daß ein Radsatz aus dem Maschinenwagen des Unfallwagens auf dem Reibungsprüfstand der Bundesbahn-Versuchsanstalt Minden/Westf. Versuchen unterworfen werden sollte, die einen Aufschluß darüber geben sollten, nach welchem Weg oder welcher Zeit die auf den Rädern des Maschinenwagens beobachteten Anlauffarben entstanden sein können. Die Fühlungnahme mit dem Dezernat für Bremsen im Bundesbahn-Zentralamt Minden/Westf. hat ergeben, daß dieser Prüfstand nicht so eingerichtet ist, daß die Versuche in der beabsichtigten Form durchgeführt werden können. Die Einrichtung des Prüfstandes erlaubt es nicht, einen Anhalt dafür zu bekommen, ob die beobachteten Anlauffarben an den Rädern durch eine Bremsung infolge der Zugtrennung oder durch eine vom Lokführer eingeleitete Bremsung entstanden sind. Unter diesen Umständen muß von der Durchführung der Versuche und von den dazu ergreifenden Maßnahmen abgesehen werden."

Zutreffend an diesem Bescheid mag die Schwierigkeit sein, auf dem Prüfstand sachdienliche Vergleichswerte zu finden. Aber über Flachstellen an Radreifen haben die Eisenbahnexperten rd. 100 Jahre lang Erfahrungen gesammelt und sich darüber mehr oder weniger wissenschaftlich exakte Gedanken gemacht, von denen dieser DB=Experte sicher einiges zu bieten in der Lage gewesen wäre. Außerdem enthalten sonstige Gutachten über Unfälle, bei denen Fahrzeugeigenarten von Bedeutung sein k o n n t e n, auch eine Beurteilung der technischen Ausrüstung von Tfz und Wagen. Im Falle Aitrang wurde das fast völlig ausgeklammert.

3. Das überraschende "Gutachten eines Schweizer Technikers"

Zur Untersuchung des Falles Aitrang wurden drei Gutachten erstellt, davon eines von Herren des Landeskriminalamtes, die zu prüfen hatten: Entgleisungsvorgang mit Kippmoment, Wirkungsweise von Fahrzeugsteuerung, Bremseinrichtung und Sifa. Das eine der beiden DB=Gutachten befaßte sich speziell mit der Auswertung der Geschwindigkeitsaufzeichnungen.

Vier Wochen vor Einstellung des Ermittlungsverfahrens am 6.7.1971 erschien überraschend das unverlangte 'Gutachten' einer Kapazität. Aber erst gut vier Monate später brachte die AUGSBURGER ALLGEMEINE am 14.10.1971 einen Artikel darüber mit der Überschrift *"Gefrorenes Schwitzwasser soll an der Katastrophe schuld sein! Mutmaßungen eines Schweizer Technikers im Widerspruch zum Staatsanwalt."* Im anschließenden Text wird darauf hingewiesen, daß sämtliche Einheiten der *"niederländischen Baureihe"* seit Anfang März 1971 in Bern - vermutlich als Folge der Aitranger Katastrophe - abgestellt seien.[94] Auf die *"Neue Theorie"* wird mit einem Satz eingegangen, im nächsten jedoch gleich auf die *"schwachen Beine"* hingewiesen, weil der Zug noch in Kaufbeuren vorschriftsmäßig abgebremst worden sei und es unwahrscheinlich wäre, daß innerhalb so kurzer Zeit eine Vereisung erfolgen könne.

Da in dem Bericht weder der Name des *"Schweizer Technikers"* noch der Titel der Zeitschrift *"seines Landes"* angegeben war, in der man die *"Mutmaßungen"* nachlesen konnte, wandten wir uns mit der Bitte um Auskunft an die Redaktion, die uns an den Verfasser des Artikels verwies. Dessen Antwort traf sehr rasch ein. Er gab zu, ein paar Gesprächsbrocken aufgeschnappt und sich nicht eingehender erkundigt zu haben. Ihm hatte es für einen halbwahren Artikel mit einer fetten Schlagzeile genügt.

Wir hörten uns um, und schließlich entpuppte sich der *"Schweizer Techniker"* als der em.o. Professor der TH Karlsruhe Dr.Ing. Hans Thoma, der durch eisenbahntechnische Arbeiten und Publikationen auch des Bereiches Bremsen bekannt geworden war. Sein Aufsatz *Das Eisenbahnunglück in Aitrang und seine Lehren* gehört als Punkt 3 zur Themenreihe "Hochleistungsschnellbahnen", veröffentlicht in der TECHN. RUNDSCHAU Nr. 24, Bern 1971. Die Arbeit ist in ihrem wissenschaftlichen Aufbau schlüssig, berücksichtigt die ein Einfrieren der Luftleitung begünstigenden Umstände und wertet, wenn auch aus anderer Sicht, gleich den Herren des Landeskriminalamtes die Kraftquellenanordnung am Zugschluß negativ. Die Schlußfolgerung lautete:

> *"Nachdem für ein 'menschliches Versagen' des Lokführers keinerlei Indizien vorliegen, kann man sich wie üblich so ausdrücken, daß mit einer an 'Sicherheit grenzender Wahrscheinlichkeit' die Eisenbahnkatastrophe von Aitrang auf Einfrieren der Luftbremsleitung zurückzuführen ist."*

Da DB=Pressestellen registrieren, was deutschsprachige Zeitungen und Zeitschriften über die DB publizieren, wurde die HVB sofort aufmerksam und fragte mit Datum vom 29.7.71 (Az 31,311 Bu [Au] 5) wegen des Thoma=Aufsatzes bei den SBB an. Die Abteilung für Zugförderungs- und Werkstättendienst antwortete am 20.9.1971 (Az ZfW 955/1) und resümierte in Punkt 6 des Schreibens:

> *"Zusammenfassend kommen wir zum Schluss, dass der Unfall von Aitrang nicht auf eingefrorene Luftleitungen und davon herrührenden Ausfall der Bremse zurückzuführen ist.*
> *Herr Professor Thoma hat aus an sich richtigen physikalischen Überlegungen, mangels genauer Kenntnis der technischen Gegebenheiten, der Bauart und Betriebsweise dieser TEE-Züge leider falsche Schlüsse gezogen."*

Die Abteilung II (HVB) informierte daraufhin die Abteilung III (HVB) mit Schreiben vom 29.9.1971, daß Professor Thoma's Beweisführung irrig sei. Der DB=interne Kurzbrief schließt mit dem Satz:

> *"Es hätte dem Verfasser besser angestanden, seine Überlegungen der Eisenbahnverwaltung mitzuteilen, statt die Öffentlichkeit mit unbewiesenen Vermutungen zu beunruhigen."*

Ein seltsamer Tadel,[95] denn nahezu alles mit der Entgleisungsursache von Aitrang Zusammenhängende blieb offiziell "unbewiesene Vermutung", und der Thoma'sche Aufsatz

war von der "Öffentlichkeit" ohnehin nicht zur Kenntnis genommen worden, aber die Presse hatte wochenlang mit sensationellen, z.T. total verdrehten Artikeln für Beunruhigung gesorgt. Unabhängig davon, was beunruhigt wohl mehr: Ein Unglücksfall größeren Ausmaßes, der sich bezeichnenderweise in ähnlicher Form wenige Monate darauf wiederholte, oder der fundierte Versuch in einer Fachzeitschrift, die Ursache für die unbegreiflich große Geschwindigkeitsüberschreitung in Aitrang zu ergründen. Eine überzeugende Widerlegung der Theorie Professor Thoma's wäre letztlich nur die offizielle Lösung des Rätsels gewesen.
Um noch einmal auf die Kontroverse SBB/ Prof. Thoma zu kommen: Unter 5.3 steht im SBB=Schreiben vom 20.9. an die HVB, daß immer eine bestimmte, unveränderte Luftmenge aus der Hauptluftleitung ausströmen müsse, egal ob die Auslösung von der "Lok" oder vom Steuerwagen erfolge. Das wurde von Prof. Thoma gar nicht in Zweifel gezogen, und im Grunde argumentierten die SBB an dessen Ausführungen vorbei. Was nämlich Prof. Thoma in der Hauptsache als ungünstig bezeichnete, war die Trennung des Hauptluftbehälters im Maschinenwagen vom Führerbremsventil im Steuerwagen bei geschobenem Wagenzug, hohen Geschwindigkeiten und klimatisch ungünstigen Verhältnissen.
Da uns die knapp dreiseitigen Darlegungen der SBB nicht genügten, wandten wir uns am 15.12.1971 mit einigen speziellen Fragen selbst an die Generaldirektion der SBB. Die Antwort vom 22.12.1971 enthielt nichts wesentlich Neues. So lautete Punkt 2:

> *"Wie bereits mitgeteilt und gerichtlich ermittelt, ist im verunglückten Zug keine Bremsstörung festgestellt worden. Nehmen wir aber trotzdem den ungünstigsten Fall, nämlich den Unterbruch der Hauptleitung zwischen dem an der Spitze laufenden Steuerwagen und dem nächstfolgenden Wagen an, so hätte mindestens die Bremse des Steuerwagens voll funktioniert, weil dieses Fahrzeug mit seinem Führerbremsventil die vollständige Bremsausrüstung besitzt. Wie das Geschwindigkeitsdiagramm zeigt, war die Fahrgeschwindigkeit bis zur Entgleisung konstant. Eine Bremsung des Steuerwagens allein hätte sich mit Sicherheit mit einer im Diagramm sichtbaren Geschwindigkeitsreduktion manifestiert."*

Sachlich richtig ist, daß beim Führerbremsventil ein einwandfreies Funktionieren ermittelt wurde, was aber nichts Definitives besagt. Auch die als Postskriptum angehängte Behauptung des SBB=Briefes an uns ist anfechtbar, die Abbremsung vor Kaufbeuren sei vorschriftsmäßig erfolgt und bewiese einwandfreie Funktion der Bremsen. Die Abbremsung vor Kaufbeuren erfolgte später als üblich.
Das Auffälligste an den SBB=Erwiderungen ist die wiederholte Hypothese eines Unterbruchs der Hauptluftleitung hinter dem Führerbremsventil, und daß dann wenigstens eine Bremsung des Steuerwagens hätte erfolgen müssen. Dem Ermittlungsakt nach wurde aber eine Bremsung des Maschinenwagens nachgewiesen, die sich entgegen der SBB= Behauptung auf dem Schreibstreifen des Hasler=Gerätes kurz abzeichnete. Was die Bremswirkung des Steuerwagens betrifft, hätte dieser mit dem geringsten Bremsgewicht der Garnitur zu den 128 Mindestbremshundertsteln knapp 1/6 beigetragen. Damit wäre bei einer Bremseinleitung aus 125-130 km/h gar nichts zu erreichen gewesen. In Anbetracht des anzunehmenden Schienenzustandes - Reifglätte - hätte der leichteste Wagen nur wie eine Art Schlitten gewirkt, ohne eine nennenswerte Bremswirkung zu erzielen.

4. Indusiauswertung, Erwägungen zum Kippmoment und zur Fahrt des TEE 56 am 9.2.1971

Bei der Fahrt des TEE 56 am 9.2.1971 erfolgte die Regulierungsbremsung vor Kaufbeuren in Auswertung der Indusistreifen dem Gutachter zufolge um 200 m zu spät.[96] Erklären ließe sich die verspätete Bremswirkung vor Kaufbeuren mit der Thoma'schen Hypothese eines Eispfropfens in der Hauptluftleitung, der sich danach infolge der abendlich sinkenden Temperaturen bei hoher Fahrgeschwindigkeit und Erreichen eines "Kaltluftsee"=Gebietes etwa 750 m über NN weiter ausbildete. Die Erörterung einer anderen Möglichkeit für eine Bremsfunktionsstörung - evtl. ein schadhaftes Ventil - wäre nachträglich wenig effektiv. Ein Bremsenexperte hätte damals den Komplex wahrscheinlich klärend durchdringen können. Es wurde jedoch keiner berufen.
Seinerzeit richtete sich das Augenmerk zunächst auf das "rätselhafte" Verhalten eines erfahrenen und zuverlässigen Tf. Da, wie erwähnt, der medizinische Befund eine Bewußtseinsstörung nicht belegte, schien man nur noch verwirrter. In der Auswertung der Indusi= Schreibstreifen [97] heißt es:

> *"Die Aufzeichnung der Unfallfahrt läßt erkennen, daß Lokführer Rahn, der nach den Schreibstreifen Anlagen 5,6 und 7 äußerst korrekte und gekonnte Fahrtechnik gezeigt hat, in den Verlauf der Unfallfahrt nicht wie üblich und notwendig eingegriffen hat. Er hätte, falls er den Bahnhof Aitrang nicht als diesen erkannt hat, spätestens beim Einlauf in die Kurve gemerkt haben müssen, wo er war und schnell bremsen müssen. Da jetzt immer noch mehr als 34,420 - 34,258 ca. 162 m Bremsweg zur Verfügung gestanden hätten, würde die Fahrschaulinie mit Sicherheit noch einen Bremseinsatz aufgezeichnet haben.*
> *Dennoch kann man nicht ausschließen, daß Herr Rahn im letzten Moment nicht doch noch gebremst hat, denn vom Moment der Bremshandlung bis zum sichtbaren Absinken der Geschwindigkeit und mit ihr der Fahrschaulinie, vergehen bei schnellwirkenden Bremsen bei kurzen Triebwageneinheiten nach der Erfahrung etwa 2 Sec. Der Zug fuhr mit 125 km/h, das sind 125/3,6 ca. 35 m/Sec. In 2 Sec folglich 70 m Weg.*
> *Es darf deshalb nicht ausgeschlossen werden, daß Herr Rahn etwa ab 70 m vor der Zertrümmerung des Antriebes für die Registriereinrichtung nicht doch noch gebremst hat."*

Anzumerken ist, daß die StA den Gutachter des BZA München beauftragt hatte, den Indusistreifen gemeinsam mit dem Indusi=Fachmann auszuwerten. Dem war der BZA= Beamte nicht nachgekommen. Er begründete das mit Erkrankung und meinte, auch bei seiner Mitwirkung an der Indusi=Auswertung wäre kein anderes Ergebnis herausgekommen. Damit hatte sich dieser ranghohe, intelligente und erfahrene Beamte nicht unelegant aus der Affäre gezogen, denn er wußte bestimmt, wie unterschiedlich die Auswertungen der kargen Indusiaufschriebe ausfallen, wenn sie von mehreren Fachleuten interpretiert werden (z.B. zu Warngau, S. 233ff, oder zum BÜ=Unglück Lauffen, S. 61). Entweder war er also nicht interessiert an der heiklen Indusiauswertung überhaupt oder er legte keinen

Wert auf eine Zusammenarbeit mit diesem Kollegen, dessen etwas naive Publikationen in DB=Zeitschriften nicht gerade eine Empfehlung waren. Und wahrscheinlich kannte der BZA=Beamte den von weither geholten Indusi=Fachmann nicht persönlich.

Auch zu Warngau hatte der Indusi=Fachmann ein Gutachten zu erstellen. Er las aus dem Indusiaufschrieb für den einen der beteiligten Züge eine Temposenkung um 31 km/h heraus bei einer Bremswirkung weniger Sekunden! Das Gericht folgte der Auslegung des anderen Indusi=Gutachters und erklärte, der Indusi=Fachmann seit zwar versiert in Prüfung der technischen Funktion, nicht aber in der Praxis.

Das hatte uns 1977 während der Arbeit an unserem Werk *Kriterien der Schiene* stutzig gemacht. Da außerdem der ebenfalls darin behandelte Auffahrunfall von Guntershausen (D II) bot, was die Kemptener StA vergebens geklärt zu haben wünschte - nämlich Entstehungsumstände der erkannten Anlaufspuren auf den Radreifen -, ferner die zu Guntershausen gehörigen Indusiaufschriebe sehr aufschlußreich waren, baten wir die StA Kempten noch einmal um Überlassung der Aitranger Indusistreifen zur Prüfung.

Bei der nun sehr gründlichen Durchsicht fielen zunächst kleine Ungenauigkeiten im Indusi=Gutachten auf, so falsche Daten (mehrfach 19.2. statt 9.2.), dann das Fehlen einer Erklärung für die Differenzen des Vorschubs der Registrierstreifen vom 28.1. und 9.2.1971, die aus den gleichen Wagen derselben Garnitur und desselben Indusi=Gerätes stammen. Da sich der Radreifenumfang in 10 Tagen kaum verändert, kann die Wegaufzeichnung für 15 km nicht um mehr als 1 cm differieren, ohne daß hierfür eine Erklärung geliefert wird.[98]

Die Indusi=Registrierstreifen enthalten weitere Besonderheiten, die zu deuten dem Gutachten nach unterlassen wurde. So zeigt der Schreibstreifen im Maschinenwagen, der dort trotz abgeschalteter Indusi mitlief, nach dem Abbrechen im 0=km=Bereich eine etwa 1 cm lange zittrige Linie und der Schreibstreifen des Steuerwagens am oberen Rand etwa ab km 30,4 (Ausfahrt Ruderatshofen) einen über den Abbruch der Geschwindigkeitsschaulinie hinausführenden, durchgehenden Strich statt der bis dahin eingedrückten Punkte des Antriebsrades.

Die Aufzeichnung des Hasler=Gerätes im Maschinenwagen (im Steuerwagen war es ausgebaut) ist eindrucksvoller als die Indusiaufschriebe, da sie bereits ohne Vergrößerung deutlicher herauskommt und Linien mit Geschwindigkeitsziffern hat, die zur Auswertung der Indusistreifen auf diesen erst gezogen werden müssen. Das Hasler=Gerät zeichnet zusätzlich auch eine wegabhängige Uhrzeitlinie auf, aus der zu entnehmen ist, wo und wie lange das Tfz stand bzw. wieviel Zeit es für eine bestimmte Strecke brauchte. Der Indusi=Gutachter benutzte die Hasler=Aufzeichnung lediglich zum Hinweis, daß die Geschwindigkeitsschriebe im Rahmen der zulässigen Toleranzen übereinstimmten.

Die Geschwindigkeitsschaulinie des Hasler=Gerätes weist ein kurzes Absinken aus ca. 126 km/h nach, dann ein jähes Abfallen auf ca. 105 km/h, danach wieder eine kurze Weglinie und anschließend den teils gestrichelt, teils gepunkteten steilen Rückgang auf Null, wonach noch eine kurze zittrige Aufzeichnung vorhanden ist. Das deckt sich mit der Zeitschaulinie, die etwa mit dem ersten Absinken der Geschwindigkeitsschaulinie einen Schlupf der Geberachse andeutet, da die Linie weder Stillstand noch Fahrt aufzeigt. Stillstand wird erst nach der zittrigen Schlußaufzeichnung ausgewiesen, und dann arbeitete die Zeitaufzeichnung sehr zuverlässig weiter bis zum 10.2. morgens 10 Uhr. Zu diesem Zeitpunkt wurde das Gerät ausgebaut.

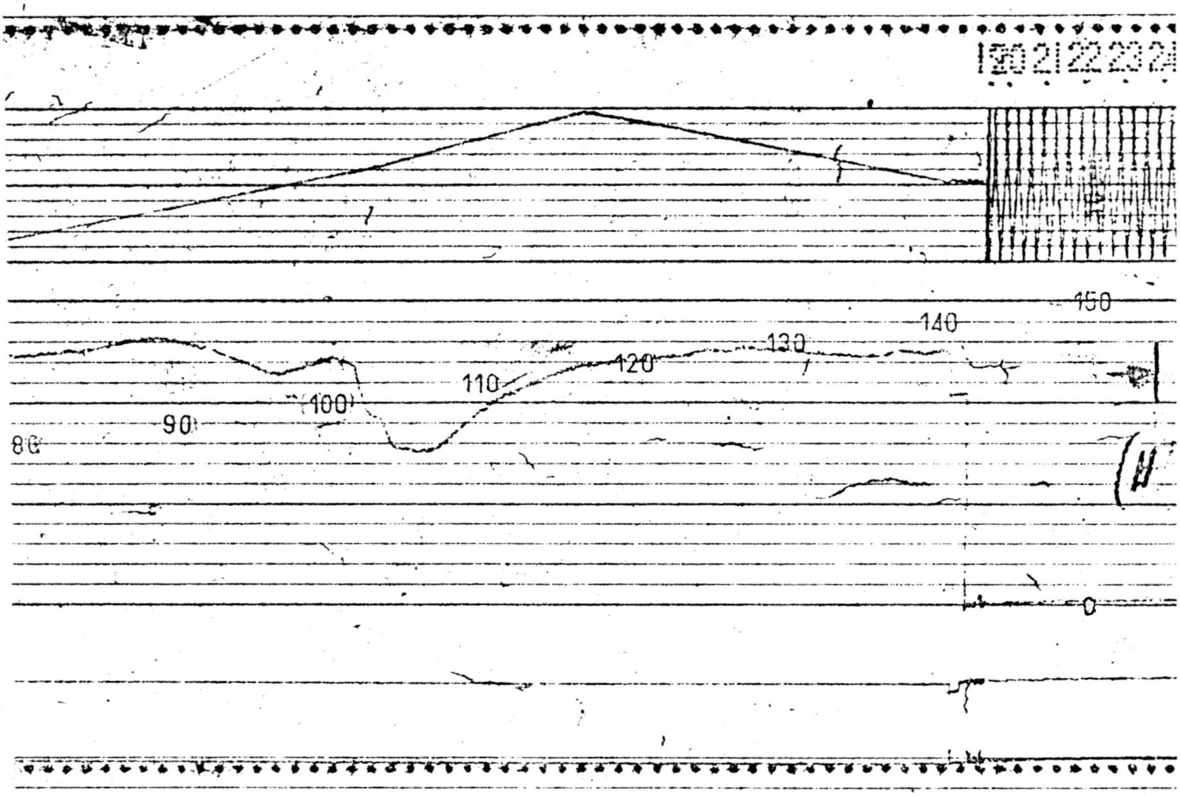

Endstück des Hasler=Schreibstreifens, Fahrt TEE 56 am 9.2.1970 [99]

Der Indusi=Fachmann zog zur vergleichenden Auswertung mit anderen Fahrten nur ältere Indusiaufschriebe heran. So enthielt der Ermittlungsakt lediglich den Hasler=Aufschrieb vom 9.2. Es wäre aber interessant und wichtig gewesen, wenn man z.B. die etwas eigenartige Bremsaufzeichnung vor Kaufbeuren anderer Februar=Fahrten mit denen des Hasler=Gerätes hätte vergleichen können.

Sowohl das Gutachten des Indusi=Fachmanns als auch das des BZA=Beamten gaben an, daß Bremsauslösung und Entgleisung des Maschinenwagens zeitlich eng beieinander gelegen haben müssen. Zur Endlage des Maschinenwagens (Nr. 4) [100] schrieb der BZA=Gutachter:

> *"Man muß aber annehmen, daß er durch die geknickte Stellung zwischen Wagen 3 und 4 sich auf dem Wagen 3 am oberen Ende des Wagenkastens abgestützt hat und so am Umkippen gehindert wurde. Außerdem dürfte zu diesem Zeitpunkt bereits eine Bremsung wirksam geworden sein, von der vor allem der Fahrdienstleiter des Bf Aitrang in seiner Vernehmung spricht."*

Die Verbindung von Entgleisung und Bremsung kann aber schon der örtlichen Verhältnisse wegen (s.S. 158f) nicht stimmen. Fdl hatte vom Dienstraum weder Sicht auf die Entgleisungsstelle noch hätte er dann das Rotlicht verlöschen sehen noch das Gefühl rechtzeitiger Bremsung des Zuges haben können. Die Funken, die Fdl h i n t e r dem Zug beobachtete, müssen von den blockierenden Rädern des Maschinenwagens bei Passieren des EG verursacht worden sein, und die Radreifenschäden ergänzen die Aussage des Fdl beweiskräftig. Die Entgleisung mit erster Zugtrennung = Reißen der Bremsschläuche ist bei km 34,420 anzunehmen. Der Maschinenwagen lag auf der linken Seite in den Schotter gewühlt, zwischen den beiden Richtungs=Durchfahrgleisen mit der Spitze bei km 34,494. Selbst wenn der Maschinenwagen erst relativ spät entgleiste, dürften in Berücksichtigung der hohen Fahrgeschwindigkeit und Fliehkraft bzw. Seitenbeschleunigung die rechten Räder schon bald nach Kurveneinlauf so entlastet gewesen sein, daß auf diesen keine so deutlichen Bremsspuren mehr entstehen konnten. Auch das stützt die Annahme einer Bremsung bereits in der Geraden, wo auch die rechten Räder noch voll belastet waren.

Auf die Entlastung der bogeninneren Räder wurde auch in den Gutachten zum ähnlich gelagerten Fall Rheinweiler hingewiesen. Weiterhin läßt ein Vergleich der Fahrzeugendlage Aitrang und Rheinweiler den Schluß zu, daß die Entgleisungsgeschwindigkeit in Aitrang nicht viel über 100 km/h lag, wie auch der Hasler=Aufschrieb nachweist. Schließlich deutet auch die kurze Rutschstrecke des Maschinenwagens (sie gab dem BZA=Gutachter ebenfalls zu denken), die nur gut 1/3 der des Tfz in Rheinweiler betrug, darauf hin, daß die Aitranger Berechnungen das Kippmoment und die Entgleisungsgeschwindigkeit zu hoch ansetzten.

Das Gutachten der Sachverständigen des Landeskriminalamtes München errechnete für die Aitranger Kurve ein Kippmoment g e z o g e n e r Züge erst bei Überschreitung von ca. 124 km/h. Mit v o r n laufenden Maschinenwagen hätte sich der TEE 56 gerade noch im kritischen Bereich befunden.[101] DB=Stellungnahmen widersprechen dem grundsätzlich, soweit es den Vorteil der genannten Anordnung des Maschinenwagens betrifft.[102] Auf den rechnerischen Beweis, wie ihn die Herren des Landeskriminalamtes erbrachten, ist verzichtet; statt dessen findet sich die durch Vorschriften belegte Angabe, daß es sich bei den RAm=Garnituren weder um lokbespannte Züge noch um Schiebegarnituren handelte.[103]

Auch hierzu ist wiederholt daran zu erinnern, daß Vorschriften für die Betriebspraxis abgefaßt sind, nicht aber für eine wissenschaftliche Beweisführung. Dabei hätten die DB=Beamten ihre Ansicht mit vorliegenden Untersuchungsergebnissen untermauern können. Zur Prüfung der Verhaltensweise geschobener und gezogener Züge führte die Deutsche Reichsbahn in der zweiten Hälfte der dreißiger Jahre Schwingungsversuche insbesondere in Kurvenfahrten bei höheren Geschwindigkeiten (bis über 120 km/h) durch und stellte dabei fest, daß beim Wagenlauf speziell hinsichtlich Fahrsicherheit kein Unterschied besteht, ob die Lokomotive den Zug schiebt oder zieht.[104] Meßwagenfahrten testen eben auch all die Fakten, die eine theoretische Rechnung nicht erfassen kann. Und daß die Errechnung des Kippmomentes gemäß Gutachten des Landeskriminalamtes von betrieblich zweifelhaftem Wert war, zeigte sich in Rheinweiler.

Für die Kurve dort nahm ein von der StA berufener Schweizer Fahrzeug- und Betriebsexperte als Höchstwert der Entgleisungssicherheit ca. 100 km/h an. Wären rechnerisch zwar höhere Grenzwerte zu ermitteln, wirkten doch stets kleine Gleislagefehler und Eigenarten des Zuglaufes mit. Ein scharfes Anlaufen, das bei größeren Geschwindigkeitsüberschreitungen kritisch wird, träte vor allem bei Gleisunebenheiten und im Weichenbereich ein, und der TEE 56 hatte eine Bogenweiche zu befahren. Nachstehend eine vergleichende Gegenüberstellung der Gleislage Aitrang und Rheinweiler zur Bewertung des Komplexes Kippmoment oder Entgleisungsgeschwindigkeit:

Aitrang		Rheinweiler
r = 295 m (IWB; stumpf)		r = 300 m
Ü (Soll) = 130 mm		Ü (ist) = 142,5 mm
Hg = 80 km/h	(Ü = Überhöhung)	Hg = 75 km/h

Die Differenzen in Radius und Überhöhung, ferner in Aitrang eine zwar stumpf, aber im Innenbogen zu befahrene Weiche, ergeben, daß es zur Entgleisung keiner Geschwindigkeit von 125 km/h bedurfte. Auch ist die viel stärkere Deformation des Gegengleises in Aitrang nur dadurch zu erklären, daß hier im Vergleich zu Rheinweiler das Verhältnis Fliehkraft/Schwerkraft der entgleisenden Fahrzeuge, bedingt durch eine unterschiedliche Entgleisungsgeschwindigkeit, anders war. Glitten doch in Rheinweiler die Wagen und die rd. 116 t schwere Ellok über das Gegengleis hinweg, ohne es in einem Aitrang ähnlichen Maße zu beschädigen.

Ohne den gravierenden Unterschied in den Endaufzeichnungen der Hasler= gegenüber den Indusi=Schreibstreifen läge der Fall klar. Der Indusi=Gutachter begnügte sich mit der Feststellung, der Indusiaufschrieb bräche im 125 km/h=Bereich ab, und das bei der Entgleisung. Die Hasler=Aufzeichnung ignorierte er. Nach dieser muß Herr Rahn jedoch bereits vor dem Einfahrsignal Aitrang Bremsung eingeleitet haben, vielleicht weil er durch eine verzögerte Bremswirkung vor Kaufbeuren gewarnt war und es nicht darauf ankommen lassen wollte.

Herr Rahn war ein umsichtiger, gut qualifizierter Lokführer, der die Strecke seit 20 Jahren, überwiegend im Schnellzugdienst befahren und allein seit dem 29.6.1970 die TEE=Züge der schweizerischen RAm=Garnitur 17 Mal geführt hatte. Möglich wäre, daß er beim Ausbleiben der Bremsung seinen Kollegen, den Schweizer Maschinenwart, anrief und anwies, Bremsung vom Maschinenwagen aus vorzunehmen. Möglich, daß er anfragte, ob die Bremsung im Maschinenwagen funktioniere.[105] Die Annahme eines Telefonates vor der Entgleisung stützt sich auf den nicht in seiner Halterung befestigten Telefonhörer im Maschinenwagen, zur fernmündlichen Verständigung Tf/Maschinenwart bei Fahrt mit Steuerwagen an der Zugspitze.

Klarheit darüber wie über anderes, das mangels faktischem Wert nicht angeschnitten wird, hätte nur die Aussage Herrn Rahns oder des Schweizer Maschinenwartes erbringen können. Beide überlebten nicht, und es kann nicht einmal mit Sicherheit gesagt werden, wo der Schweizer Maschinenwart den Tod fand. Dem polizeilichen Schlußbericht vom 14.5.1971 zufolge barg man seine Leiche aus dem Maschinenwagen, nach einer Skizze der Fundstellen - und manche Leiche ist doppelt aufgeführt, weil sie in zwei Teilen aufgefunden wurde - lag die des Schweizer Maschinenwartes in Wagen 2. Diese Un-

stimmigkeiten sind ebenfalls bezeichnend für das Aitranger Unglück, nach dem offenbar auch nur sehr spärliche Vernehmungen der Überlebenden stattfanden.[106] Der zur Zeit des Unglücks sich in seinem Dienstabteil im Maschinenwagen aufhaltende und schwer verletzte Zf hatte nichts Ungewöhnliches vor der Entgleisung bemerkt.
In der staatsanwaltlichen Begründung zur Einstellung des Ermittlungsverfahrens am 6.7.1971 wurde ein Verschulden Herrn Rahns ausgeschlossen und auch dem Fdl bescheinigt, daß ihn keine Schuld am Auffahren des Kemptener Triebwagens träfe.
Einem nachstehend zitierten Absatz aus der Einstellungsbegründung ist aber zu entnehmen, wo nach Ansicht der StA die für die Katastrophe Verantwortlichen zu suchen waren. Man hätte es allerdings etwas präziser formulieren und auch die SBB einbeziehen können.

> *"Irgendwelche Bestimmungen der EBO oder sonstiger Sicherheitsbestimmungen, von der Geschwindigkeitsüberschreitung des TEE abgesehen, wurden nicht verletzt. Ob die im Zusammenhang mit dem Unglück von Aitrang geforderten verstärkten Sicherheitsmaßnahmen sinnvoll, technisch durchführbar, personalmäßig realisierbar und finanziell vertretbar sind, ist im Rahmen des gegenwärtigen Ermittlungsverfahrens nicht zu entscheiden, da es nicht Aufgabe der Staatsanwaltschaft ist, Verbesserungsvorschläge in technischer oder personeller Hinsicht zu unterbreiten, sondern sich diese nur darauf zu beschränken hat, die strafrechtliche Schuld in dem zur Entscheidung anstehenden Einzelfall zu untersuchen. Ob der Unglücksfall mit all seinen Begleiterscheinungen die Verantwortlichen der Deutschen Bundesbahn oder gar den Gesetzgeber zu Initiativen veranlaßt, mag dahinstehen und entzieht sich naturgemäß den staatsanwaltschaftlichen Möglichkeiten."*

Sachverhalt und Zitierungen, soweit nicht anders angegeben, aus Ermittlungsakt StA beim LG Kempten, Az 30 Js 15/71.

92 Die Zahl 42 Verletzte gemäß DB=Statistik (19 schwer, 12 leicht und 11 geringfügig Verletzte). Der Polizei=Schlußbericht nennt nur 34, davon 28 im TEE, diese namentlich mit Angabe der Verletzungen aufgelistet. In der Einstellungsbegründung der StA wird eigens auf Unstimmigkeiten bei Erfassung der Verletzten hingewiesen.

93 In **Bf Mecklar**, Str Fulda-Bebra, entgleiste D 280, Alpenexpreß, am 28.7.1971 gegen 3.45 Uhr mit ca. 105 km/h auf der Fahrt nach Puttgarden. Die Unfallursache bestand in einer defekten Weiche, die am Vortag repariert worden war und ausgewechselt werden sollte. Sie verstellte sich unter dem sechsten Wagen des Zuges, einem Pw, der quer gerissen wurde, wonach die folgenden Reisezugwagen entgleisten, aber aufrecht zum Stillstand kamen. Von den 175 Insassen des Zuges wurden nur 25 verletzt, da sich die meisten im vorderen Zugteil befanden und die Beschädigungen der entgleisten Wagen vor allem in abgerissenen Drehgestellen bestanden.

94 Bis sie 1977 modernisiert als Northlander nach Übersee verkauft werden konnten.

95 Auch im BZA München sah man eine kritische Auseinandersetzung mit Aitrang ungern. Da Akteneinsicht auch nach Abschluß des Ermittlungsverfahrens wegen vorrangiger Rechtsregelungen nicht so bald mög-

lich war, gestattete uns die StA Kempten, vom BZA München eine Kopie des Gutachtens zu erbitten. Statt einer offenen Absage bzw. überhaupt einer Antwort fanden wir später im Ermittlungsakt einen Brief der BZA an StA, Prof. Thoma's Aufsatz betreffend, mit der angefügten beschwörenden Frage, ob *"wirklich keine Bedenken"* bestünden, *"diesem Dritten"* (uns) das Gutachten einsehen zu lassen bzw. *"Auskünfte daraus zu erteilen"*.

96 Da andere Gutachter bei der Indusiauswertung Toleranzen bis zu 200 m für möglich halten, könnte es auch mehr als 200 m gewesen sein. Bemerkenswert an dieser Bremsaufzeichnung vor Kaufbeuren ist ferner ein leichter Knick am Anfang der Bremskurve, der auch vom Hasler=Gerät wiedergegeben ist.

97 Wirbelstromgerät J 54, WR 7 303 542 im Steuerwagen 501/2; der Gutachter errechnete einen Vorschub 9,6 mm pro km oder 1 mm Papier = 104,1 m Strecke. Das Gerät im Maschinenwagen der gleichen Art hatte die Nr. 302 487. Radumfang Steuerwagen 898 mm, Maschinenwagen 1040 mm.

98 Die Aufzeichnungsgeräte haben eine Vorrichtung, die Unterschiede der Rollendurchmesser ausgleichen sollen, was schließlich auch nötig ist, um ein einigermaßen zuverlässiges Bild zu geben. Von einem Gutachten wäre wohl zu erwarten, daß derartige Auffälligkeiten erläutert bzw. begründet werden, denn die StA kann sich kaum die Mühe machen, spezielle Fachliteratur durchzuarbeiten.

99 Bei 521 mm Länge der Aufzeichnung ab Fahrtbeginn bis Stillstandsanzeige und einer Fahrtstrecke von 102,376 km ergeben sich für 1 mm Aufzeichnung ≙ 0,1965 km oder => 5,9 mm für ≙ 1 km. Somit erfolgte die erste Blockierung der Räder des Maschinenwagens kurz vor Passieren des EG.

100 In der SBB=Typenskizze wird der Maschinenwagen als Nr. 1 bezeichnet, in den Unfallunterlagen als Nr. 4 gemäß Reihung dieses Zuges, so auch in dieser Arbeit beibehalten.

101 Wörtlich im Gutachten des BLKA vom 29.4.1971:
"Nach den praktischen Erfahrungen macht sich ein anderer entscheidender Vorgang bei einer Kurvenfahrt mit überhöhter Geschwindigkeit bemerkbar, bevor ein Abkippen aufgrund der Fliehkraft erfolgt. Wenn die Radialbeschleunigung einen Betrag von ca. 4m/sec² erreicht, wird das Aufsteigen des Radkranzes an der Innenseite des äußeren Schienenkopfes beobachtet. Bei den zugrundeliegenden Verhältnissen bedeutet dies ein Entgleisen bei ca. 124 km/h. Die gefahrene Geschwindigkeit, bei der der TEE 56 gerade entgleisen mußte, dürfte sich einer exakten Berechnung entziehen, weil die tatsächlichen Reibungswerte zwischen Rad und Schiene vom Zustand, der Form und dem Abnutzungsgrad der Reibungsflächen abhängen. Schließlich wirkt in der Kurve bei geschobenen Waggons - und dies war hier der Fall - in Richtung der Fliehkraft noch zusätzlich eine Kraftkomponente, die bei gezogenen Wagen nicht nur nicht wegfällt, sondern sogar das Vorzeichen ändert; d.h., es wird bei einer gezogenen Garnitur ein stabileres Fahrverhalten erreicht."

102 Wörtlich aus Gutachten vom 26.5.1971 des DB=Sachverständigen:
"Bei der normalen Fahrt auf der Strecke, d.h. unter Beachtung aller gegebenen Vorschriften ist der Betrieb mit Triebzügen ebenso sicher, wenn das antreibende Fahrzeug hinten läuft, wie in dem Fall, wo es wie bei lokomotivbespannten Zügen vorne läuft oder wo der Antrieb wie bei den leistungsstarken modernen Nahverkehrstriebzügen (z.B. Triebzug 420 für die Münchner S-Bahn) auf den ganzen Zug verteilt ist. Für den Fall einer Unregelmäßigkeit stellen die Kupplungen zwischen den einzelnen Fahrzeugen (auch bei einem Triebzug wie dem Unfallzug) eine so lose Verbindung zwischen den einzelnen Fahrzeugen dar, daß ein Fahrzeug über die Kupplung von seinen beiden Nachbarfahrzeugen nicht daran gehindert werden kann, zu entgleisen oder - bei Übergeschwindigkeit im Bogen - umzukippen. Beweise hierfür sind die Fälle, in denen bei Fehlern in der Signal- oder Weichentechnik eine Weiche unter dem fahrenden Zug umgestellt wird oder in denen sich unter dem fahrenden Zug eine Gleisverwerfung ausbildet. In beiden Fällen wird die Entgleisung nicht dadurch verhindert, daß das Antriebsfahrzeug an der Spitze läuft. Selbst wenn man es

bei dem Unfallzug als richtig anerkennt, daß der Fahrzeugschwerpunkt bei dem Maschinenwagen tiefer lag als bei den Wagen 1- 3 und daß der Maschinenwagen aus diesem Grunde nicht, wie die übrigen Wagen, wegen Übergeschwindigkeit umkippte, so muß man trotzdem feststellen: Wäre der Unfallzug in umgekehrter Reihung gefahren, d.h. mit dem antreibenden Fahrzeug an der Spitze, so wäre dadurch nicht verhindert worden, daß die folgenden Fahrzeuge umkippten."

103 Wann ein Zug betrieblich als "geschoben" gilt, ist in der Eisenbahn=Bau- und Betriebsordnung (EBO, DV 300) festgelegt. Die Bestimmungen lauten:
§ 41 (1) *"Züge gelten betrieblich als geschoben, wenn das Triebfahrzeug nicht an der Spitze läuft und nicht von der Spitze aus gesteuert wird."*
§ 34 (2): *"Wendezüge sind Züge, deren Lokomotive beim Wechsel der Fahrtrichtung ihren Platz im Zuge beibehält und die - bei nichtführender Lokomotive - von der Spitze aus gebremst und direkt oder indirekt gesteuert werden".*
Gemäß DB=Gutachter war die Schweizer RAm=Garnitur kein Wendezug aus folgenden Gründen:
"Bei einer Lokomotive ist es möglich, sie im Betrieb an einen Zug anzukuppeln oder vom Zug abzukuppeln. Sie kann ihren Platz im Zug wechseln. Der Maschinenwagen des Unfallzuges kann demgegenüber nur in der Werkstatt von dem übrigen Zug getrennt werden. Wegen der Bauart der Verbindung und dem Übergang zum Nachbarwagen kann er auch seinen Platz im Zuge nicht wechseln, selbst wenn dies in der Werkstatt vorgenommen werden sollte. Der Maschinenwagen kann auch nicht als 'Lokomotive' bezeichnet werden, da er einen offenen, nicht mit einer verschließbaren Tür versehenen Übergang zum nächsten Wagen hat. Weil der Maschinenwagen ohne Kupplung mit dem Nachbarfahrzeug an diesem Ende offen wäre, könnte er allein z.B. keine Zugfahrt auf der Strecke ausführen. Lokomotiven können dagegen einzeln auf der Strecke verkehren. Der Unfallzug kann daher nicht als 'Wendezug' bezeichnet werden..."

104 Nordmann, Untersuchungen über Schwingungen an Fahrzeugen, Zeitschrift d. VDI 1939, S. 157 ff.
" , Laufeigenschaften der Lokomotiven, Organ 1941, S. 193 ff.
Müller, Laufsicherheit bei der DR, Organ 1941.

105 Unabhängig von der Wahrscheinlichkeit, daß bei einer Drucksenkung in der Hauptluftleitung vom Steuerwagen aus wenigstens Bremsung im Maschinenwagen erfolgten mußte, sofern ein Unterbruch in der Leitung h i n t e r diesem vorlag, wurde in keine der Spekulationen der Maschinenwart einbezogen. Auch er kannte die Strecke und beachtete nach der Bremsverzögerung vor Kaufbeuren sicher besonders aufmerksam den Fahrverlauf, so daß möglicherweise e r telefonischen Kontakt mit Herrn Rahn aufnahm, dann den Hörer fallen ließ, um eilends Notbremsung einzuleiten.

106 Zwei der verletzten Insassen, einer davon ein Schauspieler, fuhren per Taxi nach Zürich, ließen sich im Krankenhaus dort behandeln und auch von der Züricher Polizei vernehmen. Über Unfallablauf oder sonstiges Sachdienliche wurden sie dem Vernehmungsprotokoll nach nicht befragt.

Luftaufnahme mit Gesamtüberblick Unfallstelle Rheinweiler Blick Richtung Süden
<freigegeben durch Regierungspräsidium Freiburg am 10.4.1978 Nr. P-13477>

VI. Rheinweiler (Str Basel Bad. Bf - Freiburg)

Entgleisung des D 370 am 21.7.1971
(23 T, 132 V)

1. Strecke und Entgleisungsablauf

Die Entgleisung von Rheinweiler beschließt diesen Abschnitt mit Abhandlungen von Unfällen, an denen menschliches Versagen der beteiligten DB=Beamten des ausübenden Dienstes teils nicht, teils nur bedingt ursächlich war. Auch die einzige Verurteilung (Kellmünz) wäre im Zusammenhang und von der Beweisführung her gesehen als Fehlurteil zu bezeichnen.

Man könnte bemängeln, daß von den weiteren ernsteren Unglücken der Zusammenstoß bei Dahlerau fehlt, weil der DB auch hierzu heftige Vorwürfe gemacht wurden und nach dem Tod des Fdl von Dahlerau die StA das Ermittlungsverfahren einstellte. Aber diese Katastrophe erinnert entfernt an die von Markdorf/Kluftern am 22.12.1939 [107], wenngleich die Fehlhandlungen von Dahlerau nur auf einen Mangel an Umsicht und ein Mißverständnis zurückzuführen sind. Jedenfalls hätte sich dieser Zusammenstoß bei korrekter Dienstausübung nicht ereignet. Daher wird er nur im Chronikband aufgeführt.

Der Presse gab Rheinweiler fast noch mehr Stoff als Aitrang, da zusätzlich auch auf diese Entgleisung vergleichend zurückgegriffen werden konnte. Mit massiven Vorwürfen gegen die DB wurde nicht gespart, insbesondere hinsichtlich Sicherheitslücken im Zusammenhang mit den zahlreichen Tempowechseln auf der südlichen Rheintalstrecke.

Wenn auch kaum unfallursächlich, kann man dieser Kritik eine gewisse Berechtigung nicht absprechen, wenngleich die Hg=Angaben in Spalte 2 der Buchfahrpläne nur Grenzwerte darstellen, die von den Tf ausgefahren werden können, aber nicht müssen. Im Fall Aitrang zeigte die Auswertung der Indusistreifen, daß auch dort die zulässige Höchstgeschwindigkeit selten genutzt wurde, da nicht notwendig zur Einhaltung der Fahrzeit auch bei geringen Verspätungen. Zudem wissen die Tf, daß ein Ausfahren der Grenzgeschwindigkeit auf kurzen Abschnitten jeweils mit Abbremsen verbunden ist, vermeidbare Konzentration erfordert und sehr unwirtschaftlich ist.[108]

Im südlichen Teilstück der alten badischen Magistrale waren im Sommer 1971 bis Müllheim, wo bereits am 17.7.1911 ein Schnellzug von Basel wegen überhöhter Geschwindigkeit entgleiste [109], zahlreiche Tempowechsel zu beachten, allein zehn auf den rd. 20 km Basel-Rheinweiler.

Schnellzüge - auch D 370 - durften ab Basel zunächst 100 km/h, dann 120 km/h fahren und mußten nach einer Gesamtfahrstrecke von nur 4,3 km für 800 m auf 105 km/h herunter. Danach hatten sie für 8,2 km Tempo 120 km/h frei. Bei Istein waren für 3,5 km 80/85 km/h zulässig, darauf 1,4 km bis hinter Kleinkems 105 km/h und anschließend 2 km abermals 120 km/h. Am Ende dieser 2 km, in km 250,4, mußte die Hg jedoch schon wieder um 45 km/h gesenkt sein, weil die Kurven von Rheinweiler mit zulässigen 75 km/h

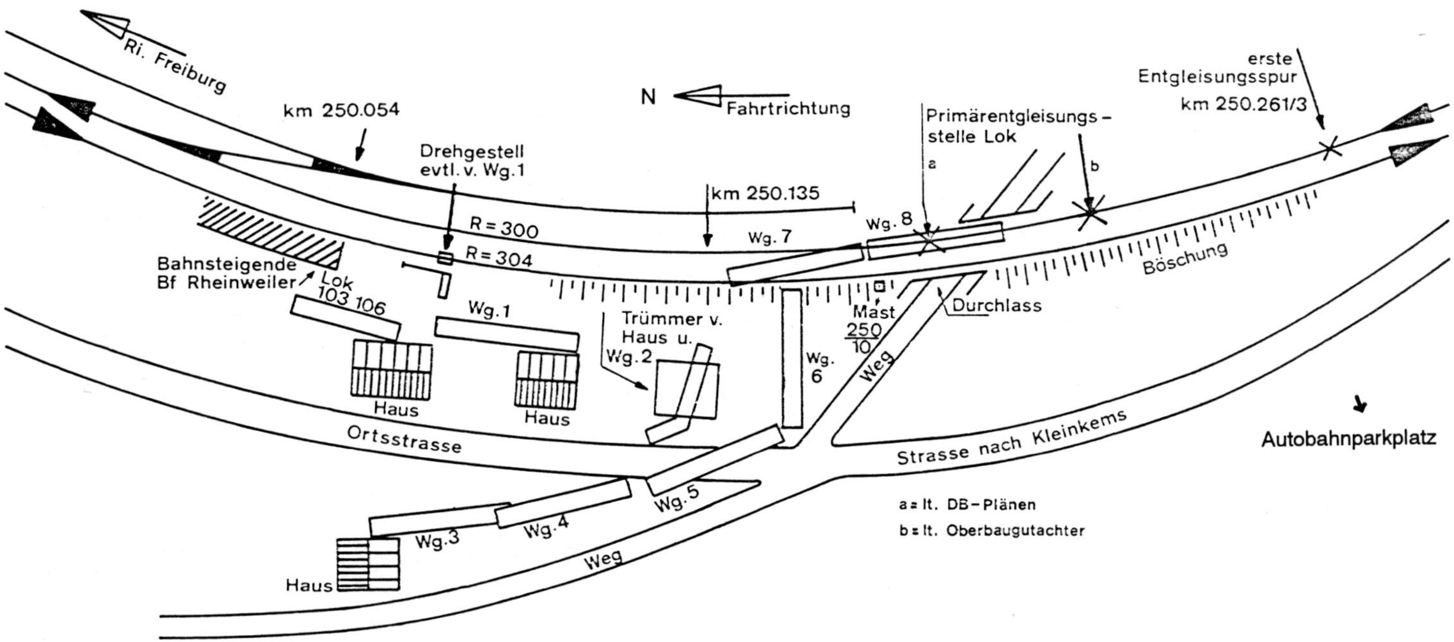

Planskizze zur Entgleisung des D 370 am 21.7.1971

begannen. Des Oberbauzustandes wegen befand sich vorübergehend im o.g. 80/85 km/h =Abschnitt noch eine 1,7 km lange La, die allen Zügen 50 km/h vorschrieb. Der Oberbau der Kurve von Rheinweiler, beginnend mit Übergangsbogen in km 250,30 (Kilometrierung ab Mannheim Ri Basel gerechnet, sonstige Angaben stets in Fahrtrichtung), war im März 1971 völlig überarbeitet worden, wobei ab km 250,37 auch die Gleisprofile S 49 ausgebaut und durch S 54 ersetzt wurden.
D 370 bestand am Unfalltag aus Tfz 103 106-1, Bw Frankfurt, einem Kurswagen der Dänischen Staatsbahn, der als Wagen 1 lief, und sieben weiteren DB=Schnellzugwagen mit einer Gesamtlänge von 228,80 m. Der Zug verließ Basel=Bad. Bf planmäßig 13.08 Uhr. Die Tempowechsel im Fahrverlauf bis vor Rheinweiler wurden vorschriftsgemäß eingehalten. Nach Durchfahrt Kleinkems beschleunigte D 370 etwa ab km 252,4 statt auf 120 auf 140 km/h und entgleiste ca. 13.22 Uhr offenbar ungebremst zwischen km 250,3 und km 250,1.
Vom gegenüber der Unfallstelle liegenden Parkplatz der Autobahn Basel-Freiburg, die hier ca. 200 m parallel zur Bahn verläuft, beobachtete ein sich die "Beine vertretender" Kraftfahrer den nach seiner Meinung ungewöhnlich schnell heranfahrenden Zug. Plötzlich sah er mitten im Zug, nach seiner Angabe die Wagen 3 - 5 heftig schlingern und Sekunden darauf die Ellok katapultartig aus den Gleisen schießen. Den weiteren Ablauf der Entgleisung konnte er nicht mehr erkennen, weil alles von aufwirbelndem Staub oder Dreck eingehüllt wurde.
Ein Kriminaloberrat, der in einem Bus mit Polizeischülern gerade vorbeifuhr, beobachtete ebenfalls die Entgleisung und organisierte die ersten Hilfsmaßnahmen.
Ob die erste Entgleisungsspur in km 250,263 auch für den Entgleisungsablauf die erste war, blieb fraglich, weil sie nicht von Wagen 1 stammen konnte. Dieser, bereits gekippt, stieß vermutlich mit dem Dach gegen Fahrleitungsmast $\frac{250}{10}$ und riß ihn um. Wagen 2 dürfte den Betonsockel desselben Fahrleitungsmastes ein Stück mitgenommen und dadurch die erste Zugtrennung ausgelöst haben.
Obwohl zur Rekonstruktion der Entgleisung unterschiedliche Ansichten vertreten wurden, bestand Einstimmigkeit darüber, daß sich die Wagengruppe 3-6 zentrifugal vom Gleiskörper weg entfernte und ihre ursprüngliche Reihung beibehielt. Zeugenaussagen stützen die Annahme, daß diese Wagengruppe nicht sofort, sondern erst auf der Gleisböschung umstürzte, nachdem es zur Zugtrennung gekommen war. Wagen 3 hatte noch hinreichend Bewegungsenergie, um ein Haus jenseits der Ortsstraße zu beschädigen, die der umgestürzte Wagen 5 sperrte.
Der vordere Zugteil einschließlich Wagen 2 folgte, von der Massenträgheit der 116 t schweren Lok BR 103 beeinflußt, nicht dem Hanggefälle wie die Wagengruppe 3 - 6, sondern bewegte sich von der Entgleisungsstelle in einer Tangente fort, deren Endpunkt sich nur wenige Meter seitlich des Bahndammes befand. Wagen 2 zerstörte ein Wohnhaus; die Wagenreste kamen geknickt auf den Trümmern des Hauses zu liegen. Die Ellok kippte nach einem Gesamtrutschweg von ca. 200 m um 180° gedreht in eine Baugrube. Zwischen Lok und Wagen 2 lag Wagen 1 auf der linken Seite, das vordere Drehgestell noch am Wagenboden. Das hintere und die Drehgestelle der Wagen 2 - 6 fand man teils auf dem Bahnkörper, teils am Hang. Eines der abgescherten Drehgestelle hatte sich vorn unter Wagen 7 verklemmt, was diesen möglicherweise vor dem Umkippen bewahrte.

oben: Rechts Wagen 1 mit Fahrleitungsmast, dessen Sockel vorn; links Trümmer von Wagen 2 und Wohnhaus / **unten**: Vorn umgestürzte Lok 103 106, dahinter Wagen 1

So kam er zwar in Schräglage und mit allen Achsen entgleist, aber mit geringen Beschädigungen zum Stillstand, dgl. Wagen 8, von dem nur das vordere Drehgestell entgleiste. Der DB=Sachschaden betrug rd. DM 5 Mio. Ferner entstanden an sieben Häusern Beschädigungen, davon vier in direkter Unfallfolge und drei als Folge der Rücksichtslosigkeit sensationslüsterner Zuschauer. Im Zug wurden 21 Personen getötet und 124 verletzt, aus den zerstörten Häusern barg man 2 Tote und 8 Verletzte.

oben: Nahaufnahmen vom zertrümmerten Wagen 2 und Wohnhaus / **unten:** Wagen 7

oben: Blick in Fahrtrichtung, Schäden am Gleis / **unten:** Markierung der Entgleisungsspuren

Luftaufnahme, Blick von Westen auf die Unfallstelle
<freigegeben durch Regierungspräsidium Freiburg am 10.4.1978 Nr. P-13479>

2. Rätsel um die AFB

Die Freiburger StA war offenbar über die Schwierigkeiten im Bilde, die sich bei Ermittlungen zur Unfallursache größerer Eisenbahnunglücke gewöhnlich ergeben, und so berief sie ohne Verzug drei neutrale Gutachter. Ein durch Gutachtertätigkeit bei anderen Entgleisungen bekannter Oberbauexperte aus Norddeutschland wurde 17.20 Uhr fernmündlich verständigt. Er nahm den Auftrag an und flog 20.30 Uhr mit einem Assistenten nach Freiburg, von wo beide durch einen Bundeswehr=Pkw zur Unfallstelle gebracht werden sollten. Der Fahrer verfuhr sich, so daß der Gutachter erst kurz nach 23 Uhr an sein Ziel gelangte. Sorgfältig prüfte er Gleislage und -zustand und rekonstruierte auch den Entgleisungsvorgang.
Die beiden anderen Wissenschaftler holte sich die StA interessanterweise aus der Schweiz. Der eine hatte sich über fahrzeugtechnische Fragen, der andere speziell über die elektronische Ausrüstung der Fahrschaltung des Tfz BR 103 zu äußern. Beide Herren erfüllten ihre Aufgabe bemerkenswert objektiv und gründlich. Der Fahrzeuggutachter - in Folgendem Fz=Gutachter genannt - stellte zunächst einmal fest, daß die Kurve von Rheinweiler bei Berücksichtigung einer Sicherheitsmarge höchstens mit 100 km/h ohne Entgleisungsgefahr befahren werden könne.
Zur Frage, ob der Tf des D 370 am 21.7. mit oder ohne AFB gefahren sei, vertrat der schweizerische Professor eine andere Ansicht als sein norddeutscher Kollege, der mein-

te, die Indusigeschwindigkeitsschaulinie lasse durch unterschiedliche Beschleunigungsaufzeichnungen den Schluß zu, daß sie *"nicht Bestandteile ein und derselben Parabel"* seien.
Der Fz=Gutachter begründete seine Meinung, der Tf habe die AFB eingeschaltet wie folgt durch:

a) vorliegende Weisungen des Lehrpersonals;

b) Äußerungen des tödlich verunglückten Tf, er schätze die AFB als Entlastung;

c) die nach dem Unfall vorgefundene Stellung des Steuerungs=Wählschalters im besetzten Führerstand 1 auf Automat.

d) die Gesetzmäßigkeit des Fahrverhaltens bei eingeschalteter AFB.

Der Fz=Gutachter veranlaßte Versuchsfahrten zu d), bei denen sowohl mit AFB als auch mit Nachlaufsteuerung gefahren wurde. Die Auswertung der Fahrdiagramme belegte seine Annahme und nicht die des Oberbaugutachters.
Wesentlich ist ferner die Kritik des Fz=Gutachters am Indusiaufschrieb, weil dessen Vorschub nicht völlig konstant und zu gering, vor allem aber der Maßstab der vertikal aufgezeichneten Geschwindigkeitslinie zu klein sei. Der Gutachter empfahl, die Geräte zu verbessern und durch ein Zeit-Weg=Diagramm, wie es die Hasler=Geräte haben, zu ergänzen.
Zum Fahrverlauf des Zuges konstatierte der Fz=Gutachter, daß D 370 am 21.7.1971 erst 20 Sek nach Verlassen des 80/85 km/h=Abschnittes auf die anschließende Sollgeschwindigkeit von 105 km/h beschleunigt habe. Da es keine Vorschrift über das Ausfahren der Grenzgeschwindigkeiten gäbe, würde dies nur der Vollständigkeit halber erwähnt. Ergänzend ist jedoch angefügt, daß die verspätete Hg=Steigerung dennoch eigenartig wäre, da der Zug durch die im 80/85 km/h=Abschnitt liegende La eine Minute Verspätung erhalten hätte.
Das große Rätsel stellte der Beschleunigungsvorgang ab km 252,4 dar. Ziemlich genau hier muß die AFB statt 120 km/h eine Eingabe von 140 km/h aufgenommen haben. Die Überschreitung der zulässigen Grenzgeschwindigkeit nahm der Fz=Gutachter für km 251,7 - etwa 1500 m vor der Unfallstelle - an und ferner, daß Tf beim Erkennen der Effektivgeschwindigkeit statt wie üblich bei km 251,0 schon bei km 251,3 - also etwa 1000 m vor der Entgleisungsstelle - hätte mit Bremsen beginnen müssen. Es fand aber überhaupt keine Bremsung vor der Zugtrennung statt, auch dem Zustand der Radreifen nach. Die im Ermittlungsakt enthaltenen Fotos der Radreifen sind zwar nicht so deutlich wie die von Aitrang oder Guntershausen, schließen aber einen scharfen Bremsvorgang aus. Auch die Indusi=Geschwindigkeitsschaulinie deutet im Gegensatz zu Aitrang am Ende der Linie kein kurzes Absinken an. Somit war an der Ausführung des Gutachters, daß weder die Leistung abgeschaltet noch gebremst wurde, nicht zu zweifeln, und damit ergab sich das Hauptproblem Rheinweiler: warum der Tf nicht handelnd eingriff.
Der Oberbaugutachter nahm menschliches Versagen an, der Fz=Gutachter erwog drei Möglichkeiten:

1. Irrtum des Tf in der Örtlichkeit und Schockwirkung bei Erkennen der Gefahr;
2. Handlungsunfähigkeit durch momentane Bewußtseinsstörung;
3. Störung in der AFB und Panik des Tf.

Hypothese 1 und 2 können wohl ausgeschlossen werden. Tf befuhr die Strecke seit Jahren und kannte sie bestens. Er war ein gesunder und ausgeglichener Mensch in geordneten Verhältnissen. Niemandem war am Unfalltag an seinem Verhalten etwas aufgefallen, woraus sich eine momentane gesundheitliche oder seelische Beeinträchtigung ableiten ließ. Auch die Obduktion ergab wie im Fall Aitrang keine Erklärung. Bestätigung von Störungen der AFB hingegen gab es zahlreiche.
Ein Tf gab an, er habe bei 75% aller Tfz BR 103, die er geführt hatte, Abweichungen von der eingestellten Sollgeschwindigkeit erlebt. Ein anderer Tf sagte aus, er hätte 105 km/h einstellen müssen, damit die Lok 160 km/h erreichte. Abweichungen von der Anzeige bis zu +45 und -50 km/h wurden vorgetragen. Eine Störung in der AFB am 21.7.71 im Tfz 103 106 wäre also nichts Außergewöhnliches gewesen.
Die Entgleisung Rheinweiler erfolgte mit 135 - 140 km/h, nachgewiesen durch das Entgleisungsverhalten von Lokomotive und Wagen, durch den Indusiaufschrieb und den Geschwindigkeitsmesser des nicht besetzten zweiten Führerstandes. Wegen Bruchs der Rückstellfeder war dieses Gerät nicht auf Null zurückgegangen und zeigte daher nach dem Unfall noch die letzte Anzeige.
Nun hätte der Tf bei Erkennen der Geschwindigkeitsüberschreitung zur Einleitung einer Notbremsung lediglich den Hebel des Führerbremsventils in Schnellbremsstellung bringen müssen. Da er dies offenbar nicht tat, die Bremseinrichtungen genau geprüft und in Ordnung befunden wurden, blieb nur die Annahme vorgenannter Hpyothese 3. Verständlicher wird die Annahme einer Handlungslähmung durch Panik - denn wer fährt in eine sichere Katastrophe ohne einen Rettungsversuch - durch den Hinweis, daß der Tf den neuen Loktyp bzw. die AFB noch nicht lange kannte.
Nach seinem Schulungslehrgang für Fahreignung mit Ellok 103 hatte er mehrmals in Begleitung eines Lehrlokführers diesen Maschinentyp geführt, allerdings am 21.7.1971 erst das dritte Mal selbständig, d.h. unbegleitet. Bei der Einschulung war er zwar auf die Möglichkeit des Versagens der Automatik mit entsprechenden Verhaltensmaßregeln hingewiesen worden, aber wenn dann ein solcher Fall erstmalig bei hoher Geschwindigkeit und der Notwendigkeit blitzartiger Reaktion eintritt, hängt die Reaktionsfähigkeit von Erfahrung und Geistesgegenwart ab - der eine hat sie, der andere nicht. Diese Gabe ist nicht erlernbar.
Auch die Führerstandarmaturen können von Einfluß gewesen sein. Der Fz=Gutachter bemängelte das Vorhandensein zweier Geschwindigkeitsanzeigegeräte. Da der Deutatachometer ohnehin maßgeblich sei, wäre es seiner Meinung nach zweckmäßig, den Anzeiger des Nachführgerätes abzuschalten, damit die Tf nicht in Verwirrung gerieten. Andererseits war aber nur durch Vergleichsmöglichkeit beider Geschwindigkeitsanzeigen eine Kontrolle möglich, ob die Automatik funktioniere. Zu bedenken ist aber, daß die Tf nicht nur Kontrollinstrumente, sondern primär die Strecke zu beobachten haben.
Der Tf des D 370 gab also - ca. 57 Sek vor der Entgleisung - am Ende des 105 km/h=Abschnittes der Automatik eine Geschwindigkeit von 120 km/h ein. Durch einen anzunehmenden Fehler kam eine höhere Einstellung, vermutlich 140 km/h [110], zustande, was Tf frühestens nach 20-25 Sek erkennen konnte. Wahrscheinlich verging aber eine etwas längere Spanne, da der Lauf der Elloks BR 103, wie von anderen Tf bestätigt, außerordentlich ruhig ist. Das Fahrgefühl auf dieser Maschine macht eine Geschwindigkeitssteigerung von 120 auf über 130 km/h kaum spürbar. Möglich wäre daher, daß Tf zuerst ver-

suchte, nachdem er die Situation erfaßt hatte, was auch andere Tf aussagegemäß in solchen Fällen taten:[111] die Geschwindigkeit einzuregulieren, aber dazu reichte die Zeit nicht mehr.

Das dritte Gutachten, von einem Schweizer Elektronikexperten erstellt, befaßte sich mit dem Problem, was an der AFB versagt haben könne. Den an einem Trafo der Speiseeinheit entdeckten Wackelkontakt schied er als nicht unfallkausal aus, da dieser den Fahrverlauf nicht so beeinflußt hätte. Eine Störung in der Wechselrichter=Umschalteinrichtung hielt er den Umständen nach ebenfalls für nicht sehr wahrscheinlich, was aber unbeweisbar sei. Als Ursache für die Geschwindigkeitsüberschreitung des D 370 am 21.7.1971 gäbe es an sich nur die Möglichkeit eines "Unterbruchs" einer der drei Verbindungsleitungen zwischen dem Geschwindigkeit=Istwertgeber an der Achse und dem Elektronikgerüst. In einem solchen Fall würde die am Fahrschalter eingestellte Geschwindigkeit von 120 km/h der Automatikregelung einen Sollwert von ca. 140 km/h vortäuschen. Der Deutatacho zeige dann die wirkliche Fahrgeschwindigkeit an, der Tacho des zur AFB gehörigen Nachführgerätes hingegen nur 120 km/h. Reduziere der Tf daraufhin die Hg=Einstellung am Fahrschalter auf 75 km/h, sänke die Effektivgeschwindigkeit mittels AFB auf 85 - 90 km/h. Die Annahme einer solchen Störung decke sich in ihren Folgen mit dem Fahrdiagramm, sei weder auszuschließen noch nachträglich beweisbar.
Nun liegt es in der Natur von Wissenschaft und Technik, daß sie sich ihre Relativität trotz aller Perfektion immer wieder selbst beweist, sei es durch neue Erkenntnisse, sei es durch überraschende Ereignisse. Und in diesem speziellen Fall gab es schließlich die Aussagen einer namhaften Zahl von Tf, die Störungen in der 103=AFB erlebt hatten. Der Bruch eines Verbindungskabels kann nur eine seltene Ausnahme, die bezeugte Menge der Unregelmäßigkeiten in der AFB dagegen nicht auf lauter Ausnahmefälle zurückzuführen sein.
Zwar unbeweisbar und kaum erwogen, blieb letztlich die Möglichkeit einer versehentlich falschen Hg=Eingabe des Tf, die aber in Anbetracht seiner bekannten Sorgsamkeit auszuscheiden war. Daß die AFB zum Zeitpunkt des Unfalles jedoch noch nicht ausgereift und funktionssicher gewesen sein dürfte, deutete nicht nur die Kritik des Fz=Gutachters an, die AFB müsse dahingehend verbessert werden, daß sich Störungen in Richtung Sicherheit auswirkten, sondern ebenfalls die seinerzeitige Anordnung der DB, die Automatik vorerst nicht mehr zu benutzen.

3. Die Folgeprozesse um Schmerzensgeld

Da die Gutachten keine schuldrechtliche Ergebnisse erbracht hatten, endete das Ermittlungsverfahren zu Rheinweiler wie Aitrang mit einer schlichten Einstellung. Es folgte aber noch ein Nachspiel, wodurch Rheinweiler aus dem Rahmen fiel, ohne allerdings neue Maßstäbe zu schaffen.

Zwei bei dem Unglück verletzte Damen, eine aus Thüringen, verklagten die DB auf Zahlung von Schmerzensgeld. Die Höhe wurde bei Klageeinreichung noch nicht spezifiziert, lediglich der Streitwert mit DM 25 000,-- angegeben, woraus die Gerichte eine spätere Forderung von DM 15 000,-- ableiteten.
Für die von der Bahn zu leistenden Entschädigungen nach Unfällen galten ältere Gesetze sowie verschiedene Abkommen der Nachkriegszeit. Unstreitig waren u.a. Erstattungspflicht der Habe, die der Reisende mit sich führt und die beschädigt wird. Mit der hier üblichen, auch notwendigen Beweispflicht waren und sind die deutschen Bahnverwaltungen[112] in der Regel nicht kleinlich, ebenfalls hinsichtlich des Anspruchs auf Heilbehandlung, Kosten der Überführung Getöteter oder der Heimreise Verletzter. In Abgeltung von Entschädigungsansprüchen wird es schon komplizierter, und es wurde einmal so und einmal anders entschieden. Bestimmte Forderungen, auch Schmerzensgeld, waren nur geltend zu machen, wenn ein Verschulden der Bahnverwaltung vorlag, und das nachzuweisen, war in der langen Geschichte der deutschen Bahnen selten möglich. Reisende, die das Prozeßkostenrisiko dennoch nicht scheuten, hatten mit ihrer Klage meistens keinen Erfolg, und im vorliegenden Fall wies die 7. Zivilkammer des LG Freiburg die Klägerinnen auch ab. Damit aber gaben sie sich nicht zufrieden und legten gegen das Urteil Berufung ein.
In ihrer Begründung, u.a. gestützt auf §§ 823, 31 BGB, brachten die Anwälte der Klägerinnen vor, die DB habe aus dem Unfall bei Aitrang nicht die notwendigen Konsequenzen gezogen: Herabsetzung der zulässigen Hg vor besonderen Gefahrenstellen mit erheblich reduzierter Hg und dort Einbau von Überwachungsindusi. Der gemäß Buchfahrplan häufige Hg=Wechsel überfordere die Tf und überspiele die Wirksamkeit der Sifa, die vor Rheinweiler auf Grund der Gegebenheiten im Falle einer Handlungsunfähigkeit des Tf nach Heraufschalten auf 120 km/h nicht rechtzeitig in Funktion treten konnte. Deshalb hätte vor dem 75 km/h=Abschnitt keine höhere Hg als 100 km/h zulässig sein dürfen, was lediglich mit einem Zeitverlust von 9 Sek verbunden gewesen wäre. Außerdem wurde die Eignung des Tf sowie die technische Konzeption des verunglückten Tfz der BR 103 moniert, der Sifa=Intervall von 55 Sek als zu lang und der noch nicht erfolgte Einbau von Überwachungs=Indusi vor Rheinweiler bemängelt.
Das OLG Karlsruhe, 4. Zivilsenat Freiburg, erkannte mit Urteil vom 5.5.1977 die Forderung als gerechtfertigt, wenn auch einige Punkte im Vorbringen der Klageparteien unzutreffend wären:
Der DB als *"Geschäftsherrn"* sei hinsichtlich Bestellung des *"Verrichtungsgehilfen"* (= Tf) nichts vorzuwerfen. Dieser habe seit 1950 ohne Beanstandungen Lokfahrdienst geleistet, seit 1956 als Ellok=Tf im Alleindienst. Gesundheitliche Mängel hätten lediglich in einer *"Neigung zu Erkältungskrankheiten"* bestanden. An seiner Zuverlässigkeit und Eignung bestünden keine Zweifel.
Was die Technik der BR 103 beträfe, sei ein unfallkausales Versagen der AFB ebenso wenig sicher beweisbar wie eine Verhinderung des Unglücks bei einem 30=Sek=Intervall der Sifa. Wegen der relativ kurzen Zeitspanne, die seit der Aitranger Katastrophe vergangen sei, wäre es der DB auch zugute zu halten, wenn sie bis zum Rheinweiler Unglück nicht alle der rd. 2000 zu sichernden *"Langsamfahrstellen"* (=Streckenstücke erheblicher Temposenkungen) mit Überwachungs=Indusi versehen konnte.

Hingegen fand der Senat des OLG den Vorwurf gegen die Fahrplangestaltung begründet und unfallkausal. Somit wurde die DB zur Schadenshaftung verurteilt.
Die Urteilsbegründung griff auf die beweissicheren Ergebnisse der staatsanwaltschaftlich beauftragten Gutachter zurück und folgerte: Es spiele keine Rolle, daß und aus welchem Grund die Hg überschritten wurde. Die Sifa hätte nur rechtzeitig wirksam werden können, wenn eine Erhöhung der Hg hier überhaupt unzulässig gewesen wäre, da *"die kritische Entwicklung ... erst innerhalb der letzten 35 Sec"* vor der Entgleisung eintrat.
Das Gericht widerlegte ferner die DB=Behauptung, eine sicherheitsgemäße *"Fahrplankorrektur"* würde zwischen Basel und Puttgarden eine Fahrzeitverlängerung von mehreren Stunden bewirkt haben. Der Senat ermittelte unter Zugrundelegung der Buchfahrpläne zwischen Basel und Heidelberg 10 Temposenkungen um mehr als 20 km/h und bis Puttgarden weitere 30. Bis Heidelberg war die Unfallkurve das einzige Streckenstück mit einer Temposenkung von mehr als 40 km/h. Bei einer Anpassung der Hg vor allen zehn *"ständigen Langsamfahrstellen"* bis Heidelberg auf die dann zulässige Hg, und zwar jeweils für einen Zeitraum von 55 Sek vorher, wurde ein Zeitverlust von ca. 4 Min errechnet. Statt von mehreren Stunden könne demnach nur von Minuten die Rede sein.
Zur juristischen Motivierung der Schuldfrage zog das Gericht die Adäquanzlehre heran, die eine Bewertungsregel sei mit dem Ziel

> *"... die objektiv rechtliche Zurechnung von Schadensfolgen brauchbar abzugrenzen und hierbei bei völlig unwahrscheinlichen Schadensverläufen eine Haftung des Schädigers auszuschließen."*

Adäquat ursächlich kann also nur ein Ereignis sein, das *"nicht nur unter besonders eigenartigen, unwahrscheinlichen und nach dem gewöhnlichen Verlauf der Dinge"* zustandekommt. Weiter führte das Gericht dazu aus (mit Beklagte ist in Folgendem stets die DB gemeint):

> *" c) Der Unfall war auch eine adaequate Folge der Fahrplangestaltung. Zwar konnte es nur dann zu einem Unfall kommen, wenn mehrere je für sich äußerst seltene Ursachen zusammenwirkten:*
> *Der Lokomotivführer mußte so plötzlich handlungsunfähig werden, daß er keine Notmaßnahme mehr treffen konnte;*
> *dieser Fall mußte zeitlich gerade so eintreten, daß der Zug eine Langsamfahrstelle erreichte, ehe die Sifa wirksam werden konnte;*
> *die Sifa=Taste wurde trotz der eingetretenen Handlungsunfähigkeit weiter bedient;*
> *es mußte sich dabei um eine Langsamfahrstelle handeln, die eine erheblich niedrigere Geschwindigkeit als die zuvor gefahrene Strecke gebot. <....>*
>
> *Betrachtet man die Frage nach der Adaequanz unter dem Gesichtspunkt der Zurechenbarkeit, so läßt sich nicht übersehen, daß jeder einzelne der Schadensfaktoren zwar überaus selten eintreffen mag, aber doch nicht außerhalb aller Lebenserfahrung liegt, und zum weiteren, daß es sich durchweg um Faktoren handelt, die im Bahnbetrieb selbst angelegt sind, also nicht etwa auf einem Hinzutreten dritter, von außen kommender Umstände beruhen. <...>*
>
> *d) Die adaequat verursachte Schädigung der Klägerin war mangels eines Rechtfertigungsgrundes auch widerrechtlich.*

e) Der Senat hat nach sorgfältiger Abwägung des Für und Wider die Überzeugung gewonnen, daß die zuständigen Organe der Beklagten auch fahrlässig gehandelt haben, weil sie der voraussehbaren Gefahr eines weiteren Unfalls nach Art des Unfalls von Aitrang nicht rechtzeitig - d.h. bereits vor dem unvermeidbar verzögerten Einbau der Indusi=Anlagen - durch eine entsprechende Änderung des Fahrplans begegnet sind."

Nicht allein die vorstehenden Ausführungen des OLG Karlsruhe sind wert, zitiert zu werden. Aber es würde den Rahmen dieser Arbeit sprengen, weitere Passagen wiederzugeben. Interessant wäre außerdem zu wissen, von wem die Entlastungsargumente der DB=seitigen Rechtsvertretung stammten betr. Verantwortlichkeit für die Erstellung der Buchfahrpläne und für den Zeitverlust von *"mehreren Stunden"*. Denn diese Behauptungen basieren schwerlich auf Sachkenntnis. Auch der Einwand, Unfälle wie Aitrang habe es in den vierzig Jahren zuvor keine gegeben, weshalb es weder einschlägige Erfahrungen gegeben hätte noch der Begriff Voraussehbarkeit gelten könne. Geradezu fassungslos macht der Entlastungsversuch, nicht die Organe der DB, *"sondern irgendwelche nicht näher bezeichneten angestellten Personen hätten den Buchfahrplan erstellt; ..."*.

Da das OLG Revision zuließ, die von der DB genutzt wurde, kam es zu einem dritten Urteil. Der VI. Zivilsenat des BGH hob am 10.10.1978 die Urteile vom 5.5.1977 des OLG Karlsruhe auf und wies die Berufung gegen die Urteile vom 21.11.1974 des LG Freiburg zurück. Die BGH=Richter waren der Ansicht, die Anforderungen des Berufungsgerichtes an die DB betr. Verkehrssicherheitspflichten seien überspannt, und somit hielten die Begründungen einer Nachprüfung nicht stand. Von der Adäquanzausführung des OLG bejahte das BGH die Ursächlichkeit zwischen Unterlassung und Unfall, die Fahrlässigkeit wird verneint. Denn die *"Fahrplanänderungen"* im Sinne des OLG=Urteils seien für die DB nicht zumutbar gewesen und die Möglichkeit deren Realisierung bis zur Sommerfahrplanperiode 1971, besonders bei internationalen Zugläufen, höchst zweifelhaft. Eine vorübergehende Änderung der Fahrpläne, d.h. bis zum Einbau von Überwachungs=Indusi begünstige überdies zusätzliches Fehlverhalten. Abschließend heißt es in der BGH=Urteilsbegründung:

"Trotz allem hätte die Beklagte die vom Berufungsgericht für richtig erachteten Maßnahmen ergreifen müssen, wenn insoweit bei der gebotenen strengen Prüfung ein unabweisbares Sicherheitsbedürfnis bestanden hätte. Das indessen ist aus der Sicht der Organe der Beklagten auch nach dem Unglück von Aitrang und vor dem von Rheinweiler nicht der Fall gewesen. Das bis dahin allgemein für ausreichend erachtete Maß an Sicherheit hatte sich nicht verringert, das für erlaubt gehaltene Risiko des Eisenbahnbetriebes nicht vergrößert. Nach wie vor mußte es als äußerst unwahrscheinlich erscheinen, daß ein Zug auf offener Strecke wegen verbotswidrig überhöhter Geschwindigkeit in einer ohne weiteres erkennbaren Langsamfahrstelle entgleisen konnte. Für von handlungsfähigen Triebwagenführer bediente Fahrzeuge reichten die bestehenden Sicherheitsvorkehrungen nach wie vor aus; gegen Fehlhandlungen aus einem plötzlichen Verwirrungszustand heraus konnten auch Geschwindigkeitsvorschriften im Buchfahrplan nicht helfen. Der Fall, daß ein Triebwagenführer infolge Trübung oder Verlust seines Bewußtseins wäh-

rend der Fahrt handlungsunfähig werden konnte, dazu noch so plötzlich, daß er nicht mehr zur Abwehr der dadurch entstehenden Gefahr reagieren konnte, konnte ohnehin erfahrungsgemäß nur äußerst selten eintreten. Um dann für die Insassen des Zuges wirklich gefährlich zu werden, mußten weitere, ebenfalls seltene Umstände eintreten: Der Triebwagenführer mußte gerade kurz vor Erreichen der Langsamfahrstelle mit ihrer erheblichen Geschwindigkeitsdifferenz handlungsunfähig werden, er mußte ferner aus irgend einem Grunde die Sifa=Taste heruntergedrückt lassen, die er gerade eben bedient hatte, oder aber er mußte unbewußt diese Taste erneut betätigen. Die Beklagte hatte die Erfahrung gemacht, daß mit ihren vorhandenen Sicherheitseinrichtungen Langsamfahrstellen nach Art der Rheinweiler Kurve über Jahrzehnte hinweg unzählige Male - wahrscheinlich fast eine Million mal - gefahrlos durchfahren worden waren. Die Wahrscheinlichkeit, daß sich nach dem Unglück von Aitrang bis zur Ausstattung der Gefahrenpunkte mit Indusi ein ähnliches Unglück wiederholen würde, war somit äußerst gering; daß es dennoch dazu gekommen ist, ist ein unglücklicher Zufall. <...>
In Anbetracht all dieser Umstände konnte von den Organen der Beklagten nicht gefordert werden, die vom Berufungsgericht erwogene 'Entschärfung' des Fahrplanes mit all seinen Konsequenzen als Sofortmaßnahme anzuordnen. Sie hielt sich vielmehr im Rahmen des 'erlaubten Risikos', wenn sie alsbald wirksame Maßnahmen zu einer weiteren Verbesserung der Sicherheit einleitete, im übrigen aber darauf vertraute, daß der bisherige Sicherheitsstandard keine wirkliche, sich nicht im Rahmen des letztlich Unvermeidlichen haltende Gefährdung für das Publikum bedeutete.
4. Auf die Frage, ob den Organen der Beklagten Fahrlässigkeit zur Last fällt, kommt es danach nicht mehr an. ..."

Was in den Köpfen mancher unserer Richter vor sich geht, ist mitunter unergründlich, und die Seltsamkeit höchstrichterlicher Ratschlüsse nähert sich gelegentlich irgendwelchen unfaßbaren Inspirationen, zu deren Beweiskraft die Gründe dann passend zurechtgebogen scheinen. Auf dem Boden der Tatsachen stehen die Urteilsbegründungen jedenfalls nicht immer, und den oben zitierten BGH=Ausführungen wäre ebenso Sachliches wie Logisches entgegenzuhalten.
Zum Ersten, welchen Sinn hätte es, ein Tfz mit Sifa auszurüsten, wenn diese unter bestimmten Umständen beim *"plötzlichen Verwirrungszustand"* eines Tf doch nicht rechtzeitig wirksam wird? Für solche Fälle des Tf=Alleindienstes ist sie schließlich geschaffen worden, und zwar nicht erst, nachdem sich durch einen aufsehenerregenden Unfall die Notwendigkeit erwiesen hatte. Die Sifa wurde aus Sicherheitsgründen vorbeugend eingeführt als eine der Grundvoraussetzungen für einmännige Führerstandbesetzung.[113]
Zum Zweiten übernahm der BGH zur Aitranger Katastrophe offenbar ohne weitere Prüfung die Argumente der Verteidigung. Die Probleme mit der RAm=Garnitur blieben unberücksichtigt wie verkehrliche Entwicklungen, so die laufenden Geschwindigkeitssteigerungen der davor liegenden Jahre und Beschneidung der Fahrzeitreserven. Das *"jahrzehntelange, fast millionenfache gefahrlose Durchfahren der Kurven"* wie der von Aitrang und Rheinweiler kann daher nicht als Maßstab gelten, vor allem weil das eine Unglück ziem-

lich bald nach Einsatz einer ausländischen Fahrzeuggarnitur, das andere nach dem einer neuen Fahrschaltung erfolgte, über die genügend alarmierende Meldungen vorlagen, die eine Wiederholung von Aitrang in den Bereich des Möglichen rückten.
Zum Dritten kann die DB sehr schnell reagieren, sofern sie es für nötig hält. Wenn sie Jahre zuvor, nach dem ersten Auftreten von Entgleisungen im Zusammenhang mit Bauarbeiten versäumte, den Ursachen dafür sofort gründlich nachzugehen, dann z.T. deshalb, weil man es für eine Verkettung von Zufällen hielt, im Glauben auf diesem Gebiet alles zu wissen.[114]
Aitrang dagegen wirkte wie eine Bombe, und provisorische Sofortmaßnahmen wären möglich gewesen, die sogar für die DB eine Alibifunktion gehabt hätten, nämlich daß man tatsächlich an die *"plötzliche Handlungsunfähigkeit"* des Tf glaubte. Unterließ man das, ergibt sich die Folgerung, intern über die Ursache nicht im unklaren gewesen zu sein, was man vermutlich auch effektiv nicht war.
Was die Realisierung von kurzfristigen *"Fahrplanänderungen"* angeht, kannten die BGH=Richter die täglichen Betriebslagemeldungen sicher nicht. Denn tatsächlich ist die DB laufend gezwungen, vorübergehende "Fahrplanänderungen", genauer Hg=Beschränkungen, bekanntzugeben, vorhersehbare in den La=Heften, überraschend notwendige mit Vorsichtsbefehlen. So mußten vom 2. auf 3.6.1982 allein im Bereich der BD Frankfurt vier *"Behinderungen durch Gleisverdrückungen infolge hoher Außentemperaturen"*, verbunden mit Temposenkungen, bekanntgegeben werden.
Ferner gibt es im Bahnverkehr auch langfristige Langsamfahrstellen, die nur im La=Heft festgehalten werden. Man stellt z.B. Schäden an einem Durchlaß fest und hält den Ausbesserungstermin mangels Dringlichkeit nicht für eilig. So steht weiterhin im Buchfahrplan eine Hg, die aber an dieser Stelle auf unbestimmte Zeit nicht gefahren werden darf. Oder denken wir an lange, wandernde Großbaustellen wie an der Hochdonner Kanalbrücke, wo vor Umstellung auf Dieseltraktion viele Monate gearbeitet wurde. Die wechselnden La=Anordnungen hatten auf die Planfahrzeiten keinen Einfluß - im Gegenteil, sie waren kürzer angesetzt als vor der Behinderung durch die Bauarbeiten.

Womit die DB täglich fertig werden muß und wird, ist ebenso wie andere Kalamitäten "Nicht für Dritte" und zu einer umfassenden Beurteilung doch wichtig. Einfach ist die Wahrheitsfindung für die Gerichte in Eisenbahnsachen nicht, insbesondere, weil sich die Richter auf gutachterliche Hypothesen verlassen müssen. Am Ende muß dann die DB zahlen für etwas, das lediglich in Erfüllung ihrer Aufgaben passierte, und sie wird entlastet, wo sie wahrscheinlich einen Schuldspruch verdient hätte.

Sachverhalt und Zitierungen, soweit nicht anders angegeben, aus Ermittlungsakt Az 30 Js 4488/71 StA beim LG Freiburg sowie Az 7 O 338/73 LG Freiburg, Az 4 V 9/75 OLG Karlsruhe/Freiburg und VI ZR 98, 99/77 BGH.

107 H.J. Ritzau, Schatten... (s.S. 19, Anm. 1), S. 281 und 286 ff.

108 Wenn man die Brems- und Beschleunigungswerte heranzieht, die nach dem Unfall durch Versuchsfahrten mit einer dem D 370 gleichartigen Garnitur ermittelt wurden, blieb für den 2 km langen 120 km/h=Abschnitt bei Benutzung der AFB mit Beschleunigung aus 105 auf 120 km/h und Abbremsung auf 75 km/h eine konstante Strecke für 120 km/h von ca. 15 Sek = ca. 600 m. (Beschleunigung von 105 km/h auf 140 km/h

in 39 Sek = 1,4 km Bremsbeginn normal ca. 700 m vor 75 km/h Grenze). Der Fahrzeitgewinn stand somit kaum in einem angemessenen Verhältnis zum Energieaufwand oder Risiko. Zu wirtschaftlichem Fahrverhalten wurden die Tf (zumindest früher) auch in ihrer Ausbildung angehalten.

109 H.J. Ritzau, Schatten... (s.S. 19, Anm. 1), S. 221 ff.

110 Die Geschwindigkeitsschaulinie weist im konstanten Bereich ca. 140 km/h aus. Bis zum Abbruch beträgt deren Länge ca. 2 mm = ca. 6-7 Sek Fahrt.

111 Da die Fälle von Störungen der Automatik nur durch die Aussagen der Tf belegt und erst nach dem Unglück beachtet wurden, ergibt sich der Schluß, daß Tf bei vorgenommener Schnellbremsung ohne Unfall wahrscheinlich eine Geldstrafe erhalten hätte, wie geschehen, als er einmal zu spät 'abbügelte' und dadurch einen Kurzschluß verursachte. Schnellbremsung nehmen die Tf jedenfalls nur als ultima ratio vor.

112 Die Bahnverwaltung der ehemaligen DDR ist hier mangels genauer Kenntnisse über deren Praktiken nicht einbezogen.

113 Einer Verlautbarung der BD Hannover zufolge bewährte sie sich erstmals am 12.10.1973, als der Tf des N 4622 von Hannover zwischen Bad Nenndorf und Haste durch Herzschlag handlungsunfähig wurde. Den Angaben nach löste die Sifa bei einem 30 Sek=Intervall auf freier Strecke die Zwangsbremsung aus und brachte den Zug funktionsgerecht zum Stillstand. Dies ist der einzige Fall praktischer Bewährung, der ermittelt werden konnte.

114 Diese fatale Grundeinstellung leitender DB=Beamter belegt auch das Resümee einer Arbeit über Oberbaufragen speziell hinsichtlich Seitenstabilität des Gleises (A. Doll, Der Oberbau als Aufgabe, in: DER INTERNAT. EISENBAHNINGENIEUR, Heft 11/1960, S. 71):
"Eine Untersuchung über den Einfluß des Widerstandes der Schienenbefestigung gegen Verwerfen und Wandern auf die Gesamtsteifigkeit des Gleisrahmens wird zur Zeit noch durchgeführt. Die Ergebnisse dürften jedoch für die DB keine wesentlich neuen Erkenntnisse zu diesen Fragen bringen. Immerhin dürften sie die von ihr erarbeiteten Grundlagen für die Lagesicherheit des Gleisrahmens überwiegend bestätigen und deshalb von Wert sein."
Rd. 10 Jahre danach schrieb ein anderer hoher DB=Beamter, daß man diesbezüglich vor einem Rätsel stehe.

Teil D:

Tribut der Moderne und das zeitlos Unvermeidbare

I. Manager kommen, Manager gehen...

Zur Verabschiedung Herrn Oefterings im Mai 1972 gab es viel Lob, u.a. daß unter seiner Regie die unternehmerische Umstellung der DB vom Verwalten zum Wirtschaften erfolgt wäre und er durch die Kommerzialisierung der Bahn die Weichen in Richtung "rosa Zeiten" gestellt habe. Ihm sei auch nicht anzulasten, wenn sich das Jahresdefizit 1971 auf ca. DM 2,2 Mrd. erhöhte und die Prognose für 1972 eine weitere Steigerung erwarten ließe, zumal die Gesetzgebung auch keine echte unternehmerische Organisationsstruktur und Planung ermögliche.
Kritik an der Bundesregierung wurde natürlich nur presseseitig geäußert. Der DB=Führung steht das nicht zu, wie sich noch zeigen wird. Als Hauptgrund für die Erhöhung des Defizits nannte die Presse Neueinstellung von Arbeitskräften, damit die Verkürzung der Arbeitszeit von 42 auf 40 Stdn pro Woche aufgefangen werden könne, was durch Tariferhöhungen allein nicht auszugleichen sei. Aber das war ja keine neue Erkenntnis.
In den Bonner und Frankfurter Führungsetagen ventilierte man im Frühjahr 1972 zunächst ein anderes Problem: das des Nachfolgers von Herrn Oeftering. Der ursprünglich als Kandidat vorgesehene BMW=Manager Hahnemann hatte abgewinkt. Ob ihm monatliche gut DM 8 000,-- zu wenig waren, ist nicht bekannt und auch nicht wesentlich für diese Betrachtung. Gewichtiger ist die Wertung der Presse zweier weiterer Kandidaten, die als ungeeignet abqualifiziert wurden, weil die DB zur Hebung ihres Images eine Führungskraft mit "ungebrochener Erfolgslinie" benötige, was bei den beiden Ersatzleuten nicht der Fall wäre. Schließlich brauche Minister Leber einen Mann an der DB=Spitze, dessen Leistungsnachweis ohne Flecken sei, um den Bonner Parlamentariern beweisen zu können, daß die Ursache der finanziellen DB=Misere effektiv im Bundesbahngesetz gesucht und dieses geändert werden müßte. Damit war der schwarze Peter wieder dem Grundgesetz zugeschoben, ohne dessen Änderung das Bundesbahngesetz nicht so umgestaltet und gefaßt werden könnte, damit die DB dem Bund nicht mehr auf der Tasche liege. Wie ersichtlich, sind die jüngsten Attacken des neuen Verkehrsministers Krause und des derzeitigen DB=Chefs Dürr, der seine Berufung trotz einer gebrochenen Erfolgslinie erhielt, kein eigenes Produkt.

Professor Dr.jur.Dr.Ing.eh. Heinz Maria **Oeftering**, geb. am 31.8.1903 in München, Studium der Rechts- und Staatswissenschaften, 1930 bis 1932 in der Reichsfinanzverwaltung, ab 1932 als wissenschaftlicher Hilfsarbeiter am Reichsfinanzhof München tätig, 1935 Versetzung zum Reichsfinanzministerium, 1943 Einberufung zur Wehrmacht. (Nachkriegstätigkeit s. S. 51)

Dr.jur. Wolfgang **Vaerst**, geb. am 1.8.1931 in Essen. Nach Beendigung seiner Studienzeit (Jura und Volkswirtschaft) und Referendarausbildung Staatsdienst in der Finanzverwaltung Nordrhein/Westfalen; 1965-68 Geschäftsführer im Bundesverband Werkverkehr; ab 1.9.1968 Leiter der Abt. Eisenbahnen im Bundesverkehrsministerium.

<Wichtigste Angaben zur Person jeweils gemäß DB Presse=Information>

Am Ende der Rätselei präsentierte Minister Leber Herrn Vaerst als DB=Chef, und nun begannen härtere Zeiten. Das Rationalisierungsprogramm mit Streckenstillegungen wurde forciert, die letzten *"Dinosaurier des Schienenstrangs"* zur Verschrottung abgestellt, danach tabula rasa gemacht und ein totales Dampflokverbot für DB=Strecken erlassen. Daß dadurch die treuesten DB=Anhänger, Eisenbahnfreunde genannt, verärgert wurden und der DB ein gutes Geschäft entging, zählte nicht. Wichtig war allein das glatte Image der modernen Bahn.
Nachdem mit Amtsantritt Herrn Vaersts die Stelle des DB=Pressechefs ebenfalls neu besetzt worden war, konnte die eng abgesteckte Leitlinie auch auf dem Papier, d.h. in Werbung und DB=Schriftgut straff propagiert werden. Für Traditionelles hatte man bestenfalls noch abschätzigen Spott übrig.[115] Zum Dampflokverbot gab man der Öffentlichkeit den markigen Grund an, die Strecken der DB seien kein Freiluftmuseum. Wo immer möglich, wurde eine Spitze gegen das Alte eingeflochten. In Verarbeitung des Schocks von Guntershausen findet sich beispielsweise im Oktoberheft 1976 DB=PRAXIS der Artikel *Herbst Regen Sturm* mit einem Seitenhieb auf die "Oldtimer", die sich bestimmt nicht verbremst hätten.
Pannen der damaligen Gegenwart wurden lässig abgewiegelt. Selbst die Brisanz einer Katastrophe wie der von Warngau glaubte man, mit ein paar Floskeln entschärfen zu können, womit der Schaden jedoch nur vergrößert wurde, wie auch ein Kommentar der GDL=Zeitschrift VORAUS (Nr. 6/1975) klarstellte:

> *"Die Informationspolitik der Bundesbahn nach dem Eisenbahnunglück bei Warngau dürfte das Schlimmste gewesen sein, was man sich bisher auf diesem Gebiet geleistet hat. ...*
> *Die Kommentare in Presse, Rundfunk und Fernsehen zu dem Unglück waren voller Unbehagen und Vorwürfe gegenüber der Bundesbahn und ihrer Leitung. Die DB hat sich das weitgehend selbst zuzuschreiben; denn wo es nichts mehr zu beschönigen oder zu vernebeln gibt, da sollte man es gefälligst auch unterlassen. Diese alte, bewährte Regel wurde mißachtet - zum eigenen Schaden, und das vielleicht auf lange Zeit."*

Am Ende von Herrn Vaersts zehnjähriger Amtsperiode hatte sich an der Tendenz der DB=Finanzspirale ebenso wenig geändert wie an der Einstellung der Politiker hinsichtlich des DB=Status. Was hinter den Kulissen vor sich gegangen war, bleibt Mutmaßung, aber zur Überraschung für Außenstehende zeigte sich Herr Vaerst während seines letzten Tätigkeitsjahres ungewöhnlich häufig und leutselig in der Öffentlichkeit. Da die Gelegenheiten keineswegs so großartig waren, daß sie die Anwesenheit des Ersten DB=Präsidenten erfordert hätten, schien es wie die Abschiedsvorstellung eines Mannes, der mit Erleichterung das Ende seiner Bürde nahe sah und noch etwas für ein gutes Angedenken tun wollte.

Als erster richtiger Manager folgte 1982 Herr Gohlke. Seine einkommensmäßig erheblich aufgebesserte Position trug beachtenswerterweise nicht mehr den Titel eines Ersten Präsidenten, sondern den eines Vorstandsvorsitzenden, wie es sich schließlich für eine "richtige" Unternehmensführung gehört. Herr Gohlke trat von Anfang an mehr als sein Vorgänger persönlich in Erscheinung, und unter seiner Regie lockerte sich auch die vor-

suchte ihn auf seine Einladung hin am 19. Juni 1991 in seinem Chefbüro des Süddeutschen Verlages, München, wo er nach dem Treuhand=Zwischenspiel residierte. Wir führten ein längeres, recht zwangloses Gespräch, und das sollte es sein, keines der üblichen Interviews, mit vorgefertigten Fragen und präparierten Antworten. Mir ging es in der Hauptsache um den Menschen Gohlke, dessen früher Abgang als Bundesbahn=Chef in kritischer Phase meiner Ansicht nach eine Katastrophe war.

Beschließen wir diesen Streifblick auf das Manager=Kapitel mit einer Reminiszenz Karl Ottmanns. Im Zusammenhang mit der Umwandlung der Deutschen Reichsbahn in eine Gesellschaftsform und in Bezug auf die zahlreichen Reformen, der die deutschen Bahnen auch früher schon ausgesetzt waren, sprach einer seiner älteren Kollegen während eines geselligen Eisenbahnerabends in den zwanziger Jahren die hoffnungsvollen Worte,

aber ... ***"Sie kriegen sie nicht kaputt, sie kriegen sie nicht kaputt".***

Wie Karl Ottmann kurz vor seinem Tode schrieb, fühlte er sich noch oft an diesen Ausspruch erinnert,[119] und er wird sich bewußt gewesen sein, daß die schlimmsten Heimsuchungen noch bevorstanden.

---

115 Viel hatte Herrn Vaersts Vorgänger, Professor Oeftering, mangels innerem Bezug auch nicht für Tradition übrig, aber dessen Grundeinstellung beschränkte sich auf Pragmatisches. So wurde nach Erscheinen des 75. Jahrganges (1965) das ARCHIV FÜR EISENBAHNWESEN eingestellt, das 1878 unter Minister Maybach gegründet worden war, damit den Beamten über der Tagesarbeit die Verbindung zur Wissenschaft nicht verloren ginge. Einer der drei Schwerpunkte des ARCHIVS lag interessanterweise in Behandlung wirtschaftswissenschaftlicher Themen. Noch bemerkenswerter ist, daß die Zeitschrift unabhängig arbeiten und nicht der Werbung oder Rechtfertigung bahnamtlicher Maßnahmen oder der Politik dienen sollte.

116 Einem vielseitigen Mann, amtierte er doch, bevor er 1989 das Verkehrsministerium übernahm, 7 Jahre als Innenminister. Und keiner der Skandale, in die er verwickelt war, konnte ihm letztlich etwas anhaben. Am bedenklichsten dürfte sein, daß ihm ein medizinisches Gutachten während des Strafverfahrens gegen ihn wegen Falsch- bzw. Meineides dabei verminderte Zurechnungsfähigkeit aufgrund eines gestörten Blutzuckerspiegels bescheinigte. Das war 1960, und Herr Zimmermann damals im 36. Lebensjahr. Gesundheitliche Schäden, wie attestiert, wirken sich mit dem Alter in der Regel zunehmend negativ aus. So macht auch dieser Aspekt die Berufung Herrn Zimmermanns auf derart verantwortungsvolle Posten sehr befremdlich.

117 Ralf Roman Rossberg, Grenze über deutschen Schienen 1945-1990, Freiburg 1991, S. 32.

118 s. Anm. 117

119 Karl Ottmann (s. S. 48, Anm. 20), S. 43.

II. Bf Guntershausen (Str Kassel-Bebra)

Auffahrunfall am 5.11.1973 DC 973/D 453 infolge witterungsbedingten Bremsversagens
(14 T, 65 V)

1. Ein Fall von höherer Gewalt

Was die Katastrophenjahre an Mängeln und Versäumnissen aufdeckten, wurde ohne Verzug behoben bzw. erledigt. So bieten die Unglücke der nun anstehenden Phase überwiegend Beispiele menschlicher Unzulänglichkeit, die jedoch auch Strukturelles transparent machen. Eine Ausnahme davon bildet der Auffahrunfall von Guntershausen, der aber dennoch zur Gruppe des Unkalkulierbaren gehört, da hier Witterungsumstände, man könnte sagen höhere Gewalt die Katastrophe auslöste.
Nach einem späten Herbst waren in diesem Jahr die Bäume noch Anfang November stark belaubt. Daher verursachten Regen und böiger Wind am 5.11.1973 einen plötzlichen und überaus heftigen Laubfall, der zeitweilig den Aussagen nach einem Schneegestöber ähnelte. Das zwischen den Gleisen liegende Laub wurde vom Sog der Züge aufgewirbelt, und in einer derartigen Menge von den Rädern zerquetscht, daß sich eine ständige Schmiere auf den Schienenköpfen hielt, auch begünstigt durch die hohe relative Luftfeuchtigkeit von 90%.
Diese extremen Verhältnisse beeinträchtigten im hessischen Bergland den Zugverkehr vielerorts. Es kam zu häufigem Schleudern der Triebräder beim Anfahren und zu Zwangsbremsungen, ohne daß sich die Tf über den Grund klar wurden. Beispielsweise erhielt D 775 mit Tfz 110 163 bei Hann.Münden, wo der Streckenverlauf ähnlich dem südlich von Kassel ist, einen Zwangshalt. Der Vorfall wiederholte sich gegen 11.55 Uhr vor Guntershausen (eingehend S. 209ff). Wie mehrere Tf übereinstimmend aussagten, fiel während der Regulierungsbremsungen der Leitungsdruck derart ab, daß nicht mehr gelöst werden konnte und die Züge zum Stillstand kamen.[120] Erst nachdem der Luftdruck wieder seinen Sollwert erreicht hatte, und nach einem Zeitverlust von 4 - 6 Min, konnten die Bremsen gelöst und weitergefahren werden.
Da der Kasseler Raum nicht gerade verkehrsgünstig ist, wurde 1856 die Bahntrasse der Strecke von Hannover-Göttingen-Dransfeld ab Hann.Münden, durch dichten Laubwald führend, an den Hängen des tief eingeschnittenen Fuldatales angelegt. Ebenfalls in stark bewaldeter Hanglage entstand bereits 1849 das Teilstück Kassel-Guntershausen der Strecken nach Bebra und Treysa-Frankfurt. Die Verkehrszunahme, hier auch begünstigt durch die innerdeutsche Grenze, bewog die DB zwischen Ks.=Rengershausen und Guntershausen eine Blockstelle, Bk Buchberg, mit sehr kurzen Blockabschnitten einzurichten: Ausfahrsignalgruppe Rengershausen in km 10,98, Signalgruppe Bk Buchberg in km 12.002, Einfahrsignalgruppe Guntershausen 13.0; Bf Guntershausen in km 13.8, (Signalgruppe: Haupt=Signal und zur nächsten Signalgruppe gehörendes Vorsignal).

Der langgezogenen, unübersichtlichen Rechtskurve im Bf Rengershausen wegen - Angaben stets Ri Guntershausen - waren die Ausfahrsignale Rengershausen erst 230 m vorher zu erkennen. Vom Stellwerk Rengershausen Rf, links der Gleisanlagen und ca. 200 m zurück, d.h. Ri Kassel stehend, hielten die den Betrieb überwachenden Wärter den Tf vorsichtshalber die Tafel (s. S. 204) hin, wenn das Vorsignal Ausfahrgruppe Rengershausen 'Halt erwarten' zeigte.
Unabhängig von der Signalstellung waren nach Durchfahrt Rengershausen häufig Regulierungsbremsungen zur Einhaltung der Grenzgeschwindigkeiten[121] ab km 12,2 nötig, weil die Strecke bis Guntershausen ein Gefälle im Mittel von 7‰, vor und nach Ausfahrsignal=Gruppe Rengershausen gar 10‰ hat. Hinzu kommt, daß die Streckentrennung in Guntershausen nicht kreuzungsfrei ist und mit der Möglichkeit eines vor Einfahrt Guntershausen haltenden Zuges gerechnet werden mußte, außerdem mit zu schneller Heranfahrt eines nachfolgenden Zuges an Bk Buchberg. Um nun in Anbetracht des kurzen Blockabstandes (998 m) den Aufprall eines durchrutschenden Zuges zu mindern, hatte die BD Kassel in km 11,855 (150 m vor der Signalgruppe Bk Buchberg) einen 500 Hz Indusi=Überwachungsmagnet einbauen lassen, um Zügen, die hier bei Signalstellung 'Halt' noch über 65 km/h fuhren, Zwangsbremsung zu geben.
D 453, Mönchengladbach-Erfurt-Leipzig, 11 Wagen, geführt von einer V=Lok BR 216, fuhr am 5.11.1973 mit 7 Min Verspätung (14.18 statt 14.11 Uhr) in Kassel ab, erhielt auf der Gefällestrecke hinter Rengershausen mehrere Gleitschutzauslösungen, die den Leitungsdruck so senkten, daß nicht mehr gelöst werden konnte, und der Zug mit Ende des letzten Wagens 30 m hinter dem Einfahrsignal Guntershausen zum Halten kam. Die Zugbegleitpersonale konnten sich die Ursache des abnormen Luftverbrauches nicht erklären und suchten im Zug und außerhalb nach einem Grund.
Durch die verspätete Abfahrt des D 453 fuhr DC 973, Kassel-Frankfurt, statt planmäßig 14.18 erst 14.22 Uhr ab. Auf dem Führerstand der Lok 110 243-3 des nur aus 6 Wagen bestehenden DC 973 fuhr an diesem Tag ein zweiter Tf, in Folgendem Begleiter genannt, zum Erwerb der Streckenkenntnis mit. Da der langsamer fahrende D 453 vorlag, mußte DC 973 in Ks.=Wilhelmshöhe von 80 auf 25 km/h abbremsen. Die Bremsverzögerung betrug dabei 0,35 - 0,59 m/s² und war voll befriedigend. DC 973 durchfuhr Rengershausen mit 119 km/h. Daß der Wärter auf Stellwerk Rf die Tafel zeigte, wurde auf dem Führerstand der 110 offenbar übersehen. Wegen des 'Halt erwarten' ankündigenden Vorsignals für Bk Buchberg, leitete Tf bei km 10,8 Bremsung ein, die ab km 10,9 auf dem Indusi=Streifen nachweisbar ist. Die Kurve der Aufzeichnung senkt sich zunächst auf 114 km/h und verflacht dann. Begleiter gab an, der Tachozeiger sei auf Null gefallen, woraufhin er vom Tf beauftragt wurde, die Bremse von Hand zu lösen.
Die Geschwindigkeit betrug immer noch 112 km/h, als die Zugspitze km 11,2 erreichte. Um den Zug bis zum 'Halt' zeigenden Hauptsignal Bk Buchberg, also auf 800 m zum Stillstand zu bringen, mußte jetzt stärker gebremst werden, mit dem Erfolg, daß weitere Räder blockierten. Beide Tf waren mit ihren Bemühungen, den Zug unter Kontrolle zu bekommen, so beschäftigt, daß sie keine Beobachtung mehr über Geschwindigkeitsanzeige und Leitungsdruck machen konnten; dauert die Fahrzeit Ausfahrt Rengershausen - Einfahrt Guntershausen doch nur rd. 100 Sek. Als der Zug an Bk Buchberg vorbeirutschte,

sprach die Indusi an. Die Bremswirkung konnte das nicht mehr beeinflussen, weil der Leitungsdruck bereits den Vollbremswert erreicht hatte.
Mit ca. 40 km/h prallte DC 973 auf D 453, der fast 15 m vorgeschoben und dessen Schlußwagen um 3/5 seiner Länge auf rd. 10 m zusammengestaucht wurde, wobei sich eine Achse des hinteren Wagendrehgestells mit einem Ende in den Schotter, mit dem anderen in das vordere Drehgestell der aufsteigenden Maschine bohrte. Trotz der relativ niedrigen Aufprallgeschwindigkeit wurde der Schlußwagen des D 453 völlig zertrümmert, und obwohl dieser nur die erste Klasse führte mit entsprechend schwächerer Besetzung, waren die Folgen ernst: 13 Tote, 25 Schwer- und 40 Leichtverletzte.Tf und Begleiter auf dem Führerstand der Lok 110 243-3 kamen nicht mehr dazu, sich in den Seitengang der Maschine zu retten und wurden verletzt, Tf so schwer, daß er ebenfalls nicht überlebte.
Die Hilfsmaßnahmen liefen schnell an: 14.34 Uhr erfolgte die erste telefonische Meldung durch einen Unbekannten, 14.37 Uhr die zweite mit Anforderung von Krankenwagen, 14.40 Uhr wurde Katastrophenalarm ausgelöst, und in Kürze trafen u.a. Rotes Kreuz, Feuerwehr, Polizeiverstärkung und fünf Hubschrauber ein. 18.40 Uhr wurde ein neutraler Gutachter zur Unfallstelle gerufen, der diese ca. 23.00 Uhr erreichte.
Bis 7.00 Uhr am 6.11. waren die Lokomotive zum Abtransport nach Kassel aufgegleist und die Wagentrümmer profilfrei auf der Böschung gelagert. 14.30 Uhr konnte das Gleis wieder befahren werden.

Aufprallstelle mit Einfahrhauptsignal in Stellung Hp2

2. Zur Betriebssituation und zum Unwirksamwerden der Indusi

Wenn in der dem Unfall folgenden Fahrplanperiode die Zugfolgedifferenz durch Verlegung der Abfahrtszeit des D 453 um 1 Min früher und des DC 973 um 2 Min später auf 10 Min vergrößert wurde, hatte diese Maßnahme nur das Ziel einer behinderungsfreieren Betriebsabwicklung, nicht aber einer Erhöhung der Betriebssicherheit. Zu letzterem bestand auch kaum Anlaß. Denn seit den dreißiger Jahren verkehrten dort Schnellzüge im zeitlichen Planabstand von gar 4 - 5 Min und mit keineswegs geringeren Geschwindigkeiten.[122] Ungünstig und wahrscheinlich nicht nur an diesem Tage wirkten sich jedoch die Zugreihung und das Mißverhältnis von Lokleistungen zu Zuglasten aus. Die stärkere El-lok BR 110 lief mit ihrem in Kassel eingesetzten leichten 6=Wagen=Zug hinter dem fast doppelt so schweren 'Interzonenzug', dessen V=Lok BR 216 Mühe hatte, in der nicht einfachen Ausfahrt Kassel Hbf zu beschleunigen und auf Fahrt zu kommen.
Dem Wärter im Stellwerk Rf Rengershausen fiel auf, daß D 453 an diesem Tage noch langsamer als üblich fuhr. Die Vorausmeldung des DC 973 traf ein, bevor D 453 am Stellwerk vorbei war. So wechselten auch die Signale im Fahrweg des DC 973 ihre Stellung erst kurz vor dem Zug. Auf dem im Stellwerk befindlichen Sichtpult verfolgte der Wärter wie üblich den Lauf der Züge. Ihn beunruhigte, daß der DC den Abstand zum D 453 kritisch verkürzte. Deshalb und im Hinblick auf die Haltstellung des Hauptsignals Bk Buchberg zeigte er dem Tf des DC 973 die Tafel mit Hinweis auf den vorliegenden D 453 und benutzte zusätzlich eine Handlampe. Damit sollte dem Tf eine Vollbremsung erspart werden. Aber die übliche Tf=Reaktion, Pfiff oder Handzeichen "verstanden", blieb aus. Der Zug fuhr mit unverminderter Geschwindigkeit vorbei.
Fdl Guntershausen erhielt 14.25 Uhr von Bf Grifte (aus Ri Gießen) die Abmeldung eines Zuges, dem Einfahrt in Gleis 3/West erteilt wurde. Dieser Zug hatte hier zu warten, da ihn E 1770, ebenfalls aus Ri Gießen, überholen sollte. Fdl Rengershausen meldete 14.26 Uhr D 453 mit voraussichtlich gleicher Durchfahrzeit ab. Daraufhin forderte Fdl Guntershausen vom Beamten auf Stellwerk Gu Mitte Einfahrfreigabe in Gleis 1/Ost, erhielt sie und stellte das Einfahrsignal für D 453 auf Hp 2. Danach meldete er D 453 mit voraussichtlicher Durchfahrt 14.28 Uhr nach Guxhagen (Ri Bebra) ab und ließ mit Stellung des Ausfahrhaupt- und Ausfahrvorsignals die Durchfahrt freigeben. 14.29 Uhr traf die Abmeldung des DC 973 mit voraussichtlich gleicher Durchfahrzeit von Rengershausen ein. Als Fdl Guntershausen aus dem Fenster blickte, um nach D 453 zu sehen, kam der gerade zum Stillstand. Im selben Moment traf die Meldung für E 1770 aus Grifte ein, und im Anschluß daran informierte Fdl vorschriftsgemäß Fdl Guxhagen über die Verzögerung des D 453. An dessen Gefährdung durch DC 973 dachte Fdl Guntershausen nicht, weil ohne Rückblockung das indusigesicherte Blocksignal Buchberg 'Halt' zeigte und D 453 deckte.
Während Fdl mit Guxhagen telefonierte, bemerkte er das Blinkzeichen für den Streckenfernsprecher der Kasseler Richtung, das ihm einen Anruf von Rengershausen oder Bk Buchberg meldete. Noch beim Umschalten auf die Kasseler Leitung hörte er einen Knall und erblickte am Zugschluß des D 453 eine *"riesige Staubwolke"*, die er zunächst für eine Explosion hielt und sofort als "Betriebsgefahr" durchgab. Als er aber von Bk Buchberg

hörte, DC 973 habe das Signal überfahren, begriff er, daß sich keine Explosion, sondern ein Auffahrunfall ereignet hatte.

Zur Frage, wodurch die technischen Sicherungen versagten, wurden drei Gutachten erstellt und gründliche Untersuchungen geführt. Man ermittelte an der 110 243-3 einen Gleitweg von 1 580 m und als Folge davon Flachstellen an allen Lokomotivrädern von 0,3 - 1,4 mm Tiefe. Auch fünf der Reisezugwagen des DC 973 hatten auf den Radlaufflächen Spuren, wie sie entstehen, wenn Räder blockieren, über eine längere Strecke gleiten, sich zwischendurch wieder lösen und ein Stück drehen, bevor sie wieder blockieren. Keine Flachstellen hatten nur die Räder des einen Wagens der Garnitur mit Scheibenbremsen, deren Auslaßventile bis zum Schluß arbeiten konnten, weil das Verhältnis des Volumens Vorratsbehälter/Bremszylinder wesentlich größer als bei klotzgebremsten Wagen ist.[123] Die Flachstellen an den Rädern dieser Wagen hatten Längen bis zu 230 mm mit Unterschieden an einer Achse oder eines Drehgestells, obwohl stets gleichzeitig ge- bzw. entbremst. Als Grund nahm man ungleichen Schienenzustand d.h. Blätterbrei auf den Schienenköpfen an. Es wurde auch vermutet, die ausgeprägteren Blockierungsfolgen an den Rädern dieses Zuges im Vergleich mit denen anderer zwangsgebremster Züge seien auf die Beschaffenheit der Schienenoberfläche zurückzuführen. Dem wäre entgegenzuhalten, daß der Tf des DC 973 durch die Signalstellung Hp 0 in Bk Buchberg weniger Handlungsfreiheit hatte als die Tf der anderen Züge - ausgenommen D 371 -, die nur Regulierungsbremsungen vornahmen (s. Tab. S. 209).

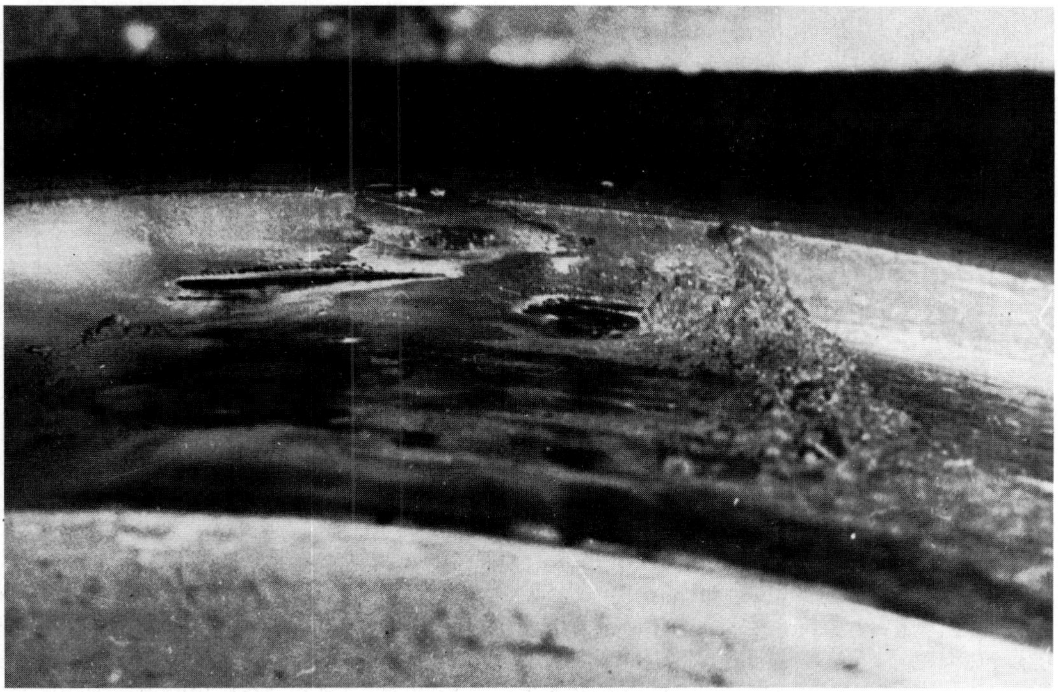

Radlauffläche mit Werkstoffverschiebungen (vergrößert)

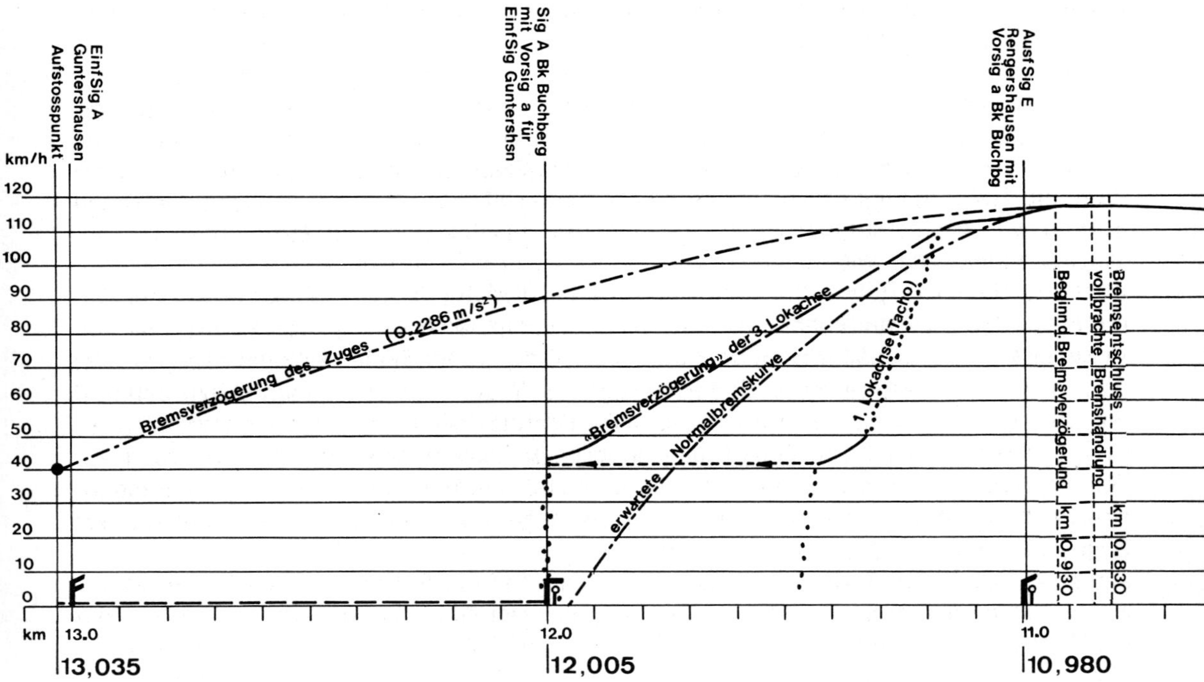

oben: Vergrößerung der Zsv=Dauerlinie mit konstruierten Bremskurven des DC 973
unten: Zsv= Dauerlinie des Indusiaufschriebs von DC 973 (1 mm Papiervorschub = 0,1026 km / 1 km = 9,7462 mm Papiervorschub) Die Geschwindigkeitsbegrenzungslinien sind nachträglich eingezeichnet.

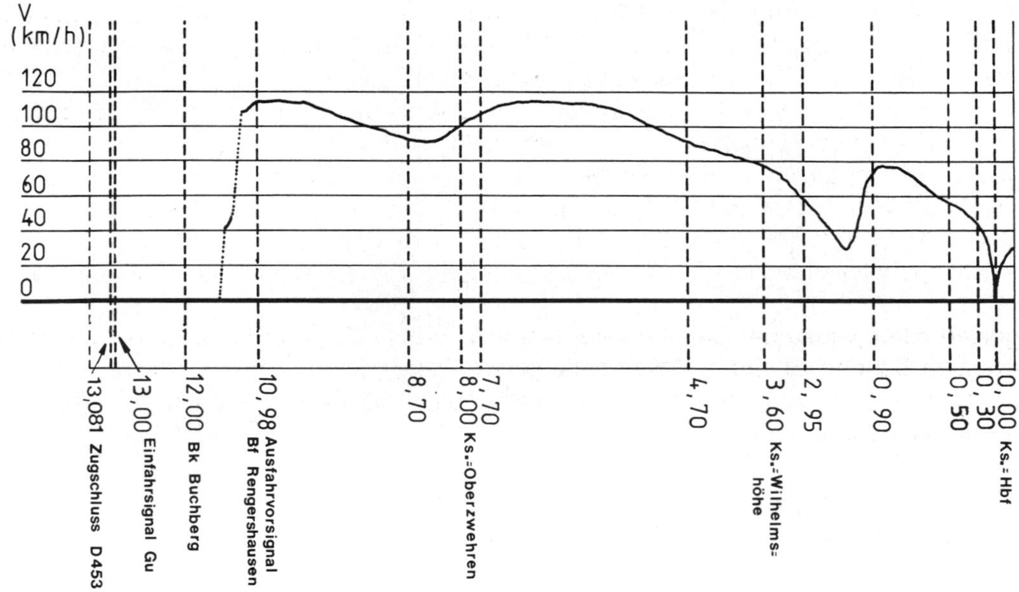

Die Auswertung des Indusiregistrierstreifens zum Fahrverlauf lieferte am Ende der Fahrt des DC 973 wenig Konkretes. Da die Indusiaufzeichnung wegabhängig ist, wie bereits in C V und VI vermerkt, wird die Lokalisierung eines bestimmten Vorganges unsicher, sobald die Radumdrehung durch Schlupf der das Registriergerät antreibenden Achse über eine längere Strecke nicht mit dem effektiv zurückgelegten Weg übereinstimmt. Bei der Lok 110 243-3 wurde der Tachozeiger von der ersten Achse, das Indusiregistriergerät von der dritten Achse angetrieben. So konnte bei unterschiedlichen Radumdrehungen der Tacho eine andere Geschwindigkeit anzeigen, als das Registriergerät aufzeichnete bzw. bei Blockierungen gar keine.
Bis Rengershausen ist die Indusiaufzeichnung identisch mit dem Fahrverlauf. Unter Annahme einer Reaktionssekunde deckt sich die Aufzeichnung der Bremsverzögerung, etwa bei km 10,93, mit der Sichtdistanz von gut 200 m auf die Ausfahrsignalgruppe. Bei normalem Bremsverlauf wäre der Zug vor dem 'Halt' zeigenden Hauptsignal Bk Buchberg zum Stehen gekommen. Die aufgezeichnete Bremskurve weist aber nur etwa bis zum 10‰ Gefälle bei der Ausfahrsignalgruppe die zu erwartende Bremsverzögerung nach. Dann verflacht sie und sinkt danach noch einmal kurz ab. Vor km 11,2 endet die kontinuierliche Aufzeichnung, da die dritte Achse blockierte und offenbar nur noch einmal für eine Strecke von rd. 100 m entblockierte.
Die unvermittelt steil abfallende und nur noch gepunktete Fahrschaulinie des Registrierstreifens zeigt lediglich zwischendurch eine kurze normale Aufzeichnung. Sie gibt dabei eine Senkung der Geschwindigkeit von 50 auf ca. 40 km/h an. Ob das jedoch vor Bk Buchberg war, wie der Indusigutachter [124] annahm, und die Auslösung der Zwangsbremsung durch die dort einwirkende 2000 Hz Indusi den wieder erreichten Rollvorgang beendete, ist zweifelhaft. Dagegen spricht vor allem die Aussage des überlebenden Begleiters, der angab, die Lok sei an Bk Buchberg vorbeigerutscht und die Indusi habe nichts bewirkt. Die Bemühungen des Tf zu lösen, hätten jedoch n a c h Passieren von Bk Buchberg Erfolg gehabt und zu einem kurzen Rollvorgang geführt. Sicher ist, daß Tf die Zwangsbremsung freibekam, denn nach dem Unfall wurden der Bremsmagnet angezogen, das Notventil geschlossen und die Relais in Grundstellung gefunden.
Man könnte es als tragische Ironie bezeichnen, daß die Indusi an Bk Buchberg - sofern sie noch wirksam werden konnte - in Umkehrung ihres Zwecks eine negative Auswirkung gehabt hätte, und daß sie sich auch, um es so zu nennen, regelrecht bemogeln ließ. Der vor der Signalgruppe Bk Buchberg in km 11,855 befindliche 500 Hz Überwachungsmagnet löste, obwohl der Zug vermutlich mit 95 km/h fuhr, beim DC 973 nicht aus, weil die Drehgeschwindigkeit der dritten Achse eine niedrigere Geschwindigkeit als 65 km/h vortäuschte.
Ungeklärt blieb, wieso der Sandbehälter fast voll vorgefunden wurde, da er bei ununterbrochenem Sanden zu einem Viertel hätte geleert sein müssen. Man vermutete, daß der Tf mit seinen Versuchen zu lösen so beschäftigt war, daß er erst kurz vor dem Aufstoß sandete, wie auch vom Begleiter bestätigt.

Radlaufflächen mit stark vergrößerten Werkstoffverschiebungen

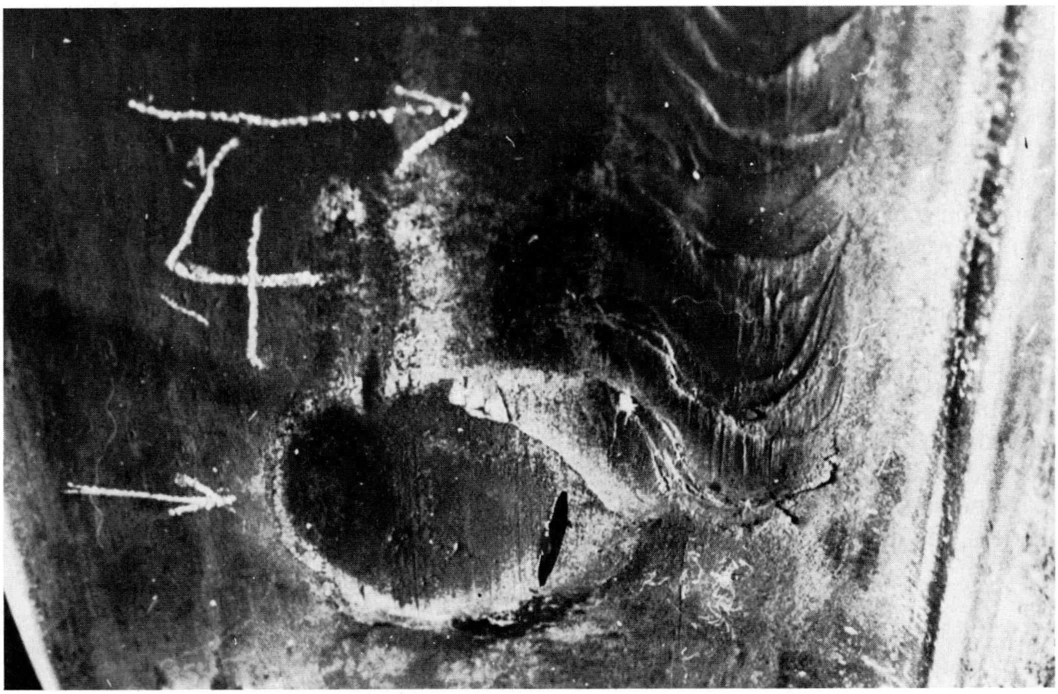

3. Technik und Sicherheitsfaktor 'distributive Aufmerksamkeit'

Soweit für die Öffentlichkeit von Interesse, berichtete die Presse zum Teil in sehr ausführlichen und sachgerechten Artikeln,[125] warum es trotz ausgefeilter und funktionsfähiger Sicherungstechnik zu diesem Unglück kommen konnte. Dennoch blieb selbst in Eisenbahnerkreisen ein Rest von Unbehagen und Zweifel, zumal die geographisch/klimatischen Verhältnisse des Kasseler Raumes ebenso wenig von heute sind wie Zugfolge und -geschwindigkeiten, aber die Bremsanlagen weiter entwickelt wurden.

Die Knorr=Druckluftbremse hatte bereits vor dem Ersten Weltkrieg eine gewisse Vollkommenheit erreicht.[126] Druckregler ergänzten damals schon das Bremsgefühl des Meisters, wie man Lokomotivführer nannte. Die Konstruktion wurde ständig verbessert: Druckverstärkung im oberen Geschwindigkeitsbereich und selbsttätiger Senkung bei abnehmender Geschwindigkeit, damit der Klotzdruck nicht den Haftwert Rad/Schiene übertrifft, und es zum Blockieren der Räder käme.

Exakte Erkenntnisse über diesen Haftwert lagen der DRG nach mehrjährigen Versuchen 1934 vor.[127] Ein unberechenbarer Faktor blieb die Beschaffenheit der Schienenoberfläche. Um Blockieren einzelner Wagenräder beim Bremsvorgang auch bei schlüpfrigen Schienen zu unterbinden, wurden Gleitschutzregler erprobt und eingeführt [128]: An den Radachsen sorgt eine Vorrichtung bei starkem Absinken der Drehzahl durch teilweise Entlüftung des Bremszylinders für kurzfristige und sekundenschnelle Minderung des Bremsdruckes. Dadurch soll nicht nur das Blockieren einzelner Achsen mit Folgeschäden vermieden, sondern auch eine optimale Gesamtbremswirkung erreicht werden.

Wie jedoch nicht nur Guntershausen bewies[129], kann es trotz Gleitschutzreglern zu Blokkierungen kommen, die auch durchaus nicht immer Flachstellen auf den Radlaufflächen zur Folge haben müssen, was nachstehende Zusammenstellung der Strecke Rengershausen-Guntershausen zeigt:

Zug Nr.		Tfz BR	Ks. ab	Bremseinleitung in km	Bremseinleitung aus km/h	Stillstand in km	Radreifenschäden
D 453	(R	216	14.18	11,6	98	13,34	Lok + 2 Wa (1 Wa stark)
DC 973	(H	110	14.22	10,9	119 (E	(13,03)	Lok + Wa stark, ausgen. 1
D 371	(H	112	9.51	10,6	120	11,93	vermutl. keine
D 775	(R	110	11.46	10,5	109	12,5	keine
D 577	(R	110	12.33	10,8	108 (E	12,6	leichte an Lok
D 579 (6.11)	(R	103	15.34	10,9	115 (E	13,06	Lok
Expr. D 140 77 (7.11)	(R	110	1.27	10,55	92	12,0	vermutl. keine

Züge ohne Datum vom 5.11.1973. Angaben für D 371 gem. Aussage Tf; die übrigen gem. BZA Minden, Bericht v. 15.1.1974; (R = Regulierungsbremsung; H = Hauptsignal Bk Buchberg, Stellung Hp0; E = zuerst nur E=Bremse eingesetzt)

Zur Aufstellung auf S. 209 unten betr. Bremsverhalten der Züge noch folgende Erläuterung:

Tf von D 371 (Lok 112 504-6), Kassel Hbf ab 9.51 Uhr, fuhr wegen Verspätung die in Spalte 2 des Buchfahrplanes angegebenen Hg=Grenzwerte voll aus und mit abgeschalteter Antriebsleistung durch Bf Rengershausen. Als Tf an der Ausfahrsignalgruppe Vr 0 (in Bk Buchberg 'Halt erwarten') erkannte, leitete er sofort kombinierte Vollbremsung (E + Luftdruckbremse) ein. Gemäß Aussage betätigte Tf *"instinktiv"* etwa auf Höhe der Signalgruppe den Kipptaster *"Alle Achsen sanden..., weil die Blätter fielen wie die Schneeflocken"*. Der Zug kam mit Lokspitze 70 m vor Signal Bk Buchberg zum Stillstand. Nichts deutete bei der Weiterfahrt auf Flachstellen hin.

Tf von D 775 (Lok 110-163), Kassel ab 11.46 Uhr, bremste im Bf Rengershausen lt. Indusistreifen etwa bei km 10,5 aus 109 km/h lediglich zur Regulierung der Geschwindigkeit. Der Zug erhielt Zwangsbremsung wegen Druckabfall und kam nach Bk Buchberg bei km 12,5 zum Halten. Es wurde ermittelt, daß die Lokachsen ca. 1 100 m mit Schlupf oder blockiert liefen. Weder die Lokomotiv- noch die Wagenräder hatten Flachstellen!

Tf von D 577 (Lok BR 110), Kassel ab 12.33 Uhr, begann mit Regulierungsbremsung - nur E=Bremse - aus 108 km/h bei km 10,8. Die Tachonadel fiel sofort auf Null, etwa bei km 10,9 auch die Indusi=Schaulinie. Nach Abschaltung der E=Bremse wurde mit Druckluft voll gebremst, woraufhin abermals beide Geschwindigkeitsanzeigen auf Null fielen. Durch Lösen der Lokbremse und Sanden konnte Tf einen fast normalen Rollvorgang bei den Lokomotivrädern herstellen. Er bemerkte dann jedoch einen starken Druckabfall in der Hauptluftleitung, weshalb er nicht mehr lösen konnte, und der Zug hinter Bk Buchberg bei km 12,6 zum Stehen kam. Tf vermutete wie sein Kollege des D 453 Notbremsung im Zug. Gemäß Sachverständigen=Gutachten des BZA Minden vom 15.1.1974 über Guntershausen rutschten die Achsen der Ellok des D 577 ca. 930 m und hatten danach nur leichte Flachstellen, die sich von selbst glatt fuhren, da vom Heimat=Bw keine Schadensmeldung einging.

Am 6.11. erhielt D 579, Kassel Hbf ab 15.34, geführt von einer Lok BR 103, Zwangshalt bei km 13,06. Regulierungsbremsung mit E=Bremse wurde bei km 10,9 aus 115 km/h eingeleitet. Als Tf das plötzliche Sinken der Tachonadel bemerkte, betätigte er die Druckluftbremse. Der Gesamtbremsweg betrug 2 160 m, den die Lok trotz elektronischen Gleitschutzes rutschte. Sie hatte an allen Rädern Materialverschiebungen bis 1,5 mm Tiefe.

Auch am 7.11. kam es zu einem registrierten Zwangshalt: Expreß=D 140 77, ein Postzug, geführt von einer Lok BR 110, Kassel ab 1.27 Uhr, leitete mit E- und Druckluftbremse bei km 10,55 aus 92 km/h Regulierungsbremsung ein. Der Zug kam bei km 12,0 nach einem Bremsweg von 1 450 m zum Stehen. Flachstellen wurden nicht registriert.

Was möglicherweise nur intern untersucht wurde, da schuldrechtlich nicht kausal, wäre die Unflexibilität der Kassler Betriebsleitung. Bis zum Unglück hatten ja mehrere Züge Zwangsbremsungen erhalten und deren Tf das gemeldet. Warum also machte man sich darüber keine Gedanken und holte telefonisch Erkundigungen ein, um die Tf zu warnen. Guntershausen war nicht das erste und nicht das letzte Unglück, das durch Umsicht und Eigeninitiative örtlicher Dienststellen hätte verhindert werden können. Im Ermittlungsakt ist das lediglich im Schriftwechsel eines bayerischen Professors der Medizin mit dem Kasseler Oberstaatsanwalt aufgegriffen. Bahnamtlich wurden nach dem Unfall vorbeugende Maßnahmen ergriffen. So findet sich im Amtsblatt der DB vom Oktober 1976 die Warnung *"Rutschgefahr durch Laubfall"*, besonders betroffene Streckenabschnitte wurden in die La aufgenommen und die Anweisung erteilt, entsprechende Beobachtungen zu melden.[130]

Der Unfall Guntershausen weist auf ein weiteres Kriterium hin, nämlich die Fahrweise der Ellok=Tf. Da zu den Vorzügen der elektrischen Traktion die Möglichkeit zählt, nahezu verschleißfrei bremsen zu können, wurde diese von Bremsklötzen und vom Fahrdraht unabhängige Gleichstrom=Widerstandsbremse von den Tf häufig bei Regulierungsbremsungen benutzt und die Druckluftbremse erst betätigt, wenn die E=Bremsleistung nicht ausreichte. Mitunter spürte man im Zug die Wirkung der E=Bremsung: Es gab einen Ruck, weil die ungebremsten Wagen besonders bei höheren Geschwindigkeiten anliefen, und das dürfte sich am 5.11.1973 kritisch ausgewirkt haben. Denn D 371, der Rengershausen mit der größten Hg passierte, aber sofort E= und Druckluftbremse einsetzte, kam ordnungsgemäß zum Halten. Nur D 579 mit einer Bremseinleitung aus 115 km/h und allein mit E=Bremse rutschte so weit wie vermutlich auch DC 973, wenn dieser nicht aufgefahren wäre.[131]
Also hätte es wahrscheinlich bei voller Bremseinleitung mit Sanden kein Unglück gegeben. Außerdem war es nicht sonderlich sinnvoll, wenn der Tf des DC 973 die Grenzwerte von Spalte 2 des Buchfahrplans ausfuhr. Er wußte, daß er nur Minuten hinter dem langsameren D 453 lag, da er bereits in Ks.=Wilhelmshöhe gestutzt wurde und das Ausfahrvorsignal Rengershausen, gerade bevor er es erreichte, auf 'Fahrt erwarten' ging. Als streckenkundiger Lokführer konnte er damit rechnen, in Anbetracht der kurzen Distanzen an Bk Buchberg 'Halt' vorzufinden, denn die Fahrdienstverrichtungen in Guntershausen dauerten einschließlich Fahrstraßenänderung ein bis zwei Minuten. Das war für den Tf des DC 973 vorhersehbar, woraus ihm persönlich und insofern nur bedingt ein Vorwurf zu machen ist, als eine unrationelle Fahrweise den Ellokführern schneller Züge mehr oder weniger Gewohnheit geworden war, teils dazu durch knappe Fahrzeitreserven gezwungen, teils weil sie keinen direkten Kontakt zu ihrer Kraftquelle haben.
Ein Dampflokführer wäre vermutlich auch aus Gewohnheit nicht in diese Falle geraten. Er hätte den seine Fahrt hemmenden, langsameren Vorzug als Gelegenheit genommen, Dampf, d.h. Kraft und seinem Heizer Arbeit zu sparen, zumal bald nach der Gabelung in Guntershausen eine lange Rennstrecke kam, wofür sich - sofern es ging - ein erfahrener Dampflokführer Reserven aufzuheben pflegte.
Diese Erwägung ist durchaus nicht rein akademisch. Denn es bleibt trotz aller Erklärungen doch die Frage, wieso sich ein Unglück dieser Art hier nicht schon früher ereignete. Wetterlagen wiederholen sich. Irgendwann gab es dort dieselbe Kombination von Witterung mit starkem Laubfall und knappem Planabstand. "Distributive Aufmerksamkeit" [132] ist letztlich effektiver als PS oder Technik. Aber vielleicht braucht der moderne Mensch ab und zu eine Lektion, die ihn gemahnt, daß der technische Fortschritt nicht alles ersetzt oder absichert.

Sachverhalt, soweit nicht anders gekennzeichnet, aus Ermittlungsakt StA am LG Kassel, Az 22 (6) Js 2235/73.

120 Das BZA=Gutachten folgerte, daß die Achsen auf den schmierigen Abschnitten beim Bremsen blockierten und sich nach dem Lösen sofort wieder festbremsten. Durch die Länge der Schmierstrecken ergab sich eine Häufung von Blockiervorgängen und Auslösungen, die den Druck des Bremssystems auf einen Wert absenkten, der ähnlich einer Unterbrechung der Bremsleitung durch Reißen eines Luftschlauches oder Ziehen der Notbremse zu Zwangsbremsungen führte.

121 An Geschwindigkeiten für DC 973 und die meisten der dort verkehrenden Schnellzüge waren lt. Spalte 2 des Buchfahrplanes erlaubt: Ab Ks.=Hbf in Etappen bis km 4,7: 60 - 100 km/h, bis km 12,2: 120 km/h, bis km 13,0: 100 km/h; die anschließende Durchfahrt Guntershausen mit 60 km/h.

122 Dem DC 973 standen 1973 ab Ks=Hbf bis Guntershausen Durchfahrt 10 Min zur Verfügung. 1934 benötigte z.B. D 7 von Ks=Hbf bis Guntershausen 11 Min. Die eine Minute Differenz ist insofern ohne Bedeutung, da D 7 in Guntershausen planmäßig hielt, und für das Anhalten eines Schnellzuges ca. eine Min Fahrzeitverlängerung angesetzt wurde.

123 Die Vorteile von Scheiben- gegenüber Klotzbremsen bestehen nicht nur darin, sondern auch weil der Reibwert der Scheibenbremse nicht in dem Maße geschwindigkeitsabhängig ist wie bei der Klotzbremse, die ohne Regelung des Klotzdrucks im höheren Geschwindigkeitsbereich den Haftwert Rad/Schiene nur unvollständig ausnutzt und im unteren Geschwindigkeitsbereich zu Blockierungen neigt. Vorteilhaft u.a. ist ferner, daß bei Scheibenbremsen die schon durch den Fahrvorgang beanspruchten Radreifen nicht zusätzlich belastet werden.
Die Scheibenbremse wurde 1924 von einem Berliner Ingenieur erfunden und ab 1926 Straßen- und U-Bahnen damit ausgerüstet. Die DR ging bei ihren Schnellverkehrsfahrzeugen zur Verwendung von Scheibenbremsen über.

124 Identisch mit dem von Aitrang (C V) und Warngau (D IV).

125 u.a. Ostermeyer, Kann nasses Laub der Eisenbahn gefährlich werden? in: FRANKFURTER ALLGEMEINE ZEITUNG Nr. 43 vom 20.2.1974.

126 Vgl. Steinbiß, Bremsen und Kupplungen in: Das deutsche Eisenbahnwesen der Gegenwart Band 1, Berlin 1917, S. 190 ff.

127 Metzkow, Untersuchungen der Haftungsverhältnisse zwischen Rad und Schiene beim Bremsvorgang, ORGAN FÜR DIE TECHNISCHEN FORTSCHRITTE DES EISENBAHNWESENS, 1934. Die grundlegenden Ergebnisse der Untersuchungen des Reichsbahnversuchsamtes für Bremsen haben auch heute noch Gültigkeit.

128 Erste Einführung 1939/40; die Garnituren der in diesem Kapitel genannten Schnellzüge hatten Gleitschutzregler von 1954/56.

129 Die GDL=Zeitung VORAUS beschäftigte sich ebenfalls mit Bremsstörungen und Flachstellen, so wird in Nr. 12/1975 der ET 420 als "Geisterzug" wegen häufigen Gleitens bei ungünstigen Witterungsverhältnissen bezeichnet, Scheibenbremsen nur bedingt günstig beurteilt, weil der Reinigungseffekt der Klotzbremse fehle, der Erfahrung der Tf erheblicher Einfluß beigemessen.

130 Dem gilt auch heute noch besondere Aufmerksamkeit, da Schienenglätte häufig Betriebsstörungen verursachen. So blieb am 13.11.1990 infolge Schmierfilmbildung ein 1440 t=Zug mit Lok BR 150 im Ausfahrabschnitt Steinau, Str Hanau-Fulda, liegen, dgl. am 16.11.1990 wegen schlüpfriger Schienen Üg 68 410 zwischen Grifte und Guntershausen sowie am 17.11.1990 Sgk 52340 im Einfahrabschnitt Guntershausen.

131 In der Folge wurden die Tf auch angewiesen, bei glatten Schienen grundsätzlich voll zu bremsen.

132 A. Grüb, Zur Psychologie der Eisenbahnunglücke und Unfälle. Sonderdruck aus Archiv für die gesamte Psychologie, Bd. 69, Heft 1/2, Leipzig 1929.
Nach Grüb ist distributive Aufmerksamkeit einer der wichtigsten unfallverhütenden Faktoren. Er umfaßt die wachsame und vorausschauende Beachtung der betrieblichen Zusammenhänge im Gegensatz zur kon-

zentrativen Aufmerksamkeit, die sich auf bestimmte Tätigkeiten beschränkt, und Beobachtung, die nur die Aufnahme bestimmter Zeichen oder Sachverhalte erfordert.
In der Zusammenstellung der psychologischen Faktoren, die bei den untersuchten Unglücksfällen auftraten, betrug die Häufigkeit gemäß Tab. 2 (Auswahl):

Fehlverhalten	%	Fehlverhalten	%
Distributive Aufmerksamkeit	61	Vorschriftenkenntnis	22
Umsicht	50	Geistesgegenwart	17
Konzentrative Aufmerksamkeit	50	Vorsicht	16
Einstellung auf Dienstpflicht	46	...	
Überlegung	37	Alkoholgenuß	2
Beobachtung	31	...	
Verständigung	23	Ermüdung	1
Befehlsgabe (Organisationsfähigkeit)	22	...	
		Grobe Pflichtverletzung	1

In der Rubrik Persönliche Unfälle steht auf S. 270 mangelhafte Vorsicht mit 80% an der Spitze, gefolgt von Unaufmerksamkeit mit 59%. Alkohol spielt mit 3% eine untergeordnete Rolle.
Bei der statistischen Aufteilung nach Dienstbereichen steht in der Rubrik Aufmerksamkeit das Lokomotivpersonal vorn an, in der Rubrik Mangel an Umsicht/Überlegung/Dienstpflicht die Fdl. Insgesamt ergaben sich gemäß S. 262 folgende Schuldanteile:

Personalgruppen	Zahl der Fälle von	
	Hauptschuld	Mitschuld
Fahrdienstleiter	31	18
Rangierpersonal	19	9
Stellwerk- bzw. Weichenstellpersonal	11	17
Lokomotivpersonal	18	31
Zugbegleitpersonal bei rangierdienstlicher Tätigkeit	9	6
Zugbegleitpersonal im Zugbegleitdienst	2	18
Bautechnisches Personal	10	5

Grüb ermittelte ferner, daß manche Menschen mehrfach in Unfälle verwickelt werden und schloß daraus eine gewisse anlagenbedingte Anfälligkeit, womit er einen immer noch aktuellen Aspekt aufdeckte, wie seine Vorschläge zur Bekämpfung menschlichen Fehlverhaltens nach wie vor Gültigkeit haben, u.a.:
"Einen günstigen Einfluß auf das Personal im Sinne der Unfallverhütung dürfte sicher das gute Beispiel und eine vorzügliche Leitung haben. Auf die Wahl geeigneter Dienststellenvorsteher ... wäre deshalb größter Wert zu legen." <...>
"Die Verbesserung der technischen Einrichtungen, an der besonders in den letzten Jahren bei der Deutschen Reichsbahn erfolgreich gearbeitet wurde, wird zweifellos eine Minderung der Unglücke und Unfälle zur Folge haben. Es herrschen aber verschiedene Meinungen, wie weit diese mit Rücksicht auf den Menschen gesteigert werden soll."

München=Allach Bahnübergang Krauss=Maffei=Straße - **oben:** links Stellwerk / **unten**: Blick vom Stellwerk auf östliche Schrankenbäume

III. München=Allach (Str München-Dachau-Ingolstadt)

Zusammenprall am 7.3.1975 N 4208 mit Linienbus
(12 T, 5 V)

1. Grundlegende Tauglichkeits- und Prüfungskriterien

In wesentlichen Merkmalen gleicht die Mü.=Allacher Überwegkatastrophe der von Lauffen (B II). Wieder war ein Omnibus betroffen, und ein relativ kurz im Schrankendienst eingesetzter und dafür untauglicher Wärter hatte versagt. Was jedoch in den Heilbronner Gerichtsverhandlungen nur als Vorwurf zur Sprache kam, stand im Kern der Münchner Verfahren, nämlich Fahrlässigkeit bei der Prüfung auf Tauglichkeit. Bemerkenswert sind ferner die unterschiedlichen Rechtsauffassungen, die jeweils nach stattgegebener Revision zur Umkehrung der gerichtlichen Erstergebnisse führten, und daß im Falle Allach gegen den unmittelbar Schuldigen nicht einmal Anklage erhoben wurde.
Zum Grundproblem, mit dem sich die Richter des LG München I in der ersten Hauptverhandlung vom 10.1.-1.2.1977 (24. Strafkammer) und der zweiten vom 24.10.-16.11.1978 (23. Strafkammer) auseinanderzusetzen hatten, gehörten die Auswahlkriterien für die Tätigkeit als Schrankenwärter, da dieser Dienst neben dem als Sicherungsposten, Omnibusfahrer, Tf ohne Heizer oder Beimann als Alleindienst besonderer Art gilt. Welche Tauglichkeitsmängel in gesundheitlicher Hinsicht eine Verwendung im Alleindienst ausschließen, ist in den einschlägigen Vorschriften fixiert: Persönlichkeitsstörungen und Anfälle von Bewußtseinstrübungen, akute und heftige Schmerzzustände und dgl. mehr. Bereits der Verdacht auf einen dieser Fehler erfordert eine definitive Klärung, und grundsätzlich schließen persönliche Mängel, die eine Gefahrenquelle für die Sicherheit des Betriebes bilden könnten, eine Verwendung im Betriebsdienst aus.
Das festzustellen, ist Sache der ärztlichen Tauglichkeitsprüfung, und weil eine solche vor der Versetzung des Wärters zum Schrankendienst vorgenommen worden war, wurde auch gegen den Bahnarzt Anklage erhoben, der die Untersuchung geführt hatte. Es ergab sich jedoch, daß dem Bahnarzt keine Informationen über die vorgesehene Verwendung gegeben worden waren, und er somit Folgerungen aus seiner Diagnose nur zu der bisherigen Tätigkeit ziehen konnte. Ein strafrechtliches Verschulden schied damit aus, was auch vom BGH mit Urteil vom 2.2.1978 uneingeschränkt bestätigt wurde.
Die praktische Qualifikation mit theoretischem Wissen sowie die Zuverlässigkeit und das Verantwortungsbewußtsein zu ermitteln, ist den Eignungsprüfern vorbehalten. Im ersten Münchner Verfahren kamen die Richter zu dem Ergebnis, daß es schuldrechtlich kausal sei, wenn den Prüfern wichtige Fakten aus der Laufbahn des zu Überprüfenden nicht mitgeteilt werden.

Das zweite Münchner Verfahren griff vor allem die Schwächen von Prüfungstests auf und stützte sich u.a. auf einen Sachverständigen, der sich gemäß Urteilsbegründung, S. 113, wie folgt äußerte:

"... Mängel dieses Prüfungssystems lägen darin, daß die Auswertung der Tests nicht von den Psychologen und Ärzten der Bundesbahn gemeinsam durchgeführt würde; die normalen Personalbeamten als Laien seien damit auf jeden Fall überfordert. Entscheidend sei nämlich aus arbeitsphysiologischer Sicht, bei dem Test auch die biologischen Daten des Mannes (also Hirnrindenleistung, Affektleistung, Hautdurchblutung, Pulsfrequenzen u.a.m.) zu erfassen, um daran abzulesen, wie stark der Mann von dem Test belastet sei. Erst daraus lasse sich relativ sicher auch die Bewährung im Alltag abschätzen. Wirklich zuverlässig sei dies allerdings erst zu sagen, wenn zusätzlich eine Arbeitsplatzanalyse ... mit berücksichtigt werden könne. ..."

Die Ansicht eines anderen Experten lautete (im Auszug):

"... daß das Ergebnis des Beratungstests der Schrankenwärter letztlich über die Belastungsfestigkeit unter Dauerbeanspruchung nichts aussage. Die "Verläßlichkeit", d.h. die persönliche Zuverlässigkeit sei letztlich nicht meßbar, sondern eine umfassende Würdigung aller über ... bekannten Fakten."

Zum Wert von Prüfungen ließe sich noch manches anfügen, etwa daß sich letztlich die effektive Leistungsfähigkeit des Menschen nur im Alltag zeigt und die Leistungsbeurteilung erheblich von den Maßstäben der Vorgesetzten abhängt, ein Problem, das ebenfalls in der zweiten Münchner Verhandlung kritisch betrachtet wurde. Nehmen wir den Werdegang jenes Mannes, der es bei der DB bis zum Wärter von Posten 5 Mü.=Allach, dem Unglücksort, brachte, könnte man den Wert von Beurteilungen und Prüfungen als gleich Null bezeichnen oder die dafür zuständigen Vorgesetzten als unqualifiziert.

Nach einer Bäckerlehre betätigte sich der Wärter als Bauhilfsarbeiter und beschloß 1968, zur Bahn überzuwechseln. Er wurde als Arbeiter im Rangierdienst eingewiesen und war von 1970 bis August 1974 im Bf Dinkelscherben auch als Kleinlokbediener eingesetzt. 1971 verursachte er einen Kurzschluß, weil er vergaß, einen Ladegleisschalter einzuschalten. Der Schaden betrug DM 300,--, entstanden gemäß Eintrag in den Personalakten durch *"leicht fahrlässige Verletzung der Dienstpflichten infolge Übereifer"*. Mit DM 2,-- sollte er einen Teil des Schadens mittragen. Im Jahr darauf stellte er eine Weiche falsch, und ein Wagen entgleiste; Schaden DM 1 170,--; Kostenbeteiligung DM 5,--. Wiederum ein Jahr darauf passierte das gleiche wie 1971, auch mit den gleichen Konsequenzen.[133]

Da die Beurteilungen des Wärters ansonsten sehr gut ausfielen, wurde er 1973 nach Beendigung seiner Betriebsaufseher=Ausbildung zum Beamten ernannt. Noch 1973 bewarb er sich für die Assistentenlaufbahn. Trotz guter Beurteilung seiner Leistungen im Bf Dinkelscherben und Empfehlung durch das BA Augsburg 1 hatte seine Bewerbung keinen Erfolg, da der Beratungs-, auch Eignungstest genannt, ein "nicht geeignet" ergab.

Ende 1973, angeblich durch familiäre Schwierigkeiten ausgelöst, änderte sich das dienstliche Verhalten des Wärters. Er stellte Wagen falsch ab und teilte Erkankungen seiner Dienststelle erst in letzter Minute mit. Da Bf Dinkelscherben keine verfügbaren Ersatzkräfte hatte, beeinträchtigten diese Nachlässigkeiten die lokale Betriebsabwicklung erheblich. Als der Wärter Anfang 1974 seine Versetzung nach Donauwörth beantragte, er-

hielt er nun eine deutlich schlechtere Beurteilung, besonders in den Rubriken Charakter (Zuverlässigkeit und Verantwortungsbewußtsein); Bildungsstand (Fachkenntnisse, Lern- und Fortbildungsbereitschaft) sowie soziales Verhalten (gegenüber Kollegen und Bahnkunden). Die Gesamtnote lautete jedoch immer noch auf gut.
Nach Abfassung dieser Beurteilung, aber noch vor Versetzung nach Donauwörth, mußte der Bahnhofsvorsteher Dinkelscherben am 3.7.1974 eine Geldbuße von DM 25,-- im Rahmen einer Disziplinarstrafe verhängen, weil der Wärter am 20.5. und 1.6.1974 nicht rechtzeitig zum Dienst erschienen war.
Formell zum 1.8.1974 wurde der inzwischen zum Betriebsoberaufseher Beförderte nach Donauwörth versetzt, wo er am 19.8. seinen Dienst antrat und knapp 4 Monate, d.h. bis zum 16.12.74 beschäftigt war, allerdings dreimal je zwei Wochen dienstunfähig erkrankt und vom 16.11.-2.12. wegen Urlaub abwesend. Seine erste Erkrankung, vom 26.8. - 8.9., fiel in seine Einarbeitungszeit. Ab 18.9. arbeitete der Wärter selbständig.
Schon am 6.11.1974 sah sich die Dienststellenleitung Bf Donauwörth veranlaßt, an die BD München zu schreiben, die Eignung des Wärters zur Verwendung im Rangierdienst sei zweifelhaft und der Wärter für seine Kollegen eine Belastung. In dem Schreiben wurden auch die häufigen Ausfälle durch Erkrankungen in Dinkelscherben mit angeführt: je viermal 1973 und 1974 v o r seiner Versetzung nach Donauwörth, 1974 also insgesamt siebenmal.
Die zuständigen Beamten bei der BD München im Dezernat 4 A (Laufbahn- und Personalangelegenheiten) richteten am 14.11.1974 die bereits erwähnte Tauglichkeitsanfrage an den für Bf Donauwörth zuständigen Bahnarzt. Als Grund für diese Anfrage wurden die häufigen Erkrankungen und die Zweifel an der Eignung des Wärters für den Rangierdienst genannt. Das ärztliche Gutachten vom 25.11.1974 bejahte die Tauglichkeitsbedenken und diagnostizierte die Erwartung wiederholter *"Rückfallserscheinungen, wahrscheinlich durch unregelmäßige Kosteinnahme"*. Der Untersuchte litte - nach eigenen Angaben (!) - an Magenbeschwerden und Schwindelzuständen. Der Arzt empfahl, seine Diagnose abschließend, Umschulung und Versetzung auf einen Posten, der täglich eine *"einmalige häusliche Diätkosteinnahme"* gewährleiste.
Eine Spezifizierung der weiteren Verwendungsmöglichkeiten war nicht Sache des Arztes, dem ja auch außer der o.g. Tauglichkeitsanfrage und der Bahnarztkartei keine Unterlagen zur Verfügung standen. Die Beamten des Dezernates 4 A der BD München, oder nach Einschaltung des Dezernates 5 (soziale Angelegenheiten einschl. Berufsfürsorge) diese, hätten auf Grund des allgemein gehaltenen, aber bedenklichen Gutachtens eine Wiederholungsuntersuchung, möglichst mit beizufügenden und zu beurteilenden Verwendungsvorschlägen verlangen müssen. Das war in einem anderen Falle im Frühjahr 1974 auch geschehen, in diesem unterblieb es.
In der BD München wurden die Schreiben zum Vorgang mit Personalakt des Wärters dem Dezernat 5 übergeben und gebeten, ein Berufungsfürsorgeverfahren einzuleiten. Zwei der im Dezernat 5 tätigen Beamten führten daraufhin am 2.12.1974 ein Beratungsgespräch mit dem Wärter, der den Wunsch äußerte, im Zugbegleit- oder Ladedienst zu arbeiten. Die Erfüllung des Wunsches hing jedoch von freien Stellen im Ladedienst ab, da eine Tätigkeit im Zugbegleitdienst dem ärztlichen Attest zufolge - und wohl nicht nur deshalb - ausschied. Eine Anfrage beim zuständigen Dezernat 4 A ergab, daß im Lade-

dienst weder eine Stelle frei noch in Aussicht war und nur eine, jedoch ungeeignete im Stellwerksdienst. Bedarf bestand lediglich bei Schrankenposten, von denen dem Wärter mehrere angeboten wurden. Der entschied sich aus persönlichen Gründen schließlich für das Allacher Angebot.
Am 16.12.1974 legte er die Eignungsprüfung mit der Note gut ab, der besten der drei möglichen Bewertungen. Der Eignungsuntersuchungsstelle hatten die Personalakten des Wärters nicht vorgelegen, obwohl das üblich und sinnvoll war.
Am 17.12.1974 wurde in Übereinstimmung der Dezernate 4 A und 5 von letzterem die Abordnungsverfügung des Wärters vom Bf Donauwörth nach Bf Mü.=Allach erlassen, zur Umschulung in den Schrankendienst und zur Abwendung einer *"vorzeitigen Zurruhesetzung"*. Die Verfügung entstand in Kompetenzüberschreitungen bzw. -verstößen, die vor allem in der ersten Münchner Verhandlung von Bedeutung waren, worauf noch gesondert eingegangen wird.

2. Die verheerenden Folgen falscher Fürsorglichkeit

Zum Zuständigkeitsbereich des Bfs Mü.=Allach an der Magistrale München-Ingolstadt, auch mit S=Bahn=Verkehr München-Dachau-Petershausen, gehörten mehrere Schrankenposten. Die Urteilsbegründung vom 1.2.1977 nennt sieben Posten etwa gleichwertiger, die vom 16.11.1978 nur vier Posten unterschiedlich schwerer Bedingungen. Posten 5, an dem sich der Wärter einarbeitete, hätte zwar die meisten Gleise zu sichern, die Arbeit an zwei anderen Posten wäre jedoch schwieriger.
Auch über die Einarbeitungszeit enthalten die Urteilsbegründungen divergierende Angaben. Im ersten Urteil ist von zwei Wochen die Rede, das zweite bezeichnet diese Zeit als Minimum, und der Wärter wurde ja auch ordnungsgemäß fast vier Wochen, vom 17.12.1974 - 15.1.1975, von einem erfahrenen Kollegen eingearbeitet.
Bei Posten 5, in km 10.672 unmittelbar nördlich Bf Mü.=Allach, quert die Krauß=Maffei=Straße neun Gleise. Die Distanz von den östlichen bis zu den westlichen Schrankenbäumen, die acht Gleise sichern, beträgt rd. 49,5 m; Gleis 9 hatte zwei Nebenschranken. Das Wärtergebäude von Posten 5 befand sich zwischen dem zweiten und dritten Gleis. Auf der Schiene passierten den Überweg im Frühjahr 1975 täglich je ca. 230 Zug- und 25 Rangierfahrten, auf der Straße ca. 500 Fußgänger und 3 500 Kfz, einschließlich Busse der Linie 78, Mü. Bf Moosach-=Allach.
In Anbetracht des starken Verkehrs waren alle Schrankenposten dort mit einer Anrückmeldeanlage (=Ama) ausgerüstet, auf der für bestimmte Gleisabschnitte Felder enthalten waren, die beim Befahren durch einen sich nähernden Zug rot und, nachdem der Zug diesen Abschnitt wieder verlassen hatte, wieder weiß anzeigten. Somit konnte jeder Wärter genau die Annäherung der Züge verfolgen, und ein Irrtum, wie im Falle Lauffen, war theoretisch unmöglich. Außerdem begann bei Einfahrt eines Zuges in den Ama=

Überwachungsbereich ein Wecker zu schrillen, bis man ihn mit einem Knopfdruck abstellte.
Das Allacher Ama=Leuchtpult wies seit Einbau eine Eigenheit auf, die allen dort eingesetzten Wärtern bekannt und ohne Beeinträchtigung war. Im ersten Feld des letzten, d.h. vierten Abschnittes aus Ri München funktionierte die Rotausleuchtung wegen mehrerer im zugehörigen Fahrweg liegender Weichen nicht.
Ansonsten war die Betriebsabwicklung im Schrankendienst wie allgemein. Die Züge wurden durch Läutezeichen - je nach Richtung verschieden - angekündigt, woraufhin sich die Wärter melden und die Meldungen der Zugmeldestellen mit voraussichtlicher Abfahrts- oder Durchfahrzeit mithören sowie eintragen mußten. Die Bedienung der Schranken erfolgte durch Knopfdruck, je einen Knopf für die Schrankenbäume beidseitig des Überweges und einen weiteren Knopf für die zwei Nebenschranken. Bei gleichzeitiger Annäherung von zwei oder mehr Zügen war als Gedächtnisstütze eine Kappe mit der Aufschrift *"Achtung: Zwei Züge"* auf einen der Knöpfe zu setzen. Obwohl es seit Kriegsende hier keinen Unfall mehr gegeben hatte, wurde nach der Katastrophe die Bedienung dieses Schrankenpostens signalabhängig gemacht und wird seither vom Bf aus vorgenommen.

Der Wärter bestand am 16.1.1975 seine Verwendungsprüfung und arbeitete ab 18.1.1975 selbständig. Da sein Vorgesetzter, Vorsteher des Bfs Allach, keinen Hinweis erhalten hatte aufzupassen, ob sich sein neuer Schrankenwärter jetzt zuverlässiger verhielte als während seiner vorherigen Tätigkeiten, konnte man später nur konstatieren, daß es in diesen sechs Wochen keine Beanstandungen gegeben habe, wenngleich eine taktvolle Beobachtung angebracht gewesen wäre.
Am 6.3.1975 hatte der Wärter nach drei Tagen Ruhezeit Dienst von 11.15-19.15 Uhr gehabt und war am 7.3.1975 wieder ab 6 Uhr auf seinem Posten. Er erhielt 7.07 Uhr die Meldung von S 7221 aus Ri Dachau (7.13 Uhr ab Allach) und schloß die Schranken. Dann kam die Meldung von N 4208 aus Ri Mü.=Hbf mit voraussichtlicher Durchfahrzeit Allach 7.17 Uhr. Der Wärter nahm die Meldung entgegen, trug als Zeit jedoch 7.18 Uhr ein und vergaß, die Kappe *"Achtung: Zwei Züge"* aufzusetzen. Er vergaß dann auch den N 4208 und öffnete nach Vorbeifahrt von S 7221 die Schranken.
Im Führerstand der geschoben laufenden Garnitur des N 4208, Tfz und sieben Reisezugwagen, befanden sich an diesem Tage drei Beamte: Tf, der eine Zusatzprüfung ablegte, der Prüfer, der links neben dem Tf stand, und der Lehrlokführer, hinter dem Prüfer stehend. Da der Lehrlokführer den Prüfer fast um Haupteslänge überragte, hatten alle drei Ausblick auf die Strecke. Das Gericht bemängelte an der Führerstandausstattung, daß Führerbremsventil und Betätigungstaste für Makrophon bzw. Signalhorn nicht gleichzeitig zu bedienen waren. So konnte der Tf bei Erkennen der Gefahrsituation nur eines als erstes: Schnellbremsung einleiten oder Warnsignal abgeben. Er handelte instinktiv in der Reihenfolge Bremsen, Sanden, Signalgeben, und er handelte sehr schnell.
Mit ca. 111 km/h - zulässig wären 120 km/h gewesen - näherte sich N 4208 bei 'Fahrt frei' zeigenden Signalen gegen 7.18 Uhr dem Krauß=Maffei=Überweg auf Gleis 7. Tf erkannte die Gefahr ca. 141 m vor dem BÜ und hatte nach weiteren 17-18 m Fahrt (= 0,6 Sek) bereits Bremsung eingeleitet, bei wirksam werdender Vollbremsung ca. 24 m vor dem BÜ, ab dort durch Schleifspuren nachgewiesen. Weitere 56 m zurück fand man die ersten Sandungsspuren.

oben: Der Steuerwagen des N 4208 mit Fahrgastraum=Karosserie des Busses / **unten:** Blick vom BÜ, rechts Frontteil des Busses; im Hintergrund Tfz und entgleiste Wagen des N 4208

Auch der Fdl im Bf Allach sah den auf den Überweg rollenden Bus [134] und schrie in die Zugmeldeanlage: *"Fünfer was machst Du? Mach zu, mach zu!"* Der Wärter schloß daraufhin zwar sofort die Schranken, jedoch zu spät. Der Bus hatte Gleis 7 (von diesem aus gesehen das zweite Gleis) erreicht und wurde vom Steuerwagen des noch mit ca. 108 km/h fahrenden N 4208 in der Mitte erfaßt und auseinandergerissen. Das Dach des Busses blieb an der Front des Steuerwagens hängen, der mit drei entgleisten Wagen nach ca. 450 m bei km 11.117 zum Stillstand kam. Von den 14 Insassen des Busses, den Fahrer einbezogen, verloren 10 an der Unfallstelle ihr Leben, zwei starben nach Einlieferung im Krankenhaus, zwei überlebten schwer verletzt.
Der zweispurig laufende dritte Wagen riß das Einfahrvorsignal Bf Mü.=Karlsfeld und zwei Fahrleitungsmasten um, wodurch bis Mü.=Karlsfeld und im Bf Mü.=Allach der Strom ausfiel. S 7221 erreichte in diesem Moment den Bahnsteig, war aber noch nicht zum Stillstand gekommen.
Die Ermittlungen ergaben, daß lediglich der Busfahrer die Möglichkeit hatte, die Katastrophe in letzter Sekunde zu verhindern - sofern er bei Befahren des Überweges nach links geblickt und blitzschnell reagiert hätte. Dazu bestand aber nach Ansicht beider Strafkammern in Anbetracht der Breite und Mehrgleisigkeit dieses Überweges keine Verpflichtung. Dennoch wurde ein Mitverschulden des getöteten Busfahrers nicht völlig ausgeschlossen.
Worauf keine der Urteilsbegründungen näher einging, ist die Gesamtbetriebssituation.[135] So bleibt auch eine Zeitdifferenz von 5 Min unklar. Auf die Verspätung des N 4208 ist hingewiesen, daß aber S 7221, planmäßig in Dachau ab, 5 Min verspätet in Allach eintraf, wird übergangen. Das verwundert in Anbetracht der Ausführlichkeit, mit der die Münchner Strafkammern auf technische und betriebliche Details eingingen. Jedenfalls kam hier zu kurz, womit sich die Heilbronner Richter vielleicht zu eingehend auseinandersetzten.

3. Freispruch für die Angeklagten

In der ersten Hauptverhandlung mit neun Verhandlungstagen im Januar 1977 waren angeklagt: Der Tf des N 4208 und der Lehrlokführer, von der Verwaltung der BD München der Leiter des Dezernates 5 (Sozialwesen) und die im vorliegenden Fall eingeschalteten Berufsfürsorger, dann der Leiter des Dezernates 4 (Personalwesen) und ein in seinem Dezernat tätiger Laufbahnbeamter, schließlich der Bahnarzt, der den Wärter untersucht hatte.
Das Gericht bestand aus drei Richtern und zwei Schöffen, die Anklage vertraten zwei Staatsanwälte und ein Nebenkläger; 13 Rechtsanwälte verteidigten die Angeklagten. Nach Abschluß der Hauptverhandlung wurde in öffentlicher Sitzung am 1.2.1977 das Urteil verkündet: Freispruch für Tf, Lehrlokführer, die beiden Beamten des Dezernates 4A und den Bahnarzt; die drei im Sozialdezernat Tätigen erhielten je 8 Monate Freiheitsentzug auf Bewährung.

Das Urteil mit Begründung umfaßt 116 Schreibmaschinenseiten. Davon beziehen sich 40 Seiten auf die Laufbahn des Wärters und die Umstände seiner Abordnung zum Schrankendienst. Der Urteilsbegründung lagen zugrunde: Die Einlassungen der Angeklagten, z.T. mit Überprüfung des Sachverhaltes durch das Gericht, so Lokaltermin und Probefahrt; die Gutachten einer ganzen Reihe von Sachverständigen, zuständig für organisatorische, technische, medizinische und psychologische Probleme; ferner die Aussagen zahlreicher Zeugen.

Die Freisprüche von Tf und Lehrlokführer lagen auf der Hand. Für sie war das Unglück ein unabwendbares Ereignis. Auch dem Bahnarzt war nichts vorzuwerfen, insbesondere, weil er auch n a c h der Untersuchung des Wärters von dessen Verwendung nichts erfuhr, obwohl man in der Sache noch telefonierte, aber wieder nur mit allgemeinen Fragen.

Die Beamten des Dezernates 4 A wurden u.a. durch den Präsidenten der BD München entlastet, der aussagte, in seinem Direktionsbereich würde abweichend von den bei der DB geltenden Organisationsbestimmungen schon länger die Zuständigkeitsverteilung vereinfacht gehandhabt. Zur Vermeidung doppelter Bearbeitung sei jeweils ein Dezernat federführend, hier das Dezernat 5, das an sich gemäß DB=Vorschrift n i c h t zuständig wäre. Bei Abordnungen im Rahmen eines Berufsfürsorgeverfahrens prüfe das Dezernat 4 A auch lediglich, ob der Beamte laufbahngerecht eingesetzt würde. Die Abordnungsverfügung vom 17.12.1974 des Wärters zum Schrankendienst sei dementsprechend von den Beamten des Dezernates 5 verfaßt und denen des Dezernates 4 A allein zur Gegenzeichnung und Kenntnisnahme zugeleitet worden.

Zur Verurteilung der drei Beamten des Dezernates 5 ist ausgeführt: Die Abordnung des Wärters zum Schrankendienst sei für den Unfall kausal und dessen Versagen vorhersehbar gewesen. Als im Bahndienst erfahrene Beamte hätten sie in Kenntnis der Personalakte mit einer Wiederholung der Fehlleistungen des Wärters rechnen und dessen Eignung sorgfältiger prüfen müssen. Diese Unterlassung wäre eine fahrlässige Pflicht- und Rechtswidrigkeit.

Die Verurteilten gingen in Revision, dgl. die StA betr. Freisprüche der Beamten des Dezernates 4 A und des Bahnarztes. Letzteren ausgenommen, gab der BGH am 2.2.1978 den Revisionsanträgen statt und verwies die Sache zur erneuten Verhandlung durch eine andere Strafkammer an das LG München I zurück. Die Entscheidung des BGH stützt sich im Wesentlichen auf Folgendes: Der Unfall beruhe überwiegend auf dem Versagen des Wärters, gegen den die StA wegen dessen *"Überforderung"* und unter Berücksichtigung eines arbeitsmedizinischen Gutachtens das Verfahren eingestellt habe. Das sei jedoch dem angefochtenen Urteil nicht zu entnehmen. Dessen Grundlage seien die Zuständigkeit und Verantwortung der Verurteilten gewesen. Maßgeblich sei aber letztlich, daß der Präsident einer BD gemäß einer Geschäftsanweisung der DB vom 6.5.1958 [136] einen Geschäftsplan aufzustellen habe. Ohne schriftliche Verfügungen könne ein Unternehmen wie die DB nicht geführt werden, insbesondere sei es unzulässig, wenn im Sicherheitsbereich Abweichungen von Zuständigkeiten und Verantwortung mündlich geregelt oder geduldet würden. Bei der gegebenen Sachlage ließe sich nicht ohne weiteres sagen, welches Dezernat zuständig und verantwortlich gewesen sei, und das Urteil des LG München I enthalte darüber keine eindeutigen Feststellungen im Sinne der o.g. Regelung. Das nachzuholen wurde für die neue Verhandlung aufgegeben, ferner die charakterliche Qualifikation des Wärters für den Schrankendienst noch einmal zu prüfen, und

> *"... die Ursächlichkeit jedes einzelnen Angeklagten für den Unfall sowie den Grad eines eventuellen Verschuldens insbesondere der im Amt nachgeordneten...".*

Somit kam es zur zweiten Münchner Hauptverhandlung. Obwohl die Zahl der Angeklagten auf fünf und auch die Anklagepunkte zusammengeschrumpft waren, mußte bei den öffentlichen Sitzungen an insgesamt 10 Tagen bis zum 16.11.1978 der ganze Fall noch einmal aufgerollt werden, so daß dieses Urteil mit Begründung den Umfang von 119 Schreibmaschinenseiten hat.

Das Urteil besticht vor allem durch die Kritik am praktizierten Beurteilungsmodus. Konsequent wird postuliert, daß die aus dem Personalakt ersichtlichen, kurz aufeinander folgenden Fehlhandlungen des Wärters und seine bereits 1973 auftretenden häufigen Erkrankungen zwar zu denken geben mußten, die durchweg guten Beurteilungen und plausiblen Entschuldigungen andererseits den negativen Eindruck wieder aufhöben. Denn die Pannen beim Rangierdienst würden für eine Bewertung abgeschwächt, wenn bei den Einträgen stünde: *"handelte im Übereifer, sonst tadellose Arbeit"*. Der Wärter wäre auch bei seiner Bewerbung für den mittleren Dienst "uneingeschränkt" empfohlen und seine Unzuverlässigkeiten mit familiärem Ärger (Ehescheidung) entschuldigt worden, dgl. seine Erkrankungen teils damit, teils durch Überlastung.

Zu letzterem übernahm das Gericht offenbar ungeprüft eine höchst faule Aussage der beiden angeklagten Berufsfürsorger. Sie hatten zur Bewertung der Disziplinarstrafe vom Juli 1974 ausgesagt, die Ahndung sei zwar berechtigt gewesen, aber man müsse berücksichtigen, daß der Wärter

> *"... nahezu 100 km von seinem Dienstort entfernt gewohnt haben..."* (und mangels Besitz eines Autos) *"... entweder in der Nacht über zwei Stunden mit dem Moped habe unterwegs sein müssen, ... oder daß er bereits am Abend gegen 18.00 Uhr sich auf den Weg machen mußte, um in über 4 Stunden mit dem Zug den Dienstort zu erreichen."*

Den Unterlagen nach wohnte der Wärter in Dinkelscherben, die Entfernung von dort nach Wertingen beträgt knapp 30 km auf einer streckenweise neu trassierten, in Tallage verlaufenden, guten Straße. Überdies benutzte der Wärter keinen Zug, sondern den Bus.

Die beiden Berufsfürsorger betonten natürlich auch die voll befriedigenden Beurteilungen und Testergebnisse, zudem gäbe es Rangierunregelmäßigkeiten der Größenordnung, wie sie der Wärter verschuldete, bei der DB jährlich zwischen 4500 und 5000.

Der Leiter des Dezernates 4A trug ebenfalls zur Entlastung der Angeklagten bei und führte dazu DB=Beförderungsmaßstäbe an. Weder härtere Disziplinarstrafen noch schlechtere Beurteilungen, als sie der Wärter zuletzt erhalten habe, seien ein Beförderungshemmnis.[137] Persönlich habe er zwar strengere Ansichten, müsse sich jedoch an die Anweisungen halten.

Die Argumentation des Dezernenten war keine Schutzbehauptung. Aber sie führt zur Frage, welchen Sinn Beurteilungen haben, wenn sie, häufig ohnehin zu gut ausfallen, dann auch noch bei mäßiger Benotung ohne Konsequenzen bleiben. Nun wurden bei der DB sogar Beamte ohne nennenswerte Wartezeit befördert, die gerichtlich mehrere Monate Haft (auf Bewährung) erhielten - eine Praxis, die in den fünfziger Jahren aufkam.

Bei einem solch fürsorglichen Betriebsklima kann man den angeklagten Berufsfürsorgern nicht verübeln, wenn sie den *"neuen Lebensanfang"* des Wärters begünstigen wollten. Er habe auf sie einen so *"gut motivierten"* und arbeitswilligen Eindruck gemacht, daß sie der Meinung waren, eine Tätigkeit im Sinne des ärztlichen Attestes würde alle Übel beheben. Der Wärter formulierte es vor Gericht noch treffender: Der Rangierdienst machte einen öfters krank, und der Schrankenwärterdienst habe ihm gut gefallen, der sei schon generell leichter, weil man im Warmen und Trockenen sitze.

Der psychiatrische Sachverständige, dessen Gutachten die Einstellung des Verfahrens gegen den Wärter bewirkt hatte, war da anderer Meinung. In seiner Arbeitsplatzanalyse stand nämlich die Behauptung, der Dienst am Allacher Schrankenposten 5 sei so schwer, daß dieser von niemandem optimal, d.h. sicherheitsgerecht ausgeführt werden könne. In der Urteilsbegründung wird das folgendermaßen interpretiert:

> *"... Damit kam er bereits für jeden Schrankenwärter zu einer Überforderung. Seine Beurteilung des ... geht daher (lediglich) auf eine graduelle Verstärkung der Überforderung. Der Sachverständige hat im übrigen ausgeführt, wenn sich die übrigen Schrankenwärter ... nicht überfordert gefühlt hätten, so liege dies daran, daß es sich um streßfestere Leute handle, denen das objektive 'Zuviel' an Belastung nichts ausmache."*

Während der zweiten Münchener Verhandlung erschien der psychiatrische Sachverständige persönlich, und das Gericht konnte resümieren, er

> *"... sah sich nunmehr jedoch unter Berücksichtigung des Beweisergebnisses außerstande anzugeben, welche objektiven Tatsachen im Dezember 1974 konkret für die Annahme einer medizinisch begründeten Untauglichkeit gesprochen hätten. Damit kann nicht davon ausgegangen werden, daß eine solche vorgelegen hat. ..."*

So findet sich in der Urteilsbegründung mit geringfügigen Unterschieden zweimal die Feststellung:

> *"... Schließlich hat die Hauptverhandlung weiter erbracht, daß schon im Bereich der Kausalität nicht feststeht, ob die Fehlhandlung des ... an der Schranke auf dessen - unterstellte - charakterliche Ungeeignetheit zurückgeht oder ob es sich um ein einmaliges, immer denkbares menschliches Versagen handelte, für welches jedenfalls die Angeklagten nicht einzustehen hätten."*

Kleine Verdrießlichkeiten gab es während der Verhandlung bei den Aussagen der beiden Dezernenten, als es um Kompetenzen ging. So stellte der Leiter des Dezernates 5 seine Verantwortlichkeit in Frage. Er habe zwar die Abordnungsverfügung mit abgezeichnet, da er jedoch an sich nicht zuständig gewesen sei, könne ihm auch kein Schuldanteil zukommen:

> *"... Er habe den ... zwar der Form nach abgeordnet, der Sache nach habe er das aber nicht getan, weil er gar nicht zuständig gewesen sei. ..."*

Im übrigen wäre er auch nicht befugt gewesen, den Personalakt des Wärters einzusehen.

Sein Kollege vom Dezernat 4 A widersprach dem entschieden. Er habe nach Beantwortung der Tauglichkeitsanfrage durch den Bahnarzt die Diagnose und den Personalakt dem Dezernat 5 übergeben. Eine gründliche Durchsicht habe er erwartet und die Be-

hauptung, in dieser Sache keine Personalakt=Einsichtsbefugnis zu besitzen, schiene ihm geradezu abwegig.
Es wäre müßig, diese Debatten, die trotz des ernsten Anlasses an Karl Valentin erinnern, oder die langen Ausführungen über das schon erwähnte Münchner Verfahren, das seit 19 Jahren bei der BD München ohne schriftliche Fixierung üblich war und angeblich eine Arbeitsvereinfachung bringen sollte, weiter zu verfolgen, denn

> *"... Eine Kausalität zwischen der vorschriftswidrigen Unterschrift des Angeklagten ... und dem Bahnunglück in Allach liegt nicht vor. Wie unten ausgeführt werden wird, ist eine Fehleinschätzung von ... durch das Dezernat 5 nicht geschehen. Sie wäre aber Voraussetzung, um die Kausalitätskette von der Handhabung des 'Münchner Verfahrens' durch alle fünf Angeklagten zum Unglück ziehen zu können. Da den Angeklagten ... und ... im wesentlichen ein Unterlassen vorgeworfen wurde, hätte bei ihnen weiter festgestellt werden müssen, welche konkrete Handlung gerade sie hätten vornehmen können und müssen, um den strafrechtlichen Erfolg abzuwenden (§ 13 StGB). Derartige Darlegungen bedarf es nach den obigen Ausführungen jedoch nicht mehr.*
> *Schließlich fehlte es zum Letzten auch an der Vorhersehbarkeit, dem eigentlichen Schuldelement bei den fahrlässigen Erfolgdelikten. ..."*

4. Nachwort über Justiz und Psychiatrie

Alle drei Allach=Urteile enthalten reichlich rechtsphilosophischen und zeitkritischen Stoff, um ein Buch zu füllen, besonders wenn man noch den Fall Lauffen einbezieht: Zwei Schrankenwärtern, von denen jeder einen schweren Überwegunfall verursachte, wurden von Kapazitäten der Psychologie bzw. Psychiatrie ihre Unfähigkeit zu einem solchen Dienst bescheinigt. Der eine, der nach k u r z e r Einarbeitungszeit einen Schrankenposten o h n e weitere technische Überwachungshilfen übernahm, erhielt in letzter Instanz seine Strafe, der andere, dessen Posten mit den modernsten Sicherungen ausgestattet und dessen Ausbildung erheblich länger war, wurde gar nicht vor Gericht gestellt.
Da nach Ansicht des Gerichtes das Versagen des Wärters nicht vorhersehbar, außerdem seine *"charakterliche Ungeeignetheit"* nicht unfallkausal war, worauf, von allem Beiwerk befreit, der Freispruch der Angeklagten im wesentlichen beruhte, hätte der Wärter belangt werden müssen - das auch im Hinblick auf unser demokratisches Selbstverständnis, so die Eigenverantwortlichkeit des mündigen Bürgers. Dem Wärter war ja keine Unzurechnungsfähigkeit bescheinigt worden. Folgedessen war er mitverantwortlich, die Annehmlichkeiten einer "angenehmen", verbeamteten Stellung angetreten zu haben, die er so wenig wie seine vorhergehenden ausüben konnte und worum er sich, mit Ausnahme einer kurzen Zeitspanne auch nicht bemühte. Einer Notiz im Gerichtsakt ist zu entnehmen, daß der Wärter 1977 aus dem DB=Dienst schied und seinen 'neuen Lebensanfang' als Schankkellner begann.

Da das zum 9.2.1979 rechtskräftige Endurteil als glatter Freispruch erging, übernahm die Staatskasse nicht nur die Verfahrenskosten einschließlich die der Revision, sondern auch alle Angeklagten erhielten ihre notwendigen Auslagen ersetzt. Daß Rechtsauslegungen und somit Urteile unterschiedlich ausfallen können, liegt in der Natur der Richter und des Rechtswesens. So ist auch der Instanzenweg ein unerläßlicher Bestandteil der Rechtspflege. Dadurch entstehende Mehrkosten und Verzögerungen müssen in Kauf genommen werden. Warum jedoch unsere Gerichte Strafverfahren eröffnen, bei denen ein Freispruch so gut wie sicher ist, wie in diesem Falle die Klageerhebung gegen Tf, Lehrlokführer, ja selbst gegen den Bahnarzt, bleibt unverständlich, denn das verursacht unnötige Kosten für den Staat bzw. Belastungen für die Angeklagten. Das Beispiel Eßlingen (B III) zeigt, daß die Gerichte trotz staatsanwaltlichen Drängens die Eröffnung eines Strafverfahrens ablehnen können, auch bei nicht völlig geklärter Sachlage und somit nicht sicherem Prozeßausgang.
Vier Jahre minus drei Wochen dauerten die Untersuchungen und Verhandlungen zu Allach, also fast das Doppelte der Zeit, die zur Abwicklung des ähnlich gelagerten Falles Lauffen aufgewendet wurde, und die juristischen Folgekosten nach Allach dürften den Schadenskosten des Unglücks kaum nachstehen: Die sorgfältig geordneten Schriftsätze dieser teuren, geistigen Kraftanstrengung nahmen im Archiv des neuen Justizgebäudes an der Nymphenburger Straße in München eine ungefähr 4 m lange Regalfläche ein!
Sicher gibt es kostspieligere, durch Formales noch länger verschleppte Strafprozesse, aber dennoch: Welch Aufwand für das Ergebnis "keiner ist schuld", wie es eine lakonische Pressemeldung nannte, nachdem sich bereits vor Prozeßbeginn die in Heilbronn 1960 ausgesprochene Ahnung hinsichtlich Einfluß der Psychiatrie bestätigt hatte. Nun ging es hier ja 'nur' um die Verantwortlichkeit für eine bereits stattgefundene Katastrophe. In anderen Fällen haben die psychiatrischen Gutachter die Verantwortung für Zukünftiges, bei dem dann gegebenenfalls Unschuldige die psychiatrischen Fehldiagnosen mit Leben oder Gesundheit bezahlen, ohne daß Psychiater, die falsch attestierten, zur Rechenschaft gezogen werden können.
Psychische Beurteilungen, vor allem wenn sie in pathologische Grenzbereiche greifen, stehen auf unsicherem Boden. Den medizinischen Wert der Psychiatrie unbestritten, ist er doch für die Justiz zweifelhaft, und *sie* muß ja letztlich die Konsequenzen aus den Gutachten ziehen.
Wissenschaftler neigen zur Überschätzung ihrer Disziplin und nähern sich gern dem Absoluten. Sofern es beim Gelehrtenstreit bleibt, korrigieren sich Überspanntheiten eines Tages selber. Eine gefährliche Anmaßung ist es aber, über einen psychischen Zustand eine konkrete Aussage abzugeben, wenn es gar in technisch meßbaren Bereichen zu konträren oder abweichenden Ansichten kommt.

Sachverhalt und Zitierungen, soweit nicht anders angegeben, aus Ermittlungs- und Gerichtsakten LG München I, Az Nr. 24 und 23 KLs 490 Js 85 977/75 vom 1.2.1977 und 16.12.1978; sowie BGH 4 StR 518/77 vom 2.2.1978.

133 Inzwischen trat bei Bemessung von Geldbußen eine Verschärfung ein, derzufolge keine unter DM 20,-- betragen soll. Ermächtigt dazu sind: Der Dienststellenleiter bis DM100,--, der Amtsvorsteher bis DM 200,-- und der Präsident bis zur Höhe eines Monatsgehaltes.

134 Die Haltelinie befand sich 1,3 m vor dem östlichen Einfahrschrankenbaum. Es blieb jedoch ungeklärt, in welcher Entfernung der wartende Bus genau stand. Er soll angefahren sein, bevor die Schranken senkrecht standen und zügig bis auf 12 km/h beschleunigt haben. Die Distanz östliche Schiene des Gleises 7 bis zu den Schrankenbäumen betrug 9,55 m. Dem Bus wurden eine Fahrtstrecke bis zur Kollision von 16,3 m unterstellt, für die er insgesamt 9,8 Sek gebraucht haben soll, davon 2,8 Sek von Anfahrt bis zum Erreichen der Schranken.

135 Zur Betriebssituation: Die Regionalzüge Ri Ingolstadt beginnen bzw. enden in Mü. Hbf=Starnberger Bf, die S=Bahn=Züge laufen über Mü. Hbf=Tunnel Bf. Ab und bis Mü. Obermenzing=Abzweigung benutzten Fern- und Vorortverkehr die gleichen Gleise. Der Güterverkehr kann zwischen Mü.=Allach und =Karlsfeld in jeder Richtung über ein Gleisdreieck auf den Nordring zum oder vom Gbf Ludwigsfeld geleitet werden, zu dem auch von Bf Allach ein Gleis führt.
N 4208 lief ohne Zwischenhalt bis Dachau in 4 Min Planabstand hinter einem S=Bahn=Zug mit sechs Zwischenhalten, davon 7.11 Uhr in Mü.=Allach. In Dachau stand N 4208 dann 6 Min, um nicht dem S=Bahn=Zug bis Petershausen weiterhin im Blockabstand folgen zu müssen. Durch diese Planlage hatte N 4208 auch bis Dachau 19 Min Fahrzeit gegenüber 13-15 Min gleichwertiger Züge. N 4208 brauchte sich also nicht zu beeilen und hatte bei Durchfahrt Allach noch ungefähr 3 Min Verspätung wie bei der Abfahrt.
In der Gegenrichtung gab es ebenfalls Unregelmäßigkeiten. S=Bahn=Zug 7221 verließ Dachau planmäßig 7.07 Uhr, aber er wurde vom vorliegenden Dg 54 341 behindert, der hinter Karlsfeld auf den Nordring abbog. Dadurch erhielt S 7221 5 Min Verspätung, so daß er erst 7.18 Uhr in Allach eintraf.
7.11 Uhr war nun auch schon E 3273 von Dachau vorgemeldet worden, der planmäßig 7.31 Uhr in Mü. Hbf sein sollte (N 7221 um 7.30 Uhr). Innerhalb von 10 Min war demnach auf vier Züge zu achten, und bei Unregelmäßigkeiten wie an diesem Tage verlangte das einige Konzentrationsfähigkeit der Schrankenwärter.

136 GA DB-DV 137 in DIE BUNDESBAHN 1958, S. 537.

137 Da der Schrankendienst dem Wärter eine höhere Besoldungsgruppe als die bei seiner Rangiertätigkeit brachte, galt es als Beförderung.

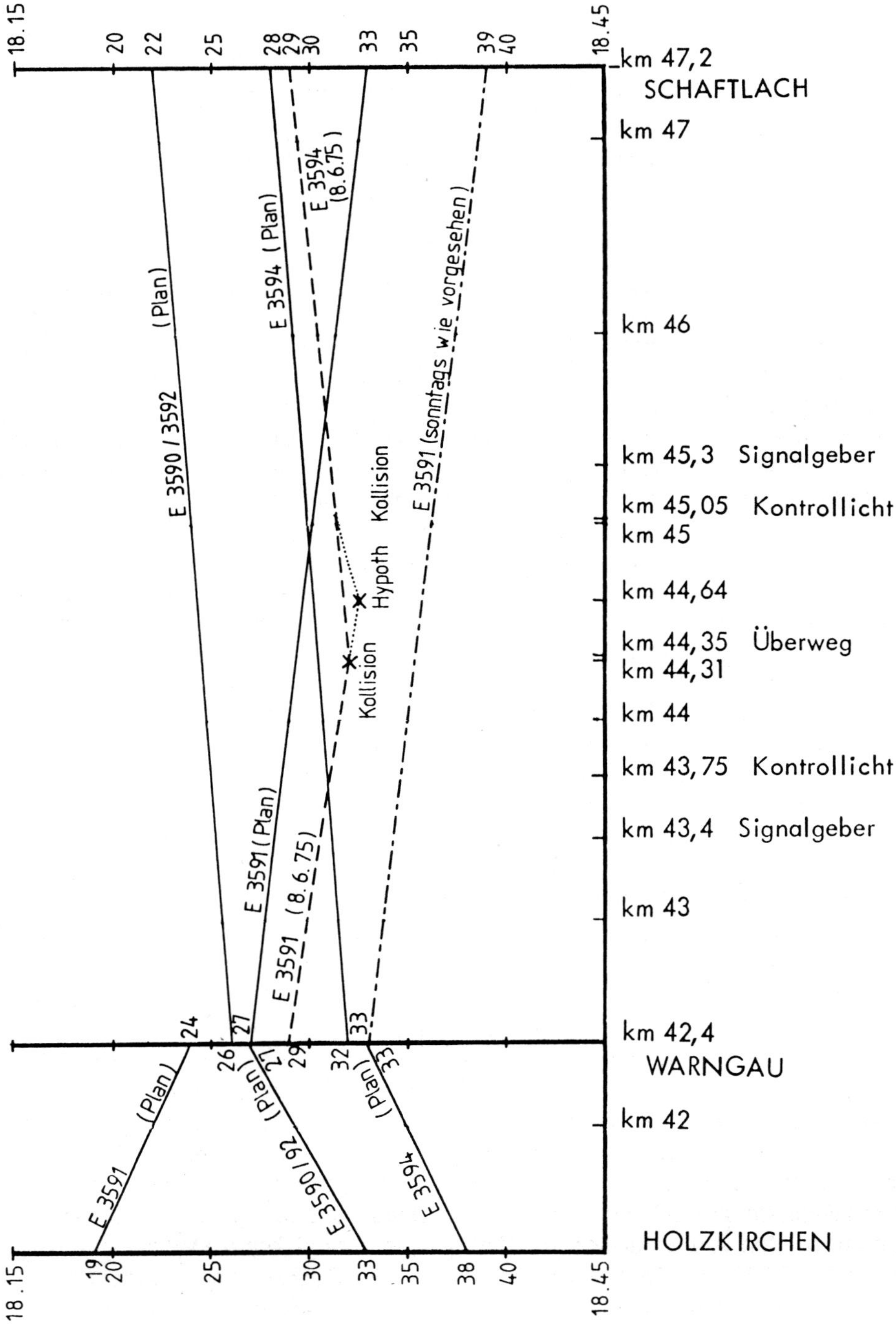

Einfache graphische Darstellung der Zugläufe zu Warngau

IV. Warngau (Str München-Lenggries)

Zusammenstoß am 8.6.1975 E 3591 mit E 3594
(41 T, 122 V)

1. Kleine Fehler und Nachlässigkeiten mit schweren Folgen

Der für die Strecke Lenggries-München zuständige Fahrplan-, d.h. Blattbearbeiter der BD München, ein Bundesbahnamtmann, wählte bei Ausarbeitung des Sommerfahrplanes 1975 eine gefährliche Vereinfachung: Er zeichnete im Bildfahrplan die Kreuzung der beiden Eilzüge E 3591 und E 3594 in dem nicht durch Streckenblock gesicherten eingleisigen Abschnitt Warngau-Schaftlach ein. Er wollte damit einen flexibleren Verkehrsablauf erreichen und bei Verspätungen eine Verknappung der Umsetzzeit der Lokomotive des E 3591 in Lenggries verhindern. Dieser Zug erreichte Lenggries laut Plan 19.00 Uhr und fuhr 19.28 Uhr als E 3596 wieder nach München zurück. Um eine planmäßige Kreuzung der Züge in Warngau vorzusehen, hätte der Blattbearbeiter seiner Ansicht nach den Planaufenthalt des E 3591 in Lenggries zu stark kürzen müssen. Das Gericht errechnete, daß dann zwischen Planankunft und Rückfahrt immer noch 21 - 22 Min geblieben wären. Bei Zugverspätungen und evtl. dadurch notwendiger Kreuzungsverlegung könnte diese Spanne zwar etwas knapper werden, aber sie müßte theoretisch doch gereicht haben.
Die erste Kalamität der Luftkreuzung [138] ergab sich, als die Bahnhofsfahrordnungen für die Bahnhöfe Schaftlach und Warngau nach Eintreffen des Bildfahrplanes abgefaßt werden sollten. Die beiden zuständigen Beamten standen hinsichtlich der für die Züge 3591 und 3594 (nur sonntags) einzutragenden Fahrzeiten vor einem Rätsel. Erst telefonierten sie miteinander, dann riefen sie den Blattbearbeiter in der Direktion an, der sich begnügte, als Kreuzungsort Bf Warngau zu bestimmen. Die Abfahrtszeit des E 3591 in Warngau änderte er nicht, was durch Aufstellung eines Sonntagsplanes auch zu diesem Zeitpunkt noch ohne weiteres möglich gewesen wäre. Für bereits gedruckte Fahrplanbelege hätte dann eben eine Änderungsnotiz herausgegeben werden müssen, ebenso wenig außergewöhnlich, wie die Abfassung eines gesonderten Sonntagsplanes.
Es wäre die sicherere und bessere Lösung gewesen. Kreuzen mußten die Züge in jedem Fall, und das war nur in Schaftlach, Warngau oder Holzkirchen möglich, ab dort bis München ist die Strecke ohnehin zweigleisig. Ein Fahrplan von Regelpersonenzügen wird zudem nicht flexibler, wenn man Kreuzungen fahrplantechnisch variabel läßt. Hinzu kommt, daß Kreuzungen im Bf Warngau ohne Sicherung der zu- oder aussteigenden Fahrgäste durch Bahnsteigtunnel vom Fahrdienstpersonal nicht gern gesehen wurden, weshalb man wiederholt den Antrag stellte, in Warngau überhaupt keine Kreuzung einzuplanen; und nun hatte E 3591 an Sonntagen dort gar mit zwei Gegenzügen zu kreuzen.
Für die Bahnhofsfahrordnung, die zum Fahrplanwechsel vom Bahnhofsvorsteher oder dem damit beauftragen Beamten anzufertigen ist, behalf man sich im Sommer 1975 mit

oben: links Bahnüberweg und hochgeschleuderter Wagen 2 von E 3594 / **unten:** Blick von anderer Seite und Ri Warngau, links umgestürzter Wagen 1 von E 3594

Wagens schob. Die Schäden an den übrigen Wagen der Züge erwiesen sich als geringfügig.
Beide Tf, ein Zf und 35 Reisende verloren ihr Leben bei dem Unfall, weitere drei Fahrgäste starben an den Folgen, außerdem erlitten 122 Personen zum Teil schwere Verletzungen. Der Sachschaden belief sich auf ca. DM 4 Mio., an Entschädigungen wurden zunächst ca. DM 1,5 Mio. gezahlt; die Summe erhöhte sich bis 31.12.77 auf DM 3 428 604,78.

2. Gutachterliche Differenzen

Zur gründlichen Prüfung aller sich aus dem Unglück ergebenden Probleme, berief die StA mehrere Gutachter, so auch über die technisch/physikalische Seite des Zusammenstoßes. Im Hinblick auf die Ermittlungen zu anderen Unfällen, insbesondere Aitrang, ist die Auswertung der Indusischreibstreifen von Interesse, denn zwei Experten gelangten hier zu erheblich differierenden Ergebnissen, über die das Gericht folgendermaßen urteilte:

> *"Der Sachverständige ..., der Fachmann für Indusi-Angelegenheiten ist..., hat die Indusi-Aufschriebe ebenfalls ausgewertet. Er kommt zu dem Ergebnis, daß die Geschwindigkeit des Zuges 3591 vor Beginn der Schnellbremsung 96 km/h betrug, während die Aufstoßgeschwindigkeit bei 64 km/h liegt. Für den Zug 3594 S kommt er zu dem Ergebnis, daß er vor Einsetzen der Schnellbremsung ca. 93 km/h fuhr und die Anstoßgeschwindigkeit bei 86 km/h lag. Die unterschiedlichen Geschwindigkeitsangaben kommen dadurch zustande, daß der Indusi-Aufschrieb über eine relativ lange Wegstrecke auf einem sehr kleinen Registrierstreifen grafisch dargestellt wird. Bei den Vergrößerungen und der Dehnung dieses Aufschriebs sowie der anschließenden Berechnung können sich Unterschiede ergeben.*
> *Die Strafkammer folgt aber dem Gutachten des Sachverständigen ..., weil er über die größere Berufserfahrung bezüglich der Begutachtung von Schienen-Straßenunfällen verfügt, während der Sachverständige ... im wesentlichen mit dem einwandfreien Funktionieren der Indusi-Anlagen befaßt ist."*

Die Formulierung, mit der das Gericht die gutachterliche Expertise des auch zu Aitrang und Guntershausen berufenen Indusi-Fachmannes ablehnte, war taktvoll. Aber auch die Berechnungen des anderen Experten, einem bei der BD München für BÜ=Unfälle zuständigen KFZ=Sachverständigen, treffen kaum zu, genauso wenig wie die oben zitierte Begründung der unterschiedlichen Auswertungen der Geschwindigkeitsaufschriebe. *"Dehnungen"* der Streifen können nur bei Aufzeichnung längerer Strecken auftreten und wirken sich nur bei Lokalisierungen aus. Aber diese mögliche Fehlerquelle läßt sich durch Vergleiche und Errechnung eines Vorschubmaßstabes weitgehend ausschalten.
Im Falle Warngau hätte das Gericht getrost auf beide Gutachter verzichten können. Die Errechnung der bei dem Zusammenstoß frei gewordenen kynetischen Energie von 13 870 000 mkp war zwar beeindruckend, zur Erfüllung der Aufgabe des Gerichtes jedoch ohne Bedeutung. Um annähernd die Fahrgeschwindigkeit der Züge vor dem Zusammen-

Blick Ri Warngau, Aufnahmestandort - **oben:** ca. 80 m vor Zusammenstoßstelle (links hinter BÜ noch Trümmerreste) / **unten:** ca. 110 m vor dem BÜ

stoß zu bestimmen, hätte man die Experten nicht gebraucht. Die Angaben beider Gutachter zu den Temposenkungen der Züge waren hypothetisch, da die Indusistreifen dazu keinen eindeutigen Nachweis erbrachten, zumal im E 3594 noch keine Vollbremsung wirksam geworden war.
Wahrscheinlich legte das Gericht auch keinen sonderlichen Wert auf eine stichhaltige Klärung dieser Frage, da juristisch, wie angedeutet, unwichtig. Von Bedeutung dagegen waren die Theorien eines dritten Gutachters, jenes auch zu Allach tätigen norddeutschen Professors. In dessen Beweisführung ging es primär um die Entlastung des Blattbearbeiters. Der Professor wollte nachweisen, daß sich durch die Unaufmerksamkeit des Tf vom E 3594 das Unglück auch ohne Fehlverhalten der übrigen Beteiligten ereignet haben könnte. Richtig ist, daß Tf das BÜ=Kontrollzeichen in km 45.054 mißachtete. Da E 3591 den DB=Kontaktgeber in km 43,403 geschätzt 8 Sek zuvor überfahren hatte und nur für diesen Zug das BÜ=Kontrollicht in km 43,754 leuchtete, hätte der Tf des E 3594 in Annahme, das BÜ=Blinklicht funktioniere nicht, Bremsung einleiten müssen. Mit den Thesen der dann weit harmloseren Unfallfolgen, im Gutachten des Professors breit ausgeführt, setzte sich auch das Gericht detailliert und in der Urteilsbegründung auseinander. Ein Satz schließt mit den Worten:

"... damit die Druckluftbremse bereits bei allen Wagen wirksam gewesen und ein Auflaufen der Waggons so wie tatsächlich geschehen verhindert worden wäre."

Dem Gericht war also durchaus bewußt geworden, daß im E 3594 noch keine Vollbremsung wirksam geworden und somit auch eine Temposenkung von 4 km/h unmöglich war, insbesondere weil der Zug im Gefälle eines Mittelwertes von 105 : 1 lief (im Urteil nicht vermerkt).
Der Tf des E 3594 soll 5,8 Sek, der des E 3591 6,9 Sek vor dem Zusammenstoß reagiert haben, nach einer Reaktionsverzögerung (=Schrecksekunde) bei Erkennen der Gefahr von 3,5 bzw. 2,5 Sek. Das ergäbe einen zeitlichen Blickkontakt je 9,3 bzw. 9,4 Sek, insgesamt fast 19 Sek.
Eine beweiskräftige Gegenrechnung kann nur für E 3594 aufgestellt werden, da bei diesem Zug die Sicht- und Reaktionsdistanzen bis zur Zusammenstoßstelle genau fixierbar sind. Bei der gerichtlich akzeptieren Hg von 92km/h fuhr der Zug 25,55 m in der Sek, und in den 3,5 Sek der Reaktionszeit gut 89,4 m. Die nebenstehenden Abbildungen zeigen, daß der Tf des E 3594 Sicht auf den Gegenzug ab ca. km 44,430-440 haben konnte, d.h. 80-90 m vor dem BÜ, und hier dürfte er reagiert und Bremsung eingeleitet haben. Vom BÜ in km 44,351 bis zum Zusammenstoß in km 44,312 sind es 39 m, eine zu kurze Strecke für eine wirksame Bremsung. Damit wird die vom Gericht übernommene Gutachterrechnung ebenfalls unwahrscheinlich, dies auch im Vergleich zu Allach:

	Hg des Zuges	Reaktionsdistanz	Reaktionszeit bis Bremseinleitung	Distanz bis BÜ bei Bremseinleitung 1)	Vollbremsung wirksam	Bemerkung zur Strecke
Allach	111 km/h	ca. 141 m (vor BÜ)	0,6 Sek = 17-18 m Str	ca. 124 m	nach 117 m (24 m vor BÜ)	eben
Warngau (E 3594)	92 km/h	120-130 m vor Zusammenstoß	3,5 Sek = 89,4 m Str	0	-	Gefälle 105:1

1) Bei den Allach=Distanzen kämen noch ein paar Meter hinzu, da der Aufprall 1m nördlich BÜ=Mitte erfogte.

oben: rechts Lok und Wagen 2 von E 3594 / **unten:** in der Mitte der zu etwa zwei Drittel teleskopierte Wagen 2 von E 3591

3. Verschulden und berufliche Qualifikation des Fahrplanbearbeiters

Zur Schuld der beiden Fdl gab es keine Probleme. Fdl Schaftlach erhielt acht Monate auf Bewährung und eine Geldbuße an das Rote Kreuz in Höhe von DM 3 000,--, Fdl Warngau DM 5 000,-- und 12 Monate auf Bewährung. Letzterem wurde die schwerere Strafe zugemessen, weil er in die Meldung von Fdl Schaftlach hineingeredet und sich nicht mit der Bahnhofsfahrordnung vertraut gemacht hatte, ferner die Kreuzung in seinem Dienstbereich stattfinden sollte und nicht in Schaftlach.

Komplizierter war der Schuldnachweis des Blattbearbeiters, zu dessen Entlastung, wie auf Seite 235 angedeutet, der dritte Gutachter die Mißachtung des BÜ=Kontrollzeichens durch den Tf von 3594 vorbrachte. Ein Tf, der ein BÜ=Kontrollzeichen ignoriere, könne auch ein 'Halt' zeigendes Signal überfahren, meinte der Professor. Abgesehen davon, daß jeder Tf Hauptsignale aufmerksamer beachtet als Blinklichtkontrollen, waren die Vor- und Hauptsignale auch dort indusigesichert. Die sich daraus ergebenden unterschiedlichen Konsequenzen bedürfen keines Kommentares, und die Prüfung der Indusieinrichtungen wies deren ordnungsgemäßes Funktionieren nach.

Woran es an dieser Strecke jedoch fehlte, war Streckenblock, der bei eingleisigen Bahnen den Zweck hat, das Auffahren zweier einander folgender Züge zu verhindern und zwei gegeneinander fahrende Züge zu sichern.[139] Die DB=seitige Unterlassung, auf allen eingleisigen Hauptbahnen Streckenblock eingebaut zu haben, setzte die Presse in den Kern ihrer Angriffe, ergänzt durch die Liste der übrigen südbayerischen Strecken[140], deren Betriebssicherheit lediglich durch korrekte Zugmeldeverfahren gewährleistet wurde.

Die Münchner Strafkammer interessierte sich mehr für die effektiven Risiken, d.h. nachweisbaren Unfälle, die es auf eingleisigen Linien ohne Streckenblock durch mangelhafte Zugmeldungen gegeben hatte. Ein vierter Sachverständiger, ein höherer DB=Beamter, nannte für die vergangenen zehn Jahre neun Frontalzusammenstöße,[141] die aber nur lokal bekanntgeworden waren, weil die Aufmerksamkeit der Tf oder günstige Umstände ernstere Folgen verhindert hatten.

Da Nachlässigkeiten im Fahrdienst zurückreichen bis in die Frühzeit der Eisenbahn, hätte man die Aufstellung mühelos verlängern können, aber für die gerichtliche Beweisführung zur Schuld des Blattbearbeiters genügte es. Schwierigkeiten gab es nur hinsichtlich der Mitschuld von dessen Vorgesetzten, und die begannen bereits vor Eröffnung der Hauptverhandlung.

Die StA beabsichtigte nämlich, auch gegen den früheren Fahrplandezernenten, einen Bundesbahndirektor, Anklage zu erheben. Dieser hatte am 7.4.1972 eine Fahrplanstudie als eine Art Planspiel zur Abwicklung des Olympiasonderzugverkehrs verfaßt. Die der Studie beigefügten Bildfahrpläne enthielten Luftkreuzungen, in der Studie selbst nur spitze Kreuzungen oder Fahrplanzwangskonstruktionen genannt. Für die StA war damit der Beweis erbracht, daß der Dezernent Kenntnis von Luftkreuzungen überhaupt und in seinem Bereich hatte, darüber hinaus der Blattbearbeiter der Meinung sein konnte, sie seien statthaft. Somit unterstellte die StA dem Dezernenten die Voraussehbarkeit einer Fehlhandlung des Blattbearbeiters.

Blick aus Richtung Warngau auf Unglückstelle mit Rettungsfahrzeugen und Helfern

Mit Datum vom 1.3.1976 lehnte die 2. Strafkammer des LG München II den Antrag der StA auf Anklageerhebung ab, u.a. weil

"Luftkreuzungen ... nicht erörtert worden, auch wenn solche in den beigefügten Bildfahrplänen enthalten seien."

Im übrigen habe der Dezernent die Leitung des Dezernats 33 A bei der BD München bereits im Februar 1974 abgegeben, und es sei nicht überzeugend nachzuweisen, daß Anordnungen von ihm auch nach seinem Ausscheiden fortgegolten hätten. Es sei für ihn auch nicht vorhersehbar gewesen, daß einer seiner Mitarbeiter eine Luftkreuzung auf eingleisiger, nicht blockgesicherter Strecke einplanen werde. Da der Dezernent zum Zeitpunkt der Aufstellung des Sommerfahrplans 1975 nicht mehr zuständig war, könne ihm ferner keine unmittelbare Verletzung der Aufsichtspflicht angelastet werden.

Gegen den Ablehnungsbeschluß erhob die StA sofortige Beschwerde, die vom 1. Strafsenat des OLG München am 22.3.1976 verworfen wurde. Der Senat räumte zwar eine bedingte Übereinstimmung mit der Auffassung der StA ein, er lehnte dagegen ab, die Begriffe spitze Kreuzung als Umschreibung für Luftkreuzung zu nehmen. Andererseits hielt es der Senat *"für ausgesprochen unwahrscheinlich, daß der Angeschuldigte ... nicht"* erkannte, daß in den beigefügten Bildfahrplänen Luftkreuzungen konstruiert waren. Somit könne der Senat der Auffassung der Strafkammer nicht folgen, der Angeschuldigte habe von derartigen Fahrplankonstuktionen keine Ahnung gehabt.[142] Der Senat betonte unmißverständlich, daß es sich um Kreuzungen von Regelpersonenzügen, nicht aber, wie der Dezernent behauptete, um Kreuzung jeweils eines Olympiasonderzuges mit einem Nahverkehrszug handelte.

Die Mühe dieser Ausführlichkeit erscheint wenig sinnvoll, wenn dann folgender Satz die Differenzen der Auffassungen ungeklärt läßt:

"Da die Eröffnung des Hauptverfahrens gegen den Angeschuldigten schon aus anderen Gründen nicht in Betracht kommt, erscheint es nicht erforderlich, den hier zutage getretenen sachlichen Widerspruch abschließend zu klären."

Damit wird letztlich auch die Frage einer ergangenen oder nicht ergangenen Weisung betreffend Luftkreuzungen und einer entsprechenden Fortgeltung unter seinem Nachfolger akademisch. Im Prinzip trifft das auch auf die Argumentation über die Garantenstellung eines Dezernenten und den Passus "pflichtwidrige Unterlassung" zu.

"Eine pflichtwidrige Unterlassung ... kann ... nur dann in Frage kommen, ... wenn mithin ein echter und unmittelbarer Anlaß zum Handeln besteht. Es genügt sonach für die Verpflichtung zum Handeln nicht, daß der Eintritt einer Gefährdung des zu schützenden Rechtsguts als bloß, nicht ausschließbare Möglichkeit erkennbar ist. Eine pflichtwidrige Unterlassung kann dem rechtlichen Garanten vielmehr erst dann vorgeworfen werden, wenn er untätig bleibt, obwohl für ihn ersichtlich ist, daß das in Frage stehende Rechtsgut konkret von einer Gefahr bedroht wird."

In der ausführlichen Begründung des Senats finden sich noch folgende erwähnenswerte Argumente: Nachträglich gewonnene Erkenntnisse haben bei der Beurteilung der Voraussehbarkeit außer Betracht zu bleiben. Dann sei die Auffassung der StA, menschliches Versagen liege im Rahmen der Lebenserfahrung, für sich genommen durchaus richtig, aber so einfach sei die Sache im vorliegenden Fall nicht gelagert, u.a. sei nicht damit zu rechnen gewesen, daß zwei Fdl gleichzeitig versagten. Hinsichtlich der Tätigkeit des Blattbearbeiters heißt es:

diese ... *"leisten ihre Arbeit an den Fahrplänen im wesentlich selbständig und eigenverantwortlich. Eine Detailkontrolle durch gleich- oder übergeordnete Fahrplanbeamte findet nicht statt (Gutachten ..., Seite 15; Bd. 4 der Akten, Bl. 25, 75).*

Die Dienststellen der Bundesbahn gehen übereinstimmend davon aus, daß die Qualität des Fahrplans durch die Befähigung und die Berufserfahrung der besonders ausgewählten Blattbearbeiter und durch die schon während der monatelangen Entstehungszeit der Fahrpläne einsetzende Kooperation zwischen den Blattbearbeitern und den Betriebsstellen in ausreichendem Maße gewährleistet sei.

Diese selbständige und eigenverantwortliche Stellung der Blattbearbeiter ist mit einer Mitverantwortlichkeit ihrer Dienstvorgesetzten für etwaige Planungsfehler (gemeint sind hier auch bewußt getroffene Entscheidungen) und sich aus diesen ergebende Folgen nicht vereinbar, sofern es sich nicht gerade um einen Fall handelt, in dem der betreffende Blattbearbeiter sich zuvor mit dem Vorgesetzten besprochen und dessen Zustimmung eingeholt hat, oder in dem der Vorgesetzte auf andere Weise von der fraglichen Sache erfahren, den Planungsfehler aber gleichwohl nicht unterbunden hat. ..."

Bei Würdigung aller Umstände lehnte das LG München II mit Recht ab, das Verfahren gegen den Dezernenten zu eröffnen. Diesen Entschluß zu bestätigen, hätten drei Seiten genügt. Der 32 Seiten umfassende Schriftsatz des OLG verläuft sich in manchen Punkten und setzt sich sachlichem Widerspruch aus, so hinsichtlich "Voraussehbarkeit". Denn die Grundpraktiken des Eisenbahnbetriebes sind über ein Jahrhundert alt. Wie schon gesagt, gibt es zum vorliegenden Fall nichts, was nicht schon mehrfach passiert und daher vorhersehbar wäre. Der Begriff "nachträglich" gewonnene Erkenntnis ist somit hier nicht anwendbar.

Dann stellt sich die Frage, inwieweit Blattbearbeiter überhaupt als qualifizierte, d.h. nicht nur sorgfältig ausgesuchte, sondern auch entsprechend vorgebildete und geschulte Beamten bezeichnet werden konnten. Der Werdegang des im Falle Warngau mit 8 Monaten Freiheitsentzug auf Bewährung und DM 5 000,-- Geldbuße bestraften Fahrplansachbearbeiters macht es zweifelhaft: Nach Volks- und Kaufmannsschule 1939 Reichsbahn=Junghelfer; ab 1942 Junggehilfe; 1943-45 Wehrmacht; danach wieder Tätigkeiten bei der Bahn; von 1950-63 als Fdl und im Stellwerksdienst tätig; zweimal zweiter Vertreter des Vorstehers eines größeren Bfs, 1968 Versetzung in ein Fahrplanbüro der BD München; 1972 als Vertreter der DB in die Verkehrsleitzentrale beim Organisationskomitee für die Olympischen Spiele abgeordnet; 1974 Übernahme des Dienstpostens, zu dem die Strecke München-Lenggries gehört.

Mit gutem Grund wurde also vom LG München II entgegen der Auffassung des 1. Strafsenats, aber zugunsten des Blattbearbeiters argumentiert, daß er ohne Spezialausbildung eine Spezialaufgabe übernahm und von seinen Vorgesetzten auch keine besondere Einweisung erhielt. Die einzige Kontrolle seiner Tätigkeit übten letztlich die Bahnhofsvorsteher aus, die jedoch nur Wünsche äußern durften mit fraglichem Erfolg, wie dieser Fall zeigte. Kooperation, wie vom OLG benannt, war das wohl nicht zu nennen.

Zum Nachteil des Angeklagten wertete das Gericht, daß die Tätigkeit der Blattbearbeiter weitgehend selbständig ausgeübt, d.h. von den Vorgesetzten nicht überprüft wird. Wegen dieser Eigenverantwortlichkeit und ihrer ausbildungsbedingten unzulänglichen Qualifikation, hätten sie daher die Pflicht, sich ihrer Aufgabe gemäß weiterzubilden, wobei der Angeklagte, wie sich ergab, wenig Initiative entwickelte. So hatte er es nicht für nötig befunden, sich mit einem neueren Standardwerk über das Fahrplanwesen [143] zu befassen, verständlich und für die Berufspraxis, d.h. in der Hauptsache für die Beamten der Fahrplandezernate geschrieben. Es stand in der Vorschriftenstelle der BD München und wartete auf Ausleihe. Die Ausleihkarte im Buch zeigte keinen Eintrag.
Der Blattbearbeiter las auch die PRAXIS [144] nicht, angeblich weil seine Dienststelle nicht zu den Verteilern dieser DB=Zeitschrift gehörte. Auf diese Entschuldigung antwortete das Gericht, die Möglichkeit bestünde, die PRAXIS anzufordern, und Heft 2/1973 hätte Beispiele über Verständigung im Betriebsdienst mit Fehlhandlungen enthalten. Der Blattbearbeiter brachte vor, er kenne nur vorschriftsmäßige Zugmeldeverfahren und habe seine persönliche Erfahrung bei Abfassung der Luftkreuzung im Bildfahrplan als allgemeinverbindlich genommen. Daraufhin empfahl ihm das Gericht zum Ausgleich seines offenbar spärlichen Kontaktes mit dem praktischen Dienst, bei dem es eben nicht immer perfekt zuginge, die regelmäßige Lektüre der PRAXIS.
Was im Warngau=Prozeß auch zur Sprache kam - wieder einmal, wäre anzufügen -, betraf die unzulängliche Betriebsüberwachung. Die Einhaltung ordnungsgemäßer Zugmeldeverfahren war von den Vorgesetzten nicht gezielt überprüft und der Sprachspeicher lediglich alle drei Jahre von Beamten des BA München IV kontrolliert worden, aber vor allem auf technische Funktion. Allerdings würden sich die Bahnhofsvorsteher bei Überwachung der Diensthandlungen vorzugsweise Widerreden einhandeln, wenn sie allzuoft ihrer Pflicht nachkämen. Ein in der PRAXIS 1/77 geschilderter Beispielfall trägt dem Rechnung. Autorität ist heute wenig opportun.

4. Fahrplanstrategen unerwünscht

Das Besondere am Warngau=Prozeß ist die Verurteilung eines Planungsbeamten, soweit bekannt, erstmalig wieder seit 1954 [145] und wohl auch das letzte Mal bis heute. Somit kann von Durchsetzung eines neuen Rechtsstandpunktes nicht die Rede sein. Die gerichtliche Rechtsauffassung deckt sich weiterhin mit der Einstellung der Bahnverwaltung, es könne nicht zu Katastrophen kommen, wenn sich die am Betriebsablauf direkt Beteiligten korrekt verhielten, worauf die Beamten der Verwaltung kaum Einfluß hätten. Zwar wurde das bei Eisenbahnunfällen auch nach Warngau im Rahmen der Ermittlungen vereinzelt in Frage gestellt und der Verdacht eines indirekten Mitverschuldens des Apparates vermutet, aber alle Ansätze, den Kreis der Beklagten nach oben zu erweitern, scheiterten an den Barrieren der Bahnhierarchie.

Noch intensiver als die Verhandlungen im Allach=Prozeß deckten die Auseinandersetzungen im Warngau=Verfahren Eigenarten der Arbeits- und Verantwortungsteilung innerhalb der planenden Dienststellen und zwischen diesen und den ausführenden Organen der DB auf. Obwohl die Münchner StA, wie dargelegt, mit ihrem Antrag gegen den Dezernenten nicht durchkam, hatte er als Zeuge Rede und Antwort zu stehen. Ein Verteidiger meinte, es könne die Fähigkeit eines Dezernenten doch nicht das ganze Jahr ausfüllen, geeignete Mitarbeiter auszusuchen (so seine Erklärung), wenn Arbeitsüberwachung schon nicht zu seinen Pflichten gehöre. Der Dezernent erklärte daraufhin, er müsse sich auch um kundengerechte, wirtschaftliche Fahrplanlösungen und Fernverkehrsanschlüsse kümmern.

Einen anderen Wert als Stimmungsmache für den Blattbearbeiter auf Kosten des Dezernenten hatte diese Debatte kaum, weder rechtlich noch sachlich. Denn das Problem liegt weder im persönlichen noch im Aufgabenbereich. Jener im Zeugenstand befragte Dezernent stand ja zum Zeitpunkt der Abfassung des für die Warngauer Kollision mitursächlichen Bildfahrplanes dem Dezernat 33 A nicht mehr vor, und seinem Nachfolger mußte insbesondere im Hinblick auf den Streckenumfang des Dezernates, das den gesamten Bezirksverkehr der BD München umfaßte, eine längere Einarbeitungszeit zugestanden werden, insbesondere weil die DB=Beamten des höheren Dienstes in der Regel ein Jura- oder Technikstudium absolviert haben, nicht gerade die passende Vorbildung für die Leitung eines Fahrplandezernates.

Der Nachfolger blieb aber nicht lange Leiter des Dezernates 33 A. Im Verzeichnis der Beamten des höheren Dienstes und der Amtsräte 1976 steht schon ein anderer Name, und bei einem Informationsbesuch im Herbst 1977 lernte ich einen vierten Dezernenten kennen. Nicht genau zu erfahren war, wie lange jeder der Herren das Dezernat 'leitete'. Im Übergang bleiben bekanntlich Beförderungsposten unterschiedlich lange unbesetzt.

Später soll sich dieser Taubenschlag=Wechsel stabilisiert haben. Aber ein grundlegender Wandel in der Einstellung der DB=Führung zu den Fahrplanbearbeitern und der Bedeutung des Fahrplanwesens [146] fand nicht statt, insbesondere nicht im Bereich des Nah- und Flächenverkehrs. Sind die Kinderkrankheiten eines neuen, werbewirksamen Fv=Konzeptes überwunden, schleppen sich die schlechten Anschlußverbindungen selbst wichtiger Zubringerlinien endlos dahin. Hier wird nicht einmal gute Handwerksarbeit geleistet, und wenn dieses Thema nicht für eine eigene Arbeit vorgesehen wäre, gehörte ihm ein Kapitel dieses Buches gewidmet.

Sachverhalt und Zitierungen, soweit nicht anders angegeben, aus Gerichtsakt LG München II Az 1 Wa 313/76; AZ II KLs 58 Js 13470/75; OLG München Az VIII Berl 431/76 sowie BGH Karlsruhe Az 4 StR 49/77.

138 So die zwischen Warngau und Schaftlach eingeplante Kreuzung auf freier, eingleisiger Strecke benannt. Die Augsburger Allgemeine verstieg sich gar dahin, in ihrem "Wortweiser" diese Benennung als Worterfindung zu bezeichnen. Die Bezeichnung Luftkreuzung oder -weiche gibt es seit Ende des 19. Jahrhunderts, womit Teile der Fahrleitung elektrischer Straßenbahnen mit Stangenstromabnehmern benannt wurden, die bei Weichen oder Kreuzungen zur Führung der Laufrolle in der Fahrleitung eine entsprechende Luftweichen- oder kreuzungskonstruktion brauchten.

139 Die Ausfahrsignale der Bahnhöfe liegen unter gegenseitigem Blockverschluß, und es kann mittels Erlaubnisfeldern jeweils nur das Ausfahrsignal eines Bahnhofs auf 'Fahrt' gestellt werden.

140 Obwohl nach der Unglücksserie 1971 beschlossen worden war, bis 1975 alle Hauptbahnen der DB, also noch insgesamt 1625 km, mit Streckenblock auszurüsten, ferner 4500 km betriebswichtigere Nebenbahnen, wurden bis 1976 nur rd. 1/3 der Hauptstrecken damit versehen. Da die Gelder für die Gesamtumstellung bewilligt waren, somit zur Verfügung standen, erklärte die DB die Teilausführung des Beschlusses mit Materialengpässen der Zulieferungsindustrie.
So hatten zum Zeitpunkt der Warngau=Kollision noch folgende südbayerische Linien mit Eil- oder Schnellverkehr keinen Streckenblock: Rosenheim-Mühldorf-Simbach; Buchloe-Memmingen; Augsburg-Ingolstadt; Landshut-Plattling; Donauwörth-Nördlingen und Pleinfeld-Gunzenhausen.
Das ist gut die Hälfte der eingleisigen Hauptbahnen Südbayerns.

141 Frontalzusammenstöße durch mangelhafte Zugmeldeverfahren:

1. Am 21.09.1965 zwischen Olpe und Sondern.
2. Am 23.02.1966 zwischen Forbach/Gausbach und Raumünzach.
3. Am 05.04.1966 zwischen Frommern und Laufen.
4. Am 03.08.1968 zwischen Flandersbach und Hofermühle bei Ratingen.
5. Am 02.08.1969 zwischen Wehbach und Freudenberg bei Olpe.
6. Am 18.02.1972 zwischen Mainz=Gonsenheim und Mainz=Hbf.
7. Am 04.05.1972 zwischen Buchholz und Schneverdingen.
8. Am 29.05.1973 zwischen Völklingen und Püttlingen.
9. Am 09.05.1974 zwischen Villingen und Schwenningen.

142 Der Anwalt des Blattbearbeiters trug zur Entlastung seines Mandanten auch noch vor, die HVB habe Luftkreuzungen mit Verfügung vom 8.12.1975 weiterhin genehmigt. Das Gericht stellte klar, daß es sich lediglich um die zunächst befristete Erlaubnis der Schneidung mit Güterzugplänen handele, die ohnehin variabel seien, da Güterzüge selten im Plan liefen. Auch bei Sonderregelungen in Reisezugplänen enthielten die Bildfahrpläne Zusatzvermerke, die in die Buchfahrpläne übertragen wurden, wie beispielsweise bei der BD Stuttgart praktiziert mit folgender Vorschrift:

> 3. Vorzeitiges Ab- oder Durchlassen von Zügen (FV § 24.3)
> *"Um bei Verspätungen die Verlegung von Kreuzungen und Überholungen zu erleichtern, sind für bestimmte Züge im öffentlichen Fahrplan andere Verkehrszeiten angegeben als in den Dienstfahrplänen. Die Züge dürfen dann in den im öffentlichen Fahrplan bekanntgegebenen Zeiten verkehren, die in der Regel vor denen der Dienstfahrpläne liegen. Diese Verkehrszeiten sind im Buchfahrplan als Fußnoten angegeben. Der Auftrag, nach dem in der Fußnote angegebenen Fahrplan zu fahren, wird dem Zugpersonal von dem nach FV § 35 zuständigen Aufsichtsbeamten oder Fahrdienstleiter mündlich oder durch den Bahnsteiglautsprecher erteilt.*
> *Im öffentlichen Fahrplan sind die Verkehrszeiten so angegeben, daß die Reisenden mit der frühestmöglichen Abfahrtzeit, aber der spätesten Ankunftzeit rechnen müssen."*

143 Groll/Kayser, Fahrplanwesen, Starnberg 1966.

144 Die DB PRAXIS (Informationen für den Betriebsdienst) löste 1973 das sogenannte "Unterrichtsmerkblatt B" ab und kommt zur regelmäßigen Verteilung in den Bereichen Betriebs-, Zugfahr- und technischen Unterhaltungsdienst. Es werden darin Vorschriften besprochen und Fälle von Fehlverhalten bzw. Grenzsituationen geschildert.

145 Nach einem BÜ=Unfall (16 T, 7 V) am 19.6.1951 bei Hechendorf, Str München-Herrsching, wurden in der Hauptverhandlung vor dem LG München II im Sommer 1954 der 22jährige Fahrer freigesprochen, ein BOI erhielt 8 Monate Gefängnis, dgl. ein BOR, ein zweiter BOR 7 Monate Gefängnis. Der BGH hob im Früh-

jahr 1955 das Urteil auf, und Ende 1955 erfolgte die zweite Verhandlung in München. Am Schuldspruch änderte sich nichts, nur die Strafen wurden etwas gemildert und auf Bewährung ausgesetzt. Rechtskraft erlangte das Urteil abermals ein Jahr später, nachdem der BGH die Revision der StA gegen den Freispruch des LKW=Fahrers verworfen und die gegen die BOR ausgesprochenen Urteile bestätigt hatte. Die Verurteilung des BOI wurde aufgehoben und in Freispruch umgewandelt.

146 Groll/Kayser, (s. Anm. 143), S.191:
"Kein Aufgabengebiet steht so im Blickpunkt der Öffentlichkeit wie die Gestaltung des Reisezugfahrplans. Es ist daher für alle Fahrplanbearbeiter neben eingehender Sachkenntnis persönliche Beweglichkeit, Einfallsreichtum, Kombinationsgabe und Gewandtheit im Schriftverkehr notwendig."

V. Neuwied (Str Köln-Niederlahnstein und -Koblenz)

Vierzugkollision am 25.8.1977

1. Eisenbahnerchinesisch mit Folgen

Zu dieser Vierzugkollision könnte man sarkastisch sagen, die DB hat manch trefflichen Werbeslogan erdacht, aber einer fehlt noch: Das menschliche Genie erfindet Sicherheitsvorrichtungen - der menschliche Ungeist überwindet sie doch.
Da gibt es zum Beispiel die neue Spurplantechnik, die für einen Zug die auf 'Fahrt frei' stehenden Signale automatisch auf 'Halt' fallen läßt, wenn unvorhergesehenerweise etwa eine Rangierlok in den Fahrweg dieses Zuges gerät. Hat ein Zug wie D 13 301 am 26.8.1982 im Bf Lorch das Einfahrsignal jedoch bereits passiert, und eine Rangierlok gerät danach infolge Unaufmerksamkeit in das Durchfahrgleis, nutzt diese Sicherung nichts mehr. Mit Kalamitäten des Rangierbetriebes muß sich jede Bahnverwaltung weitgehend abfinden, aber nicht nur mit diesen.
Auch Bf Neuwied hatte seiner Verkehrsbedeutung wegen ausgefeilte Sicherheitseinrichtungen erhalten, die theoretisch eine unfallfreie Betriebsabwicklung garantierten. Dennoch taucht der Name Neuwied 1977 wieder einmal in den Unfallberichten auf.
Südlich Bf Neuwied zweigt von der zweigleisigen Hauptbahn von Köln-Troisdorf-Engers nach Niederlahnstein die ebenfalls zweigleisige Strecke über Rheinbrücke mit Bk Ruf nach Koblenz ab. Bis Engers, der nächsten Station Ri Niederlahnstein, wurde die Hauptlinie auch von Zügen der Nebenbahn von/nach Siershahn benutzt. In Anbetracht der Zugdichte hatte man zur flüssigeren Verkehrsabwicklung zwischen Engers und Neuwied Bk Heimbach errichtet, eine Blockstelle zur Bedienung der nicht mit Ersatzsignal Zs 1 versehenen Signale.
Zwischen Bk Heimbach und Neuwied=Süd quert das Richtungsgleis Koblenz-Rheinbrücke-Neuwied auf einer Überführung die Gleise von und nach Niederlahnstein. Dieses, das sogenannte Ostgleis, verläuft von der Überführung auf einem Damm mit Stützmauern auf das Niveau der Str Niederlahnstein-Neuwied hinab.
Die Stellwerke waren mit Strecken=Felderblock ausgerüstet, und da Bf Neuwied für die durchgehenden Hauptgleise Zwischensignale und zwei Fahrdienstleiterbezirke - Süd = Ns und Mitte = Nm - hatte, war der Bf in den Streckenblock einbezogen. Die vom Stellwerk Ns zu bedienenden Hauptsignale hatten Zs 1. Der starken Arbeitsbelastung wegen, damals rd. 350 tägliche Zugfahrten, versahen auf den Fdl=Stellwerken Neuwied stets je zwei Beamte Dienst, am Abend des 25.8.1977 auf Ns als zweiter ein Zugmelder, der bereits seine Fdl=Prüfung abgelegt hatte. Die beiden, etwas über 20 Jahre alt, traten gegen 20.45 Uhr ihren Dienst an. Fdl widmete sich sofort dem Merkkalender und tätigte die nötigen Einträge. Der Zugmelder erledigte ohne offizielle Übergabe die Fdl=Arbeiten. Gegen 21 Uhr nahm er N 6844 von Engers an. Der Zug passierte 21.01 Uhr Bk Heimbach, wo

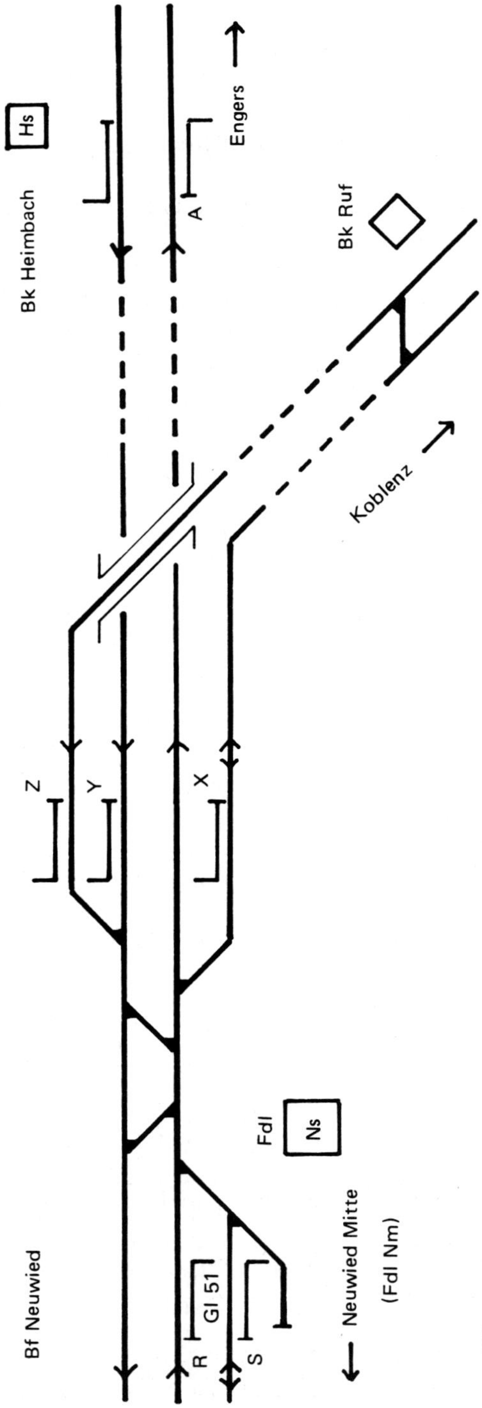

Lageskizze Neuwied

ein 48jähriger Bundesbahnassistent, ein sogenannter Aufstiegsbeamter (in Folgendem Wärter genannt), Dienst hatte, und lief in Neuwied in Gleis 51 ein. Folgende Bedienungshandlungen wären jetzt richtig gewesen:
1. Zugschluß beobachten / 2. Signalhebel Y in Haltstellung legen / 3. Vorblocken nach Nm / 4. Rückblocken nach Bk Heimbach.
Nachdem der Melder die Tätigkeiten 1- 3 durchgeführt hatte, vergaß er das Rückblocken, weil das Zugmeldetelefon (Fs=Leitung) klingelte. Er nahm nun von Nm Zug 53 015 und von Engers Zug 53 012 an. Dann stellte er für beide Züge die Signale auf 'Fahrt frei'. Signal Y konnte in Fahrtstellung gebracht werden, weil Zug 6844 nach Gleis 51 eingelaufen und das Hauptgleis von Nm frei war (Signal Y - nach Gleis 51 war blockelektrisch verschlossen - der Rückblock noch nicht da - das Endfeld des Hauptgleises jedoch frei).
Nun bemerkte der Melder, daß er nach Bk Heimbach noch nicht zurückgeblockt hatte. Somit konnte der Wärter dort das Signal B nicht auf 'Fahrt frei' stellen. Jetzt noch zurückzublocken, war unmöglich, da das Endfeld nur betätigt werden konnte, wenn Signal Y nach einer Zugfahrt auf 'Halt' stand. Es zeigte aber bereits wieder für 53 012 'Fahrt frei'.
Deshalb rief der Melder Bk Heimbach an und sagte zum Wärter:

"Ich kann nicht zurückblocken, wir haben Blockstörung. Du mußt den 53 012 auf Befehl fahren lassen. Zugmeldung: Zug 6844 in Neuwied."

Durch diese Meldung war der Wärter berechtigt, Befehl Ab auszustellen.
In Ns wurde nun der Fdl aufmerksam. Auf seine Frage meinte der Melder: *"Wir haben Scheiße gebaut."* Der Fdl sagte: *"Nimm doch Signal Y zurück, dann können wir zurückblocken und Bk Heimbach kann aufziehen - dann fährt er* (der 53 012) *eben bei uns auf Zs 1".* Der Melder entgegnete aber: *"Jetzt hab' ich das schon angeordnet, außerdem dauert es zu lange, bis ich dem* (gemeint ist der Wärter) *das erklärt habe."*
Danach übernahm Fdl die Dienstgeschäfte wieder selbst.
Die Befehlsaushändigung in Bk Heimbach verzögerte sich, und von Bk Ruf kam die Zugmeldung: TEEM 41 513. Der Fdl schlug nun der Zü (Zugüberwachung) vor, erst den TEEM und dann den 53 012 fahren zu lassen. Die Zü stimmte zu. Jetzt mußte Signal Y doch zurückgenommen und die Fahrstraße aufgelöst werden. Fdl holte von Nm die Rückmeldung des vorausgefahrenen Zuges ein, betätigte den Anschalter und gab 41 513 am Signal Z Ersatzsignal, da sich wegen der gemeinsamen Streckenwiederholungssperre die Signale Z für das Hauptgleis Ri Nm ebenso wie Y nicht mehr auf 'Fahrt frei' stellen ließen.
Gegen 21.15 Uhr fuhr 41 513 vorbei und zur gleichen Zeit 53 012 auf Befehl Ab in Bk Heimbach weg. Nach Rückblockung des TEEM 41 513 von Nm waren in Ns die Signale Y und Z wieder bedienbar, und nachdem Ns nach Ruf zurückgeblockt hatte, wurde 21.19 Uhr auch in Bk Heimbach das Anfangsfeld nach Ns wieder frei. Fdl und Melder auf Ns bestritten übrigens, das Endfeld, das sie angeblich durch eine Hilfssperre gesichert haben wollten, angefaßt zu haben.
Der Wärter auf Bk Heimbach bezog die eintreffende Rückblockung auf 53 012, der vor 5 Min bei ihm abgefahren war und stellte Signal B sofort wieder für den nachfolgenden Lgo 79 962 auf 'Fahrt frei'.
Zur gleichen Zeit erhielt 53 012 von Ns Einfahrt und passierte gegen 21.20 Uhr Signal Y. An Bk Heimbach fuhr Lgo 79 962 in den noch besetzten Blockabschnitt ein, und als er vorbei war, blockte der Wärter sofort vor, da schon Ng 64 168 von Siershahn anrollte.

Die Elloks des 4000t Erzzuges von Rotterdam

Lgo 79 962 hatte vor Signal Y zu warten, da zwei andere Zugfahrten abgefertigt werden mußten. Gegen 21.23 Uhr blockte Fdl in Ns den 53 012 nach Bk Heimbach zurück. An die vorausgegangene Störung dachten dabei weder er noch der Melder. Der Wärter auf Bk Heimbach bezog diese Rückblockung auf Lgo 79 962 und gab Ng 64 168 'Fahrt frei', der gegen 21.25 Uhr auf den vor Signal Y haltenden 79 962 prallte.
Der Anprall warf 11 Wagen des Lgo 79 962 auf die beiden Gleise der Gegenrichtung, ein zwölfter stürzte so um, daß er in das Profil des Gleises von Koblenz ragte. Im selben Moment näherte sich ein 4 000 t Erzzug von Rotterdam, geführt von zwei Elloks, auf dem Gleis nach Koblenz und fuhr in die Trümmer. Dadurch kippten die vordere Lok und etliche Wagen über die Böschung auf eine Anliegerstraße, die zweite Lok entgleiste, kippte ebenfalls um und kam nach einer kurzen Rutschstrecke wieder aufgerichtet zum Stillstand. Unmittelbar darauf fuhr noch ein Autoreisezug aus Ri Koblenz, Dk 9620 von München, gegen den in sein Gleisprofil ragenden Wagen, ohne jedoch zu entgleisen. Mit geringen Schäden am Tfz und an einigen Wagen konnte der Tf des Dk 9620 anhalten.
Nach dem ersten Krach hatte sich der Melder beim Wärter von Bk Heimbach erkundigt: *"Steht 64 168 noch vor deinem Signal?"* Der nächste Krach machte weiteres Telefonpalaver überflüssig, und zur Streckensperrung hätte die Zeit ohnehin nicht gereicht.
Der Wärter gab an, er hätte nach dem Unfall in Ns betr. Rückmeldung für Zug 53 012 angefragt - obwohl dort bei Störungen das pflichtgemäße Rückmelden nicht üblich war. Der Wärter gab ferner an, darauf von Fdl die Antwort bekommen zu haben: *"Schreib 21"*. Fdl behauptete, er hätte gesagt: *"Bei mir steht 21"*. Ein zu diesem Zeitpunkt bereits anwesender Hauptwerkmeister der Signaltechnik bestätigte jedoch die Version des Wärters.
Im Zugmeldebuch Bk Heimbach stand dann auch der kuriose Eintrag:

Rückmeldung	*Z 53 012*	*21.21 Uhr*
Durchfahrt	*Z 79 962*	*21.19 Uhr*

Es war klar, daß dieser unlogische Eintrag im Nachhinein entstand und die Fdl damit die Unterlassung der Rückmeldung kaschieren wollten.

2. Das Gericht: fast eine Fdl=Prüfung

Drei Tf erlitten leichtere Verletzungen, der Sachschaden belief sich auf ca. DM 3,5 Mio. Außerdem gab es erhebliche Betriebsstörungen. Das Ostgleis konnte am folgenden Tag gegen 4.00 Uhr frei gegeben werden, die Gleise Ri Niederlahnstein erst am 27.8. gegen 5.00 Uhr und das Westgleis am 28.8. gegen 6.00 Uhr.
DB=seitig hätte man die kostspielige, vor allem peinliche Groteske gern intern erledigt. Aber so eine gewaltige Karambolage bleibt nicht unbeachtet. So schaltete sich die Kripo ein, und mit einiger Verspätung nahm die StA ihre Ermittlungen auf. Ende Oktober 1978 kam es zur Hauptverhandlung vor dem erweiterten Schöffengericht Neuwied. Bei der Verhandlung, die zwei Tage dauerte, wurden zwei Sachverständige gehört. Der eine Gutachter verneinte ein ursächliches Verschulden des Melders, der andere bejahte es und

erklärte alle drei Beteiligten schuldig, auch den inzwischen pensionierten Wärter von Bk Heimbach. Dem Vernehmen nach soll sich dieser sehr ungeschickt vor Gericht verteidigt und geistig nicht sonderlich beweglich gezeigt haben. Sein Verteidiger hatte auf Freispruch plädiert, u.a. weil sein Mandant Entscheidungen unter Zeitdruck hätte treffen müssen und dadurch überfordert gewesen sei.
Richtig ist, daß er ja nur eine Art Befehlsempfänger war, sein Verstoß gegen die Vorschriften nicht unfallkausal, und er bei Freigabe der verhängnisvollen Zugfahrt den Maßnahmen der beiden Fdl vertraute. Mit gutem Grund forderte daher die StA am Schluß der Verhandlung für den Wärter nur die Hälfte der dem Fdl und Melder zugedachten Strafe.
Das Plädoyer eines der Verteidiger war - wie häufig - unsachliche Schaumschlägerei. Er machte, auch im Namen seiner beiden Kollegen, neben der Kripo auch die BD Köln für die Einschaltung der StA verantwortlich, das Unglück so aufgebauscht zu haben, daß die StA zur Anklageerhebung mehr oder weniger gezwungen worden sei, obwohl die Angelegenheit

> *"... durchaus von der BD Köln als Disziplinarverfahren hätte verhandelt werden können. ..."*

Abschließend sei noch eine sowohl zutreffende als auch erheiternde Bemerkung des vorsitzenden Richters erwähnt, der die Mühen des Gerichtes, die effektiv höchst komplizierten Vorgänge am Abend des 25.8.1977 beurteilen zu können, mit den Worten belegte:

> *"Wir haben fast unsere Fahrdienstleiterprüfung gemacht".*

Nehmen wir allerdings das Urteil des Gerichtes als Prüfungsergebnis, dürfte dieses kaum auf bestanden gelautet haben. Denn der Wärter hätte wohl Freispruch verdient, da die den Unfall auslösende Fehlhandlung im Fahrdienstleiterstellwerk begangen worden war.
Bei der Urteilsverkündung am 2.11.1978 wurden aber alle drei Beteiligten für gleich schuldig befunden. Nur das Strafmaß fiel dem Einkommen der Beklagten entsprechend unterschiedlich aus. Blockwärter und Fdl erhielten je DM 1600,--, der Zugmelder, der zwischenzeitlich zu einem besser bezahlten Job nach Bonn übergewechselt war, DM 2 000,-- auferlegt. Bemerkenswert an diesem Urteil ist noch, daß das Gericht nur auf leichte Fahrlässigkeit erkannte, was einen Regreßanspruch der DB ausschloß.

Sachverhalt und Zitierungen gemäß DB=Ermittlungen und Berichten der (Neuwieder=) RHEIN=ZEITUNG über Unglück und Gerichtsverfahren.

VI. Tauberfeld (Str München-Ingolstadt-Treuchtlingen)

Flankenfahrt am 6.3.1981 E 3238 gegen Dg 78124
(1 T, 25 V; lt. Kripo 32 V)

1. Eine grob fahrlässige Signalmißachtung

Was zur Signalmißachtung in Rüsselsheim [147] als Entschuldigung des Tf vorgebracht wurde, ungünstiger Standort des Ausfahrsignals, scheidet im Fall Tauberfeld aus, wie nachstehendes Foto zeigt. Das Hauptsignal des Mittelgleises von Bf Tauberfeld stand vor einem klaren Hintergrund, unterschied sich durch den zweiten Signalflügel deutlich vom Signal des Durchfahrhauptgleises und hatte zusätzlich ein Gleissperrsignal.

Bf Tauberfeld Nordausfahrt: Blick auf Unfallstelle mit Instandsetzungsarbeiten

Die Gleisanordnung von Bf Tauberfeld mit Km=Angaben ist aus nachstehender Skizze ersichtlich und liefert für die Charakteristik des am Unglück schuldigen Tf einen ersten Beitrag. Wartete er doch mit der Schutzbehauptung auf, die Anlage der Gleise habe ihn verwirrt.

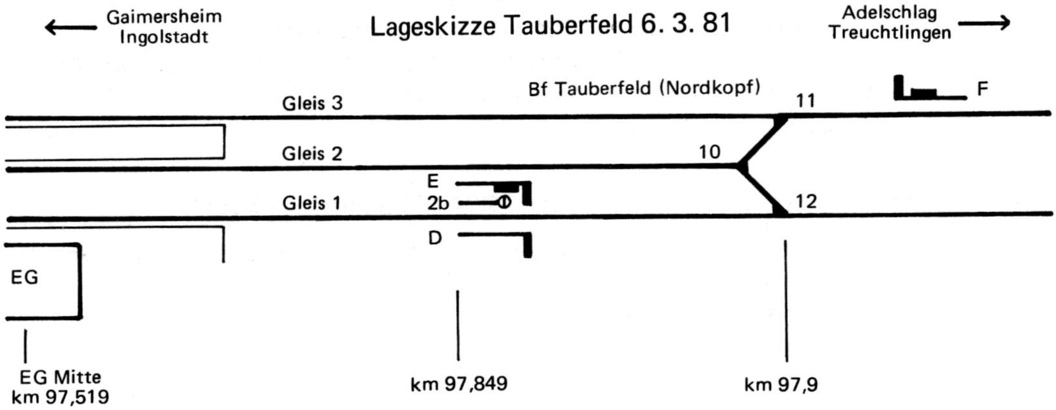

Kleine Bahnhöfe wie Tauberfeld mit einem Mittelgleis, das von beiden Fahrtrichtungen zu Überholungen genutzt werden kann, sind weder selten noch verwirrend. Verwirrung konnte jedoch das ZBF=Gespräch zum Wechsel der Tf zweier Güterzüge im Bf Tauberfeld stiften.[148]

Am 6.3.1981 rollten kurz vor 19 Uhr von Treuchtlingen Ri München Dg 47 949 mit einem in Würzburg beheimateten Tf an, und von Ingolstadt Ri Treuchtlingen Dg 78 124 mit einem Münchner Tf. Damit beide zu Hause übernachten konnten, war es üblich geworden, daß die Tf ihre Züge tauschten. Wo der jeweilige Wechsel stattfand, erfuhren die Tf über Zugbahnfunk (ZBF). Da der Tf=Tausch meist auf kleineren Bahnhöfen vorzunehmen war, mußte er schnell vor sich gehen, um nachfolgende Züge nicht zu behindern.
An diesem Tag hatten Oberlokleitung und Zugüberwachung (Zü) Tauberfeld als Tf=Wechsel=Bf bestimmt, was gegen 18.50 Uhr den Tf über ZBF mitgeteilt wurde. Die Zeitkalkulation war präzise, die Übermittlung dagegen kann man nur als geschwätzig, wenn nicht gar als für den Unfall mitverantwortlich bezeichnen. Das Gespräch des Disponenten der ZBF=Zentrale München (Zü Nord) mit den Lokführern wurde gemäß Tonbandabhörung wie folgt rekonstruiert; zunächst das mit dem des Dg 78 124 (Stamm=Nr. 77 360):

Zü Nord:	*"Lokf. Grüß Dich! Du fahrst den 78 124?"*
Lokf.:	*"Nein 77 360!"*
Zü:	*"Ja das ist derselbe. Das ist nur der Plan. Du wir fahren jetzt in Tauberfeld in die Überholung."*
Lokf.:	*"Ja."*
Zü:	*"Dann kommt von Treuchtlingen der 47 949, der ist jetzt vor Eichstätt. Weißt Du das? Das sag ich Dir jetzt! Gelt. Das hat mir der Oberlokleiter gesagt!*
Lokf.:	*"Jetzt paß auf. Was kommt da? Der 77 ...?"*

Zü: *"Der 47949!"*
Lokf.: *"47949?"*
Zü: *"Jawohl!"*
Lokf.: *"Ja."*
Zü: *"Der hält dann am Au. ... Das heißt, Du bleibst am Ausfahrsignal stehen und der fährt langsam hin und tuts Ihr zwei umsteigen."*
Zü erklärt dem Lokf. nochmal: *"Du fahrst in Tauberfeld normal an die Ausfahrt hin und der kommt dann von der anderen Seite und hält bei Dir. Hast Du mich schon verstanden?"*
Lokf.: *"Ja."*

Erstes Gespräch Zü Nord mit dem Lokführer 47949 (Stamm=Nr. 48955):

Zü: *"Ja, Lokf. grüß Dich! Du, der Oberlokleiter hat mir gesagt, Du mußt einen Wechsel machen in Tauberfeld."*
Lokf.: *"In Tauberfeld einen Wechsel?"*
Zü: *"Mit dem 78124, ja."*
Lokf.: *"Ja."*
Zü: *"Ja, Du fährst halt so rein in Tauberfeld, daß an dem sein Ausf. ... das heißt Ausfahrsignal von der Gegenrichtung, da steht der 78124."*
Lokf.: *"Ja."*
Zü: *"Und den übernimmst Du."*
Lokf.: *"Ja, das ist dann in Ordnung."*
Zü: *"Gut, tust langsam hineinfahren; am Ausfahrsignal von der Gegenseite steht der Zug."*
Lokf.: *"Okay, also Tauberfeld."*
Zü: *"Pfüat Di."*

Weiteres Gespräch der Zü Nord mit dem Lokführer 47949 (48955):

Lokf.: *"Ja, 48955?"*
Zü: *"Du Lokf., jetzt wird's dann bald so weit sein, das Umsteigen."*
Lokf.: *"Ja, ist in Ordnung."*
Zü: *"Ja."*
Lokf.: *"Das geht schon klar bis Tauberfeld!"*
Zü: *"Jawohl, aber daß Du nicht ans Ausfahrsignal hinfährst."*
Lokf.: *"Nein, nein ich paß schon auf."*
Zü: *"Der steht am anderen Ausfahrsignal."*
Lokf.: *"Ja, ist recht."*

Als erster Zug lief ca. 19.01 Uhr Dg 78124 Ri Treuchtlingen in das Mittelgleis, Bf=Gleis Nr. 2, ein und gegen 19.04/05 Uhr Dg 47949 Ri Ingolstadt in Gleis 3. Die Tfz beider Züge standen zum raschen Tf=Wechsel etwa auf gleicher Höhe am Nordende des Mittelbahnsteiges (s. Skizze). Anzumerken ist vorab, daß die Angaben hierüber wie auch über anderes in den Berichten der Kripo, BD München, Gutachten und Zeugen differieren. Zeittoleranzen sind z.T. übernommen, da es nicht möglich ist, alle Angaben abzustimmen.

Fdl Tauberfeld erwartete Dg 78 124 auf dem Hausbahnsteig vor dem EG und soll sich beim Tf, dessen Aussage zufolge, erkundigt haben, ob er über den Wechsel informiert sei. Der Fdl dagegen war sich nicht sicher, ob er mit dem Tf, als dieser auf seiner Lok langsam vorbeirollte, gesprochen oder sich mit ihm nur durch Handzeichen verständigt habe.

Die Aussagen des Fdl, dessen Dienstzeit an diesem Tage 19.30 Uhr endete, sind durchweg ungenau. So will er erst wieder in seinen Dienstraum zurückgegangen sein, als der Dg 47 949 abfuhr. Das kann nicht stimmen, da Fdl 19.04 Uhr - zuerst gab er 19.06 Uhr an - von Bf Gaimersheim die Abmeldung des E 3238 mit voraussichtlicher Durchfahrzeit 19.06 Uhr erhielt und zur gleichen Minute die Abmeldung des Dg 54 309 von Bf Adelschlag mit voraussichtlicher Durchfahrt 19.09 Uhr. Nach Erledigung der Zugmeldungen mußte Fdl im Stellwerkraum die Fahrstraße für E 3238 legen und die Signale für dessen Durchfahrt stellen. Von wo aus Fdl das weitere Geschehen beobachtete, ist ebenfalls nicht klar. Aber seine Angabe, 19.07 Uhr die Signale für Durchfahrt auf Gleis 1 gestellt zu haben, dürfte zutreffen, auch vom Gutachter bestätigt.

Dg 47 949 fuhr 19.06 Uhr bei 'Fahrt frei' zeigendem Ausfahrsignal ab. Obwohl das Gleissperr- und das Hauptsignal für Gleis 2 'Halt' zeigten, setzte sich 19.07/19.08 Uhr Dg 78 124 ebenfalls in Bewegung. Wie der Gutachter als wahrscheinlich unterstellte, hatte der Tf das 'Fahrt frei' zeigende Signalbild des Zuges im Kopf, mit dem er gekommen war, und beachtete die Signale seines Fahrweges überhaupt nicht. Er hatte es offenbar eilig und fuhr so scharf an, daß die Triebräder heftig schleuderten, im Indusistreifen deutlich nachgewiesen.

Der Fdl hörte es zwar, dachte sich aber nichts dabei. Seiner Aussage nach zögen die Tf der im Mittelgleis haltenden Züge öfters bis zum Ausfahrsignal vor. Fdl sah dann noch, daß Dg 78 124 wieder anhielt und meinte, mit Lokspitze vor den 'Halt' zeigenden Signalen des Mittelgleises. Dg 78 124 hatte aber vor dem Ausfahrsignal durch die Indusi aus ca. 26,5 km/h Zwangsbremsung erhalten und war nach 80 - 85 m mit Lokspitze auf Höhe der Zunge von Weiche 12 zum Stillstand gekommen.

E 3238 passierte den 7,5 km vor Tauberfeld liegenden Bf Gaimersheim eine Minute vor Plan gegen 19.06 Uhr und näherte sich mit 130 km/h (zulässig 135 km/h). Der Zug bestand aus Tfz 103-125-1 mit fünf Wagen und durchfuhr 19.09/19.10 Uhr Bf Tauberfeld. Der Tf erkannte die in seinem Fahrweg außerhalb der Bfs=Beleuchtung stehende Ellok des Dg 78 124 erst auf kurze Distanz. Er leitete zwar Zeugenaussagen nach noch Bremsung ein, die aber nicht mehr wirksam wurde.

Die 103-125-1 des E 3238 schleuderte den vordersten Güterwagen des Dg 78 124 beiseite und danach die Lok, so daß diese auf dem Gleis Treuchtlingen-Ingolstadt zu liegen kam. Die 103-125-1 flog beim Anprall nach rechts aus dem Gleis und stürzte die über 10 m hohe Böschung hinunter. Völlig zerstört lag sie nach dem Absturz in der Wiese etwa auf Höhe von km 98, wodurch es für die Reisezugwagen kein hartes Anlaufen gab.

Wagen 1, ein gemischter Sitz- und Gepäckwagen, wurde von der 103-125-1 vor dem Kupplungsbruch noch herumgerissen und vom nachdrückenden Zugverband bis hinter den Wegedurchlaß geschoben. Beim Stillstand lag Wagen 1 umgekippt seitlich der Böschung, mit dem hinteren Teil in Fahrtrichtung, mit dem vorderen in die Unterführung hineinragend. Wagen 2 hing schräg oberhalb der Wegunterführung; dahinter standen die

Wagen 3 und 4 an der Böschung, aber nicht umgestürzt, und Nr. 5 entgleist neben der umgekippten Lok des Dg.

Im Bereich von Weiche 12 wurde durch die Entgleisung ein rd. 15 m langes Schienenstück herausgesprengt und das Gleis bis km 98 deformiert. Zwei umgerissene Fahrleitungsmasten machten den Streckenabschnitt bis Adelschlag und kurzfristig auch Ri Ingolstadt stromlos.

Der Tf des E 3238 starb am 8.3.[149] an den Folgen seiner Verletzungen. Neun Zuginsassen, darunter der Fahrladeschaffner, wurden schwer, 16 leichter verletzt. Die Verletztenliste der Kripo umfaßt 32 Namen (im Urteil wird die Zahl 33 genannt), einschließlich Fdl und Tf des Dg 78 124, die beide einen Schock erlitten mit 14tägiger Erkrankung.

Ein weiterer, die Unfallfolgen mindernder Umstand war die schwache Besetzung des E 3238, da die meisten Insassen in Ingolstadt ausgestiegen waren. Ab dort hatte der Zug gemäß Aussage des Zugbegleitpersonals noch ca. 30 Fahrgäste, gemäß Kripo 37 Insassen mit Bediensteten. StA und Gericht übernahmen die Angabe der Bahnpolizei, derzufolge noch 50 Reisende im Zug waren. Der Sachschaden wurde auf DM 5,9 Mio. geschätzt; zu den weiteren Kosten gab der Gerichtsakt nur Auskunft über die des Gutachters und der Polizei.[150]

Am Morgen nach dem Unfall; Wagen 1 und Lok 103-125-1 in der Wiese

Wagen 1 und 2 des E 3238 ; **unten:** nächtliche Bergungsarbeiten

2. Schwache Ermittlungen und ein gutgläubiges Gericht

Für die überregionale Presse bot Tauberfeld wenig Stoff: Lediglich einen Toten und an den Sicherheitseinrichtungen kaum etwas zu bekritteln. Selbst ZBF war vorhanden und verhinderte das Unglück doch nicht, weil ZBF eben auch von Menschen bedient wird. Was bei dem in VI, 1 zitierten Gespräch noch zu monieren wäre, ist die Verwendung von zwei verschiedenen Nummern für denselben Zug. Der Tf, der in Tauberfeld den nach München fahrenden Zug übernahm, hatte offenbar nur die Stamm=Nummer des Zuges im Kopf. Er gab bei seiner Vernehmung ebenfalls diese statt der Plan=Nummer an. Dem Tf des Gegenzuges war dagegen die Plan=Nummer gewärtig.
Erläuternd aufgegriffen ist dieses Durcheinander den Akten nach nur von der Bahnpolizei, die in ihrem Bericht vom 12.3. schrieb: *"Dg 48 955 im Plan 47 949 von Fallersleben nach Salzburg"* und *"Dg 77 360 im Plan 78 124 von Milbertshofen nach Würzburg"*. Welche innerbetrieblichen und fahrplantechnischen Gründe das auch haben mag - im Verkehr Zü/Tf gehörte es bereinigt. Denn im Falle einer schnellen Anordnung kann es verhängnisvoll sein, wenn sich der Disponent mit dem Tf erst über die Definition des Zuges einigen muß, wie den ersten Sätzen der Unterhaltung zu entnehmen ist.
In der Hauptverhandlung des AG Ingolstadt mit öffentlichen Sitzungen vom 9.-11.12.1981 ging es vor allem um die Signalmißachtung, da der Tf zunächst noch darauf beharrte, das Gleissperrsignal nicht bemerkt zu haben, nur das ihm 'Fahrt frei' zeigende Hauptsignal. Dann müsse ihm der Fdl das Signal "reingeschmissen" haben. Seinen Standort vor der Abfahrt lokalisierte er mit ca. 200 m vor der Ausfahrsignalgruppe, die Bahnpolizei errechnete als Halteplatz der Lok des Dg 78 124 gemäß Indusistreifen 240 m, der Gerichtsgutachter mit demselben Beweismittel 228 oder 230 m. Diese Distanz akzeptierte dann auch das Gericht.
In der schriftlichen Aussage über seinen Anwalt gab Tf an, von der Zwangsbremsung bis zum Aufprall müsse eine *"beträchtliche Zeitspanne"* gelegen haben, *"mindestens eine Minute"*. Während der Hauptverhandlung meinte Tf dann, von Abfahrt bis zum Verlassen der Lok seien 4 - 5 Min vergangen. Das inzwischen vorliegende Gutachten hatte für die Fahrzeit bis zum Signal 62 Sek errechnet und bis Stillstand noch 22 Sek. Damit das angebliche 'Signalreinschmeißen' zeitlich möglich war, mußte eben die Zeitspanne noch etwas gestreckt werden. Denn so viel hatte die Verteidigung vom Bahnbetrieb immerhin begriffen, daß eine Signalrücknahme und Legung einer neuen Fahrstraße nicht in Sekundenschnelle vor sich geht.[151] Daß es unter den vorliegenden Umständen überhaupt unmöglich und diese Fiktion heikel war, merkte die Verteidigung dann aber sehr schnell.
Die Frage ergab sich nämlich jetzt, ob der Tf nach dem Zwangshalt Zeit hatte und alles tat, den Unfall zu verhindern oder wenigstens die Folgen zu mindern. Er brauchte ja nur aus dem Führerhausfenster nach rückwärts zu blicken, um an der Stellung des Ausfahrsignals Gleis 1 (Ri Treuchtlingen) zu erkennen, daß ein Zug Durchfahrt hatte. Bei Ortsbesichtigungen unter gleichen Sichtverhältnissen wurde festgestellt, daß die Stellung des (Ausfahr=)Formsignales D von Weiche 12, also von hinten, deutlich zu sehen war. Der Tf hätte nun die Möglichkeit gehabt, entweder einen Notruf über ZBF abzugeben oder den

oben: umgestürzte Ellok des Dg 78 124 / **unten:** rechts Wagen 5 des E 3238; Blick jeweils Ri Norden.

Fdl mit der Lokpfeife aufmerksam zu machen, damit dieser Maßnahmen ergriff, oder mit der griffbereiten, rot abblendbaren Handlampe dem zu erwartenden Zug entgegenzulaufen und die Lampe im Kreis zu schwenken. Wäre dem Tf nachgewiesen worden, daß er dazu Zeit hatte - und mit seiner Aussage stützte er das -, wäre eine Erweiterung der Anklage auf unterlassene Hilfeleistung fällig gewesen.

Aber auch für sein Verhalten in dieser kritischen Zeitspanne fand Tf eine passable Erklärung. Angeblich versuchte er zunächst die Bremsen zu lösen, um zurückzusetzen. Seinen Angaben nach brachte er das Führerbremsventil in Füllstellung und beobachtete, wie der Druck von 0 auf 4 Atü stieg. Dann erst will er ein Seitenfenster geöffnet, die Stellung des Signals und gleichzeitig die Spitzenlichter eines sich auf dem Durchfahrgleis schnell nähernden Zuges erkannt haben und abgesprungen sein. In der Hauptverhandlung gab der Tf an, *"Ich war unten an der Böschung, als es plötzlich hinter mir krachte."*

Unglaubhaft ist schon die Reihung des Handlungsablaufes. Als erstes versucht ein Tf die Ursache einer Zwangsbremsung festzustellen, besonders wenn er der Meinung ist, 'Fahrt frei' gehabt zu haben. Da wartet er nicht minutenlang, bis der Druck wieder 4 Atü hat, sondern hält nach dem Fdl Ausschau, um Weisungen bzw. eine Erklärung für die Signaländerung zu bekommen. Das dürfte der Tf des Dg 78 124 mit größter Wahrscheinlichkeit auch getan, statt des Fdl das 'Fahrt frei' zeigende Signal für Gleis 1 gesehen und sich umgehend in Sicherheit gebracht haben.

Das Gericht nahm jedoch die Geschichte des Tf etwas moduliert in die Urteilsbegründung (S. 5) auf:

> *"Nachdem der Güterzug zum Stehen gekommen war, stellte der Angeklagte durch Zurückschauen fest, daß sein Signal auf 'Halt' stand. Er versuchte nunmehr die Bremsen zu lösen und nach rückwärts wiede in das Gleis 2 zurückzufahren. Während dieser Bemühungen sah er auf dem Gleis 1 das Spitzensignal des Eilzugs 3238 nahen. Als er erkannte, daß ein Zusammenstoß unvermeidlich sei, sprang er von seiner Lok ab und brachte sich in Sicherheit."*

Weder Polizei noch Gutachter noch Gericht zogen die Zeitspanne in Erwägung, die der Tf nach Stillstand der Lok brauchte, um aus dem Führerhausfenster Ri EG zu sehen, die Lage zu erfassen, den Führerstand zu queren - auf der rechten Seite hätte er auf das tiefer liegende Planum springen müssen -, dann in der Finsternis das Gegengleis zu queren und bis zum Fuß der westlichen Böschungsseite hinabzuklettern.

Aber die Frage, nach welcher Seite er sich rettete, wurde überhaupt nicht gestellt: In Fahrtrichtung gesehen nach rechts, würde es verwundern, daß er bei der Entgleisung nicht von weggeschleuderten Eisenteilen o d e r Schotter getroffen wurde (er tauchte nach dem Unglück unversehrt beim Fdl auf). Der Gutachter erwog wenigstens die o.g. Möglichkeiten, die der Tf zu einer Warnung hatte, und errechnete, daß zwischen Stillstand des Güterzuges und dem Unfall die Spanne von gut einer Minute lag. In dieser Zeit konnte aber der Tf nicht die vom Gericht akzeptierten Handlungen vornehmen. Entweder unternahm er einen Warnversuch oder brachte sich, wie geschildert, sofort in Sicherheit. Hätte er damit gewartet, bis er die Spitzenlichter der Eilzuglok erkannte, wäre er nicht bis zum jenseitigen Böschungsfuß gelangt.

Da die Strecke aus Ri Ingolstadt bis nach dem EG in einer Rechtskurve verläuft, waren die Lok=Spitzenlichter deshalb und wegen der auf dem Hausbahnsteig befindlichen Über-

dachung der Treppe zum Fußgängertunnel erst zu sehen, wenn die Lok das EG passierte. Danach verblieben Tf bei einer Distanz von knapp 400 m und der Geschwindigkeit des E 3238 von 130 km/h keine 11 Sek, d.h. abzüglich einer Schrecksekunde 9-10 Sek.
Was den angeblichen Vorsatz des Tf betrifft, unerlaubt d.h. ohne Zustimmung des Fdl zurückzusetzen, wäre das auch durch die Gefahrensituation nicht gerechtfertigt und außerdem gefährlich gewesen. Die Lok stand bereits über Weiche 12. Tf hätte von seinem Führerstand hinabsteigen müssen, um nachzusehen, ob die Weiche nicht bereits aufgefahren war, und mit einer Achse genügte es für eine Entgleisung.[152] Das weiß jeder Lokführer. Für das Gericht war es belanglos.
Man könnte es eine Justizposse nennen, wenn man die Aussage zur schuldrechtlichen Grundfrage des Vorrückens zum Signal und die gerichtliche Akzeptanz derselben vergleicht. Auszug Verhandlungsprotokoll, Blatt 393, Aussage Tf:

> *"Ich wollte zum Ausfahrsignal vorfahren. D a s i s t e r l a u b t, ...*
> *In meiner Fahrtrichtung standen zwei Signale. Ich d a c h t e mir, daß für mich das Signal rechts von meinem Gleis gilt. Bevor ich losgefahren bin, sah ich beide Signalbilder. Beide standen zunächst auf HALT. Ein Gleissperrsignal sah ich nicht. Darauf achtete ich auch nicht, weil ich d a c h t e, ich bin auf dem Durchfahrtsgleis."*
> (Sperrungen vom Verf.)

Auszug Urteilsbegründung, Seite 4:

> *"Der Angeklagte, dem wie bereits ausgeführt, aufgrund seiner Streckenkenntnis auch die Anlage des Bahnhofes Tauberfeld bekannt war, hatte sich beim Lokomotivwechsel, obwohl dies seine Pflicht gewesen wäre, nicht überzeugt, auf welchem Gleis der Zug 78 124 abgestellt war. Er wußte nicht, ob nun der von ihm zu fahrende Zug auf Gleis 1 oder 2 stand."*

Die Gleisanordnung Bf Tauberfeld scheint das Gericht auch beschäftigt zu haben. Es befragte den Gutachter darüber in der Hauptverhandlung. Leider gibt das Protokoll nur die Antworten wieder, von denen die zweite unverständlich ist:

> *"Wenn die Schutzweiche 10 von Gleis 2 nach Gleis 3 gestanden wäre, dann wäre der 78 124 auf jeden Fall über den Prellbock gefahren. Wie der Unfall dann abgelaufen wäre, ist fraglich. Hierbei hätten ebenso Teile des Zuges in ein anderes Gleis ragen können."*

Gegen welchen Prellbock hätte Dg 78 124 fahren sollen? Gleis 3 war doch das Durchfahrgleis Ri Ingolstadt! Vielleicht drehte sich die Befragung um ein hypothetisches Schutzgleis in Verlängerung des Mittelgleises. Diese Sicherung gegen Signalüberfahren oder durch Streckung der rückleitenden Weichenverbindungen in Ausfahrrichtung hätten an der Nordausfahrt Tauberfeld Dammaufschüttungen und Verbreiterung des Wegdurchlasses bei km 98, also erhebliche Kosten erfordert. Gerechtfertigt wären sie kaum gewesen, zumal die Dammverbreiterung so großzügig ausgeführt werden müßte, damit ein gegen den Gleisabschluß fahrender und evtl. umstürzender Zug nicht die Durchfahrgleise blokkieren würde.
In Anbetracht der Konzilianz, die das Gericht dem Angeklagten und seinen Erzählungen erwies, überrascht das Strafmaß von 10 Monaten auf Bewährung.[153] Da der spärliche Umfang des Urteils - ganze 16 Seiten einschließlich Formalem und Begründung - sowie die Verhandlungsführung im Vergleich zu anderen Strafprozessen nach schweren Eisen-

bahnunglücken völlig aus dem Rahmen fällt, ist abschließend noch anzumerken, daß dieses Verfahren an sich vor eine große Strafkammer gehört hätte. Üblicherweise geben unsere ohnehin überlasteten Amtsgerichte komplizierte Fälle auch gern ab. Wenn man sich im AG Ingolstadt mit der seltenen Konstruktion eines erweiterten Schöffengerichtes behalf - mit einem zweiten Berufsrichter neben zwei Schöffen sowie einem abgeordneten Vertreter der Anklagebehörde - und den Fall Tauberfeld nicht dem LG München II [154] abtrat, hatte das lokale Intentionen zum Hintergrund.
Ingolstadt, im Schatten Münchens, strebte schon des längeren nach dem Landgerichtsstatus, wie ihn im Südwesten Bayerns neben Kempten selbst Memmingen, eine kleinere und wirtschaftlich unbedeutendere Stadt als Ingolstadt, besaß. So demonstrierte man dort seit geraumer Zeit sein Anliegen, wo immer möglich und hatte schließlich (1988) Erfolg.
Bei allem Verständnis dafür ist es dennoch zu bedauern, daß dieser Fall nicht vor eine große Strafkammer des Formates der Münchner Landgerichte kam. Auch in den Urteilsbegründungen übergeordneter Instanzen finden sich, wie mehrfach angedeutet, unnötige Wiederholungen, die Fakten sind hier und da passend zurechtgestutzt oder ausgelegt. Dennoch ist diesen Gerichten Respekt zu zollen für die Mühe, die sie sich mit der schwierigen Materie gaben. Das Wesentliche des den Herren Juristen fremden Sachgebietes eigneten sie sich im Laufe der Verfahren an, um wenigstens den Vortrag der Sachverständigen bewerten und beurteilen zu können. Scheinbar unwichtige Dinge sind ebenfalls durchleuchtet und Widersprüche gegeneinander abgewogen, vor allem stets auch die Persönlichkeit des oder der Angeklagten, deren Leistungscharakteristik mit eventuellen Disziplinar- oder Gerichtsstrafen geprüft und einbezogen.
In Ingolstadt ignorierte das Gericht durchaus vorhandene dunkle Punkte, obwohl sich die entsprechenden Unterlagen in den Akten befanden, somit bekannt waren. Hätte man jedoch die Verhandlungsführung wie in anderen Fällen gehandhabt, wäre dieses Urteil schwerlich zu rechtfertigen gewesen.

3. Zur Rolle des Fdl und der bemerkenswerte Polizeibeitrag

Der vorläufige Abschlußbericht vom 5.5.1981 der BD München hebt hervor, der Unfall sei "hauptsächlich" auf die unerlaubte Abfahrt des Tf von Dg 78 124 zurückzuführen. Im übrigen wären die Ermittlungen durch die Aussageverweigerung des Tf und die widersprüchlichen Angaben des Fdl, der ebenfalls gegen Vorschriften verstoßen habe, erschwert worden.
Die Kripo=Inspektion war anderer Ansicht, wie ihrem Schlußbericht vom 25.5.1981 zu entnehmen:

> *"Nach Sachlage und vorbehaltlich des noch ausstehenden Gutachtens, trägt ..., Lokführer des G 78 124 die alleinige Schuld an dem Unfall. ...*
> *(Tf) gibt in seiner informatorischen Schilderung zu, daß er wahrscheinlich einem Irrtum unterlegen sei und ...* (das Signal; d. Verf.) *... verwechselt habe. ...*

Da bis zur Kollision nur noch wenige Sekunden verstrichen, war es (dem Tf) nicht mehr möglich, den Druck im Bremssystem soweit aufzubauen, daß er den Zug hätte zurückfahren können.
... Im Unfallbericht der Bundesbahn wird dem Fahrdienstleiter ... vorgehalten, daß er durch geeignete Maßnahmen die Unfallfolgen eventuell hätte verringern, den Unfall aber wahrscheinlich hätte nicht verhindern können. (Fdl) hätte das Vorziehen des G 78 124 als eine die Durchfahrt auf Gleis 1 gefährdende Rangierbewegung unterbinden müssen. (Fdl) gibt an, er habe den G 78 124 nur noch wenige Sekunden bis zu dessen Stillstand fahren sehen. ... Wenige Sekunden darauf sei der E 3238 durchgefahren. Es wäre ihm zu geeigneten Maßnahmen keine Zeit mehr verblieben, selbst wenn er gewußt oder geahnt hätte, daß die Zugspitze des E 78 124 im Bereich des Gleises 1 stand. Daß zwischen dem Stillstand des G 78124 und der Durchfahrt des E 3238 tatsächlich nur wenige Sekunden waren, wird auch von (Tf) bestätigt. ...
Nach Sachlage trifft den Fdl ... am Unfall keine Schuld."
(Sperrungen sind vom Verfasser, dgl. die Namensangaben durch Dienstbezeichnungen in ( ) gesetzt.

Die Sachlage war am 25.5.1981 noch keineswegs klar, zumal der Tf die Aussage verweigert hatte (vgl. auch DB=Bericht). Was die Kripo, wie sie selber schrieb, zu Papier brachte, war nur das Produkt einer Art Aussprache - kein unterzeichnetes Vernehmungsprotokoll. Die den Handlungsablauf betreffenden Zeitangaben vom Tf lauteten auf Minuten, nicht Sekunden.
Und wie die Kripo zu einer so präzisen Bewertung der verworrenen Angaben des Fdl kommen konnte, ist gleichfalls erstaunlich. Seine Aussagen haben mehrfache Nachträge mit Korrekturen. Er konnte nicht einmal angeben, ob er den E 3238 überhaupt nach Adelschlag abgemeldet hatte. Im Zugmeldebuch fehlte der entsprechende Eintrag noch eine halbe Stunde nach dem Unfall. Wer das und anderes später vervollständigt hatte, blieb unsicher. Fdl will nichts nachgetragen bzw. geändert haben. Ohne den Eintrag des Nachbar=Bfs wäre die Fixierung dieser wichtigen Angabe kaum möglich gewesen.
Beweisbar war lediglich: Der Fdl wußte vom Weichenwärter, daß Dg 78 124 zunächst grenzzeichenfrei stand. Das nicht angeordnete und nicht überwachte Vorrücken des Zuges stellte dann aber eine betriebsgefährdende Rangierbewegung dar, die gemäß Fahrdienstvorschrift § 82 (7) verboten war und ist.[155]
Von der Vorschriftswidrigkeit abgesehen, hätte den Fdl verschiedenes, u.a. die Anfahrweise an jenem Abend stutzig machen müssen. Bedingt hätte er auch aus der Stellung des letzten Wagens vom Dg 78 124 Schlüsse ziehen können. Wäre er zur Kontrolle der Zugbewegung auf den Bahnsteig getreten, hätte er den Zugschluß direkt vor Augen gehabt. Bei einer Gesamtzuglänge von rd. 460 m stand der letzte Wagen nach dem Vorrücken bei km 97,475, nahe der Treppenüberdachung des Fußgängertunnels und im Bereich der Bahnsteigbeleuchtung. Selbst in Unkenntnis der genauen Zuglänge war das alarmierend weit vorgerückt.
Daß sich die Kripo Ingolstadt nicht nur zu voreiligen Äußerungen zur Schuldfrage verleiten ließ, sondern auch gegen die Auslassungen Sachverständiger Stellung bezog, ohne sich wie üblich die einschlägigen Vorschriften beschafft zu haben, darüber hinaus eine dem

Gericht verwandte Gutgläubigkeit zeigte, ist eine weitere Besonderheit des Falles Tauberfeld.
Auf Unterschiede in der Polizeiarbeit wurde in den Kapiteln dieses Buches vereinzelt hingewiesen, in der Regel eine Folge der polizeilichen Bundesländer=Kompetenz. So schaltete sich die Kripo der süddeutschen Länder allgemein wesentlich aktiver in die Ermittlungen zu Eisenbahnunfällen ein als die der norddeutschen Länder und leistete besonders in Untersuchung der Fälle Eßlingen, Aitrang, Walpertskirchen oder Kellmünz hervorragende Arbeit. Einer Stellungnahme zum Schuldkomplex enthielt sie sich. Andererseits enthielten die Ermittlungsberichte gezielte Fragen zur weiteren Prüfung, die auf präzisen Beobachtungen beruhten und sogar die Bahnexperten forderten. Tauberfeld ist der einzige, uns genauer bekannte Fall überhaupt, in dem die DB=Berichte kritischer und weit gründlicher ausfielen als die der Polizei.
Möglicherweise hatte es strukturelle Gründe. Auch die Polizei war ähnlich der DB in den vergangenen Jahrzehnten Umorganisationen ausgesetzt, eine davon 1979. Im Zuge dieser Reform war u.a. die (Land=)Polizeiinspektion Landsberg abgewertet, d.h. einer anderen Inspektion unterstellt und Ende 1979 der bisherige Leiter in Anbetracht seines Ranges nach Ingolstadt versetzt worden. Dort übernahm er die Leitung der Kripo, wenngleich in seinem bisherigen Tätigkeitsbereich für die speziellen kriminalistischen Ermittlungen eine andere Dienststelle zuständig gewesen war. Allzu große Erfahrung auf diesem Gebiet dürfte der nach Ingolstadt versetzte Landsberger Polizeichef also nicht gehabt haben, und wahrscheinlich hatte es bei der Ingolstädter Kripo weitere Änderungen gegeben, was sich dann noch bei den Ermittlungen zu Tauberfeld auswirkte. Es dauert immer seine Zeit, bis nach Umorganisationen die Dinge wieder im Lot sind.
Nun gab es im Zusammenhang mit Tauberfeld noch eine Rarität: Die dem Gerichtsakt beigefügten Bildmappen, in anderen Fällen ausschließlich mit Fotos von Kripobeamten versehen. In den Tauberfelder Bildmappen befanden sich zwar auch von der Kripo aufgenommene Farbfotos, aber vom Tage nach dem Unfall bei fortgeschrittenen Aufräumungsarbeiten. Das Gros der Fotos stammte von einem Herrn des EICHSTÄTTER KURIERS - und ohne diesen Umstand hätten wir keine Textillustrationen zur Verfügung.
Die Polizei=Farbfotos wären für Reproduktionen ohnehin zu kontrastarm gewesen. Da jedoch in den Mappen Negative polizeilicher Schwarzweiß=Luftaufnahmen lagen, wollten wir zwei davon für einen Überblick der Unfallstelle veröffentlichen. Die gerichtliche Genehmigung lag vor, die der Regierung von Oberbayern, Luftamt Südbayern, traf sehr bald ein, die urheberrechtliche Zustimmung des Kripofotografen stand noch aus.
Deswegen hatte es nie Schwierigkeiten gegeben, die Herren der Kripo erteilten stets gern ihre Einwilligung und darüber hinaus mit Genehmigung der StA auch weitere Auskünfte. Daher waren wir überrascht, diesmal statt einer Antwort aus Ingolstadt einen Brief des Leiters Einsatz im Polizeipräsidium München zu erhalten. Der Herr Polizeidirektor schrieb, man sei unserem Ansinnen zur *"kommerziellen Verwendung"* der Fotos nicht abgeneigt, wir sollten entsprechende Vorschläge unterbreiten.
Mangels diesbezüglicher Erfahrungen wollten wir uns erst informieren, was gemeint sein könnte, und da gerade Gerichtsferien waren, warteten wir deren Ende ab, was dem Herrn Polizeidirektor offenbar zu lange dauerte. Jedenfalls erhielten wir einen zweiten Brief mit der Androhung strafrechtlicher Verfolgung bei ungenehmigter Nutzung. Daraufhin fragten

wir zurück, welcher Art Vorschläge erwartet würden. Ein Honorar für dienstlich erstellte Fotos, glaubten wir nicht, anbieten zu dürfen.
Mit Datum vom 19.11.1982 traf dann die Auskunft ein, derzufolge das Polizeipräsidium Oberbayern *"gemäß § 31, Abs. 2 UrhG, das einfache Nutzungsrecht an zwei Luftbildaufnahmen"*, beschränkt auf die vorliegende *"Dokumentation"* einräumte. Dafür sei eine gemeinnützige Spende "von je Bild DM 250,--", also insgesamt DM 500,-- zu entrichten.
Das war uns doch ein bißchen zu teuer. Außerdem wären mit Erledigung der Auflagen des Herrn Polizeidirektors und seiner Zustimmung die Bedingungen des UrhG immer noch nicht erfüllt gewesen. Dazu war die Einwilligung des Fotografen selbst notwendig. Da uns aber dessen Adresse nicht bekannt war - er ging den Informationen nach in den Ruhestand -, hätten wir wieder die Ingolstädter Dienststelle angehen, d.h. den Kreislauf von neuem in Gang setzen müssen, worauf wir verzichteten.

Zuglaufschild eines Wagens des E 3238

Sachverhalt und Zitierungen, soweit nicht anders angegeben, aus Gerichtsakt LG München II, Az 4 Ns 60 Js 101 969/81 und Urteil des AG Ingolstadt vom 11.12.1981.

147 In Eisenbahnszene gestern-heute Band 2, Pürgen 1991, S. 70 ff.

148 Über Zusammenarbeit mit der Zü, sachlich und formal, wurde seinerzeit von Fdl und Tf öfters Klage geführt. Aus der DDR ist außerdem zumindest ein Unglück bekannt, an dem die Dispatcherleitung nicht unschuldig war (Katastrophen... II, Saalfeld, 13.6.1981); vgl. a. S. 270..

149 Die Ermittlungsberichte und sonstigen Dokumente zu diesem Fall enthalten zahlreiche Abweichungen und Widersprüche. So steht in den Berichten der BD München vom 5.5. und der Bahnpolizei Augsburg vom 12.3., daß der Tf am 7.3. starb.

150 Der Gutachter, ein höherer Beamter der BD Nürnberg, berechnete für sein 26 Seiten umfassendes, gründliches "Kurzgutachten" (zu dessen Erstellung er dreimal an die Unfallstelle fahren mußte) und für sein Erscheinen zur Hauptverhandlung sowie aller Spesen DM 2 978,20. Das Begleitschreiben schließt mit den geradezu rührenden Worten (auch im Vergleich mit den um ein Vielfaches höheren Forderungen anderer Gutachter):
"... Sollte die Zeit für das Gutachten über dem üblichen Rahmen liegen, so bitte ich diese angemessen zu kürzen.".
Die Kripo berechnete an Aufwandsvergütung für den Einsatz von 7 Beamten in der Nacht vom 6./7.3., am 7. und 11.3.1981 ganze DM 51,60, eine wie in anderen Fällen sehr geringe Summe.

151 Der Gutachter führte aus, welche Verrichtungen Fdl und Weichenwärter Bf Tauberfeld bei Zurücknahme der Ausfahrt Gleis 2 bei diesem noch mechanischen Stellwerksystem zu erledigen gehabt hätten:
<Ww= Weichenwärter / Fmdl. = fernmündlich>

Fdl 1. Haltstellen des Ausfsig E und des Sperrsig Hs 2b
2. Auflösen der Fahrstraße e_2 von Hand (Zählwerksnummer)
3. Umlegen des Fahrstraßenhebels e_2 in Grundstellung
4. Rückgabe der Zustimmung e_2 an den Ww (Bahnhofsblock)
5. Umlegen des Weichenhebels 12 in die +-Lage

Ww (5. Umlegen des Fahrstraßenhebels e_2 in Grundstellungt)

Fdl 6. Fmdl. Anfordern der Zustimmung d_1' vom Ww

Ww 7. Umlegen des Fahrstraßenhebels d_1'
8. Abgabe der Zustimmung für Ausfahrt aus Gleis 1 (Bahnhofsblock)

Fdl 9. Umlegen des Fahrstraßenhebels d_1'
10. Festlegen des Fahrstraßenhebels (Bahnhofsblock)
11. Ziehen der Ausfahrt
12. Umlegen des Fahrstraßenhebels a_1' für die Einfahrt
13. Befehlsabgabe für die Einfahrt nach Gleis 1 (Bahnhofsblock)

Ww 14. Umlegen des Fahrstraßenhebels a_1'
15. Festlegen des Fahrstraßenhebels (Bahnhofsblock)
16. Ziehen des Einfahrsignals

152 Im Bahnbetrieb keine Seltenheit. Da derartige Fälle fast immer ohne schwerwiegendere Folgen abgehen, werden sie nur bahnintern bekannt. Dem Ermittlungsakt Eßlingen lag ein DB=Bericht über Unfälle wegen Signalmißachtung und -überrutschen bei. Eines der fünf Beispiele betrifft eine Entgleisung in aufgefahrener Weiche durch eigenmächtiges Zurücksetzen.

153 Gegen das Urteil legte die Verteidigung Berufung ein, u.a. wegen Mitschuld der DB, da der Durchrutschweg unzulänglich bemessen gewesen sei. Der Indusi=Magnet hätte vorverlegt gehört. Bei einer Nutzlänge des Mittelgleises von rd. 750 m wäre aber das Problem nicht so einfach zu lösen. Die Berufung wurde dann auch Anfang September 1982 zurückgenommen, wohl auf Grund der Erkenntnis, daß das Ingolstädter Urteil in Anbetracht der groben und folgenschweren Fahrlässigkeit des Tf an sich noch sehr milde war. Zudem hatte die DB den Verurteilten längst wieder im Streckenfahrdienst eingesetzt.

154 So wurden wir auch durch Herren des LG München II auf die Besonderheiten Tauberfeld aufmerksam gemacht und erhielten die Akten zur Einsicht nicht von Ingolstadt direkt, sondern über das LG München II.

155 § 82 (7) der Fahrdienstvorschrift DS 408 lautet:
Auf den dem Fahrweg eines Zuges benachbarten Gleisen dürfen keine Rangierbewegungen durchgeführt werden, die die Zugfahrt gefährden könnten. ... Der für die Fahrwegprüfung verantwortliche Betriebsbeamte hat das Einstellen gefährdender Rangierbewegungen anzuordnen; ...
und grundsätzlich bestimmt § 78 (2):
Rangierfahrten dürfen nur unter Leitung eines Rangierleiters stattfinden. Er ist für die sichere und zweckmäßige Durchführung der einzelnen Rangierfahrten verantwortlich. Dem Triebfahrzeugführer muß bekannt sein, wer Rangierleiter ist.

VII. Groß Königsdorf (Str Aachen-Köln)

Entgleisung des D 225 am 26.5.1983 auf vermurten Schienen
(7 T, 24 V)

1. Das vermeidbare Unglück

Nach wochenlang anhaltenden Regenfällen bemerkte ein Tf am 26.5.1983 kurz nach 20 Uhr zwischen den Bfn Horrem und Groß Königsdorf [156] Schlamm am Gleis und meldete es über Funk der Zü Köln, die wiederum den Fdl Horrem telefonisch verständigte. Fdl Horrem bat daraufhin die Zü, alle Tf anzuweisen, die Strecke zu beobachten und über den Streckenzustand Bescheid zu geben. Zwei Tf berichteten bis 20.30 Uhr, nichts Beunruhigendes gesehen zu haben, aber 20.43/44 Uhr gab der Tf von E/N 3018, Münster-Aachen, durch, er sei bei Groß Königsdorf 20-30 m durch Schlamm und Geröll gefahren. Die Lok habe *"ganz schön gerumpelt"*. Er empfahl der Zü zu veranlassen, daß alle Züge bis zur Klärung der Lage einen Vorsichtsbefehl erhielten.
Die Zü hielt das jedoch für verfrüht und wollte es zuvor genau erkundet haben. Fdl Horrem stellte daraufhin dem Tf eines Güterzuges nach Köln einen Vorsichtsbefehl aus mit der Anweisung, den kritischen Abschnitt im Schrittempo zu befahren, um das Ausmaß sowie den Ort der Vermurung festzustellen. Prophylaktisch beorderte er auch einen Vorsichtsbefehl, gültig ab Groß Königsdorf, für IC 630, Hamburg-Aachen. Danach traf die Meldung des Güterzug=Tf ein, das Gleis Richtung Aachen sei unpassierbar, das Gleis Richtung Köln hingegen frei. Nach Rücksprache mit der Zü sperrte Fdl Horrem 21.05 Uhr das Aachener Richtungsgleis.
So hielt der pünktlich 21.05 Uhr in Köln abgefahrene IC 630 zum Erstaunen der Fahrgäste gegen 21.16 Uhr in Groß Königsdorf. Einer der regelmäßigen Benutzer dieses Zuges, neugierig warum der IC hier einen ungewohnten Halt einlegte, sah vorn neben der Lok die beiden Tf auf dem Bahnsteig stehen und Richtung Aachen blicken. Im gleichen Moment hörte er das Geräusch eines sich schnell nähernden Zuges, dann donnerndes Krachen. Es wäre wie ein Erdbeben gewesen und blitzartig taghell geworden, sagte er aus.
Was die Tf und einige Fahrgäste des IC von ferne miterlebten, war die Entgleisung des D 225 mit ca. 130 km/h auf Schlamm- bzw. Geröllmassen und den Anprall der Lok und des ersten Wagens einige hundert Meter weiter gegen eine gemauerte Gewölbebrücke. Einer der Tf des IC forderte unmittelbar danach Hilfe an und meldete das Unglück.
Insassen im hinteren Zugteil des D 225 gaben an, zunächst von der Katastrophe wenig oder nichts gemerkt zu haben. Als man sie einige Zeit später aufforderte, die Wagen zu verlassen, um zu Fuß zum Bf Groß Königsdorf zu gehen, von wo sie mit Bussen zum 15km entfernten Köln gefahren werden sollten, hätten sie noch *"über Leichen steigen"*

müssen. In Köln Hbf seien sie gegen Mitternacht angekommen und sich selbst überlassen geblieben.
Den in Groß Königsdorf stehenden IC zurückzuziehen und auf einer Umleitung nach Aachen fahren zu lassen, war nicht möglich, weil inzwischen Züge die Strecke blockierten. Die IC=Reisenden mußten über zweieinhalb Stunden warten, bevor sie mit Bussen nach Horrem gebracht wurden, wo sie 1.09 Uhr mit dem Ersatz=N 3680 weiterfahren sollten. Auf massive Beschwerden hin ließ man den Zug dann früher abgehen.
Die Planabfahrt hätte ohnehin nicht eingehalten werden können, da nach Auflösung des Zugstaus zwischen Köln und Groß Königsdorf sowie Horrem und Aachen eine Art Rumpfbetrieb eingerichtet wurde und die Verbindung von Groß Königsdorf und Horrem ein Buspendelverkehr besorgte. Dadurch ergaben sich unvermeidbare Verspätungen.
Daß alles ein bißchen umständlich und durcheinander ging, wie es ein Pressesprecher formulierte, wäre von den Reisenden hingenommen worden, sofern man sie mit Hinweis auf das Unglück informiert hätte. Als Zumutung empfanden sie, ohne Kenntnis der Umstände warten zu müssen. Auch auf den anderen Bahnhöfen haperte es mit der Information. Unter der Schlagzeile *"Eine Stunde frösteln auf Bahnsteig 6"* berichtete die AACHENER VOLKSZEITUNG, Ausgabe v. 28.5.1983, daß die in Aachen Wartenden mit der lapidaren Lautsprecherdurchsage von einer *"technischen Betriebsstörung hinter Horrem"* vertröstet worden seien.

Der völlig verbeulte Kasten der Lok des D 225, abgestellt im ehemaligen Aw Köln-Nippes. <Foto: U. Müller, Leverkusen, Juli1983>

2. Ein hintersinniges Gerichtsurteil

Keine Rätsel gab die unmittelbare Auslösung des Erdrutsches auf. Die abnormen Regenfälle hatten ringsum Schäden durch Hochwasser und Überschwemmungen angerichtet. Auch das Gleis der Strecke Düren-Heimbach war an einer Stelle verschüttet worden. Dennoch blieb die Frage, ob die Auswaschung der Böschung im Bahneinschnitt westlich Groß Königsdorf mit der Folge eines lawinenartigen Abrutschens ganzer Schichten allein auf das Unwetter zurückzuführen war. Es gab Vorwürfe gegen die DB, Ausholzungen hätten die Festigkeit der Böschungen gemindert. Außerdem wären die Böschungswände nach Abbruch des Tunnels durch den Villerrücken, wie der Höhenzug zwischen Groß Königsdorf und Horrem heißt, und nach Abtragen des Erdreiches in den Jahren 1954-1958 nicht genügend befestigt worden. Der bautechnische Dezernent der BD Köln, ein Bundesbahndirektor, wies diese Behauptungen als "an den Haaren herbeigezogen" zurück. Die geforderte Anlage von Stützmauern stünde gar nicht zur Debatte.

Das zur Untersuchung der Ursache des Mammutrutsches beauftragte Geologische Landesamt Krefeld bestätigte zwar die Angabe des Dezernenten, der dort dominierende Lößsand sei ein "standhafter Stoff", nachträglich sei jedoch schwer zu sagen, ob die 14 m hohe Böschung ausreichend gewartet worden wäre. Möglicherweise hätte ein verstopfter Abflußgraben beigetragen, daß die Wassermengen nicht mehr versickern konnten. Die Aufweichung der oberen Erdschicht habe schließlich zu Verkolkung und Abrutschen der Geröllmassen geführt.

Infolge des abnormen Wetters war ein Schuldnachweis an die Adresse des bautechnischen Dezernenten schwer zu erbringen. Daher hielt sich der StA an den Fdl Horrem, das letzte Glied der Kette. Ihm wurde angelastet, das Kölner Richtungsgleis nicht auch gesperrt zu haben. Wenigstens einen Vorsichtsbefehl hätte er dem Tf des D 225 geben müssen. Obwohl der Sachverständige, Professor Schreck von der TU Berlin - ein neuer Name in der Gutachterriege -, nachwies, der Fdl sei auf Grund der Vorschriften und Gegebenheiten nicht verpflichtet gewesen, die monierten Maßnahmen vorzunehmen, erhob der StA Anklage wegen fahrlässiger Tötung in sieben und fahrlässiger Körperverletzung in 20 Fällen. Als Strafmaß beantragte er eine Freiheitsstrafe von 9 Monaten auf Bewährung.

Der Vorsitzende Richter einer Strafkammer des LG Köln war nicht der Ansicht des StA und wollte das Verfahren einstellen. Er gab aber dem Drängen des StA nach, der ein öffentliches Interesse unterstellte.

Warum der StA die Anklage nicht auf weitere Mitschuldige ausdehnte, sondern sich auf den beschränkte, dem er selbst ein geringes Verschulden zuerkannte, und warum das Gericht einlenkte, kann auf Grund des vorliegenden Materials nur vermutet werden. Das Gericht sah wohl in der Verhandlung die einzige Möglichkeit, vor die Öffentlichkeit zu bringen, wo die eigentlichen Schuldigen zu suchen seien. Diese Schlußfolgerung ergibt sich u.a. aus der Art und Weise, wie das Gericht seine Aufgabe löste. Es verwarnte den Fdl und erlegte ihm pro forma eine Geldstrafe in Höhe von DM 9 000,-- auf, die der Fdl aber nicht zu bezahlen hatte, da zur Bewährung auf 2 Jahre ausgesetzt.

Die Entgleisungsstelle Blick Ri Lauffen / **unten**: Trümmer von Wagen 2

Aus Wagen 1 wurde ein Toter, aus Wagen 2 weitere zwei Tote geborgen. Von den 57 Verletzten der rd. 200 Zuginsassen konnten alle bis auf 13 wenige Tage darauf aus stationärer Krankenhausbehandlung entlassen werden.
Den Sachschaden bezifferte die BD Stuttgart auf ca. DM 4,5 Mio., zu denen noch stattliche Summen hinzukamen. So wies im Rahmen der Berichte über Unglück und Prozeß, ein Kommentar, HEILBRONNER STIMME vom 16.8.1984, auch auf die Kosten hin, die der DB durch Hilfsdienste entstanden:

"Rechnungen sind auch noch von den Rettungsmannschaften zu erwarten. Das Rote Kreuz war mit 14 Fahrzeugen und 50 Helfern, davon rund 30 Rettungssanitätern, im Einsatz. Der Arbeiter-Samariter-Bund Heilbronn war mit fünf Fahrzeugen und 16 Rettungssanitätern, der ASB Lauffen mit zwei Fahrzeugen und sieben Rettungssanitätern zur Stelle. Das Technische Hilfswerk hatte ein halbes Hundert Helfer mobilisiert. Sie alle werden jetzt in mühevoller Kleinarbeit ihre Kosten bis hin zum Zucker im Tee zusammenstellen und der Bahn präsentieren."

Aufnahme unmittelbar nach der Entgleisung, Blick Ri Lauffen; rechts Wagen 5 und 6

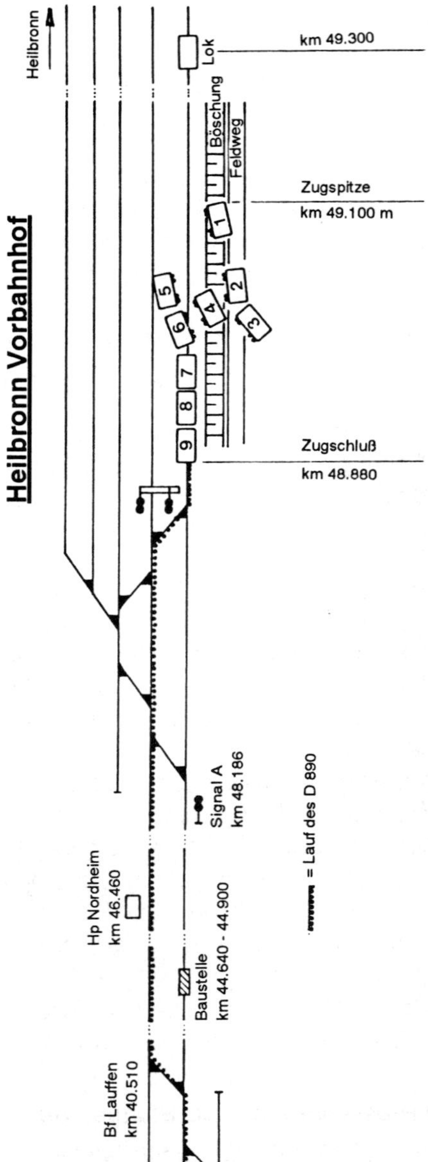

Streckenskizze mit Entgleisungsstelle <nach Vorlage gezeichnet von D. Magg>
rechts: Pressekonferenz im Unterrichtsraum (vierter von links: Präsident der BD Stuttgart, Dr. Häusler)

2. Organisatorische Betreuungsmängel

An der Hilfsaktion an der Unglücksstelle war nichts zu beanstanden. Die Helfer kamen schnell und wie auch in anderen Fällen zahlreicher als effektiv benötigt. Nun gehören zu den Betroffenen eines Eisenbahnunglücks auch die Nichtverletzten, hier etwa 140 Personen, zumeist Urlaubsreisende, zum Teil mit Kindern. Die Stadtverwaltung Heilbronn ließ diesen Personenkreis mit städtischen Bussen zum Hbf befördern, wo die DB den Unterrichtsraum zur Verfügung gestellt hatte. Die Betreuung dort übernahmen BRK=Sanitäter, die lange nur improvisieren und beschwichtigen konnten, weil nichts an Getränken oder Eßbarem greifbar war.

Man hatte weder die Bahnhofsmission, deren Dienst um 20 Uhr endete, verständigt noch ein Arrangement mit der Leiterin der Bahnhofsgaststätte getroffen. Die Dame war über das Ausmaß des Unglücks nicht informiert worden und erhielt von der Bahnpolizei lediglich die telefonische Anweisung, einem Sanitäter den Weg zur Betriebskantine zu zeigen. Eine Versorgung durch diese kam aber erst gegen 1.30 Uhr zustande, weil die Kantine geschlossen war und niemand im Hbf die Anschrift des Pächters wußte. Es verging auch längere Zeit, bevor die vier DB=Dienstschlafräume geöffnet und den Kindern zur Verfügung gestellt wurden.

Die heillose Situation wird verständlich, wenn man bedenkt, daß zum Zeitpunkt des Unglücks die meisten Fahrgäste entweder dabei waren, sich zu Bett zu legen oder bereits lagen. Als sie nach der Entgleisung aus den Wagen geholt wurden oder selbst herauskletterten, waren viele nur provisorisch bekleidet, ohne Gepäck und ohne Geld. Ein Hamburger, der sich mit einem Leserbrief öffentlich für die Rettungsdienste, speziell für die Bemühungen des DRK im Unterrichtsraum bedankte, schrieb:

> *"Unverständlich ist mir dagegen, daß keiner von den Verantwortlichen der Bundesbahn sich um uns kümmerte. Obwohl vier Schlafräume der Bundesbahn vorhanden waren und ein Sanitäter, ..., sich bei den diensthabenden Aufsichtsbeamten um dessen Aufschließung sich bemühte, bekam dieser zur Antwort, daß keine Schlüssel dafür vorhanden seien.*
>
> *Herr ... bemühte sich laufend, die an ihn gestellten Fragen zu beantworten und beruhigend unseren Unmut über die Bundesbahn zu dämpfen.*
>
> *Ein Telefon stand angeblich nicht zur Verfügung. Meine Geldbörse hatte ich nicht mehr, so daß mir Herr ... vom DRK aus seiner eigenen Tasche sein ganzes Kleingeld gab, damit ich meine Angehörigen verständigen konnte. ..."*

Im Forum der Stimmen taucht natürlich auch die der Pressestelle der BD Stuttgart auf:

> *"Selbstverständlich will die Bahn in einem solchen Unglücksfall auch nach besten Kräften für die nicht verletzten Reisenden sorgen und eine umfassende Betreuung sicherstellen. Wenn auch rückblickend gesehen werden muß, daß hier noch einiges hätte besser gemacht werden können, so möchten wir Sie doch auch bitten, die Maßnahmen, die die Bahn in dieser Ausnahmesituation zusammen mit anderen Organisationen eingeleitet hat, zu berücksichtigen. ...*

Blick Ri Cham mit Zusammenprallstelle; links Teile des Hubschraubers <Foto: G. Götz, Wackersdorf>

Triebwagen übergriff, dessen Bremseinrichtung dadurch ausfiel. 300 m weiter rollte er in der Steigung 1:200 aus und wurde dort von Helfern mit Hölzern festgekeilt, damit er nicht zurückrollen konnte. Die Polizei lastete das zunächst den Demonstranten an.
Obwohl verletzt, war der Tf in der Lage, sich selber aus dem brennenden Triebwagenwrack in Sicherheit zu bringen. Die fünf Insassen des Hubschraubers, dessen Trümmer bis zu 50 m vom Gleis weg lagen, wurden vermutlich hinausgeschleudert und alle schwer verletzt. Einer der drei Polizisten starb in einem Münchner Krankenhaus an den Folgen seiner Verletzungen.

Im November des Folgejahres wurde der Pilot vom Schöffengericht Schwandorf wegen fahrlässiger Tötung und fahrlässiger Körperverletzung in je einem Fall sowie fahrlässigen, gefährlichen Eingriffes in den Bahnverkehr zu DM 8280,-- Geldstrafe verurteilt. Die Staatsanwältin hatte DM 10000,-- beantragt.
Bei Verteidigung seiner Fehlhandlung wies der Pilot auf seine Verdienste bei Hilfeleistung nach Unfällen hin, u.a. habe er Franz Josef Strauß, den ehemaligen bayerischen Ministerpräsidenten, nach dessen Kreislaufkollaps in einem Wald bei Regensburg ins Krankenhaus geflogen, leider ohne ihn noch retten zu können. Im übrigen habe er gedacht, es sei ein Abstellgleis, und er hätte auch nirgends eine geeignete Landefläche in der Nähe der aufzunehmenden Polizisten gesehen.

Das Gericht wertete zu Gunsten des angeklagten Piloten, daß er sich im Diensteinsatz zur Verfolgung gewalttätiger Demonstranten befunden hätte. Es wäre aber seine Pflicht gewesen, einen anderen Landeplatz zu suchen, da keine unmittelbare Gefahr mehr bestand. Darüber hinaus hätte er sich per Funk oder Landkarte über das Gleis bzw. die Strecke informieren müssen.
Wie gesagt, gab es dort laufend Demonstrationen, und die Polizeieinsätze wurden generalstabsmäßig geplant. Dazu gehörte auch eingehendes Kartenstudium, weil beim Einsatz dafür kaum Zeit blieb. Zumindest die führenden Beamten und die Piloten mußten die Umgebung im Kopf haben und sich über die Qualifikation der Bahnstrecke im klaren sein, da sie zwischen der Unfallstelle und Bf Altenschwand ca. 1 km direkt am WAA=Gelände entlang führt. Außerdem ist anzunehmen, daß sich Karten im Hubschrauber befanden, die der Copilot zu Rate ziehen konnte, und der Unglückspilot dürfte kaum völlig ortsunkundig gewesen sein. Zudem wies ein Sachverständiger darauf hin, daß die beträchtliche Zugfrequenz der Strecke aus der Luft auch ohne Karte, allein durch die Qualität des Oberbaus und dem Glänzen der Schienenköpfe erkennbar gewesen wäre. Überdies sei Minuten vor dem Unglück ein Güterzug vorbeigefahren.

2. Rechtsprobleme

Besonders interessant an diesem Prozeß ist die Unterlassung der StA, in den Strafantrag die Ahndung der verletzten Hubschrauberbesatzung einzubeziehen. Daß die vier Polizisten keine Strafanzeige stellten, entspricht dem Verhalten einiger, bei dem Tauberfelder Unglück verletzter DB=Bediensteten: Kollegen zeigt man nicht an. Für StA und Gericht sollte jedoch das grundgesetzliche Postulat (Artikel 3,1) von der Gleichheit aller Menschen vor der Justiz gelten, und davon wurde hier abgewichen, denn nach Eisenbahnunglücken klammern StA und Gericht jene verletzten Zuginsassen auch nicht aus, die keine Strafanzeige stellen.
Interessant ist ferner die Urteilsbegründung hinsichtlich des Verzichts auf eine Bestrafung mit Freiheitsentzug. Dieser sei bei vergleichbaren Delikten im Straßenverkehr ebenfalls nicht üblich. Das ist eine sehr pauschale Formulierung und dem Richter wohl kaum von der Presse in den Mund gelegt worden. Wenn man jedoch die Strafpraxis in der BRD betrachtet, findet man erhebliche Unterschiede von Richter zu Richter und in der Grundeinstellung von Land zu Land.
Auch andere Gerichte stützen ihre Bewertungen gelegentlich auf Entscheidungen ähnlich gelagerter Fälle, was sie in der Regel dann auch sind. Denn eine vergleichende Strafzumessung setzt vergleichbare Tatumstände voraus, die in den verschiedenen Verkehrsbereichen durch deren unterschiedliche Struktur und Gesetzmäßigkeiten nicht unbedingt gegeben sind. So dürften schon Vergleiche zur Bewertung folgenschwerer Fahrlässigkeiten in den beiden Hauptgruppen des Bereichs Landverkehr schwierig sein.

Der Gepäckwagen des D 494, dessen völliges Abstürzen eine Hausecke und der umgestürzte Wagen (s. Abb. S. 286, unten) verhinderte

X. Ansbach

Flankenfahrt am 30.4.1987 Dg 54174 gegen D 494
(1 T, 52 V)

1. Gleisanlagen und Unfall

Da bei der Ansbacher Flankenfahrt Ende April 1987 auch das Erbe der Vergangenheit, die im 19. Jahrhundert gewachsene Bahnhofsanlage, eine Rolle spielte, zunächst ein historischer Rückblick: Nach Fertigstellung der Ludwigs=Süd=Nord=Bahn, München-Augsburg-Gunzenhausen-Nürnberg-Hof, beschlossen maßgebliche Kreise der ehemaligen Residenzstadt Ansbach,[162] einen Privatbahnbau nach Gunzenhausen zum Anschluß an den neuen Schienenweg nach München. Der Endbahnhof der 1859 eröffneten und 1906 verstaatlichten Strecke entstand im Süden der Stadt, die lediglich ca. 12 000 Einwohner hatte, jedoch durch ihre Regierungsbauten sowie Schloß und Parkanlagen unverhältnismäßig viel Platz einnahm. So blieb im engen Rezattal mit seinen Steilhängen zur Entfaltung der Bahnanlagen wenig Platz, als sich nach Eröffnung der Staatsbahn Ansbach-Würzburg (1864) Durchgangsverkehr München-Frankfurt und -Hamburg entwickelte und Ansbach 1875 mit Fertigstellung der Linie von Nürnberg nach Crailsheim-Stuttgart zum wichtigen Knotenpunkt Ost-West und Nord-Süd wurde.
Bis zum Ausbruch des Ersten Weltkrieges hielten bis auf eineinhalb Reisezugpaare alle Züge in Ansbach. Ab Mitte der dreißiger Jahre stieg die Zugdichte, auch die des Güterverkehrs, sowie die Zahl der nichthaltenden Züge, so daß sich die Bahnhofsanlage mit niveaugleicher Kreuzung der Strecken[163] hemmend auszuwirken begann. Die verkehrliche Entwicklung der letzten Jahrzehnte verschärfte diese Situation, und die Einzeichnung der Ansbacher Bahnhofsanlage in der DB=Übersichtskarte von 1991 erweckt den hoffnungsvollen Eindruck eines behinderungsfreien Umbaus der Gleisführung,[164] aber die Zeichnung täuscht; die Anlage ist im Prinzip unverändert.

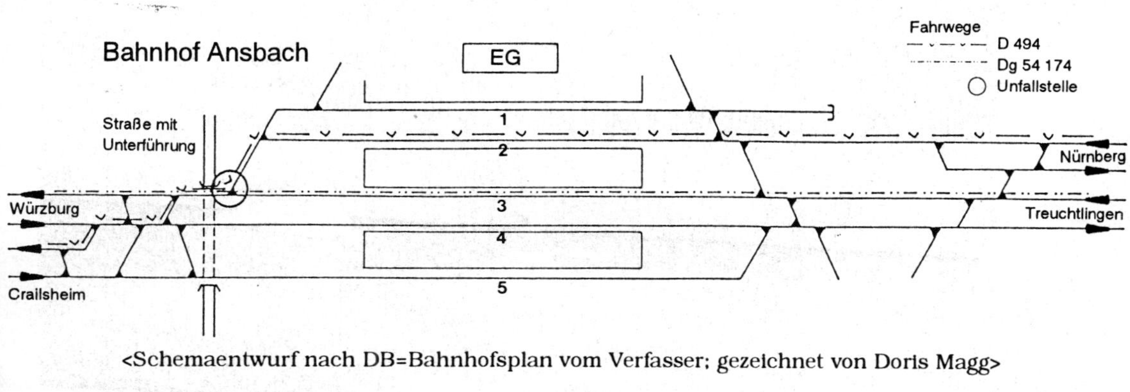

<Schemaentwurf nach DB=Bahnhofsplan vom Verfasser; gezeichnet von Doris Magg>

oben: Der Gepäckwagen des D 494: **unten**: rechts der ab- und auf das Dach gestürzte Reisezugwagen

Gleis 2, auf dem D 494, Hof-Nürnberg-Stuttgart-Straßburg, auslief, mündet ca. 550 m nach dem EG kurz vor einer Straßenunterführung in Gleis 3, hier in einer Rechtskurve liegend. Anschließend zweigt das Gleis nach Stuttgart auf einer Weichenverbindung wieder links ab, da in Ablenkung zu befahren mit zulässigen 40 km/h. Mit diesem Tempo kam D 494 am Donnerstag, dem 30.4.1987 nach annähernd planmäßiger Abfahrt ca. 9.40 heran. Auf Gleis 3 näherte sich etwa gleichzeitig ein Durchgangsgüterzug von Ingolstadt nach Würzburg-Köln=Gremberg. Das Ausfahrhauptsignal für Gleis 3 zeigte 'Halt'.
Der Tf des Dg hatte zwar bei der Bahnhofseinfahrt die Warnstellung des Ausfahrvorsignals wahrgenommen, sich dann angeblich vom Hp 2 zeigenden Signal für Gleis 2 düpieren lassen. Bei einer Sicht von 310 m auf das für Gleis 3 gültige Signal leitete er 130 m vorher aus 58,5 km/h Bremsung ein, die nur geringfügig wirksam werden konnte. Als die Indusi am Hauptsignal Vollbremsung auslöste, betrug die Geschwindigkeit noch gut 57 km/h, und für dieses Tempo war der Durchrutschweg zu kurz. Gegen 9.42 Uhr rammte die Dg=Lok den Gepäckwagen des D 494.
Trotz des leichten Anpralls, entgleisten vier der sechs Wagen des D-Zuges; ein Wagen stürzte ab und kam auf dem Dach zu liegen, zwei weitere blieben schräg geneigt seitlich der Böschung hängen; der Gepäckwagen (Wagen 3) wurde von einer Hausecke und dem umgestürzten Wagen vor dem Absturz auf die Straße bewahrt. Aus dem auf dem Dach liegenden Wagen barg man einen toten Fahrgast und die meisten der Verletzten. Der Sachschaden betrug über DM 1 Mio.

Hinter dem auf der Böschung hängengebliebenen Reisezugwagen der Güterzug

2. Nur eine Geldstrafe, aber Anlaß zu einem Urteilsvergleich

Eineinhalb Jahre darauf stand der schuldige Tf vor Gericht, was von der StA gar nicht beabsichtigt war. Ursprünglich sollte die Verfehlung mit einer Geldstrafe in Höhe von DM 10 000,-- geahndet werden; der Anwalt des Tf hatte aber Einspruch erhoben.

In der Beweisaufnahme trug der Tf seine Version zur Signalverwechslung und seiner verspäteten Reaktion vor. Er wäre abgelenkt gewesen, weil er bei Passieren des Bahnsteigbereiches die Zeit der Bahnsteiguhren mit der Soll=Durchfahrtzeit im Buchfahrplan verglichen hätte.

Ob ihm die Richter seine zweifellos originelle Geschichte von der Verfehlung infolge sozusagen dienstlicher Ablenkung hätten durchgehen lassen, ist unwahrscheinlich. Der Prozeß endete jedoch gleich zu seinem Beginn, da die Verteidigung nach der ersten Verhandlungspause den Einspruch zurücknahm. Die StA hatte durchblicken lassen, daß sie auf Freiheitsentzug plädieren würde, zumal ein weiterer Verstoß des Tf ermittelt worden war: Die Indusi im Tfz war vorsätzlich falsch eingestellt. Die neuere, automatische Geschwindigkeitskontrolle in dreistufiger Wirkungsweise hätte in Anbetracht der Gegebenheiten bei Überprüfung der zulässigen Hg das Unglück verhindert, sofern die vom Tf gewählte Einstellung vorschriftsmäßig gewesen wäre (s.a. Nachtrag S. 266).

Im Hinblick auf den ergangenen Strafbefehl ist verständlich, wenn die StA dem Antrag auf Rücknahme des Einspruchs zustimmte, so daß Sitzung und Akten geschlossen werden konnten. Für die DB hingegen wäre eine öffentliche Verhandlung bis zur Urteilsverkündung zweifellos günstiger gewesen. So blieben nach dem Verhandlungsabbruch unterschwellige Vorwürfe an ihre Adresse für die Bevölkerung ungeklärt bzw. unbekannt.

Nach dem Unglück erging sich die Presse in Kombinationen über die *"rätselhafte Ursache"*, wahrscheinlich weil sie von DB=Sprechern mit den üblichen Gemeinplätzen abgespeist worden war. In mangelhafter DB=Information dürfte auch der Grund zu suchen sein, warum der Schlußbericht in den NÜRNBERGER NACHRICHTEN vom 23.9.1988 den Eindruck erweckt, die Nachsicht der Justiz gegenüber dem schuldigen Tf beruhe auf einem DB=seitigen Mitverschulden. Der letzte Absatz des Artikels ferner läßt den Schluß zu, das Ansbacher Ausfahrhauptsignal für Gleis 3 habe keine Indusisicherung wie die anderen Ausfahrhauptsignale gehabt, und der Einbau sei unterlassen worden, um DM 11 000,-- zu sparen.

Vielleicht trugen fehlende Fachkenntnisse zur Mißverständlichkeit der Formulierung bei, denn gemeint war das Fehlen eines 500 Hz Überwachungsmagneten zwischen dem 1000 Hz Magnet am Vorsignal und dem 2000 Hz Magnet am Hauptsignal. Diese Kritik, die beispielsweise auch in Rüsselsheim vorgebracht wurde, besteht nicht ganz zu Unrecht, obwohl der Überwachungsmagnet in keinem dieser Fälle vorgeschrieben war und ist. Daher fehlt er in Ansbach heute noch. Zu bedenken ist dabei ferner, daß die von der Presse angegebene Summe keineswegs den effektiven Kosten entspricht, und es eben nicht allein um Ansbach geht. Mittlerweile scheint die DB jedoch den Einbau von Überwachungsindusi an kritischen Stellen zu erwägen, um der wachsenden Unaufmerksamkeit im Fahrdienst zu begegnen.

Alles in allem lag der Sachverhalt nicht so einfach, wie den presseseitigen Vorwürfen zu entnehmen. Der DB dennoch ein Versäumnis unterstellt, hätte dieses auf die Schuld des Tf nicht von Belang sein dürfen, was im Vergleich mit anderen Urteilen klar herauskommt. Die dafür ausgewählten Beispiele enthalten in der nachstehenden Tabelle die wichtigsten Kriterien mit Hinweis auf die Kapitel, in denen Unfallablauf mit Urteilsbegründung enthalten sind:

Nr.	Ort und Datum	Verfehlung	Folgen	Strafmaß
1	Tauberfeld, 6.3.1981 (D VI)	Mißachtung von Haupt- und Gleissperrsignal bei Anfahrt sowie Verstoß gegen die FV	1 T, 25 V	10 Monate auf Bewährung
2	Rüsselsheim, 2.2.1990 (s.u.)	Mißachtung des Ausfahrhauptsignals bei Anfahrt	17 T, 84 V	10 Mon auf Bewährung + Geldstrafe DM 2500,-
3	Ansbach, 30.4.1987 (D X)	Mißachtung des Ausfahrhauptsignals trotz Wahrnehmung des Vr0 zeigenden Vorsignals und falsche Indusieinstellung im Tfz	1 T, 52 V	DM 10 000,--
4	Heilbronn VorBf, 12.8.1984 (D VIII)	Ortsirrtum bei Falschfahrt und Abweichung vom Regelbetrieb	3 T, 57 V	8 Monate auf Bewährung

Zu **Rüsselsheim**, im Chronikband enthalten, hier kurz Folgendes: Am 2.2.1990 mißachtete der Tf eines S-Bahn-Zuges Mainz-Frankfurt im Bf Rüsselsheim das 'Halt' zeigende Ausfahrsignal, erhielt Zwangsbremsung, geriet in den Fahrweg eines von Frankfurt kommenden S-Bahn-Zuges und stieß mit diesem zusammen. Die Sichtdistanz des Tf auf das Ausfahrsignal betrug bei Abfahrt vom Halteplatz ca. 300 m. Die Erkennbarkeit der Signalstellung wurde durch eine dahinter befindliche Baumkrone als beeinträchtigt bezeichnet, effektiv ohne Belang, da der Tf (ähnlich Tauberfeld) das Signal vermutlich gar nicht beachtet hatte.[165] Eine Lautsprecherdurchsage während des Zughaltes hätte ihn jedoch aufmerksam machen können, daß es eine Planabweichung gab: Die auf Bahnsteig 1 wartenden Fahrgäste wurden gebeten, sich zum Bahnsteig 2 zu begeben, weil der Zug Ri Mainz ausnahmsweise vom Gleis 3 abginge. Das überhörte der Tf. Überdies hatte er in seiner kurzen Laufbahn schon einmal ein Signal überfahren. Aber auch der Tauberfelder Tf war kein unbeschriebenes Blatt.

Uneingeschränkt vergleichbar sind die Fehlhandlungen der Fälle 1 und 2, so daß deren Unterschiede klar herauskommen. Bei der Rüsselsheimer Mißachtung des Ausfahrhauptsignals spielte wohl die Gewohnheit, hier üblicherweise 'Fahrt frei' zu haben, mit eine Rolle. Da der Zug ohnehin in Rüsselsheim halten mußte, hatte der Tf wahrscheinlich auch nicht auf die Warnstellung des Ausfahrvorsignals geachtet. Außerdem steht ein S-Bahn= Tf immer unter Zeitdruck, im Gegensatz zum Tf eines Güterzuges wie in Tauberfeld.
Dessen Tf beging drei Fehlhandlungen: Er verstieß gegen die FV, die ein Anfahren ohne Erlaubnis verbietet (s.Anm. 155, S.266), und er mißachtete zwei Signale. Obwohl die Fehlhandlungen des Tauberfelder Tf an Zahl und Gewicht die des Rüsselsheimer Tf erheblich übertrafen, erhielten beide 10 Monate auf Bewährung.
Da unsere Gerichte die Schwere der Unfallfolgen, d.h. der menschlichen Opfer, bei Bemessung des Strafmaßes mit berücksichtigen, könnte man das Rüsselsheimer Urteil im Vergleich zum Tauberfelder als angemessen bezeichnen. Nun sind aber Unfallfolgen weitgehend vom Zufall abhängig, und es weckt starkes Unbehagen, wenn der Zufall erheblichen Einfluß auf die Bewertung der Schuld erhält.
In den Fällen 3 und 4 fällt der große Unterschied der Bestrafung auf. Der am Ansbacher Unglück Schuldige erhielt lediglich eine Geldstrafe, wenngleich es für ihn, den Begleitum-

ständen entsprechend, keine Entschuldigung für seine Hauptverfehlung gab. Er hatte die Strecke zweihundertmal befahren und daher beste Streckenkenntnis, derzufolge er den Standort des für ihn gültigen Ausfahrhauptsignals genau kennen mußte. Bei der nötigen Aufmerksamkeit hätte er den ausfahrenden Reisezug auch nicht erst kurz vor dem Zusammenprall wahrgenommen.
Der Irrtum des am Heilbronner Unglück schuldigen Tf war hingegen bedingt entschuldbar, da bei Dunkelheit, ohne gültige Signale oder sonstige Warnschilder und bei Abweichung vom Regelbetrieb begangen. Seiner Bestrafung mit Freiheitsentzug von 8 Mon auf Bewährung fehlte zudem das einer Wiederholung der Verfehlung vorbeugende Strafmotiv, weil der Tf vor seiner Pensionierung stand. Außerdem ist ein Lokalisierungsirrtum nur ein Versehen, aber keine Fahrlässigkeit. Der am Ansbacher Unglück schuldige, erst 35 Jahre alte Tf handelte hingegen grob fahrlässig und unaufmerksam, so daß eine erneute Fehlhandlung nicht auszuschließen war. Letztlich sprachen zu seiner Entlastung auch keine emotionalen Gründe, wie sie das Schwandorfer Gericht zugunsten des Piloten anführen konnte.

Sachverhalt Ansbach nach Berichten der Nürnberger Nachrichten und DB=Informationen.

162 Seit 1806 bayerische Kreis=(Regierungsbezirks=)Hauptstadt.

163 Die niveaugleiche Kreuzung von zweigleisigen Hauptbahnen vermittels eines dreigleisigen Systems wurde vor allem von den süddeutschen Länderbahnen bei räumlicher Enge als einfachste Lösung bevorzugt. Die sich kreuzenden Stränge, auf denen ohnehin nur eine Zugfahrt stattfinden kann, werden für ein kurzes Stück zusammengeführt und trennen sich dann wieder richtungsgemäß. Die betrieblichen Vor- und Nachteile gegenüber anderen, niveaugleichen Kreuzungssystemen gleichen sich aus. In mehrfacher Hinsicht vorteilhafter sind Kreuzungsanlagen mit Über- oder Unterführungen wie von den preußischen Staatsbahnen trotz höherer Kosten angelegt.

164 

DB=Karten-
ausschnitte
1985 / 1991
↔

<Mit freundlicher Genehmigung der DB=Kartenstelle, Mainz.>

165 Ein Vergleich zum Zusammenstoß Hbg=Hausbruch am 22.7.1975, wie in der Presse des öfteren gezogen, ist nur sehr bedingt möglich. Zum einen, weil der S-Bahn=Tf hier möglicherweise infolge einer effektiven Signalverwechslung das für ihn gültige Hauptsignal zu spät erkannte und noch reagierte. Zum zweiten handelte es sich in diesem Fall um ein Streckensignal, da Hbg=Hausbruch als S-Bahn=Hp keine Ausfahrsignale hat. Schon aus diesem Grund ist auch der presseübliche Vergleich zur "Dampflokzeit", die Maßstäbe für Indusi und Bemessung des Durchrutschweges gegeben habe, barer Unsinn. Abgesehen davon, daß vereinzelt auch dampfgeführte Züge überrutschten, und es seinerzeit sowohl gemischten bzw. schon reinen elektrischen Betrieb gab, hängt die Bemessung des Durchrutschweges oft von örtlichen Umständen ab (s.a. Tauberfeld, S. 260).

XI. Kaleidoskop der Katastrophenszene

1. Die Kette der Unaufmerksamkeiten und eine erste Konsequenz der DB

Pünktlich auf die Minute 23.49 Uhr fuhr am **18.9.1987** in **Dachau** die S-Bahn nach Mü.= Ost Bf ab. Was der Tf jedoch nicht beachtet hatte, war das gut erkennbare Ausfahrsignal, das ihm 'Rot' zeigte. Da das Gleis für in Dachau abgehende bzw. endende S-Bahnzüge in Verbindung mit einem Abstell- und Ausziehgleis eine Schutzweichenstellung hat, geriet der Zug auf das Ausziehgleis und überfuhr den Gleisabschluß. Nach ca. 50 m Fahrt auf dem Bahndamm stürzte der Steuerwagen der dreiteiligen Garnitur die ca. 3 m hohe Böschung hinunter. Der Tf wurde schwer, der einzige Insasse des Steuerwagens leicht verletzt. Die Summe des Sachschadens belief sich auf rd. eine Million DM.

Auf der anderen, südöstlichen Seite Münchens stellte in der **Sylvesternacht 1988/89** ein Tf seinen S-Bahnzug in der Endstation **Ebersberg** ab, ohne ihn festzubremsen. Er schaltete noch die Stromzufuhr aus und begab sich dann auf die Toilette. Als er von dort zurückkam, sah er seinen Zug gerade aus dem Bf rollen - nicht zurück, sondern weiter auf der nicht elektrifizierten Nebenbahn nach Wasserburg/Inn. Da diese Strecke bei nur noch spärlichem Zugverkehr zu so später Stunde Betriebsruhe hat, und die Weichen der Bahnhöfe dann auf Durchfahrt gelegt sind, stellte der Geisterzug - so die Presse - lediglich an den zahlreichen BÜ eine Gefahr dar. Die Blinklichtanlagen und automatischen Halbschranken funktionierten zwar, der unbeleuchtete Zug hätte jedoch leichtsinnige Autofahrer überraschen können. Aber nichts passierte während der immer schneller werdenden Fahrt, zuletzt mit Tempo annähernd 80 km/h.
Kritisch hätte es im Bf Wasserburg an der Str Rosenheim-Mühldorf werden können, da Endstation der Nebenbahn von Ebersberg und vor der Bahnhofseinfahrt die Bundesstraße 34 mit handbedienten Schranken zu queren war. Daran hatte der Fdl von Ebersberg gedacht und seinen Wasserburger Kollegen alarmiert, so daß dieser die Schranken schließen, die Fahrstraße für den Geisterzug auf ein Stumpfgleis legen und Hemmschuhe anbringen konnte. Nach knapp 20 Min Fahrt (fast 60 km/h Reisegeschwindigkeit) tauchte der 3=Wagen=Zug auf, fetzte die Hemmschuhe beiseite, riß den Gleisabschluß um und kam 35 m weiter mit Zugspitze in einer Straßenböschung zum Stillstand. Sachschaden: ca. DM 40 000,--.
Der 45jährige Tf versteckte sich im Wald, nachdem er dem Fdl sein Pech berichtet hatte, und wurde 12 Stdn später von der Polizei in seiner Wohnung gefunden. Der Alkoholtest verlief negativ. Bei seiner Vernehmung brach er in Weinkrämpfe aus. Danach meldete er sich krank.

Am **5.12.1991** passierte auf der Ruhr-Sieg-Strecke zwischen **Werdohl** und **Plettenberg= Ohle** ein in dreifacher Hinsicht bemerkenswertes Unglück. Ein Güterzug hatte auf der Fahrt nach Hagen=Vorhalle hinter Ohle Zwangsbremsung erhalten. Bei der Suche nach der Ursache fand der Tf am letzten Wagen den Lufthahn offen, schloß ihn und notierte

sich lediglich die Wagennummer, ohne nach dem Zugschlußsignal zu sehen. Danach begab er sich wieder zur Lok, meldete den Vorfall mit Wagennummer der Betriebsleitung Essen und fuhr weiter. Einige Zeit danach rief der Tf noch einmal in Essen an und ergänzte seine Meldung, er müsse neun Wagen verloren haben[166] - zu spät, ein nachfolgender Güterzug war gegen 4 Uhr bereits aufgefahren.
Das Unglück ereignete sich gegen 4.00 Uhr, aber erst gegen 7.30 Uhr wurde die StA Hagen von der Bahnpolizei informiert,[167] die anscheinend zunächst geglaubt hatte, den Fall in eigener Befugnis bewältigen zu können. Der in der Lok des auffahrenden Güterzuges eingequetschte und verletzte Tf starb jedoch mangels rechtzeitiger Befreiung und Hilfe. Die örtliche Feuerwehr war dazu nicht in der Lage, weil ihr und den übrigen Helfern die Erfahrung im Umgang mit Erdungsstangen der unter Strom stehenden und herunter hängenden Leitungen fehlte.
Der Plettenberger Stadtbrandmeister, auch Einsatzleiter der Feuerwehr, erklärte anderntags vor der Presse, sie hätten vor einigen Wochen im Bf Oberstadt eine Übung durchgeführt, die allerdings nur austretenden Gefahrstoffen entgleister Wagen galt. Die Erlaubnis zu dieser Übung sei der DB nur unter Mühen abzuringen gewesen, und der Wunsch, sich mit weiteren Gefahrproblemen bei möglichen Bahnunfällen vertraut zu machen, wären auf taube Ohren gestoßen.
Anzufügen ist noch, daß der am Unglück schuldige Tf seinen Zug in Hagen=Vorhalle abstellte und verschwand. Die Polizei fand ihn auch nicht an seinem Wohnsitz in Gießen. Erst später tauchte er wieder auf und ließ sich vernehmen.

***

Vor, zwischen und nach diesen der Regionalpresse entnommenen drei Beispielen gab es weitere Tf=Unachtsamkeiten, die jedoch mangels ernsterer Folgen keinen Zeitungsstoff abgaben. Auch bei der DB wurden diese Vorfälle nur auf Direktionsebene aktenkundig, sofern überhaupt. Dann ereignete sich am **24.1.1992** in **Lehrte** der Zusammenstoß zweier Nahverkehrszüge, der vier Tote und 54 Verletzte forderte. Ob es sich hierbei abermals um einen Fall von Signalmißachtung handelte, ist zweifelhaft, da der Tf des Zuges, der keine freie Fahrt hatte, an zwei Signalen die Wachsamkeitstaste bediente, ohne die avisierte Geschwindigkeit von 40 km/h einzuhalten. So fuhr der Zug am 'Halt' zeigenden Hauptsignal noch zu schnell und geriet trotz Zwangsbremsung in den Fahrweg des Gegenzuges.
Der Tf und sein Begleiter, der eine Lehrfahrt absolvierte, überlebten die Kollision nicht. Daher dürfte die Klärung dieses Fehlverhaltens hypothetisch bleiben. Die Sicherheitseinrichtungen an sich waren ausreichend; der Mensch setzte sie wieder einmal außer Kraft, und es ist die Menge ähnlichen Versagens, die beunruhigt.
Die HVB zog offenbar die richtige Konsequenz, als erste, daß bisher nicht hinreichend beachtetes Material gesammelt werden muß. Am 27.1.1992 wurde zur "Erfassung von gefährlichen Ereignissen im Bahnbetrieb" eine "Fernkonferenz" abgehalten, und mit Datum vom 30.1.1992 versandte die Zentralstelle Produktion in Mainz ein Rundschreiben folgenden Textes (Auszug):

> *"Zwecks Analyse, Wertung und aus gegebenem Anlaß wurden in o.g. Fernkonferenz die Pn 4 der BD gebeten, ab sofort die gefährlichen Ereignisse im Bahnbetrieb*
> *- Abfahrt von Zügen ohne Zustimmung des Fdl,*

- Vorbeifahrt von Zügen an haltzeigenden Signalen ohne Auftrag des Fdl grundsätzlich als ein an die Z ZP meldepflichtiges Ereignis zu behandeln und entsprechend zu untersuchen.
Für die Untersuchungsmethode und die durchzuführenden Meldungen sind die Bestimmungen der DS 423 (Bahnbetriebsunfallvorschrift) analog wie bei einem Bahnbetriebsunfall anzuwenden. Lediglich die fernmündliche Meldung an die Z ZP - nach Anlage 6 der DS 423 - ist nur bei gravierenden Ereignissen - Beinaheunfällen - abzugeben. <...>
Eine statistische Erfassung nach den Bestimmungen der DS 423 04 (Bahnbetriebsunfälle statistisch erfassen) erfolgt nicht.
Wir bitten alle Beteiligte darauf hinzuwirken, daß durch eine komplexe Erfassung der genannten gefährlichen Ereignisse massive Ursachenforschung ermöglicht wird."

2. Das vergessene Rottenunglück am **2.3.1957** bei **Hbg=Altona**

Seit geraumer Zeit befanden sich in unserem Verlagsarchiv Unterlagen mit Abschriften von Vernehmungsprotokollen, Fotos und einer detaillierten Niederschrift über die Hauptverhandlung zu dem Rottenunglück Anfang März 1957 bei Hbg=Altona. Eine Auswertung war nicht vorgesehen. Dann ereigneten sich zum Jahresende 1991 wieder zwei unbegreifliche Rottenunfälle (s. S. 296), woraufhin wir das Material abermals durchsahen und bei Bezeichnungen wie Tyfon [168] - s. Abb. Seite 294 - stutzten. Um darüber und zur Geschichte der Rottenarbeit Genaueres zu erfahren, suchten wir in der Fülle des deutschen Eisenbahnschrifttums nach einschlägigen Abhandlungen. Wir fanden Vorschriften, einiges über Entwicklung und Funktion von Gleisbaugeräten bzw. -maschinen, über Rottenarbeit und -arbeiter fast nichts. Das gab dann defintiv den Ausschlag, doch einen Beitrag über dieses dunkle Kapitel zu bringen.

Ab Februar 1957 waren im Bezirk der Bm Langenfelde, Str Hbg=Altona-Elmshorn (-Kiel/ Flensburg/Sylt) mehrere Unternehmerkolonnen zu Gleisunterhaltungsarbeiten eingesetzt. Die Gesamtleitung hatte der Dienstvorsteher der Bm Langenfelde, ein 46 Jahre alter TBOI, die örtliche Aufsicht übten DB=Rottenführer aus. Die vom Unglück betroffene, sieben Mann starke Rotte war am Unfalltag zwischen den Bahnhöfen Hbg=Eidelstedt und Langenfelde mit einer Schraubmaschine zur Schraubenbehandlung am Richtungsgleis (Personenverkehr) nach Elmshorn beschäftigt. Die Arbeitsstelle befand sich bei km 5,5 in der Geraden hinter einer - Ri Elmshorn gesehen - langgezogenen Linkskurve, an deren Innenseite die Gütergleise zum Verschiebebahnhof Langenfelde verliefen.
An ausgebildeten und erfahrenen DB=Sicherungsposten waren aufgestellt: Ein 52jähriger Außenposten bei km 5,03 und ein 37jähriger Innenposten bei km 5,48. Der Außenposten hatte jeweils zwei Meldungen an den Innenposten abzugeben: Vormeldung (Zug ab Altona) und bei Erkennen des Zuges auf 800 m Distanz die Warnmeldung (Zug kommt).

oben: Tyfon, rechts daneben auf dem Seitenweg Batterie und Meterstab, der anzeigt, wie weit sich der Posten beim Batterieprüfen entfernte / **unten**: Blick auf Arbeits- bzw. Unfallstelle

Die örtliche Aufsicht oblag einem 30 Jahre alten DB=Rottenführer, noch Anwärter, da nach Beendigung seiner Ausbildung [169] im Gleisbauzug erst drei Monate selbständig tätig und somit noch ohne ausreichende Autorität und Umsicht. Nach dem Unglück warfen ihm die Sachverständigen vor, nur zwei Posten angefordert und aufgestellt zu haben. Weil Posten Sichtkontakt haben müßten, der hier wegen der Kurve und gelegentlicher Güterzüge auf den Kurveninnengleisen nicht gegeben sei, wäre ein dritter Zwischenposten nötig gewesen.

Noch negativer wurde gewertet, daß er sich auf Kenntnisse und Verantwortungsbewußtsein seiner Sicherungsposten verließ. Der Außenposten hatte zwar eine Signalflagge dabei, aber keine Ahnung, daß er damit im Falle der Gefahr den Zug stellen sollte. Ein gemäß Vorschrift mitzuführendes Signalhorn besaß der Außenposten ebenfalls nicht. Als das Tyfon des Innenpostens zwei Tage vor dem Unglück ausfiel, erhielt dieser das Gerät des Außenpostens und der wiederum das Horn des Innenpostens. Der Außenposten vergaß nun, den Rottenführer zu informieren, daß das Horn statt auf vier nur auf einem Rohr tönte. In Unkenntnis dessen nahm der Rottenführer an, es genüge, wenn das reparierte oder ein Ersatz-Tyfon im Laufe des 2. März käme.

Der Grund für diese Lässigkeit bestand in neuen Funksprechgeräten, die den Posten seit dem 22. Februar d.J. zur Erprobung zugeteilt waren. Sie sollten gemäß Anordnung des Bahnmeisters aber nur zusätzlich benutzt werden, was Rottenführer und Posten nicht gehört oder nicht begriffen hatten. Sie verließen sich ausschließlich auf die Funksprechgeräte, bei deren Übergabe sie von einem sogenannten Leitungsprüfer kurz angeleitet worden waren. Der Rottenführer kannte diese Geräte schon länger, der Innenposten angeblich gar vom Kriege her. Dennoch erbrachten die Ermittlungen nach dem Unglück Pannen bei der Verständigung infolge unsachgemäßen Einlegens oder verspäteten Wechsels der Batterien. So hatte der Außenposten zuletzt zwei Tage vor dem Unfall die Warnmeldung so knapp durchgegeben, daß sich die Rotte gerade noch in Sicherheit bringen konnte, und der Innenposten beim Aussetzen der Schraubmaschine mithelfen mußte. Auch am Unfalltag kam gegen 7.40 Uhr eine Störung vor. Beide Vorfälle waren dem Dienstvorsteher nicht gemeldet worden.

Verhängnisvoll mußte sich ein Versagen der Funksprechgeräte auswirken, wenn sich der Außenposten wieder einmal eigenmächtig, aber vom Rottenführer geduldet, im Fdl=Stellwerk Langenfelde aufhielt. Das Stellwerk stand in km 5,00 jenseits der Gütergleise, so daß der Posten einen Zug nicht stellen konnte, auch nicht durch Petarden, selbst wenn die Bm solche ausgegeben hätte. Ohne voll funktionstüchtiges Signalhorn blieb bei Ausfall der Funksprechgeräte nur die Möglichkeit, vom Fdl Haltstellung der Signale zu verlangen; aber diese Befugnis gehabt zu haben, war dem Außenposten auch nicht bekannt.

Am Unglücksmorgen begrenzte Bodennebel die Sicht auf ca. 300 m, was der Außenposten zum Vorwand nahm, sich in das Stellwerk Langenfelde zu begeben. Gegen 9.18 Uhr meldete er die Abfahrt des D 75 nach Kiel. Der Innenposten nahm die Meldung an, vergaß sie aber sofort, da der Rottenführer mit einer frisch geladenen Batterie für das Funkgerät kam. [170] Der Innenposten sagte dem Rottenführer nichts von der Meldung und ging ein paar Schritte vom Tyfon weg, um mit dem Rücken zur Sichtrichtung hockend die neue Batterie zu prüfen. Den leisen Pfeifton des Funksprechgerätes, der ihn auf den Anruf

hinweisen sollte, hörte er nicht. Als er sich aufrichtete und wieder dem Gleis zuwandte, kam bereits D 75 heran und überfuhr 9.22 Uhr sechs Mann der Rotte.
D 75 lief ausnahmsweise, um eine Lz zu sparen, in Doppeltraktion. Noch in der Kurve erkannte der Heizer der vorderen Lok Bewegung im Gleis und rief dem Lokführer zu: *"Halt, Halt!"*. Der Lokführer leitete sofort Schnellbremsung ein, ohne dadurch das Unglück noch verhindern zu können. Zur Abgabe eines Warnpfiffes reichte die Zeit nicht.
Die StA erhob Anklage gegen beide Posten, den Rottenführer und den Bahnmeister sowie Leitungsprüfer. Die Hauptverhandlung vor dem erweiterten Schöffengericht des AG Hbg=Altona dauerte vom 7. bis 10.1.1958. Der Leitungsprüfer erhielt Freispruch mit Übernahme aller seiner Kosten durch die Staatskasse, weil sich die ihm unterstellten Verfehlungen weder als stichhaltig noch kausal erwiesen.
Der Bahnmeister wurde mangels Schuldnachweis freigesprochen. Unterweisung und Anleitung seiner Untergebenen wären unzulänglich gewesen, das möglicherweise aber auch eine Folge der Unbeliebtheit des Unterrichtes. Er hätte auch nicht gleichzeitig an allen Arbeitsstellen sein können; daher sei er auf die Zuverlässigkeit seiner Aufsichtsführenden und Sicherheitsposten angewiesen.
Der Innenposten wurde mit 12 Mon Gefängnis bestraft, da er sich trotz gerade erhaltener Vorwarnung ablenken ließ und die Rotte nicht warnte. Der Angeklagte vertrat noch in der Hauptverhandlung den Standpunkt, er sei nicht verpflichtet gewesen, von sich aus und vor Eingang der zweiten Meldung aufzupassen.
Der Außenposten bekam 6 Mon auf Bewährung. Ihn entlastete die nachträgliche Billigung seines Standortwechsels durch den Rottenführer, der 9 Mon Gefängnis erhielt. Strafmildernd wirkten sich seine geringe Erfahrung und die Schwierigkeit im Umgang mit den beiden älteren Kollegen aus, insbesondere mit dem schwerfälligen Außenposten.
In Verteidigung ihrer Mandanten brachten die Rechtsanwälte vor Gericht z.T. Bemerkenswertes vor. Der Verteidiger der beiden Sicherungsposten meinte z.B., der Prozeß habe nur Wert, wenn die DB daraus Konsequenzen zöge und zukünftig mehr für die Sicherheit der Rotten sorgen würde. Langsamfahrt an Arbeitsstellen müsse eingeführt werden, und die Posten sollten ebenfalls im Gleis stehen, damit sie bei Unaufmerksamkeit das Schicksal der Rotte erlitten.

Trotz technischen Fortschritts und wohl besserer Schulung der Sicherungsposten passierten seither nahezu jährlich schwere Rottenunfälle, entweder infolge Leichtsinns der Arbeiter oder Versagens der Sicherungsposten. Bei dem Rottenunglück am **12.10.1991** in **Köln**, bei dem sechs Arbeiter umkamen, wurde auch einer der Sicherungsposten, der sich im Gleis aufgehalten hatte, schwer verletzt. Die Warngeräte waren nicht defekt und Sichtbehinderung bestand ebenfalls nicht. Lediglich vier Monate später gab es in **Düsseldorf=Eller**, abermals ein Rottenunglück mit zwei Toten. Das zeitlich und räumlich nahe Kölner Unglück, mit bebilderten Artikeln durch die Presse bekannt gemacht, hatte nicht zu erhöhter Aufmerksamkeit bewogen.

3. Attentate und andere Zeitsymptome

Anschläge auf Züge und Bahnanlagen - aus welchem Grunde auch immer sie erfolgen - sind verbrecherische Auswüchse des Geistes oder einer Zeit. Symptomatisch ist auch, daß sich im deutschsprachigen Raum ernstere Attentate vor der Jahrhundertwende nur in der österreichischen Vielvölker=Monarchie ereigneten, im Deutschen Reich dagegen erst nach 1900 und räumlich eingeschränkt. Das ältest bekannte deutsche Attentat, das Zug Nr. 640, Verviers-Köln, durch eine über die Schienen gelegte und mit Draht befestigte Schwelle zum Entgleisen brachte (4 T, 15 V), passierte am 28.11.1901 im Einschnitt östlich **Horrem**, Str Düren-Köln.

Alle Anschläge vor 1914 blieben ungeklärt bis auf den vom **29.5.1903**. Abermals war es eine über die Schienen gelegte Schwelle, durch die Zug 983 bei **Drebkau** zwischen Cottbus und Großenhain entgleiste (1 T, 13 V). Als Täter wurde ein in der Nähe ansässiger Zimmermann ermittelt, der in Volltrunkenheit gehandelt und nur eine sehr verschwommene Erinnerung an seine 'Späße' auf dem Heimweg aus dem Wirtshaus hatte.

Nach dem Ersten Weltkrieg, in den 'goldenen' zwanziger Jahren, folgte eine Welle von Attentaten. Geklärt wurden die Entgleisungen zwischen **Leipzig** und **Halle** am **16.5.1921** (5 T, zahlr. V) als Racheakt nach Niederschlagung des kommunistischen Hölz=Aufstandes, zwischen **Leiferde** und **Meinersen** am **19.8.1926** (21 T, 3 V) als Eisenbahnraub der Absicht nach und bei **Jüterbog** am **8.8.1931** (82 V) als Tat eines geistesgestörten Ungarn.

Nach dem Zweiten Weltkrieg dauerte es eine Weile, bis politische Unzufriedenheit, Habgier und Langeweile wieder ihre Blüten trieben. Wie weit es in der BRD gekommen ist, zeigt einer der zahlreichen Anschläge im Raum Frankfurt.

Am **17.4.1988** gegen 0.28 Uhr wurde beim Halt im Bf **Ffm Rödelheim** der Tf eines dreiteiligen S-Bahnzuges geholt, weil der Mittelwagen brannte. Mit dem Handfeuerlöscher konnte nichts mehr ausgerichtet werden. Die bald eintreffenden Feuerwehren waren dann in der Lage, das Feuer einzudämmen und ein Übergreifen auf die beiden anderen Wagen zu verhindern. Der Sachschaden wurde auf ca. DM 2 Mio beziffert, da durch die Hitze des Brandes auch die Oberleitung, Teile der Bahnsteigabdeckung und Beleuchtungseinrichtungen verschmort waren.

Infolge der schwachen Besetzung des Zuges gab es nur einen Verletzten. Ein 20jähriger Angolaner hatte das Feuer im Nebenabteil bemerkt, in seiner Panik gewaltsam die Tür des S-Bahnwagens geöffnet und sich beim Sprung in die Dunkelheit schwere Kopfverletzungen zugezogen. Sobald er vernehmungsfähig war, konnten durch seine Beobachtungen die Täter(innen) ermittelt werden: zwei 17jährige Mädchen auf der Heimfahrt von einem Discobesuch. Der Pressebericht darüber (FRANKFURTER RUNDSCHAU v. 27.4.1988) enthält kein Wort des Abscheus oder der Empörung, aber Meditationen über Geld:

> *"Zunächst einmal wird die Versicherung der Bahn den Schaden regulieren, sich aber dann an die Haftpflicht der Eltern der 17jährigen Schülerinnen halten, sofern diese eine entsprechende Versicherung abgeschlossen haben. Nach einer rechts-*

kräftigen Verurteilung der Mädchen könnte die Versicherung deren Eltern in Regreß nehmen und diese mit der Aufsichtspflicht begründen." [171]

Es war nicht der erste und kaum der letzte Vorfall dieser Art. Den seit 1985 entstandenen Schaden, im wesentlichen beschränkt auf zwei Frankfurter S-Bahnlinien und verursacht auf ähnliche Weise, bezifferte die DB auf DM 7 Mio. Die polizeiliche Aufklärungsquote ist nicht angegeben, aber selbst bei Erfolgen wie im Fall Rödelheim dürften die Kosten zu Lasten der DB oder der Allgemeinheit gehen.

Im Rahmen des Themas interessieren noch eine andere Sorte Attentate, bei der man allerdings nicht sicher ist, ob die angegebenen Motive wirklich stimmen. Wenn Umweltschützer oder Kernkraftgegner zu militanten Mitteln greifen, Masten der elektrischen Fahrleitungen ansägen, wie 1986/87 um München geschehen, oder wie bei Nürnberg Bäume auf die Strecke stürzen lassen, schädigen sie primär nur ihr Anliegen und reihen sich in die Riege von Verbrechern ein. Außerdem schaffen sie dadurch den belasteten Landesregierungen eine Art Rehabilitierung.

Daher dürfte die großdimensionierte Katastrophenschutzübung am **31.1.1987** westlich München vor allem politisch inspiriert gewesen sein, worauf auch die Erklärung des bayerischen Innenministers Lang hindeutet, die Übung solle beweisen, *"daß wir die Herausforderung annehmen"*. Allerdings würde er wirkliche Saboteure mit dieser Bekundung schwerlich abgeschreckt, eher provoziert haben.

Für die als "geheime Kommandosache" bezeichnete Übung war die Güterumfahrungslinie ausgewählt worden, die von **Olching** nach **Ludwigsfeld** führt und die Strecken München-Augsburg und München-Ingolstadt verbindet. Es sollte ablaufen wie echt, ausgelöst durch einen umgesägten Fahrleitungsmast mit herunterhängenden Leitungsdrähten. Lok und Wagen 1 hatten zu entgleisen, die übrigen sich zu verkeilen einschließlich Brandausbruch im Gepäckwagen. Gemäß Aufgabenstellung waren 80-120 Zuginsassen, auch Tote und Verletzte, infolge nicht abgeschalteten Fahrstroms eingeschlossen, und die Unglücksstelle schwer zugänglich.

Für die überraschend alarmierten Männer von sechs Feuerwehren umliegender Orte (und 74 BRK=Helfern) war es bei minus 16° Temperatur in der Tat eine harte Übung. Sie mußten ihre Geräte weit tragen, die Leitungen erden, löschen, zuvor zugeschweißte Türen aufsprengen, mit Atemschutzmasken, Rettungsscheren und Leitern die 'Opfer' befreien usw. Blutig geschminkte Bundeswehrsoldaten und Übungspuppen der Kripo stellten die Opfer dar. Katastrophenalarm gab der Fürstenfeldbrucker Landrat; zweihundert Polizisten riegelten das Gelände großräumig ab, wozu auch Straßensperrungen nötig waren, an einem Sonnabendvormittag für die ahnungslose Bevölkerung ein Ärgernis.

Das war nicht die einzige Unbedachtheit der Planer, die herbe Kritik hervorrief. Beispielsweise war das Fernsehen eingeladen, die Lokalpresse ignoriert worden. Auch leitende Akteure äußerten sich nicht sonderlich begeistert, und schließlich gab es noch Landtagskrach: Einen Abgeordneten der Grünen hatte die Polizei nicht durch ihren Kordon zu den übrigen hochgestellten Zuschauern gelassen, angeblich, weil sich die Grünen mit den Strommastsägern solidarisch erklärt hätten, so lt. Presseberichten Herr Lang. Besagter Abgeordneter stellte es anders dar und kündigte eine Landtagsbeschwerde an.

Immerhin erreichte dieses Katastrophenspektakel überlokales Aufsehen. Die NÜRNBERGER NACHRICHTEN berichteten am 2.2.1987 unter der Schlagzeile "Schauspiel mit Nachspiel" - und welch anderen Wert als den einer Demonstration könnte diese Mammutübung auch gehabt haben! Sinnvoller wäre jedenfalls, wenn die Feuerwehren regelmäßige Katastrophenschutzübungen abhielten in Zusammenarbeit mit DB=Fachleuten oder Katastrophentrupps. Aber auch das hätte nur oberflächlichen Nutzen, wenn das Bewußtsein der alltäglichen Risiken unserer übertechnisierten Welt nicht geistig verarbeitet wird und wir uns nicht eine andere Einstellung zur Technik, Umwelt und Katastrophen zulegen.

Sachverhalt zu XI, 1 aus SÜDERLÄNDER TAGBLATT, NÜRNBERGER NACHRICHTEN, AZ und TZ, München, zu XI, 3 aus L. von Stockert, Eisenbahnunfälle, Erster Band; Leipzig 1913, S. 266ff, Statistische Nachrichten des Vereins Deutscher Eisenbahnverwaltungen, NÜRNBERGER NACHRICHTEN und FÜRSTENFELDBRUCKER TAGBLATT.

166 Mit einem Blick in die Wagenliste oder auf den Bremszettel hätte der Tf sofort feststellen können, daß die von ihm notierten Wagennummer nicht die des Schlußwagens war. Auch Fdl Werdohl hätte das Fehlen der 9 Wagen bemerken müssen. Offenbar betätigte er die Achszählergrundstellungstaste vorzeitig.

167 Lt. Vorschrift wäre die Bahnpolizei an sich verpflichtet gewesen, die staatlichen Ermittlungsbehörden sofort zu verständigen. Wie aber andere norddeutsche Unfälle zeigen (vgl. auch Salzbergen B V), sind der Bahnpolizei in manchen Bundesländern anscheinend mehr Rechte als andernorts zugestanden.

168 Signalhorn, hier druckluftbetrieben, zur stationären Verwendung bei geräuschvollen Arbeitsstellen.
Eine Kurzauskunft über Einsatz und Funktion des Tyfons enthält das 'Lexikon der Eisenbahn', das einzige seiner Art und in mehreren Auflagen im Ostberliner Transpress Verlag erschienen.
Dem Fremdwörterduden zufolge benennt Tyfon eine Schiffssirene. Deshalb und der Wortherkunft nach dürfte das Gerät für die englische Schiffahrt erfunden worden sein und wahrscheinlich Ende des 19. Jahrhunderts seinen Weg zu den Eisenbahnen gefunden haben. Über das mehrröhrige Signalhorn zum Blasen war nichts zu finden. Es ist möglicherweise eine Weiterentwicklung des Jagd=Hifthorns.

169 In der Abschlußprüfung stand das Sicherungswesen aussagegemäß nicht auf dem Programm.

170 Damit sich die Posten unabgelenkt ihrer Aufgabe widmen konnten, war der Batteriewechsel während der Arbeitspausen vorgesehen. Die Posten hatten jedoch immer gewartet, bis der Ton des Sprechgerätes schwächer wurde, und dann eine frisch geladene Batterie vom Rottenführer verlangt.

171 Die Frage, welche Versicherung der DB den Schaden ersetzt, ist nicht aufgeworfen. Eine sachgerechte Berichterstattung hätte diesen Punkt nicht ausklammern dürfen, da die DB ihr eigener Versicherer ist.

Auf Fahrt ins Ungewisse

Zwischen den Ereignissen des ersten Kapitels dieses Buches und seiner Drucklegung liegt die Spanne fast eines halben Jahrhunderts. Den Anfang dieses Zeitraumes überlagerte Grauen und Chaos, in den Jahrzehnten danach breitete sich ein Wohlstand aus, wie es ihn nie zuvor gab. Leider vollzog sich diese Entwicklung extrem einseitig, so daß dabei mehreres verkümmerte, u.a. das Gefahrbewußtsein. So denkt das Gros des weitgehend ahistorisch gewordenen deutschen Volkes nicht an die Lehren der Geschichte vom nahezu gesetzmäßigen Auf und Ab des Lebens und daß es gefährlich ist, den Bogen zu überspannen. Man meint, es müsse so weiter gehen und wird in diesem Glauben von den Politikern bestärkt, die besonders voll tönen, wenn es um Entscheidungen mit unabsehbaren Folgen geht.
Das Einschneidendste dürften im Moment die beschlossenen und in Vorbereitung befindlichen Schritte auf der Europa=Bühne sein. Die EG, vor Jahren von ihrer Bürokratie in finanzielle Krisen gestürzt, überlebte und entwickelte - wie bei Institutionen üblich - eine Eigendynamik mit unausbleiblichen Weiterungen.
Wem ist bewußt, welche Risiken damit verbunden sind, zumal dem deutschen Durchschnittsbürger die EG nur ein Schemen ist! Aber mit Abgabe seiner Wählerstimme hat er die Entscheidung den Politikern übertragen, die folgerecht auch die Verantwortung, einschließlich der Pflicht zur sachgerechten Information haben.
Ein treffliches Beispiel für die Wahrnehmung dieser Ehrenpflichten der Politiker lieferte im ersten Halbjahr 1991 Bundeswirtschaftsminister Jürgen W. Möllemann mit seiner "Europa=Initiative". Unter dem Motto *"Vorteile und Chancen für uns alle"* versprach er mit Postwurfsendungen samt Preisausschreiben sowie einer Flut von Inseraten selbst in den banalsten Zeitschriften *"Mehr Auswahl"*, und *"Niedrigere Preise für den Verbraucher"*, *"Freier Einkauf..."* und *"Freie Fahrt europaweit"* und dgl. Schönes mehr.
Jemand, der die westeuropäischen Verhältnisse nicht kennt, könnte meinen, bis jetzt hätten die Bundesrepublikaner in streng bewachten Grenzen bei sparsamer Zuteilung gelebt. Herrn Möllemann wiederum wäre zu unterstellen, daß er die Deutschen für Simpel hält und auf Kosten der Steuerzahler sein Image aufpolieren wollte. In die Rubrik Profilierung fällt wohl auch Verkehrsminister Krauses Einsatz für den Bau einer Magnetschwebebahn Berlin-Hamburg anstelle des Ausbaus der vorhandene Strecke für Hochgeschwindigkeiten.
Worauf das Grassieren pathologischer Verschwendungssucht der Politiker zurückzuführen ist, sei dahingestellt. Eigenartig berührt auf jeden Fall, daß etwa gleichzeitig mit der Möllemann=Kampagne die DB in denselben Zeitschriften ebenfalls viel Geld für Inserate ausgab. *"Was hat das flache Land von der Geschwindigkeit?"* stand beispielsweise auf einer zweiseitigen Werbung in Fernsehillustrierten. Abgebildet war der Anachronismus eines Bauern mit seiner Mistgabel über der Schulter, der einem vorbeihuschenden ICE

nachblickt. Weiterblätternd konnte man die üblichen Autowerbungen finden, aber jeweils auf die Marke der inserierenden Firma bezogen - nicht für das Auto gemeinhin.
Autofirmen werben nicht nur gezielt, sie machen damit auch ein doppeltes Geschäft: Die Kosten nehmen sie zur Senkung des zu versteuernden Gewinns und haben von steigenden Verkaufsziffern einen Nutzen. Bei der Bahn vergrößern die Werbeausgaben nur das finanzielle Minus, und der Werbeerfolg ebenfalls, wie jüngste Rechnungsergebnisse zeigten. Diese Ausgabe war also doppelt sinnlos. Außerdem wäre es Sache des Staates, etwa des Wirtschafts- oder des Gesundheitsministeriums, für die Bahn zu werben. Denn den Staat belasten die effektiven Kosten des Straßenverkehrs, allein die der Staus nach neuesten Ermittlungen pro Jahr mit DM 50 - 80 Mrd.
Statt sich jedoch im Sinne einer vernünftigen Verkehrsstrategie für die Bahn zu engagieren, läßt Bonn eine Horrorrechnung aufmachen, was der Bürger morgen für die Bahn zu zahlen haben wird. Der neue DB=Chef Dürr und sein interner Stab liefern die passende Munition: Bis zum Jahr 2000 runde DM 400 Mrd Zuschuß. Ihre rettende Alternative lautet schlicht Privatisierung, und eine Bahn AG (oder drei?) brächte auch wieder Gewinne.
Nun hat Herr Dürr durch gelegentliche Äußerungen seine eisenbahnerische Unkenntnis offenbart, und seine Berater scheinen auch nicht wesentlich besser informiert zu sein. So weiß Herr Dürr wohl nichts von den Mängeln des Privatbahnsystems, insbesondere in funktioneller Hinsicht, die einst dessen Ablösung durch Staatsbahnen notwendig machten. Vermutlich ist ihm auch nicht bekannt, daß bei gleichzeitigem Bestehen von Staats- und Privatbahnen letztere in der Regel höhere Tarife hatten. Ferner kennt er sicher nicht das Geschick der großen Privatbahnen Frankreichs, Englands und der USA. Verstaatlichung oder Niedergang hieß deren Alternative nach dem Zweiten Weltkrieg. Inzwischen ist aber die Situation der Bahnen um ein vielfaches prekärer geworden, und der Rückgriff auf ein gescheitertes System hieße die leistungsfähigen Staatsbahnen Westeuropas korrumpieren und sie als Instrument öffentlicher Aufgaben zu Untauglichkeit verurteilen.
Die wichtige Rolle der Schiene in Bekämpfung des wachsenden Verkehrschaos ignoriert die EG=Kommission, die 1990 ihre, die Eisenbahnen betreffenden Vorstellungen zu Papier brachte. Doch sind dort möglicherweise die Wurzeln zu suchen, aus denen die heftige Politattacke in der BRD gegen das Staatsbahnsystem entsproß. Denn EG=seitig wird unter den bekannten Schlagworten wie Wohlstandssteigerung durch Kostensenkung, freier Wettbewerb und Konkurrenz u.a. die Umwandlung der Staatsbahnen in internationale Gesellschaftsbahnen erwogen, um ggfs. auch eine Art Leasingbetrieb zu ermöglichen.
Angesichts all dieser Ansätze, Bewährtes und Gewachsenes zu stürzen und durch äußerst zweifelhafte Projekte zu ersetzen, sind die dem entgegenstehenden Passagen des Grundgesetzes ein Glück. Aber kein menschliches Gesetz verhindert letztlich katastrophale Entwicklungen, die durch Dummheit, Maßlosigkeit oder Verkennung der Gegebenheiten ausgelöst werden und Erreichtes über Nacht zunichte machen. Mahner und Alarmzeichen gibt es genug, aber sie sind so unbequem und unerwünscht wie alles, was das heile Weltbild stört.

Abkürzungsverzeichnis

AG = Amtsgericht
Aw = Ausbesserungswerk
Az = Aktenzeichen
BA = Betriebsamt
BD = Bundesbahndirektion
Betra = Betriebs- und Bauanweisung
Bf = Bahnhof
Bfo = Bahnhofsfahrordnung
BGH = Bundesgerichtshof
BGB = Bürgerliches Gesetzbuch
Bk = Block(stelle)
BLKA = Bayer. Landeskriminalamt
Bm = Bahnmeister(ei)
(T) BOI = (Techn.) Bundesbahnoberinspektor
BOR = Bundesbahnoberrat
BR = Baureihe von Lokomotiven
BRD = Bundesrepublik Deutschland
BRK = Bayer. Rotes Kreuz
Bü/BÜ = Bahnüberweg
Bua = Bahnunterhaltungsarbeiter
Bw = Bahnbetriebswerk
BZA = Bundesbahn=Zentralamt
D = Schnellzug
DB = Deutsche Bundesbahn
DC = Städte (City-)=Schnellzug
DDR = Deutsche Demokratische Republik
DM = Deutsche Mark
DR(G) = Deutsche Reichsbahn (Gesellschaft)
DRK = Deutsches Rote Kreuz
DS [DV] = Dienstvorschrift [=alte Bezeichnung]
E(t)= Eilzug (=Triebwagen)
EBO = Eisenbahn-Bau- und Betriebsordnung
ED = Eisenbahndirektion
EG = Empfangsgebäude
Ellok = Elektrische Lokomotive
ETA = Triebwagen mit Akkuantrieb
F, FD = Fernschnellzug
Fdl = Fahrdienstleiter
FV = Fahrdienstvorschrift
Fv = Fernverbindung(en)
G = Güterzug
G=Wagen = gedeckter Güterwagen
Gag = Ganzzug
Gdg = Großgüterzug
Gl = Gleis
Hbf = Hauptbahnhof
Hbg. = Hamburg
Hg = Höchstgeschwindigkeit
Hp = Haltepunkt
HV(B) = Hauptverwaltung (der DB)
IC = Intercity
KOM = Kraftomnibus
Ks = Kassel
La = Langsamfahrstelle (Verzeichnis der La)
LG = Landgericht
Lg(o) = Güterwagenleerzug (aus offenen Wagen)
Lok = Lokomotive
Lz = Lokomotiv=Leerfahrt
Ma / MA = Maschinenamt
Mbr. = Mindestbremshundertstel
Mchn (Mü) = München
Mrd = Milliarde
Min = Minute(n)
Mio = Million(en)
Mo = Monate
N(t) = Nahverkehrszug (Triebwagen)
Ng = Nahgüterzug
Obv = Oberbauvorschrift
OLG = Oberlandesgericht
P = Personenzug
Pw = Gepäckwagen
RBD (Rbd) = Reichsbahndirektion
Ri = Richtung
S = S-Bahn-Zug
SBB = Schweizerische Bundesbahnen
Sbk = Selbstblocksignal
Sbv =Sammlung betrieblicher Verfügungen
SBZ = Sowjetische Besatzungszone
Sek / sec = Sekunde(n)
StA = Staatsanwalt(schaft)
Std = Stunde
Str = Strecke
t = Tonne
T = Tote(r)
TEE(M) = Trans Europ Expreß (Güterzug)
Tf = Triebfahrzeugführer
Tfz = Triebfahrzeug
TH/TU = Technische Hochschule/Universität
UrhG = Urheberrechtgesetz
V = Verletzte(r)
V=Lok = Lokomotive mit Verbrennungsmotor
Vorbf = Vorbahnhof
Vst = Vorsteher
ZBF = Zugbahnfunk
Zf = Zugführer
Zü = Zugüberwachung

Erklärung einiger Fachausdrücke bzw. Begriffe, Gattungszeichen und in Kurzform genannte Periodika

AFB = Automatische Fahr- und Bremsschaltung **Sifa** = Sicherheitsfahrschaltung
Indusi = Induktive Zugbeeinflußung **Petarde** = Knallkapsel zur Warnung der Tf
Signalstellungen: Hauptsignal: **Hp0** = 'Halt' **Hp1** = 'Fahrt' **Hp2** = 'Langsamfahrt'
Vorsignal: **Vr0** = 'Zughalt erwarten' **Vr1** = 'Fahrt erwarten' **Vr2** = 'Langsamfahrt erwarten'
Zusatzsignale: **Zs1** = Ersatzsignal (bei Signalstörung)
Gattungszeichen der Reisezugwagen bedeuten: **A** und **B** = Sitzwagen 1. und 2. Klasse; **WR** = Speisewagen; **ü** = Schnellzugwagen mit geschlossenem Seitengang und geschlossenen Übergängen; **m** = Wagen länger als 24 m mit Gummiwulst-Übergängen und elektrischer Heizung oder elektrischer Heizleitung.

Nur in Kurzform genannte Periodika sind: DB PRAXIS, Informationsdienst für den Betriebsdienst, Herausg. DB, Bundesbahn Sozialamt, Frankfurt;
DIE BUNDESBAHN, ursprünglich "Organ der HVB", jetzt "Zeitschrift für aktuelle Verkehrsfragen", Herausg. DB, Verlagsort kontinuierlich Darmstadt;
ORGAN FÜR DIE FORTSCHRITTE DES EISENBAHNWESENS, bis 1929 Wiesbaden und München, ab 1930 Berlin, erscheint nicht mehr.

Bildquellennachweis

Soweit beim Bild nicht anders angegebenen oder nachstehend aufgeführt, sind die Vorlagen zu den Abbildungen in den jeweiligen Kapiteln, auch mit freundlicher Genehmigung der StA, von Herren der Kripo, im Kap. Leiferde/Meinersen (B IV) vom Gutachter, im Kap. Celle (C III) von der TU Hannover im Auftrag des Gutachters, ausgenommen auf S. 122 oben (Kripo) sowie die Aufnahmen S. 148 und S. 152 oben im Kap. Kellmünz (C IV) von Professor Dr. Birmann.
S. 11, 120, 158: Archiv S. 18: Deutsche Kriegsgräberfürsorge, München
S. 22, 24: Bundesachiv Koblenz
S. 24, unten; 27, oben und Mitte: DIE BUNDESBAHN, Sonderausg. 6 Jahre Wiederaufbau
S. 27, unten: DIE BUNDESBAHN, aus: 40 Jahre DB, Darmstadt 1985
S. 28, 30, 31, 248: Foto bzw. Sammlung Peter Hasbach, Neuwied
S. 36, 38: Kriminalamtsrat Alfred Schnitzer, Traunstein
zu Kap. Lauffen (B II) und Heilbronn (D VIII): Eisenmenger, HEILBRONNER STIMME
S. 196, 198: DB Zentrale, Pressedienst S. 214: Robert Bähr, Gröbenzell
S. 220: Heinz Gebhardt, München
zu Kap. Tauberfeld (C VI): Ettle, EICHSTÄTTER KURIER
S. 274: HEILBRONNER STIMME zu Kap. Ansbach (D X): Ulrich Rach, Nürnberg
S. 294: Sammlung Gerd Neumann, Glückstadt